网络创新

中国网络强国战略中的创新路径研究

伍刚 张春梅 马晓艺／主编

人民出版社

目　录

中国网络文化创新

中国网络经济创新

中国网络传播创新

中国网络安全创新

中国网络用户管理创新

中国网络智能创新

中国 APP 应用创新

附　录

前　言

谢新洲　匡文波

“网民来自老百姓，老百姓上了网，民意也就上了网。群众在哪儿，我们的领导干部就要到哪儿去。”在2016年4月19日召开的网信工作座谈会上，中共中央总书记、国家主席、中央军委主席、中央网络安全和信息化领导小组组长习近平强调了网络之于群众、之于领导干部的重要性。

会上，习近平总书记深刻分析了当前和之后一个时期我国发展的总要求和大趋势，科学回答了新形势下网信事业产业发展的一系列重大理论问题和现实问题，具有很强的战略性和指导性，对于适应和把握经济发展新常态，全面提升网信工作水平，起到了重要的指导和推动作用。

一年来，我国网信事业的发展成果令人瞩目，目前我国网络安全标准体系正在构建，“互联网+”行动计划如火如荼，对网络秩序的管理也更加严明。中国人民大学新闻学院教授匡文波对此表示肯定：“政府在这一年来取得了很大成绩，互联网管理越来越严格，并且在维护网络国家安全方面也有了很大提升。”在建设网络强国的宗旨下，中国网信事业正探索创新、稳步前行，努力开辟一条互联网发展的求真之路、务实之路、创新之路、责任之路。

求真之路：让互联网更好造福人民

习近平总书记在网络安全和信息化工作座谈会上的重要讲话高屋建瓴、内涵丰富，清晰描绘了中国建设网络强国的宏伟蓝图和实践路径，为推动我国网信事业快速健康有序发展提供了科学指导和行动指南，为网信事业开辟求真之路指明了方向。

习近平总书记强调，一是推动我国网信事业发展，让互联网更好造福人民；二是建设网络良好生态，发挥网络引导舆论、反映民意的作用；三是尽快在核心技术上取得突破；四是正确处理安全和发展的关系；五是增强互联网企业使命感、责任感，共同促进互联网持续健康发展；六是聚天下英才而用之，为网信事业发展提供有力人才支撑。

2017年4月8日，在中国社会科学网举办的“实施网络强国战略建设网络良好生态——习近平总书记在网信工作座谈会上的讲话发表一周年”研讨会上，中国社会科学院图书馆研究员杨沛超指出，贯彻网信事业发展必须以人民为中心是习近平总书记“4·19”讲话的亮点；加强网络空间治理，建设良好网络生态是习近平总书记“4·19”讲话的精髓。

我国网信事业发展的求真之路方向清晰准确，一年来成效显著，稳步向前，不仅逐步适应人民期待和需求，也令亿万网民产生了更多获得感。

务实之路：切实维护网络安全

“网络安全和信息化是相辅相成的。安全是发展的前提，发展是安全的保障，安全和发展要同步推进。”在2016年4月19日召开的网络安全和信息化工作座谈会上，习近平总书记如此强调。

习近平总书记指出，面对复杂严峻的网络安全形势，我们要保持清醒头脑，各方面齐抓共管，切实维护网络安全。第一，树立正确的网络安全观。第二，加快构建关键信息基础设施安全保障体系。第三，全天候全方位感知网络安全态势。第四，增强网络安全防御能力和威慑能力。

2016年8月，中央网信办、国家质检总局、国家标准委联合印发《关于加强国家网络安全标准化工作的若干意见》（以下简称《意见》）。《意见》提出了从适用性、先进性、规范性三个方面提高标准质量，提升标准信息服务能力和标准符合性测试能力等多项举措。11月，十二届全国人大常委会第二十四次会议表决通过《中华人民共和国网络安全法》（以下简称《网络安全法》）。

对此，北京大学新媒体研究院院长谢新洲表示：《网络安全法》的出台在这一年诸多成绩中令人印象深刻。众所周知，网络安全问题已经成为关系国家安全和发展、关系广大人民群众切身利益的重大问题，但是在这个领域却一直缺少基础性法律。《网络安全法》的出台是顺应时代要求，落实国家总体安全观的重要举措，有助于提高全社会的网络安全意识和网络安全的保护水平，为广大人民群众创造更加开放、更加安全的网络环境。

创新之路:"互联网+"带动社会发展

国家战略安全是网络安全的重中之重,而开辟一条创新之路对于社会经济、民众生活等众多领域也必不可少。习近平总书记指出:"我们实施'互联网+'行动计划,带动全社会兴起了创新创业热潮,信息经济在我国国内生产总值中的占比不断攀升。"

2016年11月16日至18日,第三届世界互联网大会在浙江乌镇举行。此次盛会的举行,正值"互联网+"落地16个月。来自全球110多个国家和地区、16个国际组织的1600位嘉宾齐聚一堂,就互联网发展与治理进行研讨和交流。

这次大会围绕互联网经济、互联网创新、互联网文化、互联网治理、互联网国际合作等前沿热点举办了16场论坛;首次发布了15项世界互联网领先科技成果;来自国内外的310多家企业参加"互联网之光"博览会,展示新技术新产品;并最终由世界互联网大会组委会秘书处高级别专家咨询委员会发布《乌镇报告》,凝聚共识,成为大会标志性成果。

自网络安全和信息化工作座谈会召开以来,"互联网+教育"、"互联网+医疗"、"互联网+文化"、"互联网+扶贫"等新形式皆得到了有效开展。借助互联网,农产品走出了山村,偏远地区的儿童接受了优等教育,百姓少跑腿、快捷的信息传播越来越成为现实。网信工作的创新也更加切实有效地带动了社会发展。

责任之路:监管和包容并举

我国互联网事业的扬帆远航,离不开有效管理的保驾护航。

2016年,网络直播出现爆发式增长,如此庞大的市场却乱象层出不穷。对此,国家相继出台多个政策,继《移动互联网应用程序信息服务管理规定》、《关于加强网络视听节目直播服务管理有关问题的通知》之后,网信办11月发布《互联网直播服务管理规定》,明确了互联网直播服务提供者应当落实的主体责任。

《互联网直播服务管理规定》共20条,明确禁止互联网直播服务提供者和使用者利用互联网直播服务从事危害国家安全、破坏社会稳定、扰乱社会秩序、侵犯他人合法权益、传播淫秽色情等活动。这有效地规范了互联网直播的行为,引导了互联网直播技术的发展。

北京大学新媒体研究院院长谢新洲认为,在对待网络中的新生事物时,既要守好底线,又要给技术发展留足空间。“一方面,对于违反道德法律、公序良俗的乱象采取强有力的监管手段,坚决制止;另一方面,也需要认识到,任何新事物的发展都是螺旋上升的,对于新事物发展过程中出现的问题,我们还需要抱有一些宽容和耐心,不轻易封堵技术发展的可能性,多疏导,多规范。”

若要保障我国网络秩序的良好发展,坚持责任之路,就要充分发挥管理的责任,在完成有效监管的同时,以宽容和耐心对待。

“随时以举事,因资而立功,用万物之能而获利其上。”习近平总书记强调:“网信事业代表着新的生产力、新的发展方向,应该也能够在践行新发展理念上先行一步。”当今时代,互联网日益成为创新驱动发展的先导力量。自网络安全和信息化工作座谈会召开以来,互联网发展成果可谓看得见、摸得着,尽皆标注着互联网发展的新方位。中国网信事业的求真之路、务实之路、责任之路也将成为带领中国迈向网络强国的必经之路。

中国网络文化创新

人类第五疆域中国语言文明的复兴与创新

伍 刚 张春梅

一、奇点临近——从宇宙大爆炸到互联网大数据时代

135亿年前,大爆炸(Big Bang)形成宇宙物质、能量、时间和空间。30万年后,物质和能量形成复杂结构——原子、分子。

38亿年前,地球出现有机体,从800万年前的禄丰古猿化石到170万年前直立人。

7万年前,智人(Homo Sapiens)诞生人类文化。

人类经历三大重要革命:一是7万年前—1.2万年前认知革命(Cognitive Revolution),二是1.2万年前—1500年农业革命(Agricultural Revolution),三是1500年至今文艺复兴与科学革命、工业革命(The Renaissance:Revival of Literature,Science Revolution,Industry Revolution)。①

著名计算机科学家约翰·冯·诺伊曼第一次提出奇点,并把它表述为一种可以撕裂人类历史结构的能力。

20世纪60年代,I. J.古德描述的"智能爆炸"是指智能机器在无需人工干预的情况下,不断设计下一代智能机器。圣迭戈州立大学的数学家和计算机科学家弗诺·文奇(Vernor Vinge),在1983年*Omni*杂志的一篇文章和1986年科幻小说*Marooned in Realtime*都涉及了即将到来的"技术奇点",他预测:"我们很快就能创造出我们自己更高的智慧……当这一切发生的时候,人类的历史将到达某个奇点,这种智力的转变,就如同黑洞中心错综复杂的时空一样令人费解,而这样的世界将远远超出了我们的理解能力。"

---

① [以]尤瓦尔·赫拉利:《人类简史:从动物到上帝》,林俊宏译,中信出版社2017年版,第16页。

文奇等人认为，到达这一奇点的进程要受到摩尔定律的驱动。它的成倍累积效应将最终创造出计算处理能力和存储容量比人类大脑还要强大的计算机。一旦这一切发生，事情就变得极其不可预测了。机器就会具有自我意识，人类和计算机毫无缝隙地合并在一起，或者其他根本性的转变也会出现。美国未来学院雷·库兹韦尔（Ray Kurzweil）在2005年出版的《奇点正在逼近》（*The Singularity Is Near*）中写道，按照现在的进展速度，这些转变将发生在大约2045年。

1989年，美国未来学院雷·库兹韦尔指出，奇点是指人类与其他物种（物体）的相互融合。确切来说，是指计算机智能与人脑智能兼容的那个神妙时刻。他在 *The Age of Intelligent Machines* 中提出，在21世纪中叶，技术不可避免地朝向机器化发展，必将大大超越人类的智能。

1993年，文奇发表于NASA组织的研讨会上的论文中，描述了即将出现的奇点源于"高于人类智慧的实体"，他将其作为逃逸现象的先兆。

约翰·斯玛特在其系列著作中把奇点描述为他所谓的"MEST"（物质、能量、空间和时间）压缩所导致的必然结果。

奇点发展速度是近似垂直的指数增长，技术的扩展速度似乎无限，从数学的角度，奇点发展没有间断和断层，增长速度极快但仍有限。奇点突出影响改变了人类理解能力的本质。

中国古代经典《列子》记载，工匠偃师用血肉和骨架打造了一个人造人。

MIT《斯隆管理评论》主席、数字商务中心主任埃里克·布莱恩约弗森（Erik Brynjolfsson）教授和首席科学家安德鲁·麦卡菲（Andrew McAfee）在《第二次机器革命》一书中指出，我们正处在一个重大的转折点上——和工业革命所带来的深刻变革几乎相同的重大转折早期阶段，不仅仅是新技术指数级、数字化和组合式的进步与变革，更多的收益还在我们的前面。在接下来的24个月时间里，这个星球所增长的计算机能量将超过之前所有历史阶段的增长总和。在过去的24年里，这种增长可能已经超过了1000倍。我们已经数字化的信息是以艾字节为计算单位的，但这些已经数字化的数据信息还在以比摩尔定律更快的速度增长。

正如世界软实力理论之父约瑟夫·奈教授所说，长达1000年的中国农业文明雄居世界巅峰，是全球 GDP 最大贡献国，处在世界强国第一阵营。公元 1500 年前后出现一个节点，正当欧洲的文艺复兴、科学革命、工业革命、蒸汽机革命，带来了一个航海大发现 500 年，中国在世界的巅峰处在一个关键的节点，我们错过了工业革命，陷入半殖民地半封建落后挨打的局面。

我们回顾一下人类的语言文明与媒介变迁过程，有三个重要的节点：

第一个阶段是平面媒介和语言文化交流阶段。

公元前 6600 年，人类最早的文字新石器时代中国河南贾湖契刻符号问世。

公元前 2697 年，中国人文始祖黄帝纪元元年。

公元前 841 年，中国历史有确切纪年开始，史称共和元年。

公元前 114 年，中国开始使用“年号”纪年。

公元 105 年，中国汉代蔡伦发明纸。

公元 1040 年，中国宋代毕昇发明活字印刷术。

中国两大文明与语言文明密切相关，首先是发明了纸，然后是 10 世纪至 11 世纪出现的印刷术，1439 年首次经由丝绸之路传到欧洲的印刷术进行机械印刷，印刷了一批《圣经》，使知识从贵族到了普通的老百姓中间，欧洲迎来航海大发现、蒸汽机革命、发现新大陆。

第二个时代是电子模拟信号传播与语言文化交流时代。

1838 年，摩尔斯电码的发明，迎来电子传播大众通信传播时代。传播疆域过去在印刷媒介中要几个月或者几个礼拜才能到大洋彼岸另一端，有了摩尔斯电码、有了电波、有了全球化的卫星直播，使人类首次形成“电子地球村”时代。1887 年爱迪生发明了留声机，结束人类不能记录有声语言信息的时代，使得声音可以记录下来，声音语言文字传播的功能进入了一个新的时代。

1895 年，意大利的马可尼和俄国的波波夫几乎同时发明了无线电，尼科拉·特斯拉 1897 年在美国获得了无线电技术的专利。世界各国一时竞相建设广播电台、生产收音机。

1924 年，英国人贝尔德发明了最原始的电视机，用电传输了图像。美国 RCA 1939 年推出世界上第一台黑白电视机，英国广播公司 1946 年 6 月第一次播送彩色电视节目,美国 1953 年设定全美彩电标准以及 1954 年推出 RCA 彩色电视机。

苏联人于 1957 年 10 月 4 日把第一颗人造地球卫星“斯普特尼克一号”送入了轨道。美国人于 1960 年 8 月 12 日发射了第一颗通信卫星“回声一号”。中国于 1970 年 4 月 24 日成功地发射了第一颗人造卫星“东方红一号”。从此,通信卫星开始取代地面无线电中转站。

美国星球大战计划,中国北斗卫星、嫦娥计划、火星计划,全球广播电视传播形成全新大陆、海洋、天空、太空等四维传播空间,形成 24 小时卫星广播电视全球传播时代。

第三个时代是比特数字信息传播与语言文化交流时代。

1889 年,美国科学家赫尔曼·何乐礼研制出以电力为基础的电动制表机,用以储存计算资料。1930 年,美国科学家范内瓦·布什造出世界上首台模拟电子计算机。1946 年 2 月 14 日,由美国军方定制的世界上第一台电子计算机“电子数字积分计算机”(ENIAC Electronic Numerical And Calculator)在美国宾夕法尼亚大学问世。1994 年 4 月 20 日,中国作为第 77 个成员国接入国际互联网,2008 年,中国成为世界第一大网民国家,美国迎来人类首位黑人“互联网总统”。

1993 年全世界只有 50 个网站,2013 年全球有 18 亿个网站,预计 2020 年将有 50 亿人在线。

人类计算能力从 1970 年到现在增长了 1000 倍,到 2018 年,用户使用的信息终端将会全面移动化,每个用户平均拥有 1.4 台接入网络的移动设备,38%的用户将会携带个人移动设备办公,这将催生海量的移动应用和数据。

中国互联网协会理事长邬贺铨院士预测:“将来移动智能终端的数量将超过地球人口的总和。”

按照摩尔定律,2018 年人工芯片人工神经网络将超过人脑,达 300 亿个(每 18 个月电脑数量翻两番)。遵循吉尔德定律,全球主干网带宽每 6 个月增长一倍。根据梅特卡夫定律,网络价值等于节点平方。按 MIT 专家统计,云计算、大数据推动 GDP 增长 5%。

1. 互联网成为海洋、陆地、领空、太空之外第五疆域,全球治理面临共同新机遇与新挑战

以美国为代表的网络强国引领社交媒体时代潮流,出台多部网络安全法案,扩大网络战部队建制和部署。同时,美国掌握90%以上的网络基础设备和13台全球互联网根域名服务器,凭掌握的先进网络技术手段,在全球推行“网络文化殖民主义”,同时对欧亚非进行意识形态渗透,引起欧盟国家警觉,欧盟最近加大对谷歌等美国垄断巨头提起法律诉讼,德法等国提出要建设欧盟自主网络体系。

我国亟须加强中国网络核心竞争力顶层设计、建设与世界第二大经济体相称的中国网络软实力基础设施建设迫在眉睫。

2. 各国数字边疆日益模糊,各国传统国家主权主体权威被大大削弱

在社交媒体信息交流模式下,作为意识形态主体和国家安全主权,其权威性受到了冲击。社交媒体的出现加剧了公共权力的分化,进而影响到国家安全。工业化信息化网络强国与亚非广大发展中国家信息数字鸿沟日益扩大,网络强国利用掌握的社交媒介资源对网络弱国进行意识形态颠覆:2009年,摩尔多瓦和伊朗先后发生被称为“推特革命”的未遂颜色革命;2010年底,在北非和西亚的阿拉伯国家和其他地区的一些国家“阿拉伯之春”以“民主”和“经济”等为主题的反政府运动深刻改变地缘政治格局;2011年突尼斯的“茉莉花革命”中,Facebook、Twitter、YouTube等社交媒介在推翻政府导致领导人下台中扮演了重要角色。

据统计,微博68.2%的用户年龄在30岁以下。以学生为代表的青年群体,其个人事业、学业和情感都处于不确定时期,心理不够成熟,面对人生的挫折,很容易产生迷茫,在社交媒体上被诱导后极易滋生对政府和社会的不满,很难抵抗意识形态的渗透。

3. 伴随网络原住民开始崛起,全球化跨国文化渗透加速,争夺世界未来领导力迫在眉睫

根据中国互联网信息中心的报告,2014年社交类应用在我国互联网用户中的渗透率最高达89.3%,社交媒体一方面扩大主流意识形态的传播,另一方面也给意识形态和思想文化乃至国家安全数字主权带来了严峻挑战。

纵观我国历史，群众有着严重的从众心态和群体极化，网络时代兴起的“意见领袖”占据着网络舆论的制高点，网民从众心理导致盲目跟风，经过热烈讨论的网络舆论往往“群体极化”成极端观点，极易被鼓动成群体性事件引爆社会危机。当前“80后”、“90后”青年群体作为网络原住民全面崛起，同时也是社交媒体的主要用户，社交网络平台成为网络原住民青年学生发动、宣传、组织网下行动的重要平台。

二、中国发展不平衡矛盾迫在眉睫

世界软实力理论之父约瑟夫·奈引用李光耀的话指出，中国有13亿人的智慧可以利用，美国则有70亿人的智慧可以利用。

中国从一个经济大国走向经济强国仍有很长的路要走，与此形成强烈反差的是，我国网络文化与党和国家总体形势同步同向的同时，目前中国软实力对全球的影响十分弱小。

中国作为第77个成员国于1994年接入国际互联网，2011年，国际电信联盟报告显示中国互联网家庭普及率全球排名第78位，比五年前还后退了一位。中国宽带普及率仅为11.7%，超过全球平均水平8.5%，但远低于发达国家的25.1%。

根据国际电信联盟发布的“信息通讯技术发展指数(IDI)”，我国2008年的信息化水平在国际排名中位于第79位，相比2007年下降了6位。2008年以后下降的趋势还在持续。在联合国经济与社会事务部发布的“电子政务发展指数(EGDI)”排名中，我国最好的成绩是2005年，达到第57名，到2008年下降到第65名，2012年再下降到第78名。

美国股市每天的成交量高达70亿股，其中2/3的交易都是由建立在算法公式上的计算机程序完成的。谷歌公司每天要处理超过24拍字节的数据，这意味着其每天的数据处理量是美国国家图书馆所有纸质出版物所含数据量的上千倍。

谷歌子公司YouTube每月接待多达8亿的访客，平均每一秒钟就会有一段长度在一小时以上的视频上传。Twitter上的信息量几乎每年翻一倍，截至2012年，每天都会发布超过4亿条微博客。

目前全球社交网络巨头Facebook拥有14.4亿月活跃用户，Facebook这个创立时间不足十年的公司，每天更新的照片量超过 1000 万张，每天人们在网站上点击“喜欢”（Like）按钮或者写评论次数大约有 30 亿次，每天活跃用户 9.36 亿人，视频访问量 30 亿次，CNN 粉丝数 1000 万人，《纽约时报》粉丝数 800 万人，而中国入驻粉丝数最大的媒体《人民日报》才 300 万人，差距很大。

最新的调查显示，当代国际受众借助于西方媒体了解中国的信息获取率高达 68%，经过其他国家了解中国的有 10%，仅有 22%的受众从中国媒体了解中国。这表明，当代中国国际形象的树立主要源于“他塑”，而非“自塑”。

中国虽然成功举办奥运会、世博会，加大文化走出工程、国际传播能力建设、孔子学院等平台建设，但中国软实力影响世界有限，而进入信息时代的美国软实力对全球有广泛覆盖渗透力。

继中国崩溃论等破产后，中国威胁论、历史虚无主义、质疑改革开放、唱黑中国道路、唱衰中国模式等杂音、噪音弥漫网络，在西强我弱的全球网络传播体系中，中国网络文化软实力总体赤字仍然没有得到根本改变，中国经济硬实力“一条腿长”、文化软实力“一条腿短”的不对称矛盾仍然深刻掣肘、阻碍实现“两个一百年”奋斗目标大局。

三、网络大国走向网络强国：中华文明在网络空间第五疆域迎来伟大复兴

著名政治学者塞缪尔·P.亨廷顿统计，世界上第一个实现了现代化的国家英国，经历了从 1649 年到 1832 年共 183 年时间，美国经历了从 1776 年到 1865 年共 89 年时间。欧洲其他 13 个国家进入现代化也经历了 73 年时间。但从 20 世纪 60 年代起，在形式上进入现代化的第三世界国家有 21 个，历时却平均只有 29 年。

中国改革开放让 6 亿人走出贫困、3 亿人进入中等收入阶层。截至 2015 年 12 月底，中国网民规模达 6.88 亿人，中国和平崛起成为世界第二大经济体，2014 年实际利用外资近 1200 亿美元，居世界货物贸易第一大国地位，对外直接投资超过 1000 亿美元，从“资本净输入国”一跃成为“资本净输出国”，初步形成了“引进来”与“走出去”双向投资、并驾齐驱的良性流动局面。

在过去人类 2000 年历史中，长达 1500 年中国经济总量雄居世界第一，近

500年航海大发现、工业革命、信息革命以来，先后有西班牙、荷兰、法国、英国、美国成为世界强国。

新型大众传播和娱乐以及为很多人传达的信息深刻影响人口增长和发展、生活模式、文化交流。1880年创办的柯达公司经历132年之后，也就是在Instagram出售给Facebook之前18个月的时候，申请破产。每年有700亿张照片被上传到Facebook网站上，而且还有超过这一数量好多倍的照片通过其他类似Flickr网站以近乎零成本的方式被共享。数字化的今天，每年差不多都会有4000亿个“柯达瞬间”仅仅依靠一点鼠标或随心触摸一下屏幕就能实现共享。

1. 后工业社会到来，大改革、大调整、大消费、大市场、大开放能否推动中国跨越经济增长陷阱和中等收入国家陷阱

2008年国际金融危机，中国作为世界经济增长引擎作出了巨大贡献，中国经济进入深化改革、提质增效的换挡期，中国在GDP稳居世界第二位的同时，其市场份额和消费规模也大幅度提升，中国需求成为世界需求最为重要的决定因素和增长引擎，拉动“大国经济效应”开始全面显现，中国积极参与构建全球价值链，中国经济对世界增长贡献率达30%，中国消费规模依然按照每年平均13%的速度增长，中国开始从“世界工厂”转向“世界市场”，“中国制造”向“中国创造”转型，中国产业的梯度大转移不仅大大延缓了中国工业化红利消退的速度，同时通过构建多元化的增长极使中国主体功能区更趋合理科学。

2. 数字化转型互联网经济能否为中国带来第二次人口红利、超越刘易斯拐点

刘易斯拐点的到来和老龄社会的逼近意味着中国传统的人口红利开始消退。中国的就业格局是“大学生就业难”与“民工荒”相并存。每年700多万大学生毕业压力已经使大学生就业起薪与农民工平均工资开始拉平，大批海归归国创业反哺中国创新主体，中国从人口大国迈向人力资源强国开始转型发力，大量受过高等教育的人群已经为中国产业升级准备了大量高素质、低成本的产业后备大军。以大学生和人力资源为核心的第二次人口红利开始替代以农民工和低端劳动力为核心的传统人口红利。

据麦肯锡全球研究院2014年7月25日发布的《中国的数字化转型:互联网对生产力与增长的影响》报告指出,互联网正从根本上重构中国人的生活方式,中国互联网经济占GDP比重已超过美国。

3. 启动网络强国战略,"互联网+"大数据行动计划"大众创业、万众创新"催生技术红利机遇,"中国制造"能否向"中国创新"转型参与全球创新价值链

中国致力推动的"大众创业、万众创新"成为中国经济增长的新动能。通过"双创",去年以来,平均每天新增市场主体10000家以上,而且中国经济结构也在发生着向好的变化。比如,消费占GDP的比重已经超过60%,服务业比重接近50%,高技术产业增速超过10%。

中国创新型国家步伐全面加速。中国专利申请量2013年达到257.7万件,增速为15.9%,占世界总数的32.1%,居世界第一;中国R&D经费支出2014年达到GDP的2.09%,增速达12.4%,进入高速度、中等强度阶段;中国2013年技术市场交易额达到7469亿元,增速达16%;中国高技术产品出口总额达到6603亿美元,占出口总额的30%;中国拥有世界上最庞大的科学技术研究人员,2013年,在国外发表的科技论文已接近30万篇,迈入世界科技论文大国的行列,2015年,中国科学家屠呦呦首次获得诺贝尔医学奖。

"中国制造"开始向"中国创新"转型,从劳动力密集型制造业向知识密集型产业过渡,在人均GDP接近8000美元时,消费开始出现大幅度升级,开始从以吃穿住行为主体的工业化消费转向以高端制成品和服务消费为主体的后工业化消费,中国产业由制造业转向服务业、由劳动密集型产业转向知识与技术密集型产业。

4. 中国能否抓住"弯道超车"的机会,借助中国经济开放创新硬实力上升强势,与时俱进打造有世界影响力的中国网络文化软实力平台

在"一带一路"、京津冀协同发展、长江经济带、"自由贸易区"战略及新外交战略指引下,继美国之后,中国GDP总量跃上10万亿美元关口,比第三位的日本超出一倍还要多,经历了2018年国际金融危机之后,中国对世界经济增长贡献率达20%—30%,最近有西方学者指出,与其他发展中国家相比,中国可能是唯一从"借鉴型经济体"发展为具有独立研发创新能力的经济体国

家,亚洲或首先形成“中国世纪”。

代表韩国文化潮流精神的《江南 STYLE》在 YouTube 等全球社交平台传播韩国精神,点击量达 86 亿次,创全球之冠。最近韩国 KBS 电视台制作了纪录片《超级中国》成功解码中国,有效传播中国创新奇迹,备受全球瞩目!

我国应借鉴美国“麦当劳薯片+好莱坞大片+电脑芯片”模式、韩国信息网络文化产业“韩流”引领世界精神文化市场的成功做法,构建一整套与中国经济奇迹相适应、相匹配的有世界影响力的国家网络文化软实力文化产品体系。

美国公众普遍注重成就、仰慕成就,有深厚的成就和英雄崇拜的心理积淀,美国社会结构流动性很大,公共教育和网络教育普及,使各社会阶层人士向上流动,美国影视、音乐、娱乐和游戏等,从歌颂牛仔和警察的好莱坞大片、星球大战版的动漫和游戏,无数次演绎一个个英雄传奇,成为以喜闻乐见的大众文化形式向全球扩散、深刻影响世界的“美国梦”。

以源远流长的悠久中华文明精华和中国改革开放创新核心价值观为基础,打牢社交媒体时代国家共识,培养能引领时代、领导未来一代价值观、有效传播正能量的意见领袖,树立意见领袖模范,引导进行有效议程设置。其次要推动大众创业、万众创新,促进社会大繁荣、释放社会创富最大潜能,帮助各社会阶层合理流动、实现中华民族伟大复兴的中国梦。

生于 20 世纪 90 年代的中国青少年,成长于中国改革开放全面进入网络信息时代,其思维敏捷,推崇时尚,接受新事物快,要进一步提升“90 后”青少年网络素养。社交媒体信息大爆炸时代,健全青少年社团网络创业创新组织平台,政府、市场、社会、学校、研究组织、资本等共同服务引导青年一代创业创新引领其人生价值,培养青少年正确的价值取向和社会活动能力,帮助青少年把个人的梦想与国家的梦想结合起来,研发出更多具有自主知识产权的互联网高科技产品,早日摆脱对西方国家网络技术的依赖。针对“90 后”青少年的特点,把青少年聚集到“两个一百年”的宏大目标愿景下,培育青少年全球眼光的民族自豪感、历史观、世界观,帮助青少年提升全球化网络时代的国民素养和未来领导力。

5. 从全球航海大发现到人类第五疆域大发现，中国启动信息时代的全球创新引擎将迎来中华文明的伟大复兴

近半个世纪以来信息技术日新月异发展，人类从以软件为中心的网络时代，到以服务为中心、以云为主要技术的云计算时代。

全球经历以应用为中心、以用户价值为中心、以数字挖掘为中心的大数据时代。

互联网现在面临新一轮换代。现在是后 PC 时代、后网络时代和移动互联网时代，不出十年，我们又进入后摩尔时代、云计算时代。80 年代谈数据库、90 年代谈 IDC，现在说云计算、云服务。

大数据时代全球数字房地产基础设施不断升级迭代。从 PC 时代到移动时代，手机起初只能听和说，2003 年可以手写输入，2004 年可以录音，2005 年可以看电视，2007 年可以上网络，2008 年触摸屏，2009 年有传感器，2010 年以来盛行微博、微信、网络支付。

遵循每 18 个月电脑数量翻两番的摩尔定律，2018 年人工芯片人工神经网络将超过人脑，达 300 亿个。按主干网带宽每 6 个月增长一倍的吉尔德定律、网络价值等于节点平方的梅特卡夫定律，未来 4 年，包括手机在内，全球将有超过 70 亿的移动终端。人类存储信息量的增长速度比世界经济的增长速度快 4 倍，而计算机数据处理能力的增长速度则比世界经济的增长速度快 9 倍。

2000 年，数字存储信息仍只占全球数据量的 1/4；当时，另外 3/4 的信息都存储在报纸、胶片、黑胶唱片和盒式磁带这类媒介上。

2007 年，只有 7%是存储在报纸、书籍、图片等媒介上的模拟数据，其余全部是数字数据。2007 年，人类大约存储了超过 300 艾字节的数据。一部完整的数字电影可以压缩成一个 GB 的文件，而一个艾字节相当于 10 亿 GB，一个泽字节则相当于 1024 艾字节。2013 年，世界上存储的数据达到约 1.2 泽字节，其中非数字数据只占不到 2%。

当数字数据洪流席卷世界之后，每个地球人都可以获得大量数据信息，相当于当时亚历山大图书馆存储的数据总量的 320 倍之多。

从全球航海大发现到人类第五空间大发现，中国应拥抱未来的新机遇：今后5年,G20中的发达国家互联网年增长8%,对G20的GDP贡献率将达5.3%,发展中国家增长率高达18%,2010—2016年G20的互联网经济将近翻番,增加3200万个就业机会……

中国经济进入新常态,新常态将催生新经济新增长形态。2015年,中国相继出台"互联网+"行动计划、大数据行动计划等系列新经济计划。

按OECD预测,信息分析与模拟仿真技术和人脑工程将是未来最前沿的技术。MIT专家预测云计算、大数据将推动GDP增长5%。

2004年,乔舒亚·库珀·雷默首次在《北京共识》一书中提出"北京共识"概念,中国模式成为研究中国发展的一个新视角、新热点。

自从鸦片战争以来,中国从世界GDP第一跌落濒于亡国亡种悲剧绝境谷底,经历半殖民地半封建社会、国家沦陷、民族救亡、国家独立、建设、改革、创新,中华民族有理由回到历史的原点——真正实现民族的伟大复兴。

2013年,中国成为世界第一大电子商务国家,我们大力发展农业经济、工业经济、信息经济,在全球信息网络经济中迈出一个大国向强国迈进的坚实步伐。

2014年7月25日,麦肯锡全球研究院发布《中国的数字化转型:互联网对生产力与增长的影响》报告指出,互联网正从根本上重构中国人的生活方式,中国互联网经济占GDP比重已超过美国。

中国作为世界第二大经济体,2014年实际利用外资近1200亿美元,居世界货物贸易第一大国地位,对外直接投资超过1000亿美元,从"资本净输入国"一跃成为"资本净输出国"。

中国PPP世界第一、200多种产品世界产量第一,还是第一大进出口贸易国、世界第一大网民用户国、第一大移动手机用户国。

在万物互联时代有巨大的发展空间,2018年全球移动用户超过了地球人口的总和。

人类轴心时代(公元前800年到公元前200年),中国的孔子、老子跟印度佛陀,希腊苏格拉底、柏拉图等人类文明巨人处在文化轴心同步起跑线。

中华文明的伟大复兴现在面临一个空前的机遇,正当人类文明奇点临近,中华文明伟大复兴将达到中华文明道路自信、理论自信、制度自信、文化自信的新高度!

中国梦与互联网

唐　彬

吴晓波在《互联网对中国到底意味着什么?》一文中谈道:“如果没有互联网,美国也许还是今天的美国,但是中国肯定不是今天的中国。”对于这点,我深表认同。我比吴晓波更为乐观,因为互联网和中华文明的根基是相通的,互联网让中国人超越器物层面,重拾文化自信,发自内心地拥抱互联网的新思维和新技术,推动中国引领信息文明时代!

互联网为何在中国如此蓬勃发展?

互联网在两个国家发展得最好,一个是诞生地美国,另一个就是中国。按照麦肯锡的报告,2013 年中国 iGDP(互联网 GDP 贡献占比)4.4%,比美国还高 0.1%;在应用性创新层面,中国的互联网其实已经和美国不相上下。全球市值最大的 10 家互联网企业里,美国 6 家,中国 4 家。按照现有发展趋势,五年之内中国互联网会超过美国,成为世界毫无争议的互联网第一大国。为何互联网,包括互联网金融,在中国发展得如此蓬勃? 不是人多,因为印度和中国人口数量基本不相上下;也不是中国人素质高。究竟是什么原因使得西方舶来品互联网在中国发展得如此蓬勃,生命力如此强大?

主要有三大原因:互联网通过信息透明,打破地方保护主义;信息透明促成统一的大市场,大大提升市场的规模和效率,有利于经济的发展;互联网打破垄断,激发企业家精神。

从 1994 年 4 月 20 日中国开始和世界联网,经过了 21 年来的快速发展,互联网正在加速打破垄断,释放思想、金融和社会等方面的活力,让市场发挥决定性的作用,激发市场经济最宝贵的企业家精神。比如,权力正在被互联网“透明化”而接受无处不在的监督,逐步被关进笼子里面;封闭、庞大、低效的金融领域正在被新兴的互联网金融打破垄断。经过了十来年的努力,民营主导、充满互联网精神的主流第三方支付企业在零售支付领域已全面超越了国有银行,并打破了中国银联的垄断,在助力中小企业互联网升级的同时为用户带来了众多的便利和实惠。在今天,每10张远程的机票购买中,有8—9张是通过第三方支付公司提供支付服务的,其中3张以上由易宝支付提供。互联网金融的另外一个重大使命是促进传统金融升级,使之回归服务于实体经济的本源,变得更加高效、透明、普惠,促进中国经济的转型和升级。

互联网的基本结构是去中心化的自由连接。在这个结构中,人们互为中心,即"人人为我,我是中心",又"我为人人,他人是中心",保证了每一个参与者的独立和自由。在地域广阔、信息技术落后的农业社会,需要通过儒家严明的等级制度来限制个人的自由,维护大国的稳定,这在当时是有效的安排。但经过两千年的演变,已极大地束缚了人们的创造力,包括教育体系、户籍制度、保甲制度、八股取士、株连政策等。儒家已被汉武帝政治化,作为重要的统治工具。但儒家不是中华文明的根基,真正的根基在百家争鸣的春秋战国之前就奠定了。中国人在世界上任何地方,对"中国"、"君子"这两个词都有一种发自内心的亲切感。作为中华民族集体人格的沉淀,君子和而不同的理念已经深入我们的血脉,成为中华民族文化的根基。互联网的去中心化的平等结构和君子和而不同的理念是完美契合的。

互联网让中华文明的根基打通了时代的脉搏,让中国人找到在这个时代的文化自信,所以人们发自内心地喜欢它,20多年前,互联网在中国一旦起步就如火如荼地发展起来,到了2015年,政府正式把发展互联网定为国策,并制定了"互联网+"的行动计划。

易经是中华文化的源头。易经中谈到了变易、简易和不易。变化莫测,跨界融合的互联网世界让参与者觉得迷茫、浮躁。按照《大学》的话:"知止而后有定,定而后能静,静而后能安,安而后能虑,虑而后能得。"互联网世界的止由如下两事构成:1. 互联网始终围绕人性展开,因为互联网本来就是通过自由连接来让人性得到更好的展示。2. 一天只有24小时。互联网就是人性,它提供了一个连接人人的开放、分享、自由、协作、充分尊重每一个体的和谐平台,让每个独一无二的生命尽可能活出它的精彩和意义。无独有偶,和谐也是中华文明的核心:人与人之间推崇和而不同的君子之道;人与自然之间崇尚天人合一;国与国之间讲究王道。

借用老子“道生一,一生二,二生三,三生万物”的思想框架来解读互联网。互联网之道就是自由,这是所有生命体永恒的追求。但个体能力有限,不可能靠一己之力就自给自足,实现自由。对于自由的追求催生了人与他人,以及世界自由相连的渴望,这就是互联网的“一”。人性希望独一无二,不可或缺。在与世界相连的过程中,我们希望保持独立性,而不愿像一滴水珠融入大海,这样虽然避免了被太阳蒸发,但同时也失去了自我。互联网去中心化的结构在连接每个人的时候保证了宝贵的独立性。因为去中心,所以每一个人都是中心,人人为我;同时,每个人又围绕他人为中心,我为人人。这个对立统一的“人人为我,我为人人”构成互联网太极结构的“二”,在保持独立性的前提下实现了个体和集体的完美融合。二元互动催生了互联网的“三”要素:人、信息和交易。其中,人是载体,更是目的。这三要素的动态组合催生了已知的主动自发、混沌有序、千姿百态的互联网奇迹,相信在未来将创造更多的精彩,给人类带来惊喜!

要实现中国梦,一是要找到文化自信:回归君子和而不同的中华文明之根;二是要深入了解互联网时代先进的思想和技术;三是要找到合适的方法,在中华文明之根上结出时代之硕果——实现中国梦。

1840年以来,实现中国梦的主要方法论一直是“中学为体,西学为用”。经过两千年封建极权独裁统治,社会自治力量相当薄弱,公民意识淡漠,独立知识分子的尊严被百般摧残,人们的创造力已经被压抑到了极点。虽然中学之根系还很强大,中学制度体系之躯体却已腐朽,无法承载一个强大和谐的中国。

日本通过明治维新,全面拥抱工业文明,短短30年间从落后的农业文明国家一跃而成为亚洲第一号强国。1854年日本的门户江户(今东京)被美国佩里将军带领4艘炮舰强行打开时,日本社会相比当时的大清帝国更为落后,举国震惊之余,日本于1868年开始维新变革,并于1871年派遣上百名高官,游历欧美,深度考察当地的制度风物等,深感日本落后的农业文明和当时欧美先进的工业文明之差距。回国后即决定仿照西方制度,全盘西化。短短24年后,中日甲午战争日本大和舰队在吨位不及北洋舰队的情况下,大获全胜,背后其实是新兴的工业文明及现代制度与腐朽落后的农业文明及独裁制度之争，展现了日本全盘西化的威力。日本作为岛国，文化之根浅，根系不发达，在唐朝时学习当时先进的农业文明和制度，全盘中化成功；工业文明崛起的明治时期，全盘西化成功亦不足为奇。

但中国不能学日本全盘西化。因为中国是一个拥有5000年悠久历史的大国，有着世界四大轴心文明之一的强势原产文明，历史上同化了不少外来入侵民族。中华文明之根系发达，根粗且深，不可能靠全盘西化成功，也不能学洋务运动“中学为体，西学为用”，因为中学之制度躯体早已腐朽，而且东西文明相互排异——中学以团队为中心，强调为集体至上；西学以自我为中心，重视个体独立自由，这两种文明相互矛盾、相互排斥。在此背景下西学之科学、民主、理性等现代性无法和中体之根结合。

所幸互联网带来去中心化的新结构。去中心化意味着每个人都是中心——人人为我；同时每个人又围绕他人为中心——我为人人。“人人为我，我为人人”的新结构完美融合了东西文明，创造出互联网时代的信息文明，给世界带来新希望。在此大背景下，东西方文明不再排异，中学之根和西体之现代性才能有效结合。

把握大数据时代契机，推动我国网络社会科学化管理

姜　飞　黄　廓

当40亿部手机、10亿部电脑，随时随地都在向分布在全球各地的服务器发送数据，近6亿手机网民随时上传和交流数据信息，研究者看到，大数据浪潮，汹涌来袭。与互联网的发明一样，这绝不仅仅是信息技术领域的革命，更是在全球范围启动政府管理改革、加速企业创新、引领社会变革的利器。作为政府管理的一个重要信息通道的舆情监测，也在大数据时代面临巨大的考验，需要推动从间接舆情搜集管理的模式，迈向间接舆情和直接舆情相结合的新阶段，推动舆情监测和社会管理更加科学化。

一、形势描述：大数据时代的含义及其对社会各个领域带来的科学化冲击

美国IBM公司把大数据概括成了三个V，即大量化（Volume）、多样化（Variety）和快速化（Velocity）。这三个特点同时也反映了大数据所潜藏的价值（Value），我们可以认为，这四个V就是大数据的最基本特征。《纽约时报》网站2012年3月21日刊载文章称，“大数据时代”已经降临，在这一领域拥有专长的人士正面临许多机会。文章指出，“大数据”正在对每个领域都造成影响。举例来说，在商业、经济及其他领域中，决策行为将日益基于数据和分析而作出，而并非基于经验和直觉；IBM数据顾问的职责是帮助企业弄明白数据爆炸背后的意义——网络流量和社交网络评论，以及监控出货量、供应商和客户的软件和传感器等——用来指导决策、削减成本和提高销售额。在科学和体育、广告和公共卫生等其他许多领域中，也有着类似的情况——也就是朝着数据驱动型的发现和决策的方向发生转变。哈佛大学量化社会科学学院（Institute for Quantitative Social Science）院长加里·金（Gary King）称：“这是一种

革命，我们确实正在进行这场革命，庞大的新数据来源所带来的量化转变将在学术界、企业界和政界中迅速蔓延开来。没有哪个领域不会受到影响。”麻省理工学院斯隆管理学院的经济学教授埃里克·布吕诺尔夫松（Erik Brynjolfsson）提出，如果想要理解“大数据”的潜在影响力，那么可以看看显微镜的例子。显微镜是在4个世纪以前发明的，能让人们看到以前从来都无法看到的事物并对其进行测量——在细胞的层面上。显微镜是测量领域的一场革命。布吕诺尔夫松进一步解释称，数据测量就相当于是现代版的显微镜。举个例子，谷歌搜索、Facebook帖子和Twitter消息使得对人们行为和情绪的细节化测量成为可能。2012年2月，在瑞士达沃斯召开的世界经济论坛上，大数据是讨论的主题之一。这个论坛上发布的一份题为《大数据，大影响》（*Big Data, Big Impact*）的报告宣称，数据已经成为一种新的经济资产类别，就像货币或黄金一样。以纽约市为首的警察部门也正在使用计算机化的地图以及对历史性逮捕模式、发薪日、体育项目、降雨天气和假日等变量进行分析，从而试图对最可能发生罪案的“热点”地区作出预测，并预先在这些地区部署警力。

二、现实分析：大数据时代的技术、政治、文化意义理论分析

综合来看，大数据，是一个包含文化基因、政治态势、经济走向、营销理念的金矿。这个金矿有几个特点：（1）后台化。诸如腾讯、百度这样的网络公司有能力借助大型高速计算机存储和管理散布在论坛、聊天、社区、微博、手机等传播终端的海量信息，这些信息从前端来看，是由用户各自加密码自我保护的，但在后台还有一个技术出口，端口是由这些网络数据公司依法把控的。（2）可控制。从大数据技术角度来看，借助高速计算机技术，互联网就是一个饭店的大堂，各个栏目、社区、群、组，甚至是私密的聊天，对管理者来说，就像饭店大堂里用帘子隔开的所谓“包间”，都是通过技术“中控”看得一清二楚的，就像是站在饭店的二楼，看一楼天井中的大堂食客一样。（3）精准化。“一叶知秋”的文化寓言在互联网大数据时代可能成为现实，原因是这样的判断基于海量信息的科学化分析。比如，社会/社交网络上的微弱联系以及独立、偶然的信息呈现，在传统的统计技术下，就像地下贫铁矿，对开采技术要求高，开采价值也不大；但现在，高速计算机系统可以将这样的微弱联系进行历时空的对比交叉分析，从而可以探测/预测更多信息，原来近乎神话的“蝴蝶

效应理论”变成现实——突然爆发在现实中的一个事件,可以借助大数据分析最终追踪到网上的一个帖子甚至一句话、一个短信、一个人。从理论上来说,后台的这些数据是一个闪闪发光的信息金矿,如果能够加以合理、合法的利用,新型传媒终端对传统社会管理机遇远大于挑战——研究的内容开始涉及如何采集庞大的数字化数据集合,用来科学预测和阐释网络上的集体化行为。

三、问题概括:大数据时代对舆情监测和管理带来的冲击

以往的舆情收集一般是由专业研究人士、智库机构和内参机制等通过社会调查、访谈、统计和定性的方法,针对媒体报道、论坛 BBS、社会上出版流通的出版物、聊天工具等进行概约化的统计、分析和判断,得出一些社会现象和事件描述性特征以及趋势预测。一言以蔽之,既往的舆情研究是对于“已经”物理呈现在研究者“眼前”的文本的统计和分析,其对于研究者的社会、政治、文化素养要求很高,对于资料来源广度以及信息覆盖程度要求很高。但是,在大数据时代,所有的文本都已经数字化呈现和流动的前提下,一方面是呈现在研究者面前的物理文本相对数量呈下降趋势,更多的文本以电子的形式分布在不同的传播终端;另一方面,数字技术催生的传播形式的多元化,使得有关各个方面情况描述、叙说和分析的文本绝对数量呈急剧上升趋势。举例来说,腾讯 QQ 一个月积累下来的文字量即可以达到 7200 万字,这是一个海量的信息流通。

如此,就给舆情的监测、统计和管理带来相当大的问题。一方面,海量的数字信息使得既往的研究者运用传统的研究方法搜集舆情信息已经呈现出愈发捉襟见肘的状态;另一方面,海量的数字信息及其高度的分散程度(包括手机、BBS、论坛、QQ、各种聊天工具,甚至是商务通讯工具、博客、微博以及日新月异的传播终端等)给研究者搜集信息带来相当大的难度。这样的直接结果就是囿于信息数量以及信息搜集难度的极度扩张和研究手段的相对萎缩,使得研究者得出的结论愈发带有主观臆断、片面性、临时性、阶段性、闪烁性,从而使得舆情分析的质量呈现相对下降的趋势,借助这样的舆情分析带来形势误判的风险呈现不断加大趋势,这样的一种状态,作为国家的管理者不可不察。

四、对策建议:把握大数据时代机遇,推动舆情监测和管理更加科学化的对策

大数据时代给政府管理带来的是“双刃剑”。一方面,数据流越来越大,管理难度加大;但另一方面,相对于以往纸质文本的呈现形式和传播形式,电子文本的传播形式更容易通过高速计算机和搜索工具进行检索和监控,这是一个重大的思路,也是避免对数字媒体产生恐慌的理论根据。数字技术推动政府的管理之手不断地后退,真正地朝向“看不见的手”的管理模式前进,数字技术给中国提升管理水平提供了一个物理性的机遇和条件。

为把握大数据时代的机遇,提升舆情监测管理以及社会管理的科学化水平,建议如下。

1. 尽快完善数据管理立法

确保一些大型门户网站和网络数据公司合法使用后台数据,尤其注意不能因为单纯的商业利益将这些后台数据出售给境外的分析机构,此则带来的损失直接涉及国家信息和文化的安全。

2. 从思想上确立走直接舆情和间接舆情相配合的道路

从理论角度来看,大数据时代的统计分析,通过后台数据监测、统计以及精准化的分析和定位,提供量化的科学数据,即所谓直接的舆情;如此,以往的间接舆情报告就相当于传播学研究的焦点组访谈,再一次通过专业人士的眼光对数据进行分析,更能有效地印证舆情质量。二者交相配合,将极大地提升舆情分析科学化水平和舆情报告的精准性、对策的针对性。

3. 整合以往的舆情监测统计分析单位

或者归口依法管理,或者在宣传部下设立大数据舆情监测管理部门,对口协商广电、报纸等传统媒体信息以及门户网站、商业网络和数据公司,开发数据洪流,呈现真实舆情。如果说大数据的特点是海量和非结构化,那也是不全面的。大数据带来的挑战还在于它的实时处理。在当今快速变化的社会经济形势面前,把握数据的时效性,是立于不败之地的关键。而由专门的机构和人员,运用前沿的技术,则似可以有效把握大数据时代给中国提供的提升社会管理水平的历史性机遇。

传统媒体在中国网络文化构建中的微创新

马晓艺

广义互联网正改变着社会生活的方方面面,传统媒体也受到巨大冲击,受众被大量分流。媒体行业应对竞争说易行难,需要大量前期投入的电脑端布局差强人意,改革现有机制的“甩包袱,清资产,换队伍,补资源”等举措不可能一步到位,重新洗牌和再次出发迫在眉睫。与 PC 互联网的游戏规则不同,移动互联网被乐观地看成“小人物的春天”,互联网大佬们为了争夺移动船票而以更开放的胸怀分享移动平台利益,让技术和硬件的门槛越来越低,剩下的只是创意和规律摸索的比拼。近年来,多家传统媒体机构一手调机制,一手微创新,改变思维、改变队伍,让产业革命从内部发生、让品牌价值高效释放、让共享理念打通壁垒,它将帮助传统媒体在移动生态环境中以轻盈的风格、贴近的姿态实现窄领域逆袭。

一、小而美的移动互联网团队,让产业革命从内部发生

互联网更注重对于个人的精准、精细、精致化的服务与沟通,对个体的尊重决定了它与传统媒体习惯对大多数人进行先期平均值预估的公众传播基因不同。PC 时代,传统媒体纷纷大举建立官方网站、打造新媒体版图,并渴望这个独立运营、独立核算、独立发展的全新部门承担起整个事业中全媒体战略布局的转型,前途看上去很美好,但现实又何其艰难!多数传统媒体机构的新媒体部门经过多年努力仍游离于主流业务之外,更遑论扛起杀入市场化程度极高的互联网领域的大旗。移动互联网时代首先要改变的就是游戏规则。

让产业革命从内部发生的有利条件在于移动互联网终端具有 24 小时的贴身性,用户使用和消费习惯的培养成本极低,传统媒体机构动员全体人员加入移动互联网大战比 PC 互联网时代更轻而易举。历史的包袱总是相同的,正如传统媒体之于电脑桌面,任何在 PC 互联网时代的成功可能成为经验,也

可能成为包袱。对于未来,腾讯掌门人马化腾也实话实说“看不清”,不投入其中不足以明白个中滋味。纵观传统媒体,其高高在上且颇具权威责任感的定位无法在用户眼中成为一个有血有肉、爱憎分明、活生生的“人”,而不建立人际之间的真实强纽带,几乎在移动互联网世界里寸步难行。从机构的角度让优秀人才在移动互联网的世界里率先“活起来”,虽然力量微薄,却可能激发出个体的最大潜能和热情,给年轻人一个舞动的理由。

近年来,多位希望触网的弄潮儿们相继离巢创业,他们通过个人影响力,尝鲜创意内容“微付费”模式。然而,多数传统媒体从业者认为机构内的新媒体发展事业与己无关。传统广播机构具备建立灵活运营机制的气度,也拥有闪耀着明星号召力的人才,但为什么一定要出走才能实现梦想?只有机构与个人在市场中共同成长才能完成应对移动互联网生态的蜕变。

传统媒体机构正从不同层面尝试组织与个人的利益分享激励机制,鼓励具有鲜明风格和大胆创意的一线业务人员自主走向移动互联网,将其在传统平台的价值有效延伸并大力推荐、扶持、提供配套服务,以兼职创业的模式直接从用户付费的角度切入,出台移动互联网平台中个人与组织的创收分配方案,优胜劣汰下来的结果就是为传统媒体机构留下了精通移动互联网业务的个人或团队,并且在主流平台之外打造出一种“星火燎原”的态势,以最核心的人的资源嫁接起新旧平台的桥梁。

传统媒体机构需要重新认识自己。传统媒体人曾对自己输出的内容信心满满,但脱离热门平台的创作根本无法实现传播效果的最大化,将传媒产业中最有价值的人扎根于事业之内又广开大门,才能激发出组织内部的向上力,最终使得组织和个人双重获利。

二、绞尽脑汁的关系网全面捆绑,让大数据开始真正说话

互联网行业带给各行各业最直接的红利就是大数据的累积与发掘,然而传统媒体不了解互联网正是从摸不着的大数据开始的。媒体行业多年来从未间断地进行受众调查、分析、互动,离开了电话、信件、抽样的模式,却忽然发现自己看不清、找不到用户了。互联网上提供哪些大数据呢?百度拥有两种类型的大数据:用户搜索表征的需求数据,爬虫和阿拉丁获取的公共 Web 数据;阿里巴巴拥有的交易数据和基于此产生的社交数据;腾讯拥有的用户关系数

据和基于此产生的社交数据。他们活用了这些数据，所以成为无坚不摧的数据巨人。现在，各行各业逐渐释放数字化多年来的成果，比如房地产公司也在盘活社区的用户和数据资源，希望结合金融等多样化的服务，为社区住户带来更多快捷、便利的顾问式服务。传统媒体虽然没有完整清晰的用户数据，却不代表没有数据潜力。

多年来，传统媒体机构在市场化转型中并非一无所获，其下属子公司多与具有互联网或通讯背景的企业以合资、入股等展开深入合作。比如，中央人民广播电台的央广传媒公司已与多家互联网巨头建立了多种形式的业务联系，从这些已有默契和利益关系的合作伙伴那里优先开发为己所用的大数据，既是学习也是实践。对于已有渠道的深耕细作，省下的是时间，赢得的是时机。

此外，绝不可犹豫不决的是打造最费时费力的自有大数据渠道。我国电信产业于2019年底正式进入5G时代。4G的时候，大家认为只是速度快了，后来证明新的业务形式层出不穷，超出想象；5G的时候，手机甚至不仅是一部小型电脑，它将提供更多遐想空间。传统媒体渴望抓准新媒体的传播内涵：以移动互联网平台为核心，以互动为内容生产动力，以服务为商业模式，依托用户间的关系开展传播。

移动互联网仍是快鱼吃慢鱼的世界，但对于传统媒体机构来说，首要问题是“真正下海”，传统媒体机构需要载体去学习、掌握、研究、发现用户的选择、价值、需求和趋势，才有可能具有植入用户生活领域的机会。

三、用心打造出属于自己的故事，让品牌价值可高效释放

多数媒体机构很擅长讲故事，但却从未讲好自己的故事。

对于传统媒体机构来说，文化创意产业经济的关键恰恰是有效实现品牌价值。媒体品牌嵌入用户的生活模式中，必须要让对方有故事可听、可信、可感动或可娱乐。研究认为，我国传统媒体转型应注重媒体内容的主要呈现平台在哪里。但笔者认为应先笑对PC互联网时代传统媒体“船大难掉头”的困境，移动社交化是人与媒体的关系革命，省略了用户和关系的传统媒体注定输得很难看。

移动互联网时期的媒体关系将采用四层模式，即内容—用户—关系—盈利，传统媒体机构仍有很多渠道和手段去进行口碑传播。比如，中央人民广播

电台,其十余套传统频率、多个平面媒体版面和多业务线新媒体平台,均不应吝惜整合起来为自己打品牌、讲故事的时间;其让业内称赞的数百人各类专家级资源,均不要放弃有布局地打入他们的圈子进行人际传播的努力。社会化媒体中的个人首页和账号是人们进入互联网的小门,也是个人在网络中活动的据点。用户自己认定的信息源,使得关系网络成为信息过滤网,在信息超载时代中传播黏性极强,传统媒体用受众熟悉、喜爱、能接受的语言才能最终讲出一个动听的故事。

人们对于媒体有着天然好奇,纽约多家传媒集团的参观产业异常丰富,移动互联网时代又将赋予这种模式二次内容生产与消费同步的力量。擅长粉丝营销的互联网企业家常常提到为机构建立移动互联网领域的第三人格,这是寻求文化认同感的手段。对于传统媒体来说,品牌和版权是其最重要的无形资产,没有故事的机构,也很难生产出真正优秀的内容。

四、产业线和生态链成聚众神器,让平台理念不间断发酵

在业余与专业已经不那么泾渭分明的分工中,传统媒体机构奋斗多年的制播分离体制可以拥有更多的操作模式和想象空间,将优质用户价值最大化的结果是机构本身将发现、培养出真正杰出的幕后制作团队,直至重新定义媒体生产流程。移动互联网的便捷让平台理念获得了重生,它终于可以真正帮助传统媒体机构跨越技术门槛建造媒体生态环境和供给链条。

综上所述,“很美好”的移动互联网提供的是一种更开放也更狭窄的选择,中国网络文化的变迁将是内容网络、关系网络、服务网络和终端网络的此消彼长,相互交错。在PC互联网时代,传统媒体机构遇到的核心难题是因为环境、模式等关键因素不同而导致的新媒体部门与主体业务部门无法自然地实现匹配发展,最终拉不动大船的新媒体小船剩下了疲惫和搁浅。面对已经到来的5G网络环境,变革一定要由产业内部发起,通过奖励机制、品牌塑造、平台搭建让移动互联网与机构全员建立起统一的奋斗愿景,带着历练而成的模式、经验、人才和机制,才能更好应对下一个更高速的时代,也许只需不过三到五年。

中国网络经济创新

提升中国数字经济发展国际话语权

艾 瑞

当前,世界经济加速向以网络信息技术产业为重要内容的经济活动转变,数字经济正深刻地改变着人类的生产和生活方式,成为经济增长新动能。发展数字经济已经成为全球共识,为世界各国、产业各界、社会各方广泛关注。习近平总书记指出,我们要主动适应数字化变革,培育经济增长新动力,积极推动结构性改革,促进数字经济同实体经济融合发展。我国是经济大国、互联网大国,也是数字经济大国,发展数字经济,是紧跟时代步伐、顺应历史规律的发展要求,是着眼全球提升国际综合竞争力的客观要求,是立足国情推动新旧动能接续转换的内在要求。发展数字经济,对建设制造强国、网络强国、科技强国意义重大,将为实现“两个一百年”奋斗目标提供强大动力。

一、什么是数字经济?

从理论研究角度看,数字经济发展经历了三个阶段:第一个阶段是单部门的信息经济阶段。20 世纪 40 年代,第二代晶体管电子计算机和集成电路得以发明应用,人类知识和信息处理能力大幅提高,1962 年美国经济学家马克卢普提出“信息经济”概念,认为“向市场提供信息产品或信息服务的那些企业”是重要经济部门,信息经济等同于信息产业的直接贡献。第二个阶段是双部门的信息经济阶段。20 世纪 80 年代,大规模集成电路、微型处理器、软件领域的革命性成果加速了数字技术扩散,数字技术与其他经济部门交互发展加速。美国经济学家马克·波拉特在 1977 年指出,除“第一信息部门”外,还应包括融合信息产品和服务的其他经济部门,即“第二信息部门”,信息经济等同于信息产业贡献加上融合领域的间接贡献。第三个阶段是以网络为依托的数字经济阶段。20 世纪 90 年代起,互联网商用技术日趋成熟,数字技术与网络技术逐渐融合,特别是近些年来,世界各国加快实施宽带战略,光纤、

4G 网络覆盖水平、速率大幅提升，从人人互联到万物互联，数字化技术发生深刻质变和巨大量变。1996 年，美国学者泰普斯科特在《数字经济时代》中正式提出“数字经济”概念，2000 年前后，美国商务部出版《浮现中的数字经济》和《数字经济》研究报告，被广泛接受。

从技术经济角度看，每一类经济范式都基于所依托的技术产业。社会上有网络经济、互联网经济、信息经济、数字经济多个概念，从我个人理解的观点是：其一，信息经济最大，因为信息包括模拟信息和数字信息，数字化转型大势所趋，信息经济将等同于数字经济。其二，网络经济大于互联网经济，因为网络除了互联网，还包括电信网、政企专用网。电信网络历经模拟化、数字化时代，正在向 IP 化、IT 化演进升级，网络经济将基本等同于互联网经济。其三，数字经济范畴远大于网络经济范畴，因为数字技术不一定完全依赖网络，比如工厂的数控机床、数控机器人等单机的数字化技术，产业规模非常庞大。之所以统一到数字经济这个概念，一是符合国际社会的共识，二是符合历史沿革的定义，三是符合技术经济演进的趋势。

我们认为，数字经济是以数字化的知识和信息为关键生产要素，以数字技术创新为核心驱动力，以现代信息网络为重要载体，通过数字技术与实体经济深度融合，不断提高传统产业数字化、智能化水平，加速重构经济发展与政府治理模式的新型经济形态。

这个定义比较学术。内涵很容易理解，数字经济包括两大部分：一是数字产业化，也称为数字经济基础部分，即信息产业，包括电子信息制造业、信息通信业、软件服务业等；二是产业数字化，也称为数字经济融合部分，传统产业由于应用数字技术，所带来的生产数量和生产效率提升，其新增产出构成数字经济的重要组成部分。

数字经济是信息化发展的高级阶段，数字经济是一种技术经济范式，是继农业经济、工业经济之后的更高级的经济社会形态，如同农业经济时代以劳动力和土地、工业经济时代以资本和技术为新的生产要素一样，数字经济时代，数据成为新的关键生产要素。数据资源具有可复制、可共享、无限增长和供给的禀赋，打破了传统要素有限供给对增长的制约，为持续增长和永续发展提供了基础与可能。我们需站在人类经济社会形态演化的历史长河中，全面审视数字经济对经济社会的革命性、系统性和全局性影响。

二、国际数字经济发展情况

当前,国际金融危机的深层次影响未消除,世界主要国家高度重视数字经济发展,构筑新一轮经济浪潮下的领先优势。美国自2011年起先后发布《联邦云计算战略》、《大数据的研究和发展计划》、《支持数据驱动型创新的技术与政策》等细分领域战略,英国于2015年发布《英国2015—2018年数字经济战略》,并于2017年发布最新《英国数字经济战略》,日本先后出台《e-Japan战略》、《u-Japan战略》、《i-Japan战略》等。各国战略主要聚焦在以下几方面。

一是增强技术创新与产业能力,夯实发展基础。一方面推动数字技术、产品和服务创新。英国鼓励本土数字科技企业成长,通过吸引国外科技创新企业促进发展。日本支持超高速网络传输技术、数据处理和模式识别技术、传感器和机器人技术。另一方面,发达国家争相刷新网络发展新路标,构筑固定移动"双千兆"网络,织造空天一体化网络,持续推进宽带网络建设。美国提出到2020年为至少1亿个家庭提供最低100Mbps的实际下载速度和最低50Mbps的实际上传速度。

二是加强数字技术应用水平,深化融合发展。美国政府延续了奥巴马时代制定的先进制造战略,德国工业4.0正在推向深入,日本、法国、英国、韩国、印度等主要发达工业国和新兴经济体也都加紧实施本国制造业相关战略。美国、英国着力提升教育数字化水平,日本加大医疗机构数字化,提升医疗服务水平和质量。欧盟把数字素养提升到国家战略高度,实施"数字素养项目",提升公民利用数字资源、数字工具的能力,扩大数字使用需求。

三是推进数字政府及立法建设,提升治理能力。信息基础设施、网络安全、数据保护、数据国际治理等方面的立法、修法不断加快。日本提出的数字政府,让任何人,在任何时间、任何地点,都可通过"一站式"电子政务门户访问公共部门数据,享受公共服务。美国高度重视保护互联网产业的技术研发和知识产权。

四是大力实施网络安全战略,强化安全保障。美国发布"网络空间国际战略",将网络空间视为与国家海、陆、空、外太空同等重要的国家战略性基础设施,并将网络空间安全提升到与军事和经济安全同等重要的地位。英国加大网络安全的研发和人才投入。德国加大数字技术安全产业发展支持，强化在线服务安全。

数字经济正在成为各国壮大新兴产业、提升传统产业、实现包容性增长和可持续增长的重要驱动。根据中国信通院测算，美国数字经济规模达到10.2万亿美元，占GDP比重达到56.9%；英国数字经济规模达到1.4万亿美元，占GDP比重超过48.4%；日本数字经济规模达到2.0万亿美元，占GDP比重超过47.5%。

三、我国数字经济发展情况

中国信通院测算表明，2016年中国数字经济总量达到22.6万亿元，同比名义增长接近19%，占GDP的比重超过30%，同比提升2.8个百分点。数字经济已成为近年来带动经济增长的核心动力，2016年中国数字经济对GDP的贡献接近70%。中国数字经济对GDP增长的贡献不断增加，接近甚至超越了某些发达国家的水平。

1. 基础贡献基本稳定

数字经济基础贡献，即信息产业的增加值为5.2万亿元，同比名义增长8.7%，占同期GDP的比重为6.9%。21世纪以来，信息产业增长与GDP基本同步，OECD国家基本稳定地维持在3%—6%左右。近年来，世界几乎半数主要国家的信息产业领域研发投资占全部投资的比重达到20%，韩国、中国台湾、以色列、芬兰等几个领先国家和地区甚至超过了40%。以世界平均水平为例，信息产业领域的专利占比达到39%，金砖国家的这一比例甚至达到了55%。

2. 融合贡献规模大增速快

2016年，数字经济融合部分规模为17.4万亿元，占GDP比重23.4%，同比增长22.4%，融合部分占数字经济比重高达77.2%。衡量数字经济发展水平的主要标志之一是人均信息消费水平，我国信息消费加速从1.0阶段向2.0阶段跃迁，即从“信息的消费”转向“信息+消费”，由线上为主向线上线下融合的新消费形态转变，信息服务从通信需求转向应用服务和数字内容消费，信息产品从手机、电脑向数字家庭、智能网联汽车、共享单车等新型融合产品延伸。近五年来，信息消费年均增幅21%，为同期最终消费增速的2.4倍，占最终消费支出的比重超过9%，预计到2020年，信息消费规模达到6万亿元，间接带动经济增长15万亿元，电子商务、移动支付、分享经济成为引领全球的中国新名片。

3. 数字经济在各行业中的发展出现较大差异

2016年，服务业中数字经济占行业比重平均值为29.6%，工业中数字经济占行业比重平均值为17.0%，农业中数字经济占行业比重平均值为6.2%。呈现出三产高于二产、二产高于一产的特征。资本密集型工业数字化转型（装备制造等资本密集型行业排名前十）要明显快于劳动密集型工业（纺织服装等劳动密集型行业排名后十）。

中国信通院编制了中国数字经济指数（Digital Economy Index，简称“DEI指数”）。DEI指数表明，我国数字经济发展“冷热适中”，处于正常运行区间。预计未来我国数字经济发展将在“正常”区间上部和“趋热”区间下部波动调整。

远期看，2020年，我国数字经济规模将超过32万亿元，占GDP比重35%，到2030年，数字经济占GDP比重将超过50%，全面步入数字经济时代。

除网络安全、数据安全等共性问题，我国数字经济发展还存在以下几方面瓶颈。

（1）转型壁垒

数字技术与实体经济加速融合应用，市场优胜劣汰机制发生巨大转变，企业面临的竞争市场局面更加复杂，以前重视价格、质量等，现在还要重视渠道、方式、手段。传统产业利用数字技术动力不足，信息化投入大、投资专用性强、转换成本高，追加信息化投资周期长、见效慢，试错成本和试错风险超出企业承受能力。行业标准缺失或不统一，无标准或多标准现象并存，严重制约企业应用步伐；企业外部服务体系发展滞后，支撑能力缺失。还有一个重要原因是，数字技术发挥作用时滞较长。数字技术从投入到产生正向经济收益之间约为3—10年。

（2）发展失衡

一是产业不均衡。数字经济发展呈现出三二一产逆向渗透趋势，第三产业数字经济发展较为超前，第一、二产业数字经济则相对滞后。中国信通院测算表明,2016 年我国第三产业 ICT 中间投入占行业中间总投入的比重为 10.08%,而第二产业与第一产业该指标数值仅为 5.56%和 0.44%,产业间数字经济发展不均衡问题非常突出。二是区域不均衡,扩大社会收入差距。2016 年,广东、江苏、浙江数字经济规模均突破 2 万亿元,三省数字经济总量占全国数字经济总量 1/3,在规模、占比、增速方面均引领全国发展,"强者恒强"效应显著。而云南、新疆、宁夏等 10 个省份数字经济总量均在 3500 亿元以下,十省总量仅相当于我国数字经济总量的 12%。三是消费生产不均衡。资本大量涌入数字经济生活服务领域,2016 年在线教育融资 8.5 亿美元,在线医疗融资 12.2 亿美元,同比增长超过 100%。但数字经济生产领域技术和资源投入仍然不足,创新、设计、生产制造等核心环节的实质性变革与发达国家还有较大差距。据测算,2016 年我国 97 个生产部门中 ICT 中间投入占比低于 0.5%的部门高达 55 个。

(3)平台治理

一方面是责任界定问题。数字经济下新业态丰富、市场主体众多,科学合理界定不同主体的权利、责任和义务,是其健康持续发展的关键。数字经济下平台模式成为主流,平台模式与传统商业模式不同,出了问题,责任往往全部加于平台企业身上。目前,平台、政府、用户之间的责任不清晰,平台企业不应承担无限责任。另一方面是政府协同监管问题。数字经济生态下,其去中心化、跨界融合等特点给传统监管体系带来很大挑战。目前我国跨行业协同管理,以及跨地区协作机制都还不完善,特别是各行业和各地区对同一业态的管理要求和标准不尽相同,这大大增加了企业运营成本。例如,出于税收、管理等考虑,地方往往会要求平台企业在当地建立分支机构。同时,要求平台将业务运营数据在本地监管机构进行备份,平台企业往往面临着数据接口和标准不统一的问题。

平台治理,本质上是管理理念问题,各国国情不同,平台治理的出发点不同。比如,在电子商务平台责任的界定上,美国和欧洲国家有很大不同。美国倾向于对网络平台这种新事物给予更多的支持,不要求平台承担售假的连带责任。欧洲国家在类似案件的司法裁定中,更倾向于品牌商,一般要求平台商承担第三方售假的连带责任,这都有实际的判例。

四、稳步推进数字经济发展

总体看,以网络信息技术为主要驱动力的新一轮科技革命和产业变革正在兴起,这是历史性的、世界性的,甚至是颠覆性的,数字经济对人类社会的影响,绝不亚于工业经济对人类社会的影响,加剧了全球化进程、加快了人类文明前进的步伐。孟子说,"虽有智慧,不如乘势;虽有镃基,不如待时"。数字经济的大势来临,我国具有坚实的产业基础、市场基础、融合基础,面临极为难得的战略机遇窗口,我国具有集中力量办大事的社会主义制度优势性、具有深刻把握经济社会发展规律的思想优势、具有坚持中国共产党领导的执政党优势。只要把握好战略方向,我们完全有条件做大做强数字经济,重点在以下三方面。

第一,完善经济发展理论。准确把握当今中国数字经济的历史方位和发展大势,是处理好所有改革和发展问题的基本依据。一是历史视野。深刻认识数字经济的时代潮流,知晓中国发展从哪里起步、走到了哪里、未来将走向何方。二是国际视野。科学判断世界形势和国际环境的发展变化,找准数字经济在世界发展和人类文明进步中的定位。三是辩证思维。数字经济是一个从局部量变到全面量变,从局部质变到整体质变的前后相继、不断升级的演变过程。

这需要加快形成系统性、全局性、规律性的理论认识,推进基础理论创新,破除观念误区。一是产业组织理论,重点是新要素引发的新古典经济范式生产函数和产业形态的调整和重塑。二是市场理论,主要是互联网导致的价格形成机制、经济交易成本、外部性理论的巨大变革。三是消费理论,尤其是免费与后向付费模式对理性选择理论、消费者福利理论带来的影响。四是治理理论,特别是数字经济对产权理论的冲击和对政府传统治理方式的挑战。

第二,推进发展实践。一是夯实综合基础设施。构建高速、移动、泛在、安全的信息基础设施,推进光纤宽带和移动宽带网络的演进升级,加强云计算中心、大数据平台、内容分发网络的部署和应用,夯实物联网基础设施,加快建设融合感知、传输、存储、计算、处理为一体的智能化综合信息基础设施。推动电网、水网、交通运输网等智能化改造,提高绿色效能,提升基础设施使用效率。二是有效利用数据资源。推动数据资源开发利用,突破大数据关键技术,充分挖掘数据资源，形成面向行业的数据解决方案。促进数据资源交易流转，推动数据开放共享，制定数据交易相关法律法规和交易流通的一般规则，规范交易行为。加强数据标准体系建设，强化制度设计，建立并完善涵盖各环节的数据标准体系。三是加强技术创新力度。构建现代数字技术体系，构筑人工智能等前沿颠覆性技术比较优势，攻克"核高基"等关键薄弱环节，加强"大云物移"等技术创新。推动技术融合创新突破，促进数字技术与垂直行业技术深度融合，着力突破机器人、智能制造、能源互联网等交叉领域，带动群体性重大技术变革。四是深化融合应用。以工业互联网为重点，加快提升实体经济的融合应用能力。面向重点领域加快布局工业互联网平台，为传统产业平台化、生态化发展提供新型应用基础设施，着力培育一大批成本低、服务好、产品过硬的集成解决方案提供商。鼓励广大企业积极探索平台化、生态化发展模式，改造传统创新链、供应链、产业链和价值链，形成示范带动效应。五是扩大升级有效需求。释放信息消费潜力，带动信息消费结构升级，提高信息消费覆盖范围。扩大有效投资，充分发挥政府投资的杠杆作用，重点加强对基础性、前瞻性和颠覆性技术创新和应用的投资，优化投资结构。拓展全球合作，加快企业"走出去"步伐，提升数字经济国际话语权。

第三，营造宽松发展环境。数字经济快速发展，传统治理的适应性正在减弱，不适应性正在增加。应探索推进负面清单管理模式，破除行业和地域壁垒，保护各类市场主体依法平等进入，激发各类主体的发展动力。同时，也要树立底线意识，设置合理的"安全阀"和"红线"，着力防范区域性、系统性风险，严格保护经济主体的合法权益。一方面，避免使用旧办法管制新业态，清理和调整不适应数字经济发展的行政许可、商业登记等事项及相关制度，采取既具弹性又有规范的管理措施，加强对新业态的动态并行、分类监管研究，为新业态、新模式提供试错空间，激发社会创造力。另一方面，创新监管方式，建立以信用为核心的市场监管机制，积极运用大数据、云计算等技术手段提升政府监管能力，建立完善符合数字经济发展特点的竞争监管政策，探索建立多方协同的治理、重在事中事后的监管机制，营造数字经济公平竞争市场环境。

以自主创新驱动中国网络经济腾飞

郑新立

创新发展居于“十三五”规划提出的新发展理念之首。实施创新驱动战略对国民经济发展特别是物联网的发展尤为重要。如何实现以自主创新驱动网络经济腾飞？围绕这一问题，我谈以下三个观点。

一、以网络经济为主的信息化是第四次工业革命的标志

随着互联网的发展，网络经济现在正处于一个迅速崛起的阶段。中国的网络经济已经走在了世界的前列。我们借助于现代技术和我国庞大的经济规模，以及迅速增长的物流体系，在物联网的发展上，有可能实现弯道超车。网络经济发展对整个经济社会发展产生了强大推动作用。第一，它使信息传播速度大幅度提高，其意义不亚于中国发明的造纸。造纸技术的发明极大地促进了知识的传播和人类文明进步，影响人类社会几千年。互联网的出现使知识和信息的传播速度、范围提高了成千上万倍，在全球范围内可以瞬间实现，所以对人类社会进步的影响必将远远超过纸的发明。第二，网络经济发展使商品生产、流通、交换效率成百上千倍提高，能够做到按需定制，提高了资源利用率。第三，中国具有发展网络经济的后发优势。我国进出口总额居世界第一位，大宗物资和集装箱远洋运输量占全球的50%左右。从国内来看，贯穿东西南北的物流体系已经形成，特别是高铁、高速公路网络的形成，极大地加快了各类物资在地区之间的流动速度，提高了流通效率，劳动力在全国的流动更加便捷化。拥有这样一个外部和内部条件，中国发展网络经济，特别是发展物联网就有可能走在世界各国的前面。

二、要把自主创新作为推动信息化的根本途径

国际市场激烈竞争的实践告诉我们，谁掌握了自主知识产权，谁就掌握了利润的分配权。从党的十七大提出要把提高自主创新能力、建设创新型国家

作为国家发展战略的核心，到现在8年的时间，是我国历史上科技研发投入增长最快、科技进步速度最快的一个时期，研发的成果、各种技术专利的申请量成倍增长，我们同美国在科技上的差距在迅速缩小。2013年，美国申请国际专利的数量是中国的6倍，到2014年，缩小到3.8倍，2015年缩小到2.4倍，按照这样的对比速度发展下去，在可以预见的未来，估计再用五年左右时间，我们在国际专利申请数量上就有可能赶上或超过美国。到那个时候就不是美国人来逼着中国人保护知识产权，而是我们中国人到美国的市场上，要求美国人保护我们中国的知识产权。最近已经出现了两个案例，是中国人诉外国企业，包括美国的企业、欧洲的企业侵犯了我们中国人的知识产权。

自主创新在国内的形势很好，特别是涌现了一些创新型企业和创新型城市。比如深圳这样一个城市，它在去年申请的国际专利数量占到了全中国的47%，在全球按照国际专利申请量排列的前十名企业中，中国企业就占了五个，这五个企业都在深圳，其中中兴和华为这两个公司的国际专利申请量近两三年都排在全世界企业的前三名。这说明我们中国在自主创新上，已经出现了一个从来没有的好的形势，确实令人高兴。

现在有两个领域还有巨大的潜力亟待发挥。一个是国有企业。国有企业可以说拥有最好的创新资源，拥有最优秀的人才，而且站在各个行业技术进步的前沿。现在缺少的就是一个机制，如果通过国有企业体制改革，吸收民营经济和外资企业进入，实行混合所有制，在股份制的基础上，建立现代企业制度，形成科学的治理结构，强化竞争机制，同时把技术创新的成果即无形资产的价值计入对国有资产保值增值的考核范围之内，就能把国有企业创新的潜力发挥出来。行业重大技术的创新还是要靠国有企业，包括高铁技术、航空航天技术的创新，还有TD-LTE即我国在高科技行业唯一以自主技术为基础的国际标准都来自国有企业。民营企业研发的投入和研发成果已经占到整个研发投入和研发成果的70%以上，国有企业原来是创新的主力军，现在民营企业已成为主力军了，希望国有企业通过建立创新激励机制，激发创新潜力，能够重新成为自主创新的主力军。

另外一个创新潜力比较大的地方就是大学。笔者接受深圳市决策咨询委员会的委托，做了一个课题：深圳如何创办一所高水平、创新型大学。笔者带着这个任务到美国考察了斯坦福大学、加州理工学院、加州大学贝克莱分校、南加州大学和香港科技大学。通过考察发现，我们跟国外在科技水平、科技创新上的差距最主要是差在大学这一块。美国的大学是科技创新的策源地，是创造技术专利的基地。有人做过一个统计，近代科学技术有70%的创新都来自大学。一个加州大学贝克莱分校，共获得过诺贝尔奖36个。加州理工学院平均每1000个教授就有一人获得诺贝尔奖，是全球大学中每单位教授人数中获得诺贝尔奖最多的。硅谷这个世界电子信息业的发源地主要就是依托斯坦福大学和加州大学贝克莱分校发展起来的。硅谷的发明成果主要来自斯坦福大学和加州大学贝克莱分校的老师和学生。乔布斯就是斯坦福毕业的学生，他创业成功了，把苹果电脑赠送给斯坦福的老师。美国的大学有竞争机制，理工科的老师、学生都在搞创新，都有自己的专利和企业，斯坦福大学电子工程系一二年级的学生都有自己的企业，有的学生有两三个企业，当然企业活跃程度不一样。如果在斯坦福大学电子系读书或者在那教书，没有自己的专利，没有自己的公司，你就混不下去，自己就得走人。在斯坦福大学旁边有一个风险投资小镇，这个小镇集中了一大批风险投资专家，专门搞VC、PE，搞种子基金、天使投资，斯坦福大学的老师和学生们有什么创新的成果，甚至刚刚有一个创新的构思，马上有一大批风险投资家把你围起来，帮助分析你这个创新怎么往前延伸，往哪个方向发展，有的风投公司可能会给你几万美元，把这个创新的构想进一步深化研究，钱花完以后又有人给你几十万美元，几十万美元花完了可能就会有自己的产品了，有了资金流了，进一步培育，可以到纳斯达克市场上市。上市以后，可能就会融到几亿、几十亿美元的资金，进一步对自己的创新成果搞工程化、产业化。在那个地方，有一种和风险投资紧密结合的机制。硅谷每年新办的企业相当多来自这两所大学和他们所培养出来的学生。

加州理工学院连续五年在全世界理工科大学排名第一，有两个著名校友，一个是摩尔定律的摩尔，是加州理工学院的化学系毕业生；另外一个校友就是钱学森，加州理工学院帮助我们中国培养了这么一个科技领军人才。加州理工学院有一个规定，不可以近亲繁殖，选拔的老师必须在同行业里面居于前三名才有资格进入。所以那个学校在集中精力搞创新，老师搞创新，学生也搞创新，大量的成果产生于大学。学校的学生，特别是博士生、研究生都是最有创造力的人。我们的大学跟他们的差距实在太大了。

三、以技术创新和经营模式创新带动物联网的发展

物联网的发展中国可以说已经走在了世界的前列,包括标准的制定主要也是在中国提出来的。不仅要用我们的技术创新来带动物联网发展,还要用经营模式的创新来支撑物联网的发展。在这方面中国有两个很好的企业,我们应当向他们学习,在技术创新上,我们要向华为公司学习;在经营模式创新上,我们要向阿里巴巴学习。把这两种创新结合起来,我们就有可能在物联网上引领世界发展。

华为公司去年一年的研发投入596亿元,超过中科院研发投入的总和。17万人有7万人在搞科研,所以它能产生大量的研究成果。任正非同志讲,现在华为公司已经进入无人区了,前面没有目标,后面没有追兵,可以说在通讯设备制造领域他已经走在了世界最前面。一个公司从零起步,用20多年时间,在技术上走到了世界的最前沿,我们互联网的各个行业都要向华为学习。

还要从经营模式来创新,把技术创新和经营模式创新结合起来,我们中国就有可能在物联网这个领域取得突破,带动中国国民经济的发展,并且在世界上走在最前列。

媒体要为大数据时代未雨绸缪

官建文

当前，媒体正处在一个变动、重构的时代，曾经稳定了几十年甚至上百年的传播格局、传播方式、传播形态正在改变。新的传播方式和新的传播形态正在不断产生。过去，我们在信息匮乏的条件下办报纸、广播、电视，信息来源有限，采集非常艰难；民众接触到的信息量很有限，一张报纸看半天。现如今信息泛滥，信息来源多多，信息扑面而来，往你身上推，根本看不过来。做新闻更难了，独家不重要了，更看重原创、首发，还有多渠道、多形态、多方式传送。一招鲜已经不够用了，新闻人要长三头六臂，要有十八般武艺……

一、技术改变传播

从信息稀缺到信息泛滥，最根本的原因是传播技术的发展。人的基本需求，要吃饭穿衣，要呼吸，需要表达，需要交流，需要学习，需要发展提高，有七情六欲，这些需求几百年、几千年没多大变化，但是技术的发展，让满足人类这些需求的方式方法发生了巨大变化：同样是吃，食材种类、加工烹调方法方式大不相同了；同样是穿戴，服饰原料、加工、制作大不相同了；同样是表达，发布交流传播的方式方法、渠道快慢广窄大不相同了。没有印刷术就不会有报纸，没有无线电技术就不会有广播电视，没有数字技术就不会有网站微博微信客户端。

今天讨论的大数据，就是数字技术、互联网和移动互联网三大技术发展带来的。什么是数据？3，P，&，*……都是数据。数据是一种记录、记载，它可以是一个符号、一个数、一个信号，甚至一条刻痕，它是最小的记载元素，单独一个数据可以不含有任何明确信息。我们说的“信息”，是“数据+数据的意义”，3+元、两、斤、人等才构成信息。数据，是各种变化与不变的细微记录，万物都在变，自古如此，但以前没有数字技术，没有传感器，没有摄录像设备，没有互联网和移动互联网，这些细微变化记录不下来，不方便传播，人们不知它们有用处。一个人走过100米路段，会产生大量数据，他四肢动作、体能消耗、内脏活动、血液及呼吸变化，还有步速、脚下摩擦，等等，记录下来都是数据。这一小段路的行走，可以从不同角度、不同层面记录下大量数据，如果将这些数据与大量纵向数据（个人以往的）、大量横向数据（他人的、类似的）进行分析、比较、挖掘，可获得对这个人健康、体能等的认识与判断，这便是大数据应用了。

大数据的用途极其广泛。医疗、保健、流行病防治；交通管理、疏导；教育的有效性，对不同人才、特殊人才的培养；社会治理，从一般性决策到重大战略性决策；农业增产增收；市场营销、流行产品的设计……可以说，任何一个行业都能利用大数据去认识其规律，提升决策的准确性和科学性。

新闻传播也是如此。大数据已经在新闻传播领域获得初步应用。词频分析新闻，对某个重要报告进行词频分析，对《人民日报》几十年的某类社论进行词频分析，并且图示化展现出来，这是最初级的数据新闻。《卫报》对默多克听证会期间推特上相关讨论语词变化的图形展示，《华盛顿邮报》所做的美国内战期间各战役伤亡人数动态图，都是数据新闻。可以说，大数据是继数字技术、互联网技术之后，影响新闻传播的又一重大技术。

二、大数据时代尚未来临

现在，人人都在谈大数据。我以为真正的大数据时代尚未到来，目前最多只能说是站在了大数据的门口。为什么这么说？第一，目前的数据量还不足够大、数据处理技术也还不足够强。人类社会产生的数据量大约每18个月翻一番，今天与过往相比，数据量虽然已经非常庞大，但跟未来比还微不足道。数据分析、数据挖掘，有效数据愈多，准确性愈高。第二，人类普遍使用数字技术时间短，依靠数字技术记录、保存的数据类别、总量都还太少，历时性的同类目数据严重不足。比如，无论社会、群体还是个人，可供计算机处理的与健康相关的数据量都不够多，穿戴设备流行后，个人保健数据会非常庞大。第三，数据开放性不够，数据“围墙”众多。大数据时代的数据将分为公共数据、公司或单位数据、个人数据，公共数据不仅巨大而且是开放的，供社会使用，就如同传统社会的公共图书馆、互联网时代的各类数据库及巨量的互联网信息。

没有数据的开放就没有大数据时代。目前,到处都是"数据城郭",各拥有数据的机构自成体系、各自封闭。一个人上网浏览、购物的数据分散在不同网站、不同终端、不同社交媒体,仅对其中一部分数据进行大数据运算,准确程度不可能高。第四,与数据相关的法律法规远未完善甚至相当欠缺,如何保护、开放、使用数据,还缺乏具体规定。人类尚未做好进入数据时代的准备。互联网,就是在人类社会尚未做好准备时迅速普及的,因而导致了网络的混乱和网络的泡沫。第五,现有的大数据使用案例只是零星个案,人类大规模、全面使用大数据尚待时日。2015 年元旦前夕上海陈毅广场人员聚集热点图,是大数据应用,但是,典型的大数据运用数量有限。一些网站的数据新闻栏目,如"数字说"、"数据控"、"数读"、"数字博客"等,有相当一部分属于图示化的数字新闻,只能算是可视化的报道,还不是真正意义的大数据应用。也许可以这么说,凡是手工能做到的、凡是人脑能运算的,都不是大数据。大数据须用电脑制作,让软件跑出来。

三、媒体要未雨绸缪

大数据时代还未来临,是否不必谈大数据了?非也!对大数据,媒体需要未雨绸缪,要有较大提前量的谋划与准备。

大数据时代不是突然在某一天降临的,它是一个缓进、量变到质变的过程。媒体为什么要未雨绸缪?第一,大数据时代媒体的主要产品将有较大的变化。这怎么说呢?媒体是做什么的?是做传播的。传播什么?传播新闻(当然有文艺作品等,但主要是新闻、评论等新闻类产品)。在以往的时代,传播新闻、传播信息是媒体的职责,是媒体所独享或说垄断的。新闻和信息传播的门槛较高,只有媒体才能做。互联网尤其移动互联网时代已经改变了这一状况,媒体的新闻传播垄断被打破了,即时新闻、一般性的新闻,谁都可以传播,而且成本比较低。各种自媒体、微博、微信的圈群,在大量传播甚至是首发性传播即时性新闻。报纸开始杂志化,媒体逐渐转向做深度。曾几何时,"短些再短些"成为各新闻单位的口号,现如今,这话再也没人提了。纸媒报道是越来越长,一篇报道占据整个版面的情况并不少见。媒体原来独享的权利被大众分享了。这会带来什么结果?手机能拍出好照片,人人拥有照相设备之时,大批靠摄影吃饭的人没事干了,一批照相馆、冲晒点关闭,只有少量高端摄影家以及婚纱摄影、广告摄影、证照摄影还能存活。手机和即时通信工具普及后，传呼电话、出租电话消失了，座机正在减少，电信运营商的经营重点也在转变。大数据时代，自媒体发达，民众互传信息将更多，媒体的传统业务将大幅度收窄，调整与转型是媒体必将面临的抉择。第二，媒体要了解用户，更好地为受众服务，大数据是必须要掌握的。媒体可通过受众阅读、浏览的大量后台数据，分析受众行为、喜好，以便提供更符合其要求的服务。这些将通过大数据获得，原有的读者调查、电话调查，将退居末位甚至不被使用。第三，广告客户需求将改变，原来根据点击率、曝光率、接触率付费的方式，会逐步改变，现在开始重视的社交网络转发量、点赞量也会不那么重要。大数据时代，广告客户更看重广告的有效性、准确率，如何精准投放广告，让欲知者知之，才是最有效的广告宣传。要做到精准投放广告、有效营销，离开大数据是不可能做到的。也许，大数据技术的强弱将是商家投放广告选择媒体的重要依据。第四，大数据挤占了媒体的传播空间，同时也拓展了媒体的生存空间。如前所述，即时新闻报道，媒体已不具优势，至少不能主要依靠它来吃饭了。媒体的主要产品将是什么呢？深度报道、调查性报道，也许还有经验性报道、工作报道；机器人写的新闻，会占一部分，数据新闻——通过数据挖掘写出的深度报道，也会占一部分。但是，仅仅依靠这些，能够维持媒体的生存与发展？能够吸引广告客户大量投放广告？很值得怀疑。那么，媒体靠什么生存发展？什么是媒体的主营业务？大数据时代，数据是最重要的资源。媒体的受众同时也是消费者，是民众，是国民，他们在与媒体接触时会留下大量数据。这大量的数据，就是大数据时代给媒体提供的宝贵财富。如何用好这些数据，考验着媒体的水平与能力。大数据时代，媒体可利用自身所拥有的大量数据及公共数据，为企业提供有效的广告宣传、产品营销甚至市场调研服务，提供产品与服务改进、企业发展及战略的决策参考服务；为受众、用户个人提供数据服务；为政府部门、事业单位提供决策参考、解决方案。这，现在的媒体做不到，未来的自媒体也力有不逮，媒体机构却大有用武之地。

媒体要为数据时代未雨绸缪，需要做什么？要做的太多了！数据时代，首先，你要拥有数据，最好是媒体独有独享的数据。尽管未来会有巨量的公共数据，但企业自身拥有的数据，那将是独特的资源，这样的资源越多，媒体将越富有,腾挪的余地将越大。现在,数据资源最多的是谁? BAT,百度、阿里巴巴、腾讯,它们做大数据最有优势。媒体的数字用户愈多,数据量就愈大。现在的平面媒体、流媒体,通过纸质发行,通过无线电波传送,这本该产生大量数据,但因未被数字化形式记录下来或未能转化为数字化的记录,其数据无法通过电脑进行分析、挖掘,这些数据在大数据时代是没有什么价值的。在网络数据中,移动端的数据因用户定位准确,数据更具价值,而 PC 端的数据因用户定位不易,数据价值要打折扣。现在,无论传统媒体还是曾一度作为新媒体代表的新闻网站都在向移动互联网传播转型,这既是形势所逼,客观上也在为进入大数据时代做准备。

其次,媒体要为进入大数据时代做好人才与技术的准备。媒体,特别是传统媒体,缺乏新技术、数据技术的基因,更没有这方面的人才积累,对数据技术缺乏认识,更不够敏感。这种状况应尽快改变。媒体的数据需要长期积累,数据人才的培养、数据技术的提升也有一个过程。从这点来说,媒体应尽快重视数据人才的招聘、培养,重视数据技术的储备与提升。

在人类迈入大数据时代的过程中,媒体的困难、机遇均会比现在多得多。困难主要是生存困难,不创新、不变革、不适应时代,许多媒体可能活不到大数据时代。抓住机遇、迎难而上、抢占制高点的媒体,在大数据时代将会变得非常强大。拥有大数据技术的媒体,不仅是简单的信息传播者,而且是信息处理者、数据处理者,是数据处理的综合体。这样的媒体,新闻传播是其基本职能,但数据加工、处理,通过大数据技术为企业、社会、决策者提供决策参考、解决方案将是它立足于大数据时代的看家本领。这样的媒体,与其说是媒体不如说是智库。

面对大数据更需理性

崔保国

在十多年前，也就是“大数据”这个词还没有今天如此之热门时，我们就一直在追踪数据库的研究。如今，大数据时代真的已经到来，我们更应该认真去思考，如何应用数据产品、数据服务。大数据确实给我们带来了一个崭新的时代，在我们面临大数据如此的激动、如此的兴奋、有如此多的想法的时候，其实我们更多地需要冷静、需要理性，无论数据有多大，其唯有变成产品才能为社会服务、为人民服务。

一、大数据应用之探索

数据并不是从近两年才开始成为一种媒体、成为一种产品的，这种转变其实早在 20 世纪 80 年代就已开始。时至今日，我们的一些传统媒体已经被大的数据媒体和数据产品所取代。

有两个最为典型的案例：一个是路透社的衰落，一个是布隆伯格（彭博）的崛起。路透社在很多人的印象里是一个通讯社，但是在 20 世纪 80 年代到 90 年代的时候，路透社近 90%的业务已经全部转为数据库业务，通讯社的业务只占其业务构成的一小部分。在我们的视野里，路透社一直是 B2B 的企业，不直接面对消费者，所以很多人过去可能对它不够了解。大力开展数据库业务的路透社曾经占有过世界数据产品约 70%的市场，但是后来它被另外新崛起的布隆伯格所击败，如今的布隆伯格已经占领了世界数据媒体产品的半壁江山。2008 年，路透社为了保持它在世界数据产品市场上的份额，与加拿大的汤普森公司合并成立了汤森路透。

大数据时代，传统数据库服务商也面临着很多的挑战。在财经媒体界比较著名的数据库有三个：一个是老牌的路透社（汤森路透），一个是布隆伯格（彭博），还有一个是邓白氏集团。彭博公司是一个值得研究和探讨的公司，它的崛起非常之快,而且规模很大。彭博仅用了22年的时间,就使其金融数据市场的销售收入超越了具有150年历史的、世界上最大的资讯公司——路透集团。彭博是最具专业水准的全球金融市场信息服务提供者之一。其为全球各地的公司、新闻机构、金融和法律专业人士提供实时行情、金融市场历史数据、价格、交易信息、新闻和通讯工具,内容涵盖了股票、债券、外汇期货、货币等这些行情信息的分析等。邓白氏集团可能有些人不是很熟悉,它也是财经企业数据库。美国邓白氏集团于1841年成立,是世界著名的商业信息服务机构,就其规模而言,堪称国际企业征信和信用管理行业的巨人。

在亚洲还有一个做得比较好的财经数据库——日经(Nikkei)。这个数据库是以《日本经济新闻》为依托的,日经的财经数据库做得很好,但是由于其主要以日文为主,在影响力上与彭博和汤森路透还有一定差距。可以说,在整个亚洲和日本的财经数据库中,日经是做得最好的。当然,在中国也有一些新的像新华信、万得(WIND)等数据库服务公司。新华信是以数据库为基础,提供营销解决方案和信用解决方案的提供商,提供包括市场研究、商业信息、咨询和数据库营销等在内的服务。而万得在金融财经数据领域也非常出色,其已建成以金融证券数据为核心的金融工程和财经数据仓库,数据内容涵盖股票、基金、债券、外汇、保险、期货、金融衍生品、现货交易、宏观经济、财经新闻等领域。

在新媒体时代,新的传播方式和信息流通方式又为我们带来了新的数据资源。以社交媒体为例,由于社交媒体到达端为每个个体,所以几乎每个接触网络、基础社交媒体的人都为大数据贡献了自己的那一份“数据”。众所周知,Facebook在全球拥有近15亿月活跃用户,它已成为世界上最大的社交媒体网站。基于如此庞大的用户,Facebook握有现今最庞大的社会学数据库,而他们也有“数据科学团队”(Data Science Team),在未来一段时间内,大数据带给他们的商业价值将非常巨大。美国Facebook的CEO扎克伯格(Mark Elliot Zuckerberg)2014年10月来清华大学演讲时曾经谈到下个十年Facebook的重点发展方向:第一是连接整个世界;第二是发展人工智能;第三是发展虚拟现实(Virtual Reality),大数据将在这些发展方向中得以最大化的利用。

如今,可以把传统的数据库叫作结构化的数据库。大数据时代的到来,云计算等新的计算方式也为传统的结构化数据市场带来了挑战。当然,也给媒体带来了挑战。同时,也给我们带来了新的问题:未来如何使用大数据,如何把它变成一个可信的、可用的数据,变成一个产业,这也是来自市场的挑战。过去我们对财经媒体数据库的研究和追踪,对大数据时代将数据真正创新成一种服务和产品有着参考意义和价值。

在大数据方面,探索还在继续,新的挑战也不断出现。十多年前清华大学新闻与传播学院就和布隆伯格合作,建了布隆伯格实验室,布隆伯格捐赠了10个数据库终端,这个数据库过去只有在大银行和大基金公司才会有。我们将其投入到新闻与传播相关专业的学生培养中,过去主要用来培养国际化的财经媒体记者,教会他们如何使用数据库来报道财经新闻。另外,清华大学和日本经济新闻社也建立了一个研究所——清华—日经传媒研究所,主要研究方向包括财经媒体研究、传媒新商业模式、传媒的数字化研究、日本传媒研究、数据库营销研究及财经新闻与财经信息研究。这些研究与实践都将为我们在大数据时代的研究和教育工作提供参考。

二、大数据的商业价值

数据到处都有,并不是说越大越全越好。只有社会最具有刚性需求的数据才能真正产生价值。为什么我们所有的媒体拥有这么大的数据库但无法利用其产生经济效益?办了上百年的《纽约时报》也好、《泰晤士报》也好,它们所拥有的大量数据都可以扫进数据库,但是有多少能直接转化为经济效益呢?只有人们对这些数据有刚性需求,才可能把数据变成货币、变成产品。什么数据最有刚性需求呢?财经数据便是其中之一,因为依靠财经数据以及对其的分析,人们可以投资、理财,财经数据能让人们赚钱。有价值的信息需要人们付出金钱、付出代价来购买,这是财经数据库能够成功转换成货币的原因之一。至今为止,已成功的数据库还有数据产品基本都是围绕财经信息的。很多传统媒体的数据现在还没有获得成功,这其中包括很多发行量排名靠前的报纸,即使拥有数量巨大的读者,但在数据方面亦很难探索出成功的道路。传媒的数据应用是一个世界的难题,也是世界共同关心的重大课题。

目前财经媒体客户覆盖主要是银行、基金、保险公司,其服务也遍及全世界。以刚刚提到的《日本经济新闻》为例,其数据产品在日本乃至亚洲市场都算比较成功的案例。《日本经济新闻》这份报纸在日本约有300万的发行量，与《人民日报》和《参考消息》发行量相当，但是日本只有1.2亿左右的人口，人口数量不足我们的十分之一，《日本经济新闻》也只是一份财经报纸，它却可以通过多方面开展业务、积极运作数据产品等途径获得150多亿元人民币的年销售额，这对我国的报业集团应有一些启发。

三、大数据时代传统媒体的出路

未来媒体的出路在哪里呢？以日本经济新闻社为例，它有一个叫作Telecom21的数据产品的应用，这是传统媒体转型中的非常好的一个典范。Nikkei Telecom21是日本数据库收费检索服务的开创者，已有28年历史，全日本七成的上市公司都是其客户，会员数达200万个。尽管有这样的突破，但是在大数据时代，它们同样面临着挑战。过去它们的数据来自很多方面，有的是自己作为老牌财经媒体多年积累下来的数据，有的是购买的数据，有的是代理的数据，它们通过媒体的品牌来销售这些数据，最大化地利用自己所能提供的数据产品。

在日本，由于互联网的影响，报业也出现萎缩和衰落，就报纸的下降速度来讲，日本和中国下降速度差不多，我们把这种下降叫“断崖式”衰退。面对报业市场的持续下降，中国报业企业的突围策略之路主要有三条：一是抱团取暖，通过并购重组形成规模效应，譬如大众报业集团；二是发展多元化业务，实行战略转型，譬如大力发展游戏产业的浙报传媒集团；三是开展数字媒体业务，譬如《人民日报》上线客户端，粤传媒联手甲骨文开拓大数据业务。然而，这三条路都只适合具有经济实力的大型报业集团，对于经营困窘的都市报只能另辟蹊径。阿里巴巴在2014年初通过控股文化中国曲线收购《京华时报》之举或许指明了第四条路——被实力企业并购。报业的“断崖式”下滑也许能逼其走出一条新路。

报纸作为媒介形态在时效性、互动性、信息量等方面的天然缺陷导致其主流媒体的地位将逐渐被互联网等新兴媒体所取代。在未来5—10年内报业市场还会不断衰退，但在下降到一定程度后也将趋于平缓。对于报业企业而言，无论是开展多元化业务，还是数字化转型，缺少的不仅仅是时间和机会，更重要的是抛开昔日辉煌的勇气、颠覆自我的决心。

电视产业如今发展迅猛，它的业务里面现在已经有30%—40%都是数据库产品创造的价值,利润里面有一半来自数据库新媒体产品。电视算是传统媒体转型比较成功的一个例子了。改革开放以来,我国国民经济的快速发展带动广告业发展,广告经营收入占 GDP 的比例也不断提升,但随着我国经济进入稳步发展时期,广告业的增长幅度也趋于平缓。传媒与广告业一直相伴相生,作为传媒产业主要的营收模式,传媒产业也与广告行业的兴衰保持相同的步调。然而,随着互联网的出现,传媒产业生存发展模式发生改变,尽管广告仍然是媒体主要的营收来源,但媒体在商业模式上的创新也使传媒产业的发展脱离广告,创造出更多的可能性:电视节目与内容版权收入、网络游戏、电子商务、数据信息服务……传媒产业的外延不断扩大,与广告、电子制造、金融、零售等关联行业相互交织。

四、大数据的发展瓶颈

现在的大数据存在着一个非常重要的瓶颈,就是如何让其可信?我们可能拥有大量的数据,但是谁来保证这个数据的可信度呢?现在大数据产品还不具规模,而且它的准确性、合法性,以及市场的可发展性、可拓展性及可持续性还有待探讨。以中国的阿里巴巴为例,尽管它拥有非常多的数据,但是谁能使用阿里巴巴的数据?阿里巴巴如何利用自己的数据?这是一个非常复杂且值得探讨的问题。

大数据时代是一个数据泛滥的时代,是一个数据过剩的时代,数据本身已不再是稀缺的资源,在大家都有各种各样的数据的前提条件下,成功的关键是如何去打造数据产品。当然,在这个人人都可以打造数据产品的时代,拥有数据产品也无法成为核心竞争力,更重要的是如何进行数据产品的营销。数据的最高价值是它的信用,数据可信才有价值,数据产品如果没有品牌、如果没有信用度的话,再多的数据也没有价值。

对于媒体而言,这也正是在大数据时代打翻身仗的好时候,因为媒体能保证它数据的可信度,媒体有一套确认事实的程序和理论,还有多年来经过考验的流程和标准,亦还拥有它百年以上品牌的可信力。日经卖了很多数据,这些数据不一定都是它自己所拥有的数据,但是它能将这些数据经营得很好,究其原因,首先就是因为它有一个非常诚信的品牌,其次,它有一套鉴别数据可信度、专业性的机制,这些都是用户和市场能够更好接受其数据产品的前提。

网络强国背景下科技型小微企业社交媒体营销效果研究

肖　珺　方紫嫣

党的十八届五中全会公报提出:"实施网络强国战略,实施'互联网+'行动计划,发展分享经济,实施国家大数据战略。"这是自2012年以来,以习近平同志为核心的党中央,做出的战略判断,以互联网为助力,持续推进深化改革,将中国建设成为网络强国,正式成为中国最为重要的国家战略目标之一。

网络强国战略是"网络安全"与"数字经济"双轮驱动的进取型—建设性战略。以技术创新助推强国战略是中国直面生产力发展最前沿的战略决策。科学技术是第一生产力,而网络技术已经成为人类社会发展最前沿的科学技术。

本文关注科技型小微企业在网络强国大背景下的社交媒体营销效果,试图梳理,作为网络强国基础型经济实体的科技型小微企业为何大量运用社交媒体,它们的社交媒体使用目前状况如何,以及如何使用社交媒体拓展自身的营销影响力。科技型小微企业是指从事高新技术产品研发、生产和服务的小微企业群体,它们在提升科技创新能力、支撑经济可持续发展、扩大社会就业等方面发挥着重要的作用,是我国产业结构调整、升级的重要载体,亦是实施网络强国战略、助推中国经济实现腾飞的重要引擎。

一、科技型小微企业:网络强国战略下的企业群体

(一)科技型小微企业的界定

科技部于1999年设立了科技型中小企业技术创新基金,并首次定义了科技型中小企业。依据《中华人民共和国科学技术进步法》和《中华人民共和国中小企业促进法》,参照《科学技术部、财政部关于科技型中小企业技术创新基金的暂行规定》,建议将科技型中小企业界定为:在中华人民共和国境内工

商行政管理机关依法登记注册,具备法人资格的企业,具有健全的财务管理制度;主要从事高新技术产品的研制、开发、生产或者服务业务;职工人数原则上不超过500人;全年销售收入在3亿元以下或资产总额在3亿元以下;具有大学以上学历的科技人员占职工总数的比例不低于30%,或直接从事研究开发的科技人员占职工总数的比例不低于10%;近三年每年用于高新技术产品研究开发的经费不低于当年销售额3%的企业。

小微企业是小型企业、微型企业、家庭作坊式企业、个体工商户的统称。科技型小微企业一般趋向小型化,从业人员少则几人、十几人,多则在50—150人。科技型小微企业是科技创新最为活跃和最具经济发展潜力的群体,是市场经济的率先探索者和实践者。企业从初创期开始,始终坚持生产与科技紧密结合,发展与创新同步前行的理念。

综上所述,科技型小微企业是指以科技人员为主体,由科技人员创办,主要从事高新技术产品的科学研究、研制、生产、销售,以科技成果商品化以及技术开发、技术服务、技术咨询和高新产品为主要内容,以市场为导向的小规模知识密集型经济实体。其在人员规模、资金规模、行业领域、人员结构、研发投入等方面有如下基本特点:

(1)人员规模:从业人员100人及以下。

(2)资金规模:全年营业收入在2000万元及以下。

(3)行业领域:主要从事高新技术产品的研制、开发、生产或者服务业务,企业涉及领域有新材料、新能源及节能环保、生物医药、文化创意、电子信息、先进制造、互联网和移动互联网等。

(4)人员结构:具有大学以上学历的科技人员占职工总数的比例不低于30%,或直接从事研究开发的科技人员占职工总数的比例不低于10%。

(5)研发投入:产品的技术附加值高于传统产业,研发投入比例较高,企业每年用于高新技术产品研发经费不低于销售额的3%。

(二)网络强国政策背景下的科技型小微企业发展

多年来,我国先后通过并实施《中华人民共和国促进科技成果转化法》、《中华人民共和国中小企业促进法》等一系列法律,建立起针对科技型小微企业的政策体系和框架。在此基础上,我国还出台《国家中长期科学和技术发展规划纲要》,从科技投入、技术创新、知识产权、税收激励、金融支持、政府采购、人才队伍、教育科普、科技创新基地与平台建设等各方面对科技创新扶持政策进行长期、系统性的规划。此外,国家科技部设立了小微企业创新基金、小巨人基金对科技型小微企业进行直接资助,重点扶持科技型小微企业技术创新活动,促进科技型小微企业发展。银监会引导银行进一步加大对科技型小微企业的信贷支持力度,适当下放贷款审批权限,逐步设立不以营利为目的、专门的科技担保公司和再担保机构,解决科技型小微企业融资难问题。

2015 年 10 月,中国共产党召开十八届五中全会以来,一系列新的政策规划出台,科技创新被摆在了国家发展全局的核心位置,推进“大众创业、万众创新”,网络强国战略,“互联网+”行动计划从三个不同层次为释放科技型小微企业创新发展活力,释放新需求,创造新供给,推动新技术、新产业、新业态蓬勃发展提供政策支持与保障。

(三)大众创业、万众创新

2014 年 9 月夏季达沃斯论坛上,李克强总理提出要在 960 万平方公里土地上掀起“大众创业”、“草根创业”的新浪潮,形成“万众创新”、“人人创新”的新态势。此后,“大众创业、万众创新”这一关键词又被频繁地在首届世界互联网大会、国务院常务会议和各种场合中阐释。2015 年 3 月 5 日发布的《政府工作报告》将“大众创业、万众创新”提升到中国经济转型和保增长的“双引擎”之一的高度,显示出政府对创新创业的重视。2015 年 6 月 16 日,《国务院关于大力推进大众创业万众创新若干政策措施的意见》出台,提出要创新体制机制,实现创业便利化。从财税、金融、投资、创业服务、搭建平台、人才机制、城乡协调等多个维度为创新创业企业保驾护航。

科技型小微企业是科技创新最为活跃和最具潜力的群体,适应能力强、成长空间大,是创新创业的主力,他们具有企业众多,产品差别不大,市场价格相近等特点,迫切需要拓展市场、推广产品,然而因实力有限,在推广和拓展成本上受限大。科技型小微企业目标市场的特殊性使其存在较多共同的话题,受众窄小的特点使得它们适合在一个较大的平台上寻找目标群体,因而特别适合且需要利用社交媒体营销。

1. 网络强国战略

2014年2月27日，中央网络安全和信息化领导小组第一次会议首次提出“网络强国”的概念，同时指出建设网络强国的战略部署要与“两个一百年”奋斗目标同步推进，向着网络基础设施基本普及、自主创新能力增强、信息经济全面发展、网络安全保障有力的目标不断前进。习近平指出，“要制定全面的信息技术、网络技术研究发展战略，下大气力解决科研成果转化问题。要出台支持企业发展的政策，让他们成为技术创新主体，成为信息产业发展主体”。

科技型小微企业具备带动创新的能力，科技型小微企业充分利用互联网技术，改造提升传统产业，培育发展新产业、新业态，能够成为助推网络强国战略中的重要力量。作为信息化中的重要一环，科技型小微企业充分合理地利用社交网络完成科研成果的转化，亦是在互联网这一主战场上实施创新驱动发展战略的具体表现。

2.“互联网+”行动计划

2015年3月5日，十二届全国人大第三次会议上，李克强总理在《政府工作报告》中提出，制定“互联网+”行动计划，推动移动互联网、云计算、大数据、物联网等与现代制造业结合，促进电子商务、工业互联网和互联网金融健康发展，引导互联网企业拓展国际市场。互联网技术带来的新商业模式和商业业态，激发着社会和市场的潜力、活力。“互联网+”行动计划不仅为科技型小微企业拓展如互联网金融、众筹等全新领域提供了扶持，也为科技型企业与传统行业相融合，给传统行业带来新机遇、生态、运营模式和发展空间提供了制度上的有力支撑，而在此之中，用社交网络等新型途径再造传统行业流程的成功案例层出不穷，黄太吉、褚橙、河狸家等一批探索“互联网+”模式的小微科技型企业充分利用社交媒体进行品牌营销，在短时间内以低成本方式获取了大量的粉丝及用户。

（四）科技型小微企业社交媒体使用的社会意义

社交媒体，是指建立在互联网技术，特别是 Web2.0 的基础之上的互动社区，它最大的特点是赋予每个人创造并传播内容的能力。根据 Social Media Marketing University 2014年4月的研究，大多数(54.4%)美国 SMB 营销人员表示今年他们增加了对社交媒体的投入。随着使用率的增长，社交媒体营销正在建立自己在整体营销组合当中的地位。Social Media Examiner 2014 年 5 月发布的数据指出，将社交媒体整合进传统营销活动当中的全球 SMB 的比例一年比一年大。

在国内，科技型小微企业运用社交媒体的热潮正盛。CNNIC 于 2015 年 7 月发布的第 36 次中国互联网统计报告显示，中国的网民规模已达到 6. 68 亿人，手机网民规模达到 5. 94 亿人，而其中以微博、微信、人人网等为代表的社交媒体已达到 60%左右的网民使用量。越来越多的科技型小微企业利用社交媒体进行营销、销售、公共关系处理和客户服务。2009 年 8 月，新浪推出新浪微博，随后中国四大门户网站相继推出微博服务，6 年过后中国的微博用户数量已突破 2 亿人，再加上后来兴起的微信等以社交为基础的平台应用发展稳定，庞大的社交媒体用户数量使企业日益重视这一新兴营销渠道，也使企业如何通过社交媒体开展营销和扩大品牌影响力成为前沿的热点话题。

2015 年以来，中国新创企业呈现“井喷式”增长，8 个月，新注册市场主体超过 800 万家，带动就业上千万，而在这其中科技型创业企业成为一股重要力量。作为小微企业创富神话的榜样，电商巨擘阿里巴巴在美国的华丽上市更引来全球目光。2015 年 3 月，国家工商总局发布的全国小型微型企业（以下简称“小微企业”）发展报告称，目前我国小微企业数量庞大，已成为国民经济的重要支柱，是经济持续稳定增长的坚实基础；在促进就业方面有突出贡献，是安置新增就业人员的主要渠道。

社交媒体运营，是指利用微信、微博等社交媒体平台进行品牌推广，产品营销；策划品牌相关的、优质、有高度传播性的内容和线上活动；向客户广泛或者精准推送消息，提高参与度，提高知名度，从而充分利用粉丝经济，达到相应目的。随着网络经济的快速发展，社交媒体平台的用户累计数越来越高，企业越来越重视使用社交媒体平台来进行品牌推广和产品销售，诸多科技型小微企业纷纷设立社交媒体运营这一新的职位，也有不少科技型小微企业与专业的新媒体营销公司合作，将微博、微信等社交媒体平台的运营工作委托给专业化的新媒体营销公司。总体而言，社交媒体运营成为新兴的热门职业，从事这一职业的运营者往往要求同时具备写稿、配图、推广、排版、制图、发布、社交互动等多项能力,既要具备传统媒体的功底,又要具有新媒体的思维。

二、文献综述

(一)社交媒体营销:定义与类型

社交媒体营销,是指借助社交媒体的平台(微博、SNS、微信公众平台、博客、社区、论坛等)进行的包括品牌推广、活动策划、形象包装、产品宣传等一系列的营销活动,其对象范围广泛,个人、企业、政府及其他类型组织团体都可以开展社交媒体营销活动,但因为营销主体和目的的不同,具体到营销方式上有许多区别。大体上可以把社交媒体营销分成个人营销和企业组织营销。

根据卡普兰和 Haenlein 的研究,社交媒体共有 6 种不同的类型,包括网络百科全书(如维基百科),博客和微博客(如 Twitter),内容的社区(如 YouTube),社交网站(如 Facebook),虚拟的游戏世界(如魔兽世界)和虚拟社会世界(如"第二人生")。

伴随着 Facebook 及 Twitter 等社交媒体在营销领域的崛起,对社交媒体营销的研究也相继出现,但目前的研究成果大多是在已有的营销理论框架内,针对社交媒体营销进行分析。互联网技术从 Web1.0 发展到 Web2.0,奠定了社交媒体营销的技术基础和现实环境。马雪颖、钟娱将社交媒体营销视为网络营销 2.0。他们认为,伴随技术发展,Web2.0 的出现导致了消费者信息接受模式的改变,因此,网络营销也产生了新的模式——网络营销 2.0。它利用技术及通路带来的可能性,以邀请代替灌输,以透明代替所有隐瞒,以互动代替单向交流,创造了消费者与品牌间的价值交流,并运用这种交流带来的新平等关系与消费者交心,进而达到了营销的目的。

以陈林为代表的实践派则认为,社交媒体的核心在于聚合。社交媒体本身拥有不可比拟的"群体影响力",使消费者在互联网上不再是单一的个体,而通过沟通和互动,企业可以聚合消费者,影响消费者,并最终实现品牌传播。从这一角度,社交媒体营销是利用"群体影响力"实现口碑营销的营销方式。CNNIC 的调查报告显示,由于小微企业的营销推广投入资金有限,投入小、见效快的社交媒体营销已成为小微企业最主要的营销手段。

(二)效果评估:社交媒体营销与小微企业发展

在众多社交媒体的形式中,微博营销被越来越多的科技型小微企业视为社交媒体营销的主要手段。企业微博营销，是指企业以微博为工具，综合利用微博平台，进行企业文化宣传、客户服务提供、市场信息收集、产品促销推广、潜在客户互动，最终达到获得销售收入、提升品牌影响、进行危机公关、监测网络舆情等作用的过程（张稀，2011）。从本质而言，企业微博营销属于网络营销范畴，相对于网络广告营销、搜索引擎营销、电子邮件营销、博客营销、SNS营销等其他几种网络营销方式，具有精准性好、成本低、互动性高、传播性高等优势。

新近的关于企业营销的研究中已经越来越多的关照到互联网时代的这一新的媒介环境的变化，开始探讨企业应如何理解和评价社交媒体营销的效果（如 Chris Murdough，2009；Pentin，R. 和 Senior Planner，T. M. W.，2010；唐兴通，2012；赵爱琴，2012）。这些研究对于社交媒体的营销效果提出了很多新的想法和框架，但至今没有一个公认的评估评价模式。

其中，在国外学者的研究中，Murdough 总结了具有最普遍认可意义的社交媒体营销效果评价框架，包括定性的指标（用户评论的观点）和定量的指标（粉丝量、评论量、活动的参与量、产品手册的下载量等）相结合，Richard（2010）将社交媒体影响用户的过程划分为四个阶段（Awareness-Appreciation-Action-Advocacy），根据 4As 不同阶段定义核心指标，但该模型的构建表现为单方向递进，针对企业微博营销互动反馈的特性，具有一定的局限性；Yamaguchi（2010）等提出用 TURank（Twitter User Rank）来计算用户影响力排名；Park 等（2011）通过 TAM 模型实证分析了企业微博用户的知名度、互动性、信任度对 Twitter 上的企业微博营销有显著影响。

国内以社交媒体营销为研究对象的学术文章主要集中在针对微博的研究，特别是新浪微博的企业营销上，数量上总体相对较少。赵爱琴（2012）借鉴了 Murdough 的研究框架，结合国内企业微博运营现状，提出企业微博营销效果的评估模型 AESAR（Awareness 注意—Engagement 参与—Sentiment 态度—Action 行动—Retention 保留）与评估指标，但对于各个指标相对于营销效果的重要程度，模型并未给出排序。陈晓明（2012）给出了微博营销的投资回报率（ROI）的计算公式。毕凌燕（2013）根据微博传播信息流，运用 PageRank 算法思想和用户行为权值，提出一种评价企业微博博文营销效果的量化方案。

社交媒体营销由于诞生时间不长,整体上看依然是新鲜事物,有价值的文献数量还相对较少,现在大量被引用的前沿研究文献以会议论文居多,重量级刊物上的文献较少且以海外理论研究为主,本土化研究较少。虽然研究面广泛,但缺乏系统化视角,由于社交媒体的形态多样,数据过于庞大,绝大多数量化研究都只能进行局部数据采样研究,无法从整体角度全盘考虑。

社交媒体营销效果的研究目前存在着几个难点:微博、微信等平台对数据开放有限制,对深度研究造成阻碍。一方面如何针对性地有效提取微博、微信等平台本身的海量数据,同时排除大量水军或僵尸制造的虚假数据,是很有技术难度的事情;另一方面企业社交媒体营销数据作为企业或社交平台的机密数据,很难被研究学者拿到并运用于学术研究中。所以,企业社交媒体营销真实数据获取上的困难,严重制约了研究者对企业社交媒体营销模型有效性的验证,无论在学术研究的质上或是量上,企业社交媒体营销领域的研究进展相对缓慢。

三、研究对象、问题与方法

(一)研究对象

本文以科技型小微企业的管理者、社交媒体运营者为研究对象。研究者分别在2014年、2015年于北京、武汉两地连续跟踪科技型小微企业的社交媒体使用。在2014年的研究中,根据前期跟踪与访谈,研究者发现小微企业当时均以微博为其主要,甚至是唯一的社会化媒体营销平台,故将研究重点放在对"微博"这一产品的营销效果研究上,选取科技型小微企业的微博运营者为研究对象。根据2014年的研究结果,研究者发现管理者对待社交媒体的态度在很大程度上影响着企业社交媒体营销的效果,故在2015年的研究中,补充了对科技型小微企业管理者的访谈,试图更全面地解析企业社交媒体营销的使用现状与困惑。

(二)研究问题

根据前述文献研究和本文研究关切,研究问题主要为三点:

(1)科技型小微企业的社交媒体使用现状有何特征?

(2)科技型小微企业进行社交媒体营销的目的是什么?

(3)影响科技型小微企业社交媒体使用效果的要素有哪些?

（三）研究方法

1. 问卷调查法

问卷调查法是一种利用事先设计好的表格、问卷、提纲等收集直接调查得来的数据资料，所提出的问题和回答的类别是标准、统一的，调查的内容可以用于统计分析的研究方法。

本文2014年的研究采取问卷调查的研究方法，以科技型小微企业的社交媒体运营者为研究对象，采用Murdough的营销效果评价框架对科技型小微企业的社交媒体账号进行量化分析，同时对运营者的人口学变量、信息素养变量、创新性变量进行测量，将信息素养变量细分为时效性、发布数量、客观性（无偏见/中立）、专业性、信息完整准确性、深入性、互动性等7个维度，根据调查结果对研究假设"运营者的信息素养与社会化媒体的营销效果成正相关性"进行检验。

问卷调查法的研究数据来源于笔者于2014年3月至5月在北京3W创新传媒公司实习期间进行的问卷调查。调查采用非概率抽样的方法，以研究者直接邀请参与3W公司举办的创业大赛和创业沙龙中的创业公司微博运营者填写调查问卷的方式进行。根据研究主题的需要，研究者对用户进行了甄别和筛选，挑出部分活跃的小微创业型企业微博运营者进行调研，然后依靠他们提供认识的合格的调查对象，再由这些人提供第三批调查对象，依次类推。根据抽样的科学性和可操作性相结合的原则，研究者采用了立意抽样和滚雪球抽样相结合的方法进行网络抽样调查，累计投放问卷200份，最后回收有效问卷85份，有效回收率42.5%。对于回收的数据，研究者对样本进行了加权，较好地控制了抽样误差，因此研究结果具有较高的外在效度，能够较为客观、全面地揭示出小微企业微博运营者的概貌。

2. 深度访谈法

深度访谈法是一种无结构的、直接的个人访问。按照不同的角度，科技型小微企业可以被划分为不同的类别，按照融资的阶段可以被划分为种子期、天使轮、A轮、B轮、C轮、上市企业等，按照创业者的来源可以被划分为大学生创业、农民工返乡创业、军转民创业、海外归国人员创业等，按照行业属性可以被划分为新材料、新能源及节能环保、生物医药、文化创意、电子信息、先进制造、互联网和移动互联网等,这七大类别基本涵盖了科技型小微企业所处的不同行业领域,囊括了当下“大众创业、万众创新”浪潮中最为活跃的因子。

根据现有的研究成果和研究者自身作为一名创业者的经历和观察,本文拟对参与问卷调查的科技型小微企业中来自湖北的部分企业管理者进行访谈,这些小微科技型企业分布在上述七种类别当中。访谈对象的选取主要通过从第四届中国创新创业大赛湖北赛区获奖项目中筛选与人际推荐同时进行,并根据性别、年龄等人口统计学维度对样本进行了相关的筛选,以使其尽可能具有代表性。最终确定的21位受访者包括来自7个类别的21家企业,其中14位男性和7位女性,年龄全部在18—40岁区间(以确保受访者同时具有独立经济地位和社交媒体接触习惯和能力),其所在企业均曾经或正在使用社交媒体进行营销。值得注意的是,全部受访者均接受过大学教育,月收入水平在4000元以上。

由于这些企业的营销负责人事务繁忙,在地域上具有分散性,导致百分之百的面对面访谈有现实困难,因此本项研究的访谈有一部分通过面对面访谈的方式进行,另一部分通过网络即时通信工具(如QQ)和移动社交工具(如微信)完成。需要强调的是,为确保研究的可信性,所有受访者都被要求提供真实身份信息(姓名、年龄、所在地、公司名称),并与其所在公司的社交媒体账号做出了严格的一一对应。访谈时间从2015年3月初持续至2015年10月底,单次访谈的平均时间为60分钟左右。

四、科技型小微企业社交媒体使用现状

(一)以微博、微信为其主要社交媒体平台,两大平台各具比较优势

访谈结果显示,21家受访企业中仅有1家使用了除微博、微信之外的社交媒体营销渠道(BBS/论坛),有15家同时开通了微博、微信作为其开展社交媒体营销的渠道,这一比例高达71%。只开通了微博而未开通微信的企业有2家,只开通微信而未开通微博的企业则有4家。在对微博、微信两大平台的使用中,同时频繁使用这两大平台的企业有8家,占到38%,仅频繁使用微信平台的企业有5家,仅频繁使用微博的企业有4家,其他企业则只开通了平台并未安排专人进行运营。由上可见,小微科技型企业以微博、微信为其主要社交媒体平台,两大平台各具有比较优势,微博与微信分别在公共社交平台和私

密社交平台占据了无法撼动的主导性地位。

（二）运营者以本科毕业 3—5 年内的男性为主

根据问卷调查的数据，研究者发现，科技型小微企业社交媒体运营者以男性为主，且年龄多在 21—25 岁区间段，学历集中在本科毕业。科技型小微企业本身以个人创业型企业为主，而男性参与创业的比例和热情较女性更高，故从业的比例更高。而科技型小微企业中负责社交媒体运营的人员多为年纪较轻的员工，反映出年轻群体在社交媒体的接触和应用能力上有更强的能力和兴趣。调查中少数的年龄在 31 岁以上的受访者均为由企业创始人自己担任其社交媒体运营者，企业规模较小，未雇用专门运营人员。

（三）运营者总体创新性强，创新意识浓

问卷调查的结果显示，受访者在创新性这一变量上各个维度指标上的得分普遍较高，这与受访者主要集中在互联网领域有较大的关系，也与受访者的性别、年龄结构、教育程度等有一定的关联。总体而言，科技型小微企业普遍具有较强的创新性，其社交媒体运营者则普遍具有较浓烈的创新意识，乐意接受新的观点和事物，愿意尝试新的内容表现方式，而这些特征在篇幅简短、方便快捷、信息多样化、信息传播范围广、时效性强的社交媒体平台上得到了正面的反馈，创新意识浓烈的运营者在社交媒体营销效果上也有较好的表现。

五、科技型小微企业社交媒体使用目的与需求

2015 年针对科技型小微企业管理者的访谈以半结构方式展开。对于每位受访者，除围绕研究设计中提出的三个问题进行针对性发问外，还会根据受访者的具体回答将话题进行拓展和追问。在访谈资料的呈现中，以 A1—A3 代表新材料类小微企业的受访者，B1—B3 代表新能源及节能环保类小微企业的受访者，C1—C3 代表生物医药类小微企业的受访者，D1—D3 代表文化创意类小微企业的受访者，E1—E3 代表电子信息类小微企业的受访者，F1—F3 代表先进制造类小微企业的受访者，G1—G3 代表互联网和移动互联网类小微企业的受访者。需要申明的是，本文的分析对象包括 21 位受访者的全部访谈资料，但囿于篇幅，只选取最具代表性的受访者言论进行呈现。

（一）品牌形象塑造：科技型小微企业客户关系建立的渠道

当被问及为何使用社交媒体的时候，几乎所有的受访者都能明确地提出

社交媒体有利于建立品牌形象,让更多的用户认识自己这一作用,社交媒体庞大的用户量使其成为企业提高知名度的最好舞台。

G1:我们很早就开通了微信公众号,之前也没想要放什么内容进去,只是觉得这是一个企业的门面,在初期无暇去建立官网的时候,官方微信账号相当于是一个门面,别人听说了我们的企业名称之后起码有个地方能找得到它。

C2:微信上面我们会更新公司老板平时参加一些活动啊,接受一些领导接见的信息,也是建立自身形象的一个平台吧,别人看到这个公司经常有些参加大的活动的动态,自然也会觉得靠谱一些。

从访谈资料中可以看出,科技型小微企业利用社交媒体树立品牌形象,并不简单等同于把品牌的名称通过社交媒体放在大众眼前,所谓树立品牌形象,也就是要建立起强大的客户关系、信心,甚至要在品牌和目标顾客或消费者之间制造情感上的亲和力。这些关系、信心和亲和力将会引导顾客在进行消费抉择时选择该品牌。社交媒体具有广泛的影响力,拥有大量活跃的用户群,喜欢参与和贡献内容的用户会主动投入对品牌的更多关注。

(二)增强用户互动:品牌信息的延展和扩散

在访谈中,社交媒体的互动性特征被受访者频繁提及,传统媒体采取的是"广播"的形式,内容由媒体向用户传播,单向流动,而社交媒体的优势在于,内容在媒体和用户之间双向传播,这就形成了一种交流。用户可以参与到产品的制造过程,让他们选择企业生产的产品,有助于企业真正理解客户需要些什么。

A1:我们是做柔性电池生产的,本身用社交媒体去销售的可能性不太大,倒是从官方微博上面收到过客户的反馈,有反应电池的效果问题的,还有对外观提出意见的,这些其实对我们后期改进产品是很直接的有效果的,当然用户可能只是捎带一提,还需要我们的客服人员继续去跟他深入联系,甚至送一些小礼品之类的。

C3:我们的护肤品采取了微商分销的模式,用社交媒体跟客户互动是业务员最重要的活动,我们每天会规定业务员定期在朋友圈里发送对用户使用产品之后的反馈帖,点赞多的还会给予奖励。

基于社交媒体的网络营销并未改变用户的购买行为，而是强化了其中的用户反馈，同时利用最新社交媒体工具和多频次的接触点，吸引广大用户关注，并以好友或粉丝的人际关系链条把品牌信息不断延展和扩散，让每一份网络流量，都成为品牌信息的载体，放大“微接触点”产生的效果。社交媒体双向对话的特质，能使科技型小微企业在使用社交媒体时，利用社交媒体的贴近性，深入渗透到用户的生活中，对用户思想产生潜移默化的影响，让品牌意识逐渐在用户心中树立，增加用户的品牌忠诚度。优秀企业如星巴克、戴尔和宝洁等都采取了这种模式，听取用户的意见和反馈，并借此创造更好的产品。企业对此越积极，就越能促进这种模式的发展。

（三）增加企业利润：拓展销售平台与优化销售策略

社交媒体为处于初创阶段的企业提供了一个天然的、良好的销售渠道，受访者表示在精力和人力有限、无暇建立庞大的销售网络的时候，社交媒体成了他们的好帮手。他们通过社交媒体直接销售产品，增加利润，还探索出与上下游其他企业联合促销的策略，在展现形式上也突破了以往仅局限于文字或是图片的单一形式，短视频等新形式也为他们所使用。

D2：我们的产品是一个不用人拖着就能走的智能行李箱，我们发现跟一些做旅游的其他创业公司合作是个不错的办法，我们在微博上@他们，购买行李箱送出买旅游产品的折扣券，他们的旅游产品积分市场里面也有我们行李箱的兑换设置，在微博上互相带一些流量，效果还是挺好的。

G3：我们的销售最初几乎都是利用社交媒体平台完成的，最早通过微博聚集粉丝找到第一拨小龙虾买家，到后来用微信公众号留下粉丝，现在已经接近3万的微信用户和6万的微博粉丝，社交媒体直接就是我们最最重要的销售渠道，我们所有的市场策略几乎都是围绕它来的。

C2：我会鼓励我的客户在微信上完成交易，为此我们还设立了针对这些平台的特别折扣，因为这有利于让她们在自己的微信朋友圈和微博里面去做分享，让更多她们的朋友知道她们买了我们的产品，并且往往还会附上一句不错的评价。

F1：拍摄短视频然后发到微博上为我们吸引了一大拨用户，我们会定期更新用我们生产的无人机拍摄的短视频，然后在最后附上销售顾问的联系方式，最近销售部门做了一个统计，发现看了短视频后来联系的用户还真是不少。

高效的营销组织和队伍是实施市场营销战略的基础，整合营销是必然选择。曾经的科技型小微企业的部门各自为政，企业内部环境松散，利用社交媒体，增强团队意识，充分发挥合作共赢的效果，参与到新媒体矩阵当中，能有效增加企业品牌的曝光度，以帮助企业的社交媒体平台实现从粉丝到消费者的转化。

（四）提高工作效率：协调企业内部沟通与组织

社交媒体对于企业内部管理的贡献，是研究者没有预想到的新要素。受访者表示社交媒体对于员工沟通、员工信息反馈、寻找人才、提高生产效率等企业内部管理流程均有一定的作用。

G2：微信群帮助我们降低了很多沟通上的成本，我把任务丢到群里，@各个部门的负责人，他们再分别去对接，效果很直接，我也经常会用社交媒体介绍相关的客户和资源给下属，微博上面公司各个部门的都认领了各自的任务，比如说客服部负责联络后续服务，招商部负责跟上下游的商户联系，活动部负责策划活动等。

E2：微信太方便了，我们几乎可以把公司会议通知、公告下达这些事情用微信解决得差不多了……

C3：我们用微博做了一条最新产品的促销内容，然后把这条链接复制粘贴发到不同的平台上面，包括QQ群等等，这一条链接帮我解决了很多麻烦，我不用再去每个地方一次次地复制粘贴那些信息、编辑图片等等。

G3：我们的招聘信息在微博上一发，比在招聘网站上的效果都好，很多粉丝会主动帮我们转发。

A1：微博、微信其实是我了解我们公司员工的一个超好的途径，不知道他们会不会对老板分组可见，但谁有了什么动态，家庭出了什么变故我可以第一时间就了解到，也能及时化解一些问题和矛盾，有时候我们办了大活动我也会给大家点赞，在群里发个红包激励一下，有什么问题也可以私聊解决。

在社交媒体网络中，信息的传递异常迅捷。社交媒体出现之前，管理层要与员工沟通主要通过开会、个别谈话、电子邮件、内部办公系统等。而在社交媒体时代，管理者可以很便捷地通过社交媒体传达信息和任务。与网络社区的内部沟通将会带来迅速协和的反应一样，公司的员工也同样值得重视。一些人很可能比其他人更热爱某个工作领域，这时，公司应该奖励和支持他们。分管社交媒体营销可以了解用户需求，对企业生产有更好的指导作用。各部门在此基础上能更好地明确自己的职责，提高劳动生产率。企业还能借助社交媒体使用零成本迅速获得大量应聘者的信息。

六、科技型小微企业社交媒体使用效果

（一）科技型小微企业社交媒体营销效果总体评价中等偏上，用户参与量不足

在 2014 年的问卷调查中，研究者从粉丝量、评论量、活动的参与量、产品手册的下载量、积极/消极的评价 5 个指标对社会化媒体的营销效果进行了测量。表 1 显示了科技型小微企业的微博运营者对营销效果多个维度的评价状况。调查结果显示，调查者对微博营销效果的总评分在 3.2—3.6 分的置信区间内，总体呈现中等偏上的结果。而在各项指标的评分中，用户评价得分最高，其后依次是粉丝数量、产品信息关注度、评论量和用户活动参与度。由此可见，在科技型小微企业的微博营销中，对用户（粉丝）参与活动的积极性调动不足，往往过于关注粉丝数量，而忽略了粉丝的活跃度、微博的评论转发量，个别企业为了追求大号效果，购买虚假粉丝充数，得不偿失。用户对企业微博的总体评价这一项得分较高，反映出科技型小微企业在微博营销上较为重视维护与用户的关系，及时反馈、处理用户的信息。

表 1　社会化媒体营销效果评价

指标	均值	标准差	测量范围	样本数量	排序
粉丝数量	3.66	1.06	1—5	85	2
评论量	3.16	1.08	1—5	85	4
用户活动参与度	3.15	1.21	1—5	85	5
产品信息关注度	3.55	1.17	1—5	85	3
用户评价	3.75	0.65	1—5	85	1

（二）运营者的信息素养与社交媒体营销效果呈正相关，编辑中的互动性影响大

经过多元回归分析，研究者发现，运营者的信息素养与企业微博的营销效果呈正相关性，运营者的信息素养越高，则所运营的企业微博的营销效果越好。而在运营者信息素养的具体表现指标上，运营者对互动性的重视和运用程度，则最大程度地影响企业微博的营销效果。运营者越重视与用户（粉丝）之间的互动，则营销效果越好。而在其他要素中，研究发现，运营者在客观性、信息完整性上的表现与企业微博的营销效果无明显关联，这从一个侧面反映出了微博之类的社会化媒体碎片化、主观化的特征，用户更重视和青睐具备可读性、便捷性和个性化的营销信息。除此之外，运营者发布微博的时效性、深入性、专业性和发布数量均对营销效果有一定程度的影响，而时效性、发布数量则与粉丝数量指标呈现强相关性。

表 2　运营者信息素养与营销效果间的回归分析

模型	非标准化系数		标准系数	t	Sig.
	B	标准误差	试用版		
（常量）	.711	.231	—	3. 085	.003
时效性	.194	.091	.212	2. 127	.037
发布数量	.045	.081	.049	.554	.581
客观性	-.016	.072	-.016	-.222	.825
专业性	.118	.083	.133	1. 428	.157
完整性	-.028	.074	-.030	-.379	.706
深入性	.137	.070	.165	1. 952	.055
互动性	.342	.062	.485	5. 490	.000

a.因变量：小微企业微博营销效果总评。

而另一新变量——创新性，确实对小微企业微博的营销效果有显著的积极影响，这说明，社会化媒体作为一种新兴事物，更具创新性的运营者在运营企业微博时也能取得更好的营销效果。

（三）互动与转化：科技型小微企业管理者效果评估重点

在 2014 年问卷调查研究的基础上，研究者在 2015 年的访谈中补充了从

企业管理者角度对社交媒体营销效果评价指标的看法，从访谈的材料中发现，科技型小微企业的管理者在对社交媒体营销效果的评价中更加重视互动的指标、转化的效果（活动、销售和结果），对活动（社交媒体团队的产出数量）并无太多在意，对既有粉丝的保持和支持重视不足。

A3：他们（指运营者）每天发了几条微博，什么时候发的，有几个人回复了这些个问题我几乎没啥时间去关注，我只要看效果就行了，我们搞一个促销活动有多少人参加了，组织一场网友聚会能有几个人来，这是我最直接的指标。

C2：销量是最直接的，每天我们有个微信群，每个微商卖了多少都要在里面汇报，我们每次微信公众号推送了图文之后我看第二天的销售数据就大概心里有数这次的推送效果怎么样，当然我也会看有多少阅读量、转发量以及点赞这些的，在朋友圈里看到转发量也算是一种评价指标吧。

G3：的确我们是最近才开始重视跟粉丝的后期沟通的，我们发现这一拨人之前都被浪费掉了，之前我们都不知道我们的粉丝他们多大年龄，是男是女，生活在哪些区域，现在我们计划定期组织他们来线下试吃会，让他们成为我们重要的转发者，这部分人是很重要的。

之所以科技型小微企业的管理者将互动与转化视为评价社交媒体营销效果的重要指标，是因为小微企业处于企业发展的初级阶段，用品牌吸引访客的最终目标还是放到转化指标上，他们期待透过社交媒体的平台完成产品的销售、新用户的获取。

七、结论与讨论

（一）网络强国战略为科技型小微企业社交媒体使用提供制度保障

第一，国家大力推进网络强国战略，是从组织领导层面，加强对未来网络安全和信息化的决策和领导，也为科技型小微企业释放活力助推国民经济发展提供了强有力的组织保障。

第二，国家实施大数据战略，推进数据资源开放共享，推动“互联网+”应用创新，用互联网思维改造传统产业，推动创新；加强信息安全保障，在安全中求发展，这有利于科技型小微企业在社交媒体运用上提高“国家安全意识”，掌握核心技术，不断研发拥有自主知识产权的互联网产品。

第三,国家加大与网络强国相适应的基础设施建设,特别是宽带建设,包括大数据、云计算、移动互联网、物联网等新技术的基础设施建设和广泛应用等。当今,人类已经深度融入信息社会,信息网络和服务已逐步渗入经济、社会与生活的各个领域,成为全社会快捷高效运行的坚强支撑。对于进入全面建成小康社会决胜阶段的中国而言,信息基础设施已成为加快经济发展方式转变、促进经济结构战略性调整的关键要素和重要支撑,科技型小微企业借助基础设施上的建设之机,可以创新其社交媒体营销的策略和模式,探索新的市场机遇。

(二)社交媒体的品牌价值:科技型小微企业需重视互动和创新要素

社交媒体的品牌价值,是指其有利于科技型小微企业树立品牌形象,建立强大的客户关系、信心,甚至在品牌和目标顾客或消费者之间制造情感上的亲和力。

调查结果显示,运营者的创新性直接影响着企业社交媒体的营销效果,科技型小微企业在开展社交媒体营销时需更加鼓励运营者开发新的内容表达手段、互动方式等,充分发挥运营者的创新意识,摒弃原有营销手段的框架和固定思路,借助报纸、广播、电视、网络、移动端等多种媒体形态和平台,选择合适的企业传播路径和传播形式,创新融合式的新营销模式。社交媒体具有广泛的影响力,拥有大量活跃的用户群,喜欢参与和贡献内容的用户会主动投入对品牌的更多关注。

(三)社交媒体的互动价值:科技型小微企业需保持时刻与用户互动的姿态

社交媒体的互动价值,是指其有利于增加用户互动,创造消费者真正需要的产品。用户可以参与到产品的制造过程,让他们选择企业生产的产品,有助于企业真正理解客户需要些什么。

在社交媒体的时代,创意和互动方式上的革新层出不穷,而借助社交媒体的平台组织用户参与活动成为企业营销中的重要手段,而调查结果显示,如今的科技型小微企业社交媒体营销在活动的组织上得分较低,企业应不断创新社交媒体营销模式,更多地促进粉丝对企业品牌相关活动的参与。

企业在社交媒体上发布的内容要符合社交媒体推广的4I原则:Interesting

（兴趣）、Interests（利益）、Interaction（互动）、Individuality（个性化）。科技型小微企业开展社交媒体营销，首先要在社交媒体上宣传企业，发布与企业产品相关的信息；其次企业要在社交媒体上找到受众，可以通过搜索和企业经营相关的标签、话题、微群寻找目标用户；找到受众以后，企业需要通过各种方式将受众组织在一起，例如开展话题讨论、有奖活动、事件营销等，增强吸引用户关注的能力，培养忠实粉丝，最终实现企业社交媒体营销的价值。

企业社交媒体的运营者在运营时，应保持时刻与用户互动的姿态。社交媒体高效的互动性使得企业社交媒体营销中与听众的沟通技巧和方法显得举足轻重。如何与听众进行有效的沟通？科技型小微企业的社交媒体运营者可从如下三个方面予以提升。

一是要与用户平等沟通，避免单向交流。作为发布者，不能对粉丝不理不睬，而是要积极参与互动。

二是要真诚沟通。社交媒体平台草根化的话语环境，要求企业社交媒体发言必须摒弃传统的新闻式的话语体系，少说官话、套话、空话，多用个性化、人性化、生活化、口语化的语言进行沟通。

三是要坦诚沟通。坦诚面对网民的批评，一般情况下不要关闭评论功能，尽量保留评论的客观代表性，除了违法信息和人身攻击言论外，不删除网友评论，也不要进行一边倒的正面评论。对于带有一定情绪性和主观性的观点，可以通过适当的态度和方式与之沟通，努力排解其情绪。

（四）社交媒体的销售价值：从销量转化到企业文化植入

社交媒体的销售价值，是指其有利于重组市场营销策略，增加企业利润，社交媒体为处于初创阶段的科技型小微企业提供天然的销售平台便利。

经过多元回归分析，研究发现，运营者的信息素养与企业社交媒体的营销效果整体呈正相关性，但运营者在客观性、信息完整性上的表现与企业社交媒体的营销效果无明显关联，甚至出现负相关的趋势。这从一个侧面反映出了如微博之类的社交媒体具有碎片化、主观化的特征，用户更重视和青睐具备可读性、便捷性和个性化的营销信息，而对信息的客观、完整并无过多要求。

在科技型小微企业管理者对社交媒体营销效果的考评指标中，互动和转化效果是其最为看重的指标，从吸引粉丝开始，到实现从粉丝到消费者的转化,这是大部分企业管理者认可的社交媒体效果的最大化表现。然而也有部分科技型小微企业的管理者表示,除去商品的直接销售外,品牌文化在用户心中的植入,才是社交媒体销售价值另一种更高层次的体现。

(五)社交媒体的内部管理价值:科技型小微企业需适当提升从业者收入水平

社交媒体的企业内部管理价值,是指其有利于较好地协调企业内部各部门工作,提高工作效率,企业内部成员可以通过社交媒体提升沟通效率,亦可降低招聘成本。

科技型小微企业自身在规模上的缺陷使其在吸引、利用和留住人才的问题上面临很大挑战,而社交媒体运营专业人才的缺乏使得科技型小微企业开展社交媒体营销更加艰难。一篇成功文案的实际撰写难度较大,需谨慎推敲,防止产生负面影响,同时,社交媒体营销活动需要创意,需要专业的社交媒体营销人才来完成。在我国,社交媒体营销的土壤尚未培育成熟,人才缺乏,国内很多企业内部的管理层对运营社交媒体没有经验,企业缺乏专门的社交媒体营销团队,无法有效开展社交媒体营销,使得社交媒体营销规模化受阻。

而在现有的运营人员的调研中,研究者发现,运营者的收入水平与社交媒体的营销效果存在正向的关联,企业要重视既懂得社交媒体知识又懂得网络营销的人才,适当提高运营者的收入水平,培养社交媒体运营人才,建立完整的企业社交媒体营销策略和流程。

八、研究的不足与展望

本文采取了问卷调查法和深度访谈法两种研究方法,问卷调查获得的样本数量总体较少,调查范围较窄,被调查者的身份特征较为接近,补充进行的深度访谈对象数量有限,且在地域上较为集中。在设计人口学要素的变量时,未能将受访者的专业纳入调查中,这成为研究中的一大遗憾。受访者的专业背景能在很大程度上从一个方面反映出其信息素养,能够在更大程度上支撑本文的结论。对于社交媒体营销这一较为宽泛的研究领域来说,本文的实践尚处于初级阶段。本文从运营者角度提出的营销效果评估也只是一个框架性的研究思路,还有许多有待进一步研究和完善的地方。

在中国创新创业火热发展的大时代背景下,科技型小微企业如何充分使用社交媒体,助推创新创业事业发展,仍是研究者未来持续关注的研究方向。社交媒体兼具对外的传播营销价值,也具备对内的组织沟通价值,中国的这些创新创业企业在中国当下特殊的时代背景下,又将探索出怎样的新的社交媒体运用路径,其中的困惑和难点几何,这些都将成为研究者进一步研究的重点所在。

中国网络传播创新

传播学领域在中华民族伟大复兴历程中的角色期待

姜　飞

每个人带着个性融入社会，类似五彩丝线织成壮丽织锦。在当前新媒体技术日新月异和中国面临的国际大传播形势下，我们看到，大众传媒(Media)和新兴媒介(Medium)已经历史性地被赋予中华民族伟大复兴宏伟画卷的“织女”角色：从国内传播来看，将中国特色发展道路汇聚的思想、理论和实践有效“织锦”，编织进入中国五千多年的文明历史而有机传承、和谐发展；从国际传播来看，将中国的文化、价值观和发展实践有效“织锦”，编织进入世界文化地图而收获彼此尊重、和平共处。

在这样的背景下，中国的传播研究(Communication Theory Research)历经四十年的发展，正汇聚一种继往开来的动能，并呈现一种开拓创新的学术勇气：既积极引进介绍国外前沿成果，保持和拓展国际学术界对话，亦深入探索中国本土实际，有效应对传媒实践和国家发展过程中浮现出来的现实问题；更辨析国际形势，辩证总结中国特色的传播规律，建构中国特色社会和传媒实践基础上的传播理论，指导中国传播实践，贡献国际学界。

1978 年，源自美国的大众传播学及其理念传入中国，时值中国社会科学院成立，同年也是其下属新闻所的诞辰。值此传播学与中国社会现实的四十年“红宝石”婚约之期，在新媒体条件下呈现出的诸多传播现象和政策调整，正展现出传播研究学科发展的历史性新机遇，推动着中国传播理念的国际化进程，推动着中国传播研究春天到来的同时，也对于传媒、传播领域群体如何融入中华民族伟大复兴的历程提出了历史性期待。

一、传播研究的实践基础不断夯实

作为传播研究基础的传媒业成长为兼跨两大部类生产的重要产业、中国文化产业振兴的生力军、产业格局重组的催化剂。追根溯源，传播是一种自然现象和过程。但媒体是人类信息需求的产物。当今，传统媒体和多元新兴媒介与政治、经济、文化和技术深度耦合，逐步形成大众传媒业态和大众传播新生态，并发挥着文化产业引领的重大作用，主要体现在：

其一，传媒业形成兼跨两大部类的重大产业。不再是茶余饭后的生活补充，聊胜于无，已无法单纯用第三产业或者服务业的眼光来看待和处置。早在2006年，美国文化传媒产品创造的产值已经超过航空航天跃居第一位。另外，从社会生产序列来看，传媒业兼跨马克思在《资本论》中述及的第一和第二两大部类的生产：既有诸如印刷机、编辑机、摄像机、录音机、电视机、收音机等需要在第一大部类里动用生产资料生产的硬件设备，也有围绕这些设备和终端受众需求而衍生出来的诸如采、写、编、评的业务形式，如记者、编辑、摄影师等服务人群，也有广播、电视、报纸、杂志、网络等提供的服务内容。

其二，传媒业已经成为当下文化产业振兴的生力军。无论是关涉大众生活的传媒业股票大量上市，还是围绕传媒和传播相关领域的创业开花，还是国家文化产业政策对于传媒业的高度重视都已经呈现这一点。2011年10月18日，中国共产党第十七届中央委员会第六次全体会议通过《中共中央关于深化文化体制改革、推动社会主义文化大发展大繁荣若干重大问题的决定》（以下简称《决定》）。对《决定》的词频统计显示，全文有472次使用“文化”，而提到新闻、媒体、传播以及具体的媒介形式的发展等达到105次。作为一个专门谈文化发展的政策决定，我们看到相当于约四分之一的篇幅都在谈传媒和传播。如果对次级概念，即更具体的相关词进行统计，显示《决定》中涉及传播研究中的主要关键词还包括：真实准确传播、网络传播、新兴媒体传播制高点、传播渠道、传播秩序、传播体系（2次）、传播能力、文化传播、国际传播、传播者等。由此我们似乎可以判断，传媒产业不仅仅成为文化产业振兴的生力军，而且，十七届六中全会《决定》几乎可以理解为一个基于传媒产业发展、强大，国际传播能力提升基础上的文化强国建设蓝图。

其三，传媒业以“新媒体”为动力、渠道和平台推动着传统产业格局的重组。新媒体的“新”体现在三个方面：首先，基础媒介维新。比如IPv4向IPv6的升级，物联网的发展，3G甚至4G、5G等。其次，传播终端更新。比如手机和 iPad、电子穿戴设备等互联互通。第三,传播理念创新。突破基于大众媒体的传播规律视角,将研究对象从大众媒体 Media 转向媒介 Medium,以移动、互联网思维思考传播。这三个方面的"新"可以明显看到对于电信行业上中下游的重组,尤其是三网融合实践对于不同领域边界的突破、对于健康领域行业生态的调整等。

二、传播研究的学科地位和社会影响不断巩固

中国传播研究已经发展成为人文社会科学重要领域,发挥日益重要的学术和社会影响力,正逐步走向国家和社会发展的大前台。

其一,传播研究正在以新兴媒介实践和研究为契机赢得学科的尊重。社会科学将人的行为作为研究对象,传播研究不仅限于行为科学,也研究人,传播研究树立传播与人作为人类生活"双中心"的观察与研究视角。不仅研究人类如何采集、创建、交换和消费信息的过程和规律,而且研究执行这样过程的人,包括不同主体对于传播过程的影响和传播过程对于传播主体的反馈以及反作用力。

如此,传播本身就贯穿并反映人类社会活动的主要过程,同时传播也在通过信息传递、文化意义的解读甚至媒介的存在本身,不断地重构人和这一过程。新媒体正在为中国受众更新知识储备,刷新认识视野;为中国传媒体系重组机制,焕发生机;为中国社会拓展传播边界,创新社会动员能力和方式方法;新闻传播领域对培育"能够更好理解和解释我们这个时代的人才"认识逐步深入;传播学的理论作为"其他学科理论的基础"气质渐次显现;借由传播学领域翻译和研究形成的开放合作共识被立体悦纳。传播研究来自人文、社会科学总体,又反哺过去,既可以以其独特的传播视角解释其他学科中存在的一些一般问题,也可以将不同学科思想相互交织,创造学科之间交流基础上的"元话语",以之来面对日新月异的传播技术所创造出来的新问题,尤其是中国改革开放走向深入,将中国与世界紧密编织在一起,在世界跨文化织锦中体现中国特色、作出中国贡献愈加重要。

其二,传播研究的学术和社会影响力日盛。传播学萌芽于 20 世纪 20 年代的美国社会学,服务于两次世界大战政治宣传的"政治传播",以及战争结束后在世界范围推广美国利益和影响力的"国际传播",两轮驱动下,美国传

播学在 20 世纪 70—80 年代，迎来了它的春天："传播学研究机构纷纷成立，从事传播研究的人员达 1 万余人。传播学已经成为美国大学中的基本课程，仅据美国《1993 年彼得逊氏研究生课程指南》统计，当时，全美至少有 355 所大专院校开设传播学或大众传播学课程"①。

中国传播学研究正进入属于它的春天。传播学是被当作西方思想的批判对象被早期的中国新闻学者巧妙引入中国，这个过程本身既是中国改革开放历程的缩影，又是一个跨文化过程和最佳研究对象。1996 年底，经国家教委批准备案的新闻类本科专业普通高校共 55 所，1997 年，全国哲学社会科学规划办公室和在国务院学位委员会颁布的研究生专业目录中，新闻传播学被列为一级学科，到 2005 年，在国家教育部备案的新闻学类专业点已经有 661 个，截至目前，全国有新闻学、传播学系、专业已近 1000 个，从事传播研究的人超过 3 万人。

其三，传播研究正逐步走向国家和社会发展的大前台。在学科普及上，通过传播学界的努力，传播学的一些关键概念与术语已经不胫而走。如今人们对诸如"传播"、"舆论领袖"、"大众"、"国际传播"、"跨文化传播"、"大众传播媒介"等学术词语耳熟能详，不断地渗透到其他学科以及社会各个领域和日常生活之中，为社会所认可和使用，甚至也成为国家政治、法治和社会生活选择表述的话语，获得包括个人、政府、组织的使用。更进一步来看，传播学领域的这些词语"走出"又"进入"——进入社会知识的生产链条，人们对这些词语不仅不再陌生，而且正在自觉不自觉地运用传播学术语和理念来理解、定义和阐释当下时代与社会生活的各个方面。

政策层面上显示，中国的传播研究春天到来的迹象还体现在，正收获最大的关注群体——政府。中国政府开始从政策到资金上关注传媒发展以及传播研究。充分体现在：2000 年提出文化"走出去"战略时即开始探讨中国传媒业的"走出去"，一直到 2004 年提出中国传媒"走出去"战略；此后贯穿至今的对国家形象、软实力传播、传播体系建设、国际传播能力建设等在不同文件中的

① 刘双、于文秀：《跨文化传播——拆解文化的围墙》，黑龙江人民出版社 2000 年版，第 14 页。

提法以及不同类型和层次课题经费的大量投入,2008年"国际传播"专门人才培养体系的建立,2008—2019年国际传播规划的制定和实施,2009年文化产业振兴规划纲要,甚至2011年"政治传播"首次成为国家社科规划重大课题,2012年有关传播体系和传播能力建设进入中国共产党十八大报告文件,2013年十八届三中全会再次提到加强国际传播能力和对外话语体系建设,推动中华文化走向世界等等,综上我们看到,政治传播和国际传播研究已经在发挥着一种引领和重构中国传播研究版图,并且上达国家政策的积极作用。

三、中国传播研究新角色期待

国际传播形势正发生着斗转星移的变迁,"中国梦"这一简洁但高度凝缩的术语正在全球范围内快速传播和刷新对于中国的认知,全球化的现实和传媒新技术正不断推动中国传播理念与世界融汇和创新,传播学界亟须更新知识和视角在春天播种和等待收获,并整体性融入中华民族伟大复兴的历程。

全球化的进程,将中国的发展历史性地从政治、经济、文化三个维度努力"编织"进入世界地图。首先,从1949年中华人民共和国成立到1971年重返联合国席位,22年历程体现的是"编织"融入国际政治地图的博弈;其次,从1994年到2000年中国恢复关贸总协定(GATT)席位以及2001年加入世界贸易组织(WTO),8年历程体现的是中国"编织"融入世界经济体系的象征;再次,2008年北京奥运会和2010年上海世博会的成功主办,还有当下我们恒切追求的提升国家形象和软实力、跻身世界一流大国的努力,体现的是中国将自己"编织"进入世界文化殿堂和话语体系的努力。

还有一个重大的博弈正在进行,那就是基于信息传播技术革命基础之上,中国传播理念的创新以及与"世界"的融汇,传播实践将发挥"织女"的伟大作用,推动着上述三大博弈的历史积累与中华民族的伟大复兴未来的相知相遇。因为上述成功的背后,贯穿的恰是"非战争"(并不和平)时期的"前沿"——传媒和传播领域的中外激烈博弈。从1917年美国战时新闻处的设立,到针对冷战于1953年成立的新闻署(1991年苏联解体后历经八年辩论后于1999年撤销)直接指挥"美国之音"(VOA)在全球传播美国形象和进行政治宣传,到2001年"9·11"事件发生后,2003年小布什政府成立的"全球传播办公室"(Office of Global Communication),开始在战略传播(Strategy Communication)理念和口号下回归被美国妖魔化的“国际宣传”的功能，这个倾向已经非常明显。同样，在此认识基础上，国际舆论的“临战状态”也将推动中国的公共外交思路转向战略外交。传播，将成为所有战略的重中之重。

中国的崛起以及一系列“新常态”的建构，通过对“走出去”战略的深描可以呈现出，新兴条件下，中国正在通过大国外交，包括中非、中拉以及金砖国家等新兴经济体的建设，“一带一路”基础上国际话语平台和传播体系的建设等努力——已经不是简单的“并轨”或者国际“接轨”，而是为世界政治格局、经济规则、文化生态、传媒和传播秩序注入中国视角和新的方向，创造国际秩序的“中国玩法”。在这个过程中，如何深入理解习近平总书记提出的没有信息化就没有现代化、如何深入理解信息化时代信息提供和知识生产的关系、如何理解中国“新常态”和世界新动态之间传播博弈，抓住传播技术更新的历史机遇，用“新媒体成就中国”的理论自信探索中国道路，成为包括2014年初成立的网络和信息化办公室等管理部门以及中国传播研究群体的新功课和新角色期待。

综上所述，媒介和媒体在人类文化发展变迁历史上的作用如此巨大，一方面它是文明演进的重要核心要素，世界范围内的发展利器，可以为任何文化背景下的人群所利用，推动国际社会文明的进步；另一方面，它本身又是社会文化变迁的重大系数，尤其是新兴媒介成了多方利益思想的汇聚地、新旧文化价值观碰撞激荡的摇篮。对于新媒体的不同利用方式以及利用程度，将极大地作用于文明演进的进程和文化变迁的速率，甚至还会根本性地改变一种文化的生态，推动繁荣或者加速变迁。

总之，中国的传播研究和实践已经登上了驶向春天的列车，汽笛长鸣开始新的旅程。抚今追昔，畅想未来。以2018年为坐标，西方传播学走进中国已进入40年“红宝石”婚期（1978）；西方传媒集团进入中国已过而立（1986）；中国传媒集团化刚刚弱冠（1997）；中国文化走出去政策提出恰值豆蔻（2000）；中国传媒走向国际一纪有余（2004）；打破传媒边界推动三网融合共识不过8年（2010）；政府更新传播理念发展政务微博、政务微信不过7年（2011）；发布《中共中央关于全面深化改革若干重大问题的决定》，更加明确地提出加强国际传播能力和对外话语体系建设，推动中华文化走向世界不过5年（2013）；

中央网络信息化办公室成立不过4年(2014);中国国际网络电视台成立尚不足两年(CGTN,2016年12月31日)。但是,回望这30多年,传播学者见证了中国传播文明演进的辉煌历史。当政治和管理层面已经逐步接受新闻传媒业界和学界的部分观点,提出尊重新闻和传播规律,以传媒和传播代表的文化产业为龙头建设文化强国的政策,开始在政策和管理上不断做出重大改革动作,社会群体媒介素养在大范围接触和使用媒介中逐步自觉的时候,一切迹象表明,传播研究和实践已经是春意盎然。

春雨贵如油。早在1982年中国社会科学院新闻研究所(1997年更名为"新闻与传播研究所")召集第一次全国传播学研讨会之时,中国传播学研究的早年奠基者就以一种强烈的文化自觉和社会责任意识,高瞻远瞩地提出了对西方传播学进行"系统了解、分析研究、批判吸收、自主创造"的十六字指导方针。

如今,历经"引进、消化、吸收"的30年中西方传播学对话,我们是否逐步了解"全球化"和"本土化"的意义,是否认识到余英时先生所说,在理论知识上忠实追随西方,在学术成果上与中国现实脱节所带来的双重边缘化境地,是否在上述传播研究重大历史机遇来临之际,思考践行台湾著名传播学者汪琪先生提出的"迈向第二代本土研究",推进传播研究"走出去",融入世界和中国发展的大时代,为中华民族伟大复兴的建设历程作出属于本领域的贡献,是值得每个传播学者思考的根本问题。

论大数据传播对我国传播学研究方向的影响

付玉辉

随着移动通信、移动互联网、云计算、物联网、社会化传播等信息传播技术及应用的协同发展,大数据逐渐成为波及人类社会各个方面的热点问题。邬贺铨认为:“大数据的应用领域很广泛,基本上能想得到的领域都可以应用大数据。”①当然,大数据在新闻传播领域的影响也非常显著。彭兰认为:“事实上,传媒业也将是受到大数据时代冲击的主要行业之一。”②在传播学领域,人们当前对于大数据现象和问题的关注正在不断沿着人类传播自由、社会治理和传播安全等逻辑线持续深入。

一、大数据传播成为人类传播的重要方式

数据是一种信息存在的形态,是对世界信息的客观记录。在人类传播的不同历史阶段,数据以不同的形式在不同的传播平台上获得呈现。“数据是对宇宙、自然和人类社会信息的客观记录,是信息的符号和载体。”③在互联网时代,大体量数据表现为互联网化的数字化信息。各种人类社会信息的主动或被动数字化和互联网化为人类传播及其客观规律的探寻提供了新的可能。从海量数据的生成到非结构化大数据的被重视,标志着人类互联网传播环境发生了重要变化。笔者认为,在移动互联网时代,大数据的实质主要是基于互联网传播环境而形成的大体量的非结构性数据。当前,在互联网传播环境下,

① 邬贺铨:《从物联网到大数据:新浪潮带动产业变革》,《中国信息化周报》2013 年 7 月 15 日。

② 彭兰:《社会化媒体、移动终端、大数据:影响新闻生产的新技术因素》,《新闻界》2012 年第 16 期。

③ 何宝宏:《模拟时代的大数据》,《人民邮电》2013 年 7 月 23 日。

人类数据形态正在发生数据形态从小数据到大数据、从结构化数据到非结构化数据、从有线数据到无线数据、从微量数据到海量数据等重要变化。这些变化是社会互联网化、互联网社会化以及互联网移动化、互联网物理化的一个必然结果。人类社会生活和人类传播实践的大数据呈现,使得人类社会结构和社会秩序的规律性能够通过复杂计算更为准确地呈现出来。大数据形态的形成使得基于大数据生成、分析、应用的大数据传播成为现实。大数据传播在各个传播领域各种传媒媒介的应用将逐渐成为常态。由此可知,大数据传播对于传播学研究而言,也将提供新的方向和新的可能。大数据传播就是海量的非结构数据相关的传播活动和传播方式。大数据背景下的各种传播形态应对这种新的技术、新的趋势有所回应。大数据传播现象的出现引发了研究者和从业者的密集讨论。有观点认为:大数据发展的过程就是将信号转化为数据,将数据分析为信息,将信息提炼为知识,以知识促成决策和行动。① 该逻辑线表明,研究者认为其将有助于人类在决策和行动等方面更加符合规律性。由此判断,以大数据为核心的传播活动和传播实践将可能成为人类传播的主流传播方式。大数据传播在人类传播进程中正在扮演着直接或间接影响人类决策和行动的重要角色。

二、大数据传播的产业基础及其发展走向

大数据传播的基础一方面是大数据以及产生、收集、存储、处理大数据的信息基础设施。另一方面是由此衍生的各种基于大数据的信息服务应用及其相关产业形态。谈及大数据,不能不谈及海量数据的概念。海量数据的实质就是庞大体量的数据。海量数据和大数据有相似之处,都是人类传播所产生或形成的庞大体量的数据信息集。但是大数据则具有非结构化的特征,而海量数据则涵盖了结构化数据和非结构化数据等不同特征的数据集在内。因此,大数据的实质就是非结构化的数据。非结构化数据并非无用数据,而是其中既包括有用数据,更包含深藏其中不为人们所认知的客观传播规律。简而言之,大数据传播的直接基础技术和基础平台主要包括移动互联网、云计算和物联网等方面。首先,移动互联网是大数据传播形成的直接来源和直接基础。

---

① 余建斌:《趣侃大数据:人人都有洞察力》,《人民日报》2013 年 7 月 5 日。

没有移动互联网的出现,大体量的非结构化数据的形成不会如此迅猛。因此,有观点认为,数据总量的增长主要归功于非结构化数据的增长,目前普遍被认为占到85%以上,而且增速比结构化数据快得多。由此可见,移动互联网是以移动方式接入互联网并能获得各种互联网信息服务和应用的信息传播平台。正是由于移动通信、移动智能终端、移动互联网、社会网络的多重融合与嵌入的实现,才使得大数据传播具有了坚实的基础和广泛的可能。其次,云计算是影响大数据传播的重要技术形态和技术基础。一般而言,云计算可以看作是虚拟化、开放式、集约化的互联网计算方式。计算能力以服务的方式超越个人终端,又服务个人终端。云计算对于各种"端"(信息传播终端)来说,不管对于存储能力还是对于运行能力,都是一种解放。因此,云计算的本质就是具有开放共享特征的虚拟计算,涉及计算能力的转移、集中与服务等内容。在云计算和大数据关系方面,研究者基本形成了共识。对此,有观点认为:"云计算和大数据是一个硬币的两面,云计算是大数据的 IT 基础,而大数据是云计算的一个杀手级应用。"一方面,云计算成为大数据成长的驱动力;另一方面,云计算成为处理海量、复杂数据的必要方法,二者之间是相辅相成的。[①]还有观点认为:大数据与云计算是一个问题的两面:一个是问题,一个是解决问题的方法。云计算进行大数据分析、预测会使决策更为精准,释放出数据的隐藏价值。[②] 由此可见大数据和云计算的密切关系。第三,物联网是大数据发展的另外一个极为重要的传播平台。邬贺铨认为:"物联网产生大数据,大数据的应用促进智慧城市的建设,也为智能化技术的发展带来了机遇和挑战,并使全球进入了新一轮产业变革时代。……物联网产生的大数据与一般的大数据有不同的特点。物联网的数据是异构的、多样性的、非结构和有噪声的,更大的不同是它的高增长率。物联网的数据有明显的颗粒性,通常带有时间、位置、环境和行为等信息。物联网数据也是社交数据,但不是人与人的交往信息,而是物与物、物与人的社会合作信息。"[③]由此可见,物联网发展对于大数

---

① 余建斌、赵展慧:《大数据崛起》,《人民日报》2013年2月22日。

② 田溯宁:《2013,大数据元年的创新》,《计算机世界》2013年1月7日。

③ 邬贺铨:《从物联网到大数据:新浪潮带动产业变革》,《中国信息化周报》2013年7月15日。

据发展而言具有特别的身份和地位。简而言之,移动互联网、云计算和物联网对于大数据传播而言具有基础性、物质性的支撑作用。

近年来,我国对于大数据发展的重视程度也不断提高,并将其放置在国家战略的高度。2015 年 7 月 1 日,国务院办公厅公开发布《关于运用大数据加强对市场主体服务和监管的若干意见》,要求从推进简政放权和政府职能转变、提高政府治理能力出发,充分运用大数据的先进理念、技术和资源,加强对市场主体的服务和监管。2015 年 8 月 19 日,国务院总理李克强主持召开国务院常务会议,通过了《关于促进大数据发展的行动纲要》,会议强调:一是要推动政府信息系统和公共数据互联共享;二是要顺应潮流引导支持大数据产业发展;三是要强化信息安全保障,完善产业标准体系,依法依规打击数据滥用、侵犯隐私等行为。2016 年 3 月 17 日,我国公布的《中华人民共和国国民经济和社会发展第十三个五年规划纲要》在第二十七章专门阐述了"实施国家大数据战略"的国家意志,其中写道:"把大数据作为基础性战略资源,全面实施促进大数据发展行动,加快推动数据资源共享开放和开发应用,助力产业转型升级和社会治理创新。"这些战略性文件和产业发展举措对于大数据传播发展起到了进一步推波助澜的作用。而大数据传播所引发的社会变革和产业趋势也引起了研究者和从业者的高度关注。研究者对于中国大数据相关产业的发展进行了颇多探讨,认为中国应在大数据发展的相关产业领域积极推进中国大数据发展战略的形成和实施,及时弥补各项发展短板,以推进中国大数据相关产业核心竞争力的形成。周涛提出了大数据驱动新工业革命的判断,认为大数据是基于多源异构、跨域关联的海量数据分析所产生的决策流程、商业模式、科学范式、生活方式和观念形态上的颠覆性变化的总和,而数据储备和数据分析能力将成为未来新型国家最重要的核心战略能力。① 李国杰认为:"中国当务之急是建立上下游相互协作、相互支撑的大数据产业环境,特别是构建有技术自主权的大数据产业链。……大数据具有革命性的意义,作为一种重要的战略资源,不仅事关国家的数字主权和战略安全,而且可以促

① 转引自汪叶舟:《大数据浪潮袭来 信息化百人会呼吁完善立法》,《中国工业报》2013 年 7 月 8 日。

进我国的经济结构调整和产业升级。”①邬贺铨认为:“大数据是新一代信息技术的集中反映,是一个应用驱动性很强的服务领域,是具有无穷潜力的新兴产业领域;目前,其标准和产业格局尚未形成,这是我国实现跨越式发展的宝贵机会。我们要从战略上重视大数据的开发利用,将它作为转变经济增长方式的有效抓手,但要注意科学规划,切忌一哄而上。”②对于加速我国大数据产业发展,王伟玲认为,应加快数据开放共享步伐,尽快制定出台《公共信息资源开放共享管理办法》,推进实现数据资源共享,建立数据安全保障体系,组建全国性大数据产业联盟,形成大数据产业创新发展合力。③ 以上探讨涉及大数据传播的国家战略和产业发展,而大数据国家战略的制定和产业的发展,将成为推动传播学相关研究的现实支持力量。大数据传播战略、大数据传播产业的协同发展将成为传播学研究新阶段所关注的重要内容。

三、大数据传播对传播学研究方向的影响

从传播学在美国的诞生、定型到当前传播学发展的全球化,传播学一直是一个具有十字路口开放特征的交叉边缘研究领域。传播学这种开放、未定型的研究特征使其在发展过程中能够吸收社会学、心理学、政治学、新闻学、统计学、信息科学等其他相关学科的营养而不断获得发展。随着大数据传播现象的兴起,大数据传播将为传播学发展提供新的研究方向和发展空间,并进一步促进传播学研究的开放和进步。笔者认为,大数据传播将在以下几个方面为我国传播学发展带来新的可能,为我国传播学研究的理论创新提供新的发展空间。

(一)大数据传播推进理论思维创新、传播规律呈现与传播自由升级

对于大数据,邬贺铨认为,大数据不仅是一种资源,也是一种方法,被称为继实验科学、理论科学和计算科学之后的第四种科学研究模式,这一研究模式的特点表象为不在意数据的杂乱,但强调数据的量;不要求数据精准,但看重其代表性;不刻意追求因果关系,但重视规律总结。这一模式不仅用于科学研

---

① 转引自牛禄青:《构建大数据产业环境——专访中国工程院院士、中科院计算所首席科学家李国杰》,《新经济导刊》2012 年第 12 期。

② 邬贺铨:《大数据时代的机遇与挑战》,《求是》2013 年第 4 期。

③ 王伟玲:《大数据产业的战略价值研究与思考》,《技术经济与管理研究》2015 年第 1 期。

究，更多地会用到各行各业，成为从复杂现象中透视本质的有用工具。① 这一点应该是大数据对于人类传播的重要贡献之一。喻国明认为，大数据研究，经历了从随机样本到总体研究范式的改变，其研究重点正在经历从理论向算法与规则的转换。作为一种新的技术手段和思维方式，大数据将成为数据社会新的社会技术基础，并主导未来的社会关系和新闻传播格局。② 大数据传播的发展对于学术的创新驱动效果也逐渐明显。罗玮、罗教讲认为，虽然新计算社会学（New Computational Sociology）还远未能成为主流，但我们必须认识到，随着大数据时代的到来，社会学乃至社会科学“计量范式”向“计算范式”的转换只是一个时间问题。其次，大数据时代的到来为我们中国社会学实现“弯道超车”提供了难得的机遇。③ 有观点认为，大数据时代的新闻，在认识论、专业知识、经济学和伦理学等各个层面都发生了重要改变，为新闻学的理论和实践带来了机遇也带来了挑战，需要在新的视野下对大数据语境下的新闻进行系统研究。④ 焦李成等认为，深度学习的兴起很大程度上归功于海量可用的数据。当前，实验神经科学与各个工程应用领域带来了呈指数增长的海量复杂数据，通过各种不同的形态被呈现出来（如文本、图像、音频、视频、基因数据、复杂网络等），且具有不同的分布，使得神经网络所面临的数据特性发生了本质变化。这给统计学习意义下的神经网络模型的结构设计、参数选取、训练算法，以及时效性等方面都提出了新的挑战。因此，如何针对大数据设计有效的深度神经网络模型与学习理论，从指数增长的数据中获得指数增长的知识，是深度学习深化研究中必须面临的挑战。⑤ 单言虎等认为，在行为识别技术中，深度学习尚未取得显著的性能提升。因此如何从时间维度入手建立深度神经网络模型对行为数据进行训练，是当前的一个研究热点。⑥大数据传播

---

① 邬贺铨：《大数据思维》，《科学与社会》2014 年第 1 期。

② 喻国明：《大数据方法：新闻传播理论与实践的范式创新》，《新闻与写作》2014 年第 12 期。

③ 罗玮、罗教讲：《新计算社会学：大数据时代的社会学研究》，《社会学研究》2015 年第 3 期。

④ “国内外新闻与传播前沿问题跟踪研究”课题组、殷乐：《大数据时代的新闻：个案、概念、评判》，《新闻与传播研究》2015 年第 10 期。

⑤ 焦李成、杨淑媛、刘芳、王士刚、冯志玺：《神经网络七十年：回顾与展望》，《计算机学报》2016 年第 8 期。

⑥ 单言虎、张彰、黄凯奇：《人的视觉行为识别研究回顾、现状及展望》，《计算机研究与发展》2016 年第 1 期。

的最大价值在于其能够从大体量的非结构化数据中演绎出未被人类所揭示的客观发展规律。而这种传播规律的呈现将进一步拓展人类在传播学领域的认识空间和认识深度,而在掌握了传播客观规律之后,人类在传播领域所获得的自由水平将得到新的提升。

(二)大数据传播更为注重数据权利、公共利益与个人隐私之间的平衡

各种新兴移动互联网应用的出现,将大量片断式、碎片化的人际交往和社会交往更为完整地呈现在社会化传播的平台之上,使得碎片化表达和即时性表达成为可能。以移动互联网传播为直接来源的大数据传播的优点在于个人生活将更加连续性、泛在性地展现出来,其不足就是碎片化所占用的是人生无所不在的生命时间,留给具体人生的思考、闲暇时间相对减少,这将使得人的生活和工作进一步互联网化、进一步社会化,对个人生活空间的侵犯和干扰成为可能。而更为严峻的课题是大数据传播领域公共利益和个人隐私的边界划定和内在冲突的兴起。基于对于公共利益的考量,大数据应该涉及公共利益的层面尽可能采取开放的姿态。但是公共利益的考量也应该同时考虑互联网发展的另外一个重要基石,那就是对于个人隐私的切实保护。对此,邬贺铨认为:"大数据的挖掘与利用应当有法可依。应当既鼓励面向群体、服务社会的数据挖掘,又要防止侵犯个体隐私。"①方滨兴等认为,隐私保护数据挖掘,即在保护隐私前提下的数据挖掘,其主要关注点有两个:一是对原始数据集进行必要的修改,使得数据接收者不能侵犯他人隐私;二是保护产生模式,限制对大数据中敏感知识的挖掘。大数据中的隐私保护数据挖掘依旧处于起步阶段,大数据的种种特性给数据挖掘中的隐私保护提出了不少难题和挑战。另外,随着计算能力的进一步提升,无论是基于角色的访问控制还是基于属性的访问控制,访问控制的效率将得到快速提升。同时,更多的数据将被收集起来用于角色挖掘或者属性识别,从而可以实现更加精准、更加个性化的访问控制。总体而言,目前专门针对大数据的访问控制还处在起步阶段,未来将角色

① 邬贺铨:《从物联网到大数据:新浪潮带动产业变革》,《中国信息化周报》2013 年 7 月 15 日。

与属性相结合的细粒度权限分配将会有很大的发展空间。① 齐爱民、盘佳认为,为最大限度地发挥大数据的价值,抑制其不良影响,从而使个人安全、社会安全和国家安全得到切实维护,在大数据保护基本原则的指导下构建数据主权和数据权法律制度势在必行。……数据主权是国家主权在信息化、数字化和全球化发展趋势下新的表现形式,是各国在大数据时代维护国家主权和独立、反对数据垄断和霸权主义的必然要求。而数据权则是信息时代每一个公民都拥有的一项基本权利,具体包括个人数据权和数据财产权。② 有观点认为:“当前对世界各国而言,最为紧要的是制定大数据应用的有关游戏规则,在信息利用和个人隐私保护之间找到平衡点。”③陈堂发认为,基于大数据而产生的合成型隐私颠覆了隐私保护以隐私主体为中心的传统理念。传统媒体时代,出于对隐私的尊重,数据收集者必须告知对方收集了哪些数据、作何用途,在收集开始之前征得对方同意。而大数据时代,收集者无法告知对方尚未确定的用途,因为收集者对其获取的初始信息在后来环节如何被若干次加工不能预测,而隐私主体亦无法同意这种未知的用途。④ 有观点认为,2012 年 12 月,全国人大常委会通过了《关于加强网络信息保护的决定》。应在此基础上继续完善个人隐私保护的相关立法,对哪些互联网个人数据可以进行商业化应用、应用范围如何界定、数据滥用应承担哪些责任等具体问题做出规范。⑤ 朱庆华认为,由于研究缺乏技术与法律综合视野,无法融合复杂的大数据环境进行互联网领域专门的立法研究,理论研究的脚步远远落后于实践的变化,出现了较多研究的盲点,无法适应大数据环境下互联网领域立法的迫切要求。为此,在关注的同时深入系统地探索大数据环境下互联网领域立法问题,是我国政府亟待解决的重大课题。⑥ 刘雅辉等认为,在大数据时代需要设

① 方滨兴、贾焰、李爱平、江荣:《大数据隐私保护技术综述》,《大数据》2016 年第 1 期。

② 齐爱民、盘佳:《数据权、数据主权的确立与大数据保护的基本原则》,《苏州大学学报(哲学社会科学版)》2015 年第 1 期。

③ 李鹏、郝建军:《斯诺登敲响大数据规则警钟》,《北京科技报》2013 年 7 月 15 日。

④ 陈堂发:《互联网与大数据环境下隐私保护困境与规则探讨》,《暨南学报(哲学社会科学版)》2015 年第 10 期。

⑤ 田杰棠:《冷静面对“大数据”热》,《科技日报》2013 年 7 月 29 日。

⑥ 朱庆华:《大数据环境下的互联网亟需法律保障》,《社会科学报》2015 年 3 月 5 日。

立一个新的隐私保护模式，着重于数据使用者为其行为承担责任，将责任从用户转移到数据的使用者很有意义，同时，应该根据大数据的特点以及个人隐私数据的特征建立通用的大数据《个人隐私数据保护法》。[①] 对于大数据所有权，陈筱贞认为，无论是数据信息用于商业、公益或政府管理，信息被记录人都拥有最原始信息的所有权。数据所有权的行使形式，应包括提供、处理（整合与脱敏、撤回）、利用，涵盖所有权的占有、使用、收益、处分几项权能。程序上，首先是应由权利人知悉，经权利人同意，收益问题，除了有书面协议约定收益外，还可参照著作权使用费的模式，由平台主办方简单地按固定比例或固定金额，把使用费划拨政府指定的部门或基金，这部分经费用于政府公共服务项目及数据侵权赔偿基金。[②] 张志安等认为，基于大数据的精准传播应充分考虑对外传播情境，在可能性与接受性中寻求平衡点，以传播效果作为重要的衡量尺度。将精准传播扩展到对外传播领域，除了考虑到公众隐私权、公众利益，还应考虑到文化价值观的差异、意识形态的冲突和国家利益的敏感性。如崇尚个体主义价值观的民众可能比推崇集体主义价值观的民众更重视隐私权的保护，民主程度高的国家民众对精准传播威胁性的认知度可能更高。而牵涉国家利益的敏感性议题，数据挖掘可能会因威胁国家信息安全而遭到监管。[③] 只有在大数据传播管理实践中获得各方关键利益的平衡，才能够使大数据传播为人类传播作出更大的贡献，才能够使得人类传播在新的发展阶段不偏离人类本性的发展核心原则。

（三）大数据传播将推动网络治理结构的进一步调整

大数据传播是互联网传播发展的新阶段，也为互联网管理提出了新的课题。在互联网管理方面，从互联网自由到互联网监管等诸多方面都是研究者关注的重点。而网络中立原则的讨论则是近年来互联网管理方面的一个重要议题。自2005年以来，网络中立成为美国互联网治理的热议话题。2013年3

---

① 刘雅辉、张铁赢、靳小龙、程学旗：《大数据时代的个人隐私保护》，《计算机研究与发展》2015年第1期。

② 陈筱贞：《大数据权属的类型化分析——大数据产业的逻辑起点》，《法制与经济》2016年第3期（下旬刊）。

③ 张志安、曹艳辉：《大数据在对外传播实践中的应用》，《对外传播》2015年第10期。

月，我国关于微信是否收费的讨论标志着网络中立原则的讨论重点已经从固定互联网阶段转移到移动互联网阶段。当然，网络中立议题的指向是如何保持互联网领域的自由和开放，因此，为了维护互联网的自由与开放，有必要在保持互联网自由开放的前提下，对有可能阻碍互联网良性发展的利益方进行必要的制衡。而这一点在大数据传播阶段也同样必要。有观点认为："推动中国大数据发展，关键在于政府理念的转变。应推动数据公开，带动从政府到各行业公开数据，让数据这种生产要素自由流动，这样才能不断提高其附加值。"①另外，互联网哲学家叶夫根尼·莫罗佐夫则对许多"大数据"应用程序背后的意识形态提出尖锐批评，警告即将发生"数据暴政"。② 有观点认为："从更大的范围来讲，公共网络中公开的数据应该属于全人类，任何人都有权获取、使用并获益。这样能够更大程度地发挥数据资源的作用，让数据给人类的生活生产带来更多便利，对人类社会进步有重要的意义。"③而在如何在开放和保护之间寻求最佳的平衡则成为各国制定互联网政策的关键。以上观点表明，在大数据传播环境下，互联网管理面临新阶段的任务和压力，只有在传播学研究领域比较深入地从理论维度回答大数据传播过程中出现的数据公开、隐私保护、数据暴政、数据滥用等问题，才能进一步推动大数据传播的理性发展。

（四）大数据传播推进数据新闻与新闻专业主义的发展

在大数据传播环境下，各种移动智能终端和人本身的嵌入和融合，使得个人的工作过程和生活过程的各种轨迹数据更容易呈现在互联网传播平台之上。信息传播终端所引发的人的传播异化存在发生的可能性。而在大数据传播进程中具有应有的数字素养和传播素养，则是作为传播主体的人所应面对的一个挑战。在数据和新闻的关系方面，陈力丹等认为，与传统的抽样统计相比，大数据的优势在于拥有足够多的原始数据。互联网时代的人际关系、社会活动、地理位置等一切信息都可以被转换为数字，因而为全面获取数据提供了

---

① 刘传相：《大数据"先行者"带来的启示》，《人民邮电》2013 年 7 月 15 日。

② 唐昀：《"大数据"时代需警惕"数据暴政"》，《新华每日电讯》2013 年 7 月 4 日。

③ 吴成良、张杰、白阳、陈一鸣、崔寅：《"数据治理"，如何打造升级版》，《人民日报》2013 年 7 月 9 日。

可能性。但是,大数据不等于全数据、真数据。记者既要保证从不同信息源拿到足够多的数据,也要对这些数据的客观性进行考察。[①] 喻国明认为,从宏观上看,大数据将在生产信息提供者层面、媒体层面和用户层面对新闻业态产生深刻的变化,这种变化将对媒体的跨界融合带来影响,并可能在未来对新闻业态形成重构。[②] 喻国明等提出了"数据闭环"的概念。他们认为,大数据新闻的核心价值在于数据,而数据价值的挖掘不仅仅局限于一次性的价值挖掘,也可以是基于对数据的循环利用。数据库本身需要不断更新和完善,数据挖掘也是。因此,如果能够建立一个可再生的数据循环体系,采集数据、运营数据、创造数据产品和模型,然后再反过来,基于数据模型培养新的数据,同时完善旧的数据,以数据"养"数据,打造数据新闻循环生产体系,同时也会形成数据自然生长和循环利用的密闭型生态系统,使数据闭环"转起来"。[③] 沈浩等认为,数据新闻体现了一种新的报道形式,更重要的是为新闻记者带来一种新的新闻报道的业务流程,内含新闻报道过程的新闻性和技术性。[④]研究者对于数据新闻、精确新闻学、计算机辅助报道、可视化等概念之间的关联性也进行了辨析,沈浩等认为,数据新闻的产生与精确新闻学、计算机辅助报道具有继承和发展的关系,但同时社会环境、媒介环境和技术的发展也为数据新闻的产生创造了条件。[⑤] 金兼斌认为,从 PGC(媒体专业人士的内容生产)到 UGC(用户生产内容)再到 AGC(算法生成的内容),人类的新闻生产和消费方式在不可逆转的丰富和演变之中。[⑥] 刘义昆等认为,国内外在数据新闻方面的差异主要表现在主创媒体差异、数据来源差异和表现形式差异等三个方面。[⑦]

对于数据新闻,研究者依旧保持着批判的态度,对大数据新闻的不足和缺陷予以关注和探讨。丁柏铨认为,数据新闻虽然具有其创新之处,但数据新闻

---

① 陈力丹、李熠祺、娜佳:《大数据与新闻报道》,《新闻记者》2015 年第 2 期。

② 喻国明:《大数据对于新闻业态重构的革命性改变》,《新闻与写作》2014 年第 10 期。

③ 喻国明、李彪、杨雅、李慧娟:《大数据新闻:功能与价值的初步探讨》,《南方电视学刊》2015 年第 2 期。

④ 沈浩、谈和:《数据新闻时代新闻报道的流程与技能》,《新闻与写作》2015 年第 2 期。

⑤ 沈浩、谈和、文蕾:《"数据新闻"发展与"数据新闻"教育》,《现代传播(中国传媒大学学报)》2014 年第 11 期。

⑥ 金兼斌:《机器新闻写作:一场正在发生的革命》,《新闻与写作》2014 年第 9 期。

⑦ 刘义昆、卢志坤:《数据新闻的中国实践与中外差异》,《中国出版》2014 年第 20 期。

也有其局限性和短板,可能误导传播者和受众。① 由此可见,乐观与批判同在,未来发展值得继续关注研究。可见,在互联网传播发展的新阶段,大数据传播将通过技术层面的应用,以社会化传播的方式,从新闻线索与选题发现、新闻信息采集等核心环节进一步推进新闻专业主义的发展。在新闻传播领域,社会化传播和新闻专业主义的同步推进将成为大数据传播阶段的重要特征。彭兰认为,大数据技术正在对当今新闻业形成冲击,在一定程度上将对现有的新闻生产模式与机制产生影响,比如,大数据技术将通过计算机渗透到新闻线索与选题发现、新闻信息采集等核心环节中,它还将重新树立新闻质量标杆、进一步提升受众反馈的价值、拓展用户分析广度与深度。在大数据技术等因素推动下,新闻业务将实现一些方向性调整,如趋势预测性新闻和数据驱动型深度报道分量的增加,数据呈现、分析与解读能力的提高,新闻生产中跨界合作的增强。② 有观点认为:随着我国物联网的推广,来自个体的任何物体的状态数据可以由他自身携带的装置向互联网传送。这些直接的采集自物体本身的数据,不仅内容丰富、全面,而且相对于专家、记者的个人观察得出的结论更加精确。③

(五)大数据传播为各类传播主体赋予更为广泛的传播权力

在宽带中国战略和新一代移动通信网络演进的历史背景之下,高速信息传播网络进一步促进了大数据传播的发展和繁荣。不管是固定高速宽带网络,还是移动高速宽带网络,都为大数据传播提供了不可或缺的信息基础设施。更高速度、更加宽带化的通信网络和互联网为大数据传播奠定了坚实的网络基础。在此背景之下,大数据传播将赋予各类传播主体更为大幅的技术赋权和传播赋权。不管是微博的传播形态,还是微信的传播形态,都是人类传播进程中新兴的传播形态,是移动互联网时代技术赋权、传播赋权的典型体现。比较而言,微博的传播方式更加具有开放性与公共性的元素,其对于公共议题的讨论和公共空间的建构起到了重要的推进作用。而微信在公共性与开放性维度上的表现则不如微博深入。但是微信传播方式在很大程度上弥补了

---

① 丁柏铨:《数据新闻:价值与局限》,《编辑之友》2014 年第 7 期。

② 彭兰:《“大数据”时代:新闻业面临的新震荡》,《编辑之友》2013 年第 1 期。

③ 韩福恒:《大数据时代的新闻变革》,《科技日报》2013 年 7 月 17 日。

微博在私密性方面的不足。微信在社会关系网络的一对一强连接关系交往和圈子强连接关系交往方面进行了更为深入的拓展,在社会关系维度上进一步释放了技术赋权、传播赋权和治理赋权的空间。普遍言之,在大数据传播环境下,掌握了大数据传播规律的各类传播主体将具有新的传播优势和传播竞争力,其所具有的传播力和影响力将得到提升。当然,在大数据传播赋权发生之前的传播世界本身是一个不平衡的传播世界。在大数据传播赋权之后的世界对不平衡的传播世界有所调整,作为传播主体的个人的传播权利得到了空前提高,此前较为强势的组织传播主体的传播权利有所削弱,但即使如此,这样的传播世界依旧是一个传播格局不平衡的世界,未来的新兴传播方式将继续对传播世界格局施加影响,进行调整。

从传播网络的视角看,人类经历了从固定网络到移动网络、从人际互联网络到物际互联网络的变化。随着人类网络环境的深刻变化,作为人类传播网络中的传播主体的人,其所凝聚的人际关系变得更为丰富、更为立体,其传播自由空间正在进一步扩大,其所享有的传播权利正在进一步扩大。物联网的实质是从人的世界延伸到物的世界的互联网,是互联网的进一步丰富完善。但是,尽管发生了从固定互联网到移动互联网、从人际互联网到物际互联网的历史性变化,但是在人类传播网络中,人的核心地位和角色并没有发生根本性变化。当然,将大数据传播视为“技术革命”的技术主义观点对于大数据传播寄予了更高的期望和更理想化的色彩。有观点认为:“大数据能够使我们对世界更加了解,对未来更有预测性,是一场真正的技术革命。……数据挖掘不仅成为公司竞争力的来源,也将成为国家竞争力的一部分。”①当然,技术本身也不是万能的。对于大数据的发展,有观点认为,作为大数据处理的支撑技术,包括隐私保护、硬件平台以及大数据管理、能耗等也有很多难题需要突破。② 不过,很多研究者在认识到大数据技术的发展可能性与重要性的同时,也认识到了大数据传播环境下人本核心的重要性和不可替代性。有观点认为:“大数据是一个重要的衡量工具,但并不能衡量一切,还有许多无法量化

---

① 田溯宁:《2013,大数据元年的创新》,《计算机世界》2013 年 1 月 7 日。

② 彭宇、庞景月、刘大同、彭喜元:《大数据: 内涵、技术体系与展望》,《电子测量与仪器学报》2015 年第 4 期。

的东西需要依靠人类独一无二的天赋来把握。……大数据并非万能,不要让人类的灵性淹没在数据的洪流中。”①这些观点更倾向于将大数据传播看作是一种促进人类传播和社会进步发展的技术手段而非放之四海而皆准的灵丹妙药,大数据传播背景下的个性化服务,尤其是人类智慧、人类灵性、人类精神将依旧是贯穿大数据传播过程的主导红线。

(六)大数据传播推动社会结构的进一步优化

从互联网时代开始,更加自由开放的传播环境一直在重塑着人类的社会结构和社会秩序,并推动社会结构和社会秩序向着更为开放、合理的方向演进。在互联网传播环境下,基于互联网的各种新技术、新应用、新服务正在对各种传统的传播资源进行整合,政府与民间、组织与个人等各种传播主体在互联网传播环境下所扮演的角色正在发生新的变化。就我国而言,电信基础建设引入民间资本,移动互联网产业更加活跃,各种公益组织逐渐兴起,这为大数据传播环境下各种社会资源配置与协调创造了更为良性的发展环境。维克托·迈尔·舍恩伯格认为大数据传播将对人类社会环境带来深刻影响,这种深刻影响一方面需要人类以更快的速度加以适应,另一方面需要推出全新的制度规范以推进人类社会的发展进程。他认为:“在大数据时代,对原有规范的修修补补已经满足不了需要,也不足以抑制大数据带来的风险,我们需要全新的制度规范。我们需要设立一个不一样的隐私保护模式,这个模式应该更着重于数据使用者为其行为承担责任,而不是将重心放在收集数据之初取得个人认可上。”②有观点认为,国家大数据战略的明确使得从大数据治理到国家治理的逻辑进一步清晰。③ 还有研究者则希望进一步开放网络数据,从而进一步促进大数据传播的发展,趋利避害,使得大数据为人类带来更大的发展机遇,从而促进人类社会的发展与进步。而这也应该是传播学理论研究所关注和推进的一个重要方面。与此同时,有研究者认为中国政务大数据发展需坚持整体性政府、透明化政府和服务型政府三个基本方向,需避免将大数据等

① 晓雅:《并非万能的大数据》,《人民邮电》2013年7月11日。

② 转引自吴成良、张杰、白阳、陈一鸣、崔寅:《“数据治理”,如何打造升级版》,《人民日报》2013年7月9日。

③ 张茉楠:《大数据战略推动国家全面转型》,《华夏时报》2015年11月12日。

同于开放数据、共享数据和海量数据三大认识误区，需警惕数据权的恶意使用或过度滥用、大数据带来的信息歧视和互联网公司侵害国家数据主权三大潜在问题。[①] 另外，还有研究者提出全局数据的概念，认为全局数据是大数据时代数据治理的新范式，认为全局数据具有场景化、开放性、可度量、及时性、价值化的特点，以及收集数据、治理数据和应用数据三大能力，被赋予不危及国家安全、不侵犯公民隐私和不违背个体意愿的界限。[②] 这些观点表明，大数据传播已经渗透到国家、社会、生产、生活等各个方面，并在发挥着深层次的重塑作用。

大数据传播对于人类传播和传播学研究究竟能够带来怎样的影响？目前还是一个具有不确定性答案的问题。在物联网兴起的时候，笔者曾经和祝建华教授探讨过"物联网对于传播学将产生怎样的影响"的问题。当时，祝建华教授认为，一种新技术的出现，其发展路线和发展逻辑未必会一定按照技术设计者的思路发展，有可能出现超出设计者思路之外的发展态势和发展方向，因此新技术对于传播学发展的影响问题，将是一个具有很强不确定性的问题。对于大数据传播发展，维克托·迈尔·舍恩伯格也表示了类似的观点，他认为："我们仍处在大数据时代的初始阶段，谁来掌控大数据或者谁来使用，在何种条件下又受到何种规范，大数据未来的储存和流动方式等，都还处于未知的状态，我们无法给出准确的答案。"[③]由此可见，大数据传播一方面将带来发展的不确定性；另一方面，大数据发展的重点应集中在个人信息的私用方面，同时应该警惕数据采集过程中出现的数据滥用问题。不管未来大数据传播发展的方向将出现怎样新的变化，大数据传播都将为传播学发展提供新的研究空间和研究方向，因为它正在通过自身的创新发展为人类传播客观规律的发现带来新的可能性和新的不确定性。

---

① 于施洋、王建冬、童楠楠：《国内外政务大数据应用发展述评：方向与问题》，《电子政务》2016年第1期。

② 朱琳、赵涵菁、王永坤、金耀辉：《全局数据：大数据时代数据治理的新范式》，《电子政务》2016年第1期。

③ 转引自吴成良、张杰、白阳、陈一鸣、崔寅：《"数据治理"，如何打造升级版》，《人民日报》2013年7月9日。

提升中国移动互联网国际传播影响力的 AMO 三要素

马晓艺

媒体传播能力是国家软实力的重要标志，其国际传播能力更是事关国家利益、国家形象和国家安全的大事。然而，我国媒体在国际传播格局中一直处于弱势地位，这与我国的经济发展水平及国际影响力并不相适应。国情专家胡鞍钢在早年间对世界一些国家的传媒（包括广播、电视、电影、电话、互联网、报纸图书、邮局等等）作了深入调查和量化分析之后认为，在反映传媒实力的四个方面（传播基础、国内传播、国际传播、传媒经济）中，中国的国内传播实力相对最强，相当于美国的 89%；传播基础实力也相对较强，相当于美国的 56%；而国际传播和传播经济实力相对较弱，分别只相当于美国的 14% 和 6.5%。与日本相比，中国在传播基础和国内传播方面实力要强一些，而在国际传播和传媒经济方面相对较弱，尤其是传媒经济实力只相当于日本的 1/4①，后来的学者又进一步分析认为“目前，国际新闻尤其是国际突发事件的报道和后续报道，大约 90% 来自西方媒体，其结果往往是是非颠倒，或者是非不分”。②

成功进行跨媒体经营扩张的国际传媒大亨默多克曾说：“书籍、报纸、电影、杂志和电视，这些都远不止是闲暇的消遣：它们是一个民族参与世界范围伟大思想交流的必经之路”。然而，我国媒体界多年来在第一媒体报纸、第二媒体广播、第三媒体电视、第四媒体互联网领域的发展都错过了积极主动融入国际传播体系的契机，错失话语权。值得关注的是，2012 年以来，我国在带有

① 参见胡鞍钢、张晓群：《中国：一个迅速崛起的传媒大国》，载《国情报告》（第七卷），党建读物出版社、社会科学文献出版社 2012 年版，第 41—57 页。

② 王庚年主编：《国际传播发展战略》，中国传媒大学出版社 2011 年版，第 132 页。

技术属性、传播属性、商业属性的第五媒体——移动互联网领域表现骄人。

从发展路径上看，中国移动互联网的发展与国外相似。随着 3G、4G 通信网络基础设施的建设与智能终端的普及，中国移动互联网于 2012 年获得了爆炸式的发展，到 2019 年已进入 5G 时代。中国互联网络信息中心（CNNIC）发布的第 43 次《中国互联网络发展状况统计报告》显示，截至 2018 年 12 月，我国网民规模为 8.29 亿人，全年新增网民 5653 万人，互联网普及率达 59.6%，我国手机网民规模达 8.17 亿人，全年新增手机网民 6433 万人；网民中使用手机上网的比例由 2017 年年底的 97.5%提升至 2018 年年底的 98.6%，手机上网已成为网民最常用的上网渠道之一。业界普遍认同中国移动互联网发展与世界同步，甚至用户规模、市场前景和部分技术创新领域处于世界前列。尽管中国移动互联网传播仍然在国际传播中处于边缘，但良好的发展态势客观上为提升中国移动互联网国际传播影响力提供了最佳契机。

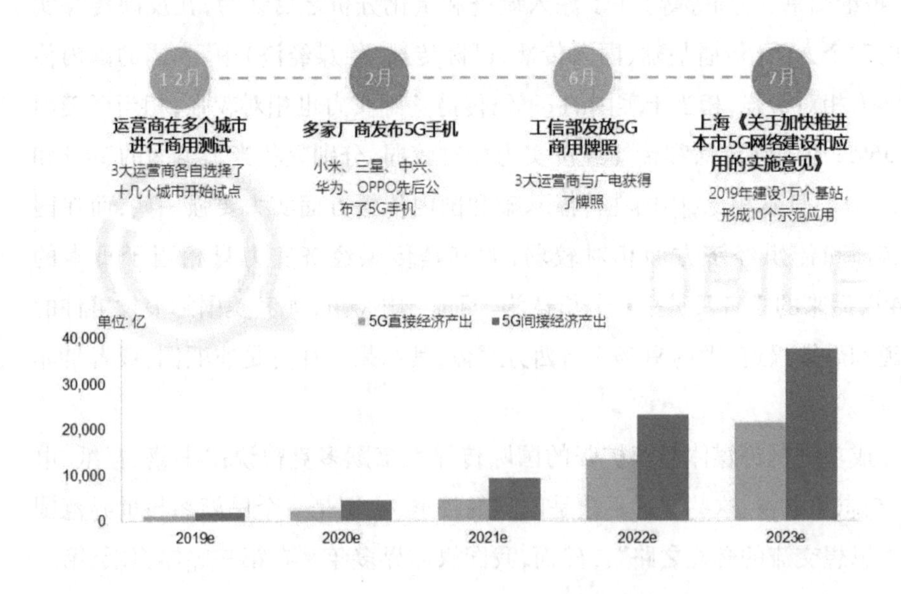

图 1　2019—2023 年 5G 相关市场规模预测①

对于国际文化传播而言，传播的基本要素包括信源国、需传递信息、传播

① QuestMobile 研究院：《中国移动互联网 2019 半年大报告》，2019 年 7 月 23 日发布。

渠道和对象国的普通民众。中国业界已经具备了在移动互联网领域进行国家文化软实力传播的基本条件。那么,借助说服传播的精细加工可能性模型 ELM 中的 AMO 三要素分析,中国移动互联网中的国际传播影响力提升应更注重触发良性信息加工路径的三大前置条件:A(认知能力)、M(接受动机)和 O(机会)。

一、中国移动互联网行业健康发展将有效提升目标国受众对我国的认知能力(A 因素)

国际文化传播中的 A 因素是指受传者在接受信息时是否具备必要的知识储备和讯息理解能力。以往以中国 5000 年传统文化为切入点的中国国际传播路径,往往因为当地多数群众不具备理解我们久远文化的必备知识,对我国特有的文化现象、文化活动和文化符号多少都存在理解上的困难。然而,在兴起不足 10 年的移动互联网的平台上,目标国同样担当起教育民众的责任,而移动互联网平台上的国别差异、历史包袱都远未形成规模,反而将国际传播中普遍偏低的 A 因素水平托高,有助于国际传播影响力的提升。因此,从“国家软实力”推广层面看待中国移动互联网行业的发展,具有重大意义。

事实上,只有在其他国家羡慕并期望模仿一国文化时,其“国家软实力”才得以实现。中国移动互联网领域的火箭式发展让全世界瞩目,也正在形成这种优势心理。海外媒体从未遗漏过任何一条关于中国移动用户数、移动应用平台消费数等关键性指标的发布。以庞大人口基数为依托的行业前景,让国外业界羡慕,并渴望进入中国市场或在其他市场拷贝中国式成功。在国外媒体对中国的宣传中,移动互联网的商业利益而非传播监管的运营属性,显然更容易为其接受并准确、客观地传播当代中国的情况。笔者在留学期间曾被当地居民问到“中国年轻人都和我们一样用智能手机,喜欢用手机玩游戏,看电视,对吗?”这种最新认知的确认相对于电影中、电视里、报纸上关于中国的许多过时、失实的宣传,更有价值。对于新媒体、高科技领域的中国发展和成就报道,客观上已经为海外民众认知真实的当代中国和中国人的当代生活提供了新鲜的素材。因此,对于用户规模、基础建设等我国处于优势的行业指标更应在一定高度上多方推动,树立传播榜样。正如美国打造乔布斯,日本塑造丰田,中国移动互联网平台推广的应该是最鲜活的中国新文化。

二、抓住中国移动互联网海外核心用户群将有效提升目标国受众的传播动机(M因素)

国际文化传播中的M因素是指受传者的信息加工动机,信源国文化信息与受传者相关性越大,接收意愿和传播动机就越强烈。我国媒体划分国际受众的传统方法大致分为三类:发达国家受众、发展中国家受众和海外华人华侨受众,但针对性和有效性的不足导致无法形成强势传播。有数据显示,20年前,美国人当中有40%对中国持正面态度;20年后,尽管我国媒体不断加强对外传播建设,但这个比例并没有发生大的变化。传播属性与移动互联网结合后,以用户而为受众、为核心的理念,使得传播对象细分更简单和精准。抓住中国移动互联网的第一批海外核心用户,从而实现二次、三次、多次和人际正向传播,将有效提升其国际传播影响力。

纵观移动互联网的"贴身伴随"和"24小时不离线"的属性,它使得在其平台上运营的业务和传播的内容具有更多个性化特征,用户黏性也更强。从传播角度来说,其关系传播的力度也更直接和有效。目前,业界对移动互联网"入口"的关注和争夺进入白热化阶段,而国内领先企业在这一领域仍表现出色。作为提供"入口"服务的企业,他们手中掌握着大量的数据,而对于数据的精细分析则是移动互联网时代营销或传播的必备技能。有数据作为依托,将用户行为沉淀为传播内容才可能最终达到提升影响力的目标。因此,在移动互联网上研究对外传播规律,创新对外传播方式具有更多优势和经验。其产品化特征、服务伴随性都将更贴近当地人思维习惯。

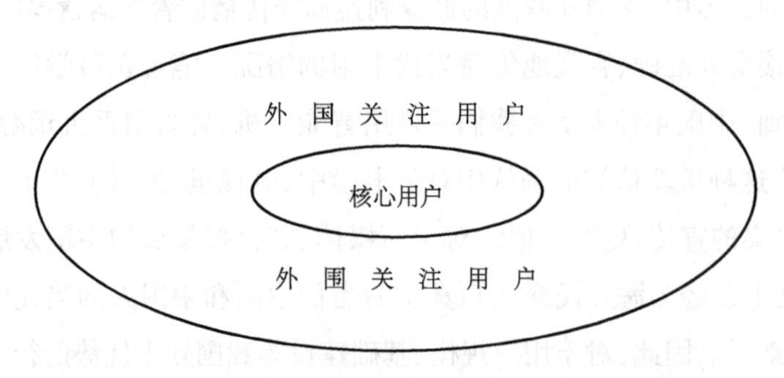

图2 移动互联网领域更重视核心用户所带来的单位价值

笔者认为,目前应将提升中国移动互联网国际传播影响力的核心用户群锁定在3000万以上学习中文的外国人和7000万以上的海外华人华侨网络。针对这些群体共性提供移动互联网领域更擅长的精准传播服务,并充分发挥海外华文媒体的作用广而告之,将会率先形成强势而有效的华语舆论圈的效应。通过核心用户在日常生活中进行的二次传播,将有效提升移动互联网领域的中国声音强度,并积累这一领域"文化走出去"的成功经验。

三、突破跨文化瓶颈,布局多维度传播体系将有效提升目标国受众的覆盖机会(O 因素)

国际文化传播中的O因素是指受传者的信息接受机会,它意味着受传者所处的环境在多大程度上有利于受众与信源国文化接触,是否渠道多样畅通、频率高低长短。以往常见的国际文化传播渠道主要有官方文化交流、民间文化交流、新闻媒体报道、文化产品营销与消费等等,但是在移动互联网平台上则聚焦在线上产品运营商身上,他们组成复杂,有机构、有个人、有媒体、有企业……这在一定程度上也使得公众外交走得更深远。移动互联网上内容更多关注信息、观点和用户体验,这些特质让一直饱受西方媒体诟病的中国媒体公信力问题得到缓解,美国已经有多家商业报纸聘请专业作者从中国社交网络上萃取信息编发中国新闻;同时,用户在移动互联网时代更关注时效、互动和读图趋势,移动互联网应用与信息服务统称为移动产品,不再简单地区分为商业或媒体行为……这些特征甚至降低了跨文化传播中的语言、主体、地域等多重门槛。

移动互联网上全球运营的各种内容产品让传播渠道和信息有机会进入目标受众的日常生活,而只有最日常生活化的大众传播渠道才能最大程度上达到较高的传播影响力转化。笔者据实际操作体验认为,中国移动互联网企业提供的服务在跨国使用中完全没有障碍,也就是说中国移动互联网产品已经是全世界范围内可消费产品。我国如何在这个平台上集合众人之力,持续扩大目标国受众的覆盖机会是亟须布局的国际传播系统。

表 1 世界互联网发展指数各国得分情况①

排名	国家	得分
1	美国	60.00
2	中国	53.23
3	英国	52.40
4	新加坡	51.23
5	瑞典	51.15
6	挪威	49.87
7	荷兰	49.74
8	瑞士	49.41
9	德国	49.24
10	日本	48.75
11	芬兰	47.59
12	加拿大	46.89
13	法国	46.44
14	丹麦	45.97
15	马来西亚	45.91
16	澳大利亚	45.86
17	韩国	45.76
18	爱沙尼亚	45.29
19	阿联酋	45.05
20	新西兰	44.97

目前,中国网民的总数量和活跃度,包括中国网民在海外社交媒体上的参与性与互动性,都处于世界网民综合指标的前列,抓住与世界同步发展的时间点,将中国移动互联网定位为提升国际传播影响力的先锋破冰平台来布局,将具有突破性意义。

综上所述,我国多年来已经形成多语种并用、多媒体并存的对外传播格局,但在国际传播中实现影响力的转化,我们更多的是需要向未来看机会,绝对不能错失移动互联网传播领域的话语权。最新的统计资料显示,截至 2019

① 《互联网发展报告 2018》蓝皮书,2018 年 11 月 8 日发布。

年 6 月 30 日，全球网民数量已达 44.22 亿，创下历史新纪录。其中，亚洲网民数量占比接近 50%，而中国和印度的网民数量增长迅猛，中国网民数量为 8.29 亿（互联网普及率为 59.6%），占比为 37.8%，规模居全球之首。互联网全球化浪潮已经逐步走出美国中心，更加多元化的互联网时代即将来临。①

中国工程院院士、中国互联网协会理事长邬贺铨在题为《2019 互联网再出发》的主旨报告中称，互联网走过了 50 年，全球的互联网普及率超过了 55%，中国全面接入互联网 25 年，互联网普及率超过了全球平均水平，新时代互联网的新动能主要有 5G、人工智能和工业互联网三个方面，而这也恰恰是向世界讲好中国故事的最佳素材与时机。

① 《全球网民数量创新高：中国手机网民 8.17 亿，互联网普及率近六成》，2019 年 7 月 18 日，见 http://www.enet.com.cn/article/2019/0718/A20190718949926.html。

提高互联网规律把握能力
深入研究互联网舆论规律

东　鸟

习近平总书记在中共中央政治局第36次集体学习网络强国战略时强调要提高“四个能力”，其中第一个能力就是要提高“对互联网规律的把握能力”。我们要认真贯彻落实习近平总书记的要求，切实提高互联网规律把握能力，深入研究网络舆论生成、演化和传播规律，更好地分析形势、把握态势、研判走势，为建设网络强国、净化网络生态提供支撑。

第一个维度：热点类型。网上热点每时每刻都在发生，让人应接不暇、眼花缭乱，哪些才是需要我们追的热点呢？一般来说，政经、民生、涉警等事件或话题是网上主要热点。不同类型的话题，敏感性和关注点各有不同。

一是政经时事。这是党和国家事业发展和重大政经政策的集中反映，事关国家民族利益和公众利益福祉，备受舆论关注。如，习近平总书记治国理政、党的十九大、全国两会、“十三五”规划、供给侧结构性改革、去产能、股市波动、房价上涨等。

二是社会民生。与日常生活、百姓利益密切相关的民生话题具有潜在关注存量，更易激发人们讨论，也是舆论高敏区和易爆点。此类事件虽不直接涉及政治，却能引向政治，而且非理性情绪突出，甚至是“网上造势、网下维权”。据统计，网上热点超六成涉及教育、就业、医疗、环保、食品安全等民生问题，如雾霾天气、毒地毒跑道、高考减招、网约车新规等，短时间就形成热点，有的演变为“维权”行动。在新浪微博上，讨论时事新闻的占到总讨论量的4%，社会新闻占到19%；在微信公众号和朋友圈中，时政类、社会类信息占到15%。占比看似不大，绝对数量庞大。

三是涉警涉法。公众对依法保护自身权利的高度敏感，对司法公正、执法规范的高度期待，不时将涉警涉法事件推向风口浪尖，形成“围观效应”。如，深圳女孩遭强制传唤、兰州民警殴打大学生、聂树斌案再审、男子追砸运钞车被击毙等。

四是突发事件。生产安全事故、重大自然灾难、群体性事件等，都会出现爆炸式传播，话题讨论往往从单一浅显发展到深入多样，进而出现反思质疑声音。如，连云港市民抗议兴建核废料处理厂。

五是名人言行。名人明星、网络大V等言行往往受到较高关注，如赵薇事件、王宝强离婚等。

总的来看，偶然、突发、非常规的，涉及民生和公正，涉及官员富人名人，涉及垄断性企业的事件，以及本身话题点多、讨论门槛较低，人人可参与、人人可议论的问题，更易成为网上热点，引发舆论炒作，需要重点关注。

第二个维度：参与人群。网上热点众说纷纭，参与议论、传播的主要是哪些人群？还应看到，“横看成岭侧成峰，远近高低各不同”，每个话题都有它对应的受众，一个话题在你看来是热点，可在别人眼里未必值得关注。就像大部分“80后”、“90后”不会关注TFboys，“95后”、“00后”对周杰伦往往兴趣不大。因此，分析网络舆论时，需要弄清楚有哪些人在关注、在发声。

一是网络世代。“90后”伴随互联网发展而成长，称作网络世代，这标志着新生代话语力量崛起。他们基本不看传统媒体。现在，“90后”已超过“80后”，成为网上主要活动者，网上热点舆论60%以上来自“90后”。微博主体人群是17—25岁的“90后”，其忠实用户最主要的诉求是关注热点事件，占比73.5%。其次是名人明星，占比47.2%。在B站用户中，75%标注自己为“90后”。这些网络世代上网获取信息和娱乐社交，流行弹幕吐槽、网络直播、动漫游戏、鬼畜视频、表情符号等二次元文化。在二次元群体中，“95后”占58%、“00后”占16%，以学生群体为主。如，“帝吧出征”参与者基本是“90后”。“帝吧出征”、南海仲裁案等表明，爱国热情在网络世代中继续激荡，我兔、小粉红表达爱国的方式更加活泼，如表情包大战等，同时展现了强大的组织力、动员力。

二是加V群体。大V已风光不再，纷纷转型转场，或沉寂不语，或黯然离场，或销号禁言，或迁移微信，或转向网店。同时，财经、电商、农业、健康、法律等领域中小V快速崛起，粉丝数量30万至100万。据统计，网上热点评论信息5%来自加V群体。

三是网络红人。以较高颜值、独特风格或偏激言辞吸引关注，影响力日益增大，不时搅动网络舆论场，低俗化问题比较突出。同时，变现能力很强，催生"网红经济"。

四是网络社群。基于不同兴趣和利益诉求的网络社群活跃，既有读书会、思享会等兴趣社群，也有女权、同性恋、动保等特殊社群，以及非法集资案利益受损者等维权社群。如，一些高考考生家长通过QQ群、家长吧等组织聚集活动。

五是中等收入群体。被视为"社会稳定器"。学者分析认为，他们受教育程度较高、社会资源丰富、表达能力较强、权利意识较强，面临"中等收入陷阱"，焦虑感和不安全感上升，关注医疗教育、食品安全、公共安全、环境保护、司法公正等话题。中产收入群体对网上热点的大力介入，多发生在自身利益被触动时，"今天不发声，明天你就是下一个××"。他们一旦主动介入热点事件，网上舆论发酵事件的推力就更强，话题探讨的纵深程度就更高。

此外，还有水军推手、营销账号群体存在，通过各种方法和手段炒作。吃瓜群众也往往不缺席每场热点事件，却又顶着不明真相的名声占领舆论场，每每留下一地"瓜子壳"。

第三个维度：时间节点。网上热点都有一个兴奋持续周期，一般来说不超过7—15天（热点事件舆论从发生到衰减到峰值的10%）。其中，持续时间1周以内的占到五成。"短期化"特征明显，"来得急，走得快"。网上信息海量和快速翻新，使网民的关注很难持久。同时，网上热点持续周期因事件性质不同而存在差异，受事件属性、话题性质、涉及范围、信息畅通、官方回应等因素影响。一般来说，网上热点持续周期有多个重要节点。

一是"黄金时间"。即舆论关注升温的"4小时节点"。重大社会议题和突发事件，从一出现就能迅速形成巨大声势，"雪崩"效应明显，全网弥漫，也被称为"遍在效应"。如，A股多次熔断。一般来说，4小时内会出现一个关注高峰，点击量、搜索量、转发量、短评量快速上升，舆论开始聚焦事件，呈现"即时传播"特征。其中，前2小时是消息传播高峰期。突发性、重大性等特殊事件,2小时就可达关注高峰。如,令计划案一审判决消息16时发布,迅即被大量转发推送;19时新闻联播播出画面,再次被大量转发推送。从16时消息发布到20时形成晚高峰,不超过4个小时。这也是事件应对和舆论引导的“黄金时间”,即“黄金4小时”法则。如果是灾难性突发事件,就缩短为“黄金2小时”法则。

二是“白银时间”。即舆论发展发酵的“8小时节点”。从8小时开始到24小时,出现一个讨论高峰,媒体、公众、大V、自媒体等纷纷发表评论,报道量、讨论量、长微博、长评论大量增加,出现多种意见表达。如女子酒店遇袭、常州毒地事件等,相关视频一经曝出,次日即达舆论顶峰。

三是“赤铜时间”。即舆论形成波峰的“48小时节点”。超六成热点从事发曝光到形成舆论波峰在48小时以内,出现一个峰值区间。其中,超四成在事发当天形成热点,超两成在事发第二天形成热点。此时,舆论意见分布趋于稳定,并出现意见群体,有的“抱团发声”。

四是“青铅时间”。即舆论明显退烧的“72小时节点”。随着各方加入应对及问题的解决,网民知情意愿的满足,注意力的转移,关注量和讨论量在72小时后出现明显退烧,退出舆论中心。此时,网民对重复信息或手段的日益厌倦,产生边际递减效应。这可视为舆论扩散的“饱和点”和舆论走势的“拐点”。

五是“黑铁时间”。即舆论消隐平息的“5天节点”。在舆论降温消退过程中,热点事件在5天内没有出现新情况,没有发酵新话题,舆论就会趋于消隐平息。

同时,也存在“长尾效应”,即在舆论消隐过程中,事态持续发展、次生事件出现、同类事件发生、话题不断出新,一波未平一波又起,产生舆论反弹,拉长舆论持续周期。如,天津港爆炸等重大灾难事故调查报告的公布,王宝强离婚长尾持续。

第四个维度:热度烈度。网上热点有的形成小波浪,有的生成大风暴;有的是“广场式”鼎沸,有的是“沙龙式”对话,热度烈度各不同。

一是点击讨论数量。判断一个话题的热度有很多依据,微信文章10W+,微博上热搜和微话题,知乎10K,B站10W弹等等,还可以通过百度指数、微

指数、微博热度排行榜等判断。现在,千万级点击量、数十万级讨论量已是网上热点的一个基数。十亿级甚至数十亿级点击量,百万级甚至千万级讨论量的网上热点,也是屡见不鲜。如果一个事件的点击量迅速超千万,讨论量快速增加,就应引起重视。如,山东非法疫苗案达十亿级点击量,等等。

二是讨论话题数量。如果一个事件快速引出诸多话题或深层次话题,就会很快升温发酵。反之,如果一个事件涉及的话题具有专业性闭合性,就难以发展为公共话题,热度很快会消退。如,发现引力波,最初吐槽点缺乏,围观者无话可说。随后,有网民翻出五年前"诺贝尔哥"在电视节目中提出引力波被嘉宾嘲讽的视频,网民才找到吐槽空间。

三是涉及人群数量。事件涉及人数的多寡及在相关群体身上发生的概率,是影响一个事件能否成为热点的重要因素。常州毒地、山东非法疫苗案、高考减招,牵涉人群广,且同类事件今后发生在类似群体身上的概率较大,"大概率+大范围"让面临相似问题的人群更加关注,积极发声。因此,事件讨论一旦超出某些群体和阶层,发展为大众性话题,就易升温发酵。

四是正负情绪数量。一个事件要刺激公众敏感神经,必须调动公众或兴奋,或同情,或愤怒,或悲伤等各种情绪。有统计显示,2016 年上半年,网上热点中近八成带有负向性质。一般而言,正能量事件正向情绪多,负能量事件负向情绪多。产生争议的事件,负面情绪会更多,激烈言论会更多,如杨改兰事件等。

第五个维度:地域分布。网上热点事件往往涉及不同地域,有的是全国性的,有的是地方性的,有的是来自国外的。

一是事件发生地。热点事件发生地较多的是全国级和省级,占到 50%以上。这类事件涉及地域较广,影响范围较大,易引发舆论关注。如,全国多地暴雨洪涝灾害。

二是热点高发地。北京、广东、上海、深圳等一线城市及沿海经济发达地区,成为热点高发地。这些地区经济和传媒发达,互联网基本普及,公众参与意识强,更易将事件推到舆论的聚光灯下。

三是境外涉华事件。国际及港澳台地区热点事件占有不小比例。中国网民的域外视野日益宽广,甚至关注境外演艺明星的政治倾向。如,朱莉皮特离婚官司、Lady Gaga邀达赖主持婚礼。特别是涉及国家主权、祖国统一、国家形象的事件易引起关注,如台湾"选举"、周子瑜道歉、何韵诗代言兰蔻、中国游客泰国铲虾等,境内不时掀起舆论热潮。还有一些事件"境内发生—境外热炒—输入境内",如乌坎村事件。

第六个维度:传播平台。2016年10月19日,网易论坛关闭,标志着网络舆论平台格局的重大变化。网络世代不再驻足论坛等传统舆论平台,而是活跃在知识、视频、直播、弹幕等新兴舆论平台,这些平台难以监测,使舆论工作面临新挑战。

一是知识社区。知乎、分答、问咖、果壳等知识社区快速兴起,引大批网络名人和机构入驻,并在网上热点舆论中发挥"源头性"作用,魏则西事件、雷洋案就是知乎最先曝光的,在血友吧、女子酒店遇袭等舆论中也发挥了重要作用。知乎对时政类、社会类话题的介入程度和影响都较以往加大,已成为舆论热点的新发地,有的知乎名人发展成为新"大V"。许多热点事件发生后,都有网民去咨询并获得解答。同时,专业社区强化了社区聚合功能,用户具有高黏性,成为"意见领袖"新生渠道。提问者来自普通大众,回答内容质量较高,更能吸引网民关注。

二是弹幕视频。A站、B站等弹幕视频日渐流行,从过去相对小众、边缘的年轻人潮流文化,越来越频繁地进入大众视野。如,B站热播纪录片《我在故宫修文物》、快播案一审直播,弹幕吐槽成为场外另外一个看点。

三是网络直播。2016年被视为中国网络直播元年,直播平台渐成"网络电视台"。YY、斗鱼、虎牙、映客、快手、花椒等直播平台兴起,接近200家,演艺、电竞、教育等类型繁多,有的将触手延伸至时事热点领域。用户数量庞大,演艺秀场直播用户2.5亿人,游戏直播用户2亿人,泛娱乐直播用户1.5亿人。同时,网络直播的低俗化问题突出,一些视频拍摄者通过自虐、情色、暴力等方式吸引眼球。如,"斗鱼直播造人"。短视频、网络直播强化了舆论传播过程的参与性和现场感,在热点扩散方面逐渐发力,再加上与微博微信无缝连接,使得一些事件可在几个小时内实现病毒式扩散,迅速酿成大的舆论热点。北京毒跑道事件中,有家长使用视频APP现场直播检测过程。澎湃新闻记者用一部手机直播纽约曼哈顿爆炸。

四是音频电台。喜马拉雅、蜻蜓、荔枝等音频电台蓬勃发展,音乐、综艺、百科、教育、培训等内容无所不包,成为网络电台。

此外,许多非媒体应用都有媒体化潜力。移动客户端在进入主界面之前均有1—2秒缓冲时间,这些页面即弹窗不仅可以发公告搞营销,还可以插入新闻资讯内容。网络浏览器、百度地图等的舆论影响力愈发凸显。2016年5月,日活跃用户上亿的UC浏览器宣布变身新闻客户端,将首页由地址导航改为类似今日头条的界面。2016年夏,多地暴雨袭城,高德地图、百度地图均开通"积水城市"服务,不仅进行灾情直播,还为用户提供路况分享、突发信息播报以及求助等由媒体承担和提供的服务。

第七个维度:生成机制。一个事件从发生到上网,再到形成热点,有一个热点生成和传导机制,包括几个重要环节。

一是首发平台。"首发"爆料一般源于微博、微信或官方消息,之后广泛传播。微博、报纸及网络新闻是网上热点三大首发平台。2016年上半年200个热点,率先由网络披露的占58%,首先由传统媒体披露的占26%,一些事件则源于政府主动公开信息,如高考减招。

二是节点放大。一些热点最初只是在局部网络平台酝酿,但经过媒体介入、大V转发、推手炒作等关键节点的迁移放大,很快会"衍射"到全网。这些关键节点,可能是大V、网红、名人明星,也可能是新闻媒体、微信公众号关注,还可能是水军、段子手炒作,也会出现表情包、斗图情况。这些节点让关注度倍增,产生"放大镜效应"。在这一阶段,舆论意见也不断被补充、发展和深化。在女子酒店遇袭事件中,视频信息被多个大V转发后,舆论才进入发酵"快车道"。

三是标签刺激。将具有相近特性的事件和人物归类并附加定义,贴上刻板印象和先验偏见的标签,会对网民认知和态度产生影响,进而加热相关话题。一旦出现同类情况,网民就会将其与"标签记忆"、"集体记忆"对号入座,也称作晕轮效应(以偏概全的认知偏误现象)。如,雷洋案的"人大硕士"、"刚为人父"、"奋斗青年"等标签,让知乎上的爆料求助帖迅速获得关注。"警察"与"抓嫖"、"警察"与"妓女"等词汇组合把"警察"身份标签化。

四是外溢效应。传统媒体跟进报道,电视、广播、报纸纷纷加入,报道规模和深度提升，议题由网络媒体流向主流媒体，讨论逐渐走向成熟理性。这是传统媒体引导起作用的关键节点。

掌握了一个网上热点生成机制，就可以针对各个环节做工作，负面舆论要防止节点放大，正面舆论要加速节点放大，同时尽快形成溢散效果，让主流媒体介入引导。

第八个维度：驱动因素。一个事件或议题是否推升为热点，存在着诸多驱动因素。

一是全媒体传播。这是舆论升温发酵的关键。跨平台跨媒体的多头传播，不同渠道不同圈层的信息相互流动、刺激和推升，易形成传播的“裂变效应”。同时，跨境传播，使国内热点蔓延至境外舆论场，形成国际舆论事件，继而反作用于国内舆论场。

二是社会共情。共情是人本主义创始人罗杰斯提出的，是指体验别人内心世界的能力，被认为是人与人之间情感联系的纽带。现在被用来解释为利用大众的同理心触发共鸣形成舆论声势的舆论传播现象。现在，许多事件之所以成为热点，就是源于所涉事件损害或符合大多数人的利益，网民对其产生不满、同情、激动等心理情感，需要在利益诉求、安全感、认同感方面建立“情感结构”。出于情感、利益和价值等的感同身受，激发出群体“共情”心理，并突破职业、年龄、性别等不同圈层共同表达诉求和情感。有一段时间，多位媒体人因加班熬夜猝死，立刻牵动职场人士的痛点。反思不良生活方式和巨大职业压力，形成社会共情。“你可能是下一个徐玉玉”等言论背后，都是人们的不安全感、无力感和焦虑感的共情反映。

三是自我代入。在小说、影视、游戏中，读者、观众和玩家产生一种代替小说、影视和游戏中人物而产生的浸入感觉。在现实中，一些事件与普通网民并无直接利益关系，却能引发舆论“山呼海啸”。因为他们常常“推己及人”，以极强的身份代入感进行解读，担忧自己是未来潜在受害者，促使其作为利益共同体发声。如，女子酒店遇袭事件，女性群体几乎人人都有代入感。如，《疯狂动物城》、《北京折叠》引发热议，食肉动物、第一空间人口被替换为强势群体，官员、富人、警察、食草动物、第三空间人口被替换为弱势群体。再如，仙桃、肇庆多地民众，反对建设垃圾焚烧发电项目等。又如，雷洋案、魏则西事件、陈仲伟事件、杨改兰案等不断发酵，就是公众自觉或不自觉地身份代入。他们认为自己是隐性利益攸关者，为他人的遭遇呐喊和声援，实际上是对自己身份焦虑感的发泄。

四是叠加效应。一个事件被嵌入或衍生出新的话题，或发生同类型事件，便会形成多重联想叠加，由单个话题演变为多个话题联合爆发，加剧舆论的复杂性和持续性。如，“上海女孩逃离江西农村”、“一个病情加重的东北村庄”、“霸气媳妇回农村掀翻一桌菜”等，事情是假的，但城乡差距、贫富差距等问题是真的，弄假成真的话题相互叠加，引领舆论走向。

五是群体极化。群体聚合下更容易出现情绪化倾向，产生不理智的极化行为，类似心理学家勒庞所说的“乌合之众”。特别是当一部分人观点较为偏激时，个体在从众心理下盲从和非理性，产生“偏激共振”。导致舆论燃点偏低，遇事点火就着。而且，网上的群体意见比网下要更极端。因为，网民往往倾向从个人立场出发搜寻信息和参与讨论，容易以偏概全，而且网络环境会弱化人们对群体中个体差异的感知，未经深思熟虑就得出极端结论。

六是复合传播。网民参与舆论传播全过程，其直接体现在跟帖、微博、论坛、博客等中。比如，一个新闻事件，事件本身是一个方面，跟帖中的网民评论，包括对事实的补充，对事实的质疑，对事实的看法，各种主观色彩强烈的言论，都成为新闻事件的一部分加入传播。

七是技术赋权（赋能）。网信技术赋予社会、组织或个人掌控事务和影响舆论的权利和能力。具体表现就是，赋予公众和个人传播和讨论的权利和能量，并可以告诉其他人如何思考。如，知乎、分答等知识社区，专业和缜密的分析通常会得到用户赞同，通过知识信息和网络传播赋权，掌握知识和文化的人拥有核心影响和超级权力。

八是雪球效应。两个雪球，一大一小，大雪球体积大，相同的速度可以滚动更大的面积，小雪球体积小，相同的速度滚动的面积小。大雪球越滚动，就可以吸走更多的雪，体积变得更大。小雪球滚动吸走的雪非常有限，体积增加不大。最后，两个雪球体积之差越滚越大，如同经济学领域“马太效应”。网上各种话题最初可能是随机或偶发形成的，一旦话题事关公共事务或热点话题，各种不同的甚至是相反的意见就会相互感应，相互作用，甚至相互对立，形成交流碰撞的互动过程。在这一过程中,具有号召力、依附力的意见会被多数网民认同,形成雪球效应。在"雪球滚动"过程中,依附他的人越来越多,最后是一呼百应,形成主导意见。

九是舆论搭车。一个热点成为舆论焦点后,同类事件会"扎堆"被发掘出来,使类似事件成为一段时间的焦点话题,形成"舆论搭车"。搭车的事件多半是虽然沉寂但却一直未被打捞的"潜舆论"。人们对以往热点的记忆往往深刻,只要新发热点有"前车之鉴",事件与事件、话题与话题之间具有相似性,舆论就会主动追忆和回溯曾经的重大热点。能成功搭车的事件往往与民众利益紧密相关,触到公众"痛点",才能"一呼百应",被网民深挖和追问。如"青岛天价虾"事件后,又相继爆出"天价鱼"、"天价马"、"天价茶"、"天价可乐"等。

十是舆论抱团。短期内伴随事件快速出现或消失的舆论聚合现象。针对某个事件,某些群体在舆论场上进行抱团,形成舆论聚合,如雷洋案中中国人民大学1988级校友公开信,北京北苑车祸案中对外经贸大学2011届校友发署名文章。相比较于因为情趣爱好、人际关系等形成的稳定圈群传播,这类舆论基于业缘、地缘、学缘等,特别是在发生突发事件时,会迅速形成龙卷风般的短时舆论聚合作用,往往产生强大舆论威力。

第九个维度:传播效应。网上舆论传播过程中,会产生一些传播现象和舆论效果,需要引起注意。

一是漂移现象。在热点发展过程中变量因素很多,不同因素相互作用、此消彼长。一个细微变化,有时仅是网民一句话,就可能产生难以预料的效果,有人就会借势炒作其他关联事件和话题,出现舆论的侧滑和甩尾,使舆论关注点脱离事件本身而发生漂移。如,杨达才因一张事故现场照片,漂移成为"表哥"。再如,魏则西事件,漂移出医疗监管、竞价排名、莆田系医院等话题。这就像"蝴蝶效应",小事件不经意间产生连锁反应,演变为大事件。

二是扭曲效应。许多人都玩过"传话游戏",A对B耳语,B传给C……到G复述时必定与A的原话大相径庭。这在网络传播中尤为突出,信息层层扭曲,以至面目全非。《中国青年报》曾评论说:微博网民经常听一半、理解四分之一、零思考,却双倍反应。一条微博140字,难以充分展示前因后果,极易产生扭曲。

三是流瀑效应。网民会跟随一些先行者或“领头羊”的言论，观点从一些人那里传播到另一些人，也称作羊群效应、示范效应（是一种社会性趋同心理，在示范者或“领头羊”带领下盲目跟随）。此时，人们不再依靠自己的所知来判断，而是依靠别人的想法。这有两种说法：一个是“前十效应”（指前10个人或前10条观点评论），一个是“前200效应”（指前200个网民的评论倾向），会在很大程度上决定后续成千上万评论的内容。无论是哪种说法，意见评论的先后顺序会影响舆论形成，已是一个事实。

四是投射效应。一些人会将自己的特性投射到他人身上。如果被评价对象的经历、社会地位、身份、性别等与自己相似，会产生天然的身份认同感，此时人们往往不能实事求是地根据自己得到的信息来判断，而是想当然下意识地把自己的情感、意志、价值观等投射到他人身上，对与自己同属性的一方或同情或赞赏，形成“以己之心，度人之腹”。这是一种心理定势的表现，以自己的心理特征作为认知他人的标准。如，女司机都是马路杀手、开奔驰宝马的都是暴发户。投射效应是情感性的，而非理性的。在投射效应作用之下，人们的言行容易走向偏激。

五是涟漪效应。这是英国人尼克·皮金、美国人罗杰·E.卡斯帕森等在《风险的社会放大》一书中提出的概念，后被用来形容舆论传播现象，说的是风险放大的结果将导致次级风险的行为反应，一些舆论事件可能发酵扩散到远超过事件最初的影响，甚至可能蔓延至与事件毫不相关的技术和组织的次级甚至再次级的舆论对象，像往平静湖水里投进一颗石子，会以落点为中心在湖面上荡起一圈一圈水波，波及很远的湖面。如，出租车罢运、工人罢工讨薪、环保邻避运动，一个地方一个行业出现，引起跨地区跨领域跨行业连锁反应，就像投入湖面一颗石子，一圈水波激起另一圈水波。再如，围堵肯德基事件，在唐山乐亭先发生，随后蔓延至10多个地方。这是一种“祸不单行”、“接二连三”的传播态势，即“涟漪式”传播。

六是群体幻觉。一些人对生活不满意，就会感到不幸、压抑和混乱，这在低收入群体中最易发生。一些人对现实生活不满意，就到网上怨天尤人，将矛头指向政府，“都是政府的错”。这是“呲必政府”效应，总是对政府赋予恶的想象。出了一个问题,不是就事论事,而是把所有责任直接归咎于政府,让政府成为几乎所有问题的背书者。即使是对杀人放火的罪犯,也都认为是政府所迫并表示同情。

七是证实偏见。又称证真偏见,即人们普遍偏好能够验证假设的信息,而不是那些否定假设的信息。证实偏见效应广泛存在,对某个人、某个职业、某个部门,很容易陷入证实偏见的思维。如,北京八达岭野生动物园老虎伤人事件,无数内幕被揭露出来,一些荒唐、经不起推敲的段子也被信以为真,“小三”、“医闹”等传言不胫而走,形成该女霸道、不守规则、自以为是等判断。

当人们主观支持某种观点时,往往倾向寻找那些能够支持原来观点的信息,而对于可能推翻原来观点的信息往往忽视掉,如同“疑邻盗斧”。怀疑邻居家孩子盗斧了,其一言一行都像贼;不怀疑孩子盗斧了,其一言一行都是好的。证实偏见的后果就是造假,为满足心理期待或利益,选择性筛选事实,往往将事实置于次要地位,仅依据某类权势者(如官员、富人)的身份、用品(如车辆宝马、服装 LV)等,让涉及人员遭受社会恶意,形成针对特定人员指责攻击的暴戾之气。对一些事情,如果不符合自己的假设想象,就一律质疑。特别是涉官涉富时,搞有罪推论,公务员、警察、城管、医生、教师(砖家、叫兽)成为网上“黑五类”。

八是信息茧房。基于社交媒体、人际关系形成的舆论场域,在信息扩散方面,由于不同圈群成员在所处社会阶层、教育背景、兴趣爱好、认知能力等方面有很强相似性,导致圈群内信息传播重复度高,形成“信息茧房”。在圈群内,外界的不同信息很难进去,一些谣言在外界被澄清很久,但圈群内还在继续传播。今日头条等按用户阅读兴趣推送信息,更易形成“信息茧房”。这在美国总统选举中表现较为突出。脸谱、推特等社交媒体产生回应室效应,用户只接收到和自己观点相同的咨询。以脸谱算法为例,用户越喜欢哪种类型文章,就会向其呈现相同类型文章,使观点相同的人聚集,形成相同意见的“同温层”。根据用户历史偏好来选择、推送信息,在一定程度上制造了意见相同者抱团取暖的“过滤泡沫”,使社交媒体增强和窄化政治偏见和偏激观点的作用愈发突出,加剧了美国精英人群与普通民众的分裂。

九是舆论反转。2016 年上半年,“舆论反转”现象较为突出。20%的典型热点历经反转,让人真假难辨。如,成都男司机暴打女司机、女子舍己救人被群狗咬伤、云南女导游辱骂游客、重庆老太童车"碰瓷"、福建女警用高跟鞋暴打保安、"野长城"保护修复等舆论不断反转。

十是沉默的大多数。1969 年,美国深陷越南战争泥潭,时任总统尼克松为应对危局,在国内寻求广泛认同,发表"沉默的大多数"电视演说。尼克松表示,鼓噪抗议、反对越战的只是少数人,他们游行示威、大喊大叫,让人误以为是多数意见。实际上,多数美国人并不希望国家失败、社会动荡。尼克松呼吁"沉默的大多数!我请求你们的支持"。电视演说空前成功,在听过演说的人中支持尼克松的比例高达 77%。随后的 1972 年大选,尼克松以压倒性胜利获得连任。在喧嚣的网络舆论场,也有一个"沉默的大多数",常被正或负能量激活,不再潜水旁观打酱油,而是站出来表达意见,变为"沸腾的大多数"。如,"帝吧出征"、"道歉大赛","爱国的大多数"以自己的方式表达态度。

第十个维度:回应处置。网民面对存疑事件或突发事件时,往往信息饥渴,对事件的真实性、发生原因、确切经过、可能影响、责任主体、具体措施、处理进程等有急切渴求。如果事件回应快、处置好,舆论消退就快,负面影响就小。特别是突发事件,信息与公众情绪的传播,遇阻扩音,顺之则消,舆论走向与事件处置的态度、方式、效果等密切相关。这需要我们评估有关部门时间处置、信息沟通和情绪安抚的效果,预判舆论引爆点是否会出现、舆论能否出现拐点和最终走向终点还是断点。有了这些预判分析,就可以为后续处置和舆论引导提供参考。如,天津港爆炸事故,舆论工作的后续重点不是反映事故舆论如何,而是对当地政府处理工作的舆论反映。

一是主动回应。2015 年 6 月 1 日长江"东方之星"号客轮翻沉事故,事发 13 天内召开了 15 场新闻发布会,日均 1 场多。据统计,目前网上热点涉事部门的回应率达到 95%,超过 60%以上涉事主体会在曝光后 24 小时内首次回应,表现出积极回应态度,力求将负面影响降到最低。一般来说,应对及时、涉及面较小的事件,舆论热度周期可缩短至 3 天及以下。需要调查、取证的热点事件,回应次数往往较多,舆论关注时间就较长。从实际效果看,多数网上热点起到推动问题解决的效果。

二是"冷处理"。如果事件处置采取拖延、捂盖、敷衍、沉默、删帖等"冷处理”方式，就会导致臆测和谣言不断，加剧网民的不信任和负面情绪。如，事件处置“打太极”，有头无尾，成为烂尾新闻，就会被舆论紧咬不放。

三是应对不当。涉事部门处置失当，或发布的信息不符合网民预期，易滋生不满情绪，产生“次生灾害”。如，2015 年天津港爆炸事故，产生舆论“次生灾害”的根本原因就是没有第一时间发布准确权威信息，首次新闻发布会拖到事发 13 小时后，且前 8 次发布会均不尽如人意：要么回避问题、答非所问，要么语焉不详、漏洞百出，要么早该表态的领导迟迟不露脸……严重违背了公开透明原则。再如，杨改兰事件，事件应对不当成为当地政府饱受诟病的重要方面，如地方政府使用“情绪稳定”等词语欠妥，案发半个月后在媒体和传言倒逼下公开信息，官方通报急于辩护和推卸责任缺乏责任担当。

再如，官员面对镜头“抹香香”，副市长抢夺记者相机，刑拘质疑非正常死亡事件的中学生。甚至媒体报道或照片发布不当，也会引发“次生灾害”。

这里有一个广告负效应，即不恰当的广告形式或内容，会使受众产生怀疑和抗拒心理，不仅达不到原本的正面宣传预期，反而给宣传带来负面舆论。如，“新婚之夜手抄党章”，南京女副区长乘艇看水情，救灾战士吃馒头喝浑水等。

全球虚拟现实新闻发展探索与反思

范梦娟　严　焰

2015年,美国广播公司、《纽约时报》、美联社相继推出利用头戴式设备阅读的虚拟现实新闻。2016年,国内新浪网在两会期间推出虚拟现实新闻报道《人民大会堂全景巡游》。网易传媒在全球移动互联网大会(GMIC)展出关于切尔诺贝利核事故的虚拟现实新闻《不要惊慌,没有辐射》。根据《互联网+影视产业研究专题报告》数据,虚拟现实技术产业的企业数量已达到1600余家。这些企业分布在底层支持、分发渠道和内容支撑等不同的产业链位置。传统媒体、互联网媒体对虚拟现实新闻的重视,虚拟现实技术产业链的逐渐完善,使得本文有必要对虚拟现实新闻发展和影响进行更加务实的探讨。

一、繁荣:虚拟现实技术在新闻传播中的广泛应用

虚拟现实新闻是连接虚拟世界与现实世界的重要桥梁。受众在虚拟现实新闻构造的虚拟世界中进行交互体验,获取相对应的现实世界信息,进而影响现实世界。广义的虚拟现实技术可以理解为由计算机视觉、增强现实、增强虚拟环境、虚拟现实四大类相关技术组成的虚拟现实连续统一体技术集群(VR Continuum)。广义的虚拟现实技术早已走出了实验室,在新闻报道中被广泛应用,其中具有代表性的应用有以下四种。

虚拟现实技术还原新闻事件情境。传统新闻报道中无法用文字形象表达,又无法实景拍摄的情境可以利用虚拟仿真技术进行模拟展示。例如电视新闻常使用虚拟现实技术进行突发事件现场还原、社会案件过程模拟、科普原理仿真演示。同时虚拟现实技术应用于新媒体中也有很好的效果,例如《新京报》新媒体中心成立的“动新闻工作室”,在“东方之星”沉船事件系列报道中就利用虚拟现实技术还原12名生还人员逃生过程。

虚拟现实技术将新闻数据可视化,增加新闻数据互动效果。用户以直观

生动的方式实现对新闻报道数据的浏览、分析、保存,有利于展示新闻数据中包含的信息。在新闻直播过程中,主持人可以利用虚拟现实技术,通过手势指令对各种新闻数据动画进行移动、缩放等操作。

虚拟现实技术将虚拟景象与现实演播室画面进行数字化合成,构造成虚拟演播室。由于虚拟演播室大部分工作是以数字化形式进行,降低了节目制作成本、提高了演播室利用效率。因此中央电视台很早就开始使用虚拟演播室技术,地方台也逐渐重视虚拟演播室技术应用。例如 2015 年天津卫视对《津晨播报》、《十二点报道》、《晚间新闻》等新闻节目所使用的演播室进行了虚拟演播室技术设备升级。同时虚拟演播室技术带来了虚实结合的震撼视觉效果,提高了新闻节目的观赏性。例如法国娱乐综艺类频道 M6 的《100% Euro le Mag》栏目中将新闻采访现场与演播室进行虚拟现实合成,从而产生仿佛瞬间移动的奇妙互动效果,引起一波话题。

虚拟现实技术增加新闻阅读器沉浸感。许多传媒公司积极与虚拟现实技术公司合作开发头戴式虚拟现实新闻阅读器。例如 2015 年 9 月,美国广播公司与 Jaunt VR 公司合作,制作了一期介绍叙利亚首都大马士革的虚拟现实新闻。2015 年 11 月,《纽约时报》公司与 Google 公司合作,利用 Google Cardboard 眼镜赠送活动,推广 NYT VR 虚拟现实平台。在国内,2015 年 12 月,乐视推出了手机端虚拟现实内容应用,并发布手机式虚拟现实头盔 LeVR COOL1。2016 年的两会报道期间,乐视更是专门开辟了两会虚拟现实直播专区。2016 年 5 月,上海文化广播影视集团有限公司、CMC VR 有限公司、美国 Jaunt VR 公司拟共同成立合资企业 Jaunt 中国,将提供整套虚拟现实新闻解决方案。

二、桎梏:传播效能背后的虚拟现实新闻发展探索

虚拟现实技术进一步的发展无疑将极大地丰富新闻报道形式,提高新闻传播效能,但现在就纷纷开始“追捧”虚拟新闻时代的到来还为时过早。目前虚拟现实新闻发展过程中面临着新闻生产效率低、新闻形式单一、新闻真假难辨的困境。

(一)行业分工合作提高虚拟现实新闻生产效率

虚拟现实新闻在制作过程中有四类数据需要处理,分别是:公共管理平台

数据、现实对象模型数据、虚拟空间渲染数据、交互设备控制数据。每一类数据都涉及更为专业的科学领域技术，需要不同行业参与其中，多种人员分工合作。因此传统的前期采访后期编辑的新闻生产模式不再适应虚拟现实新闻生产的新需要。为了提高虚拟现实新闻生产效率，需要进行新闻行业改革。首先，按照所要处理的数据类型，将新闻素材采集交给所属技术公司，将新闻节目制作交给传媒公司，将新闻传播工作交给各类传播平台。这种"采制播分离"模式，有效地避免了生产成本的重复投入，有利于虚拟现实新闻创新。其次，在该模式中同一个环节也有许多公司参与其中，但是由于虚拟现实技术还处于发展阶段，具有不同技术背景的公司无法在传统的产业体系中找到相应关系。如果盲目套用由传播平台主导的从上至下纵向统一技术标准，不利于同环节中各公司之间公平竞争，阻碍环节内部技术发展。在如今产业融合时代，以服务为导向，建立环节内部横向统一的技术标准体系，注重多环节技术标准衔接，就显得尤为重要。最后，在虚拟现实新闻合作生产中不能背离新闻价值核心。只有在实际生产中充分体现新闻的真实性、新鲜性、重要性、接近性、显著性、趣味性等要素，才能避免虚拟现实新闻成为被新技术操控的傀儡，才能体现虚拟现实新闻有别于虚拟现实游戏、虚拟现实社交平台等其他应用的社会价值。

（二）以新闻体裁特点为指导，丰富虚拟现实新闻形式

虚拟现实技术使新闻沉浸式传播成为可能。同时虚拟现实新闻所包含信息量大、信息形式繁多以及其交互性给新闻制作者提出新的难题。随着新闻事业的发展，新闻体裁之间界限越来越模糊。但是传统的新闻体裁划分对于虚拟现实新闻中虚拟现实技术的运用方法依然具有指导价值。如果能够正确地利用虚拟现实技术不仅能使受众准确地掌握信息，还能为进一步挖掘新闻价值提供契机。

消息：连续场景模拟引发持续新闻关注。消息是受众快速了解社会事件的新闻体裁，具有简要性、快捷性和事实性。目前虚拟现实新闻受到计算机虚拟场景建模能力的限制，往往越是精细、庞大的场景越需要长时间的制作，无法满足消息的快捷性要求。因此在消息类虚拟现实新闻中可以利用多个场景视角的简易模拟，着重表现事件现场气氛、环境等整体信息。这些简易模拟场

景比现场直播视频成本更低、更快捷,同时弥补了传统消息中文字、画外音解说难以表达的事件冲击力。

专题:海量立体信息结构带来深度新闻解析。专题除了关注热点新闻事件来龙去脉,还应突出新闻事件影响、意义等深层次内容。虚拟现实新闻不受版面、时空限制,以数字化方式融合多种信息表现形式,在专题类新闻中具有优势。但是目前虚拟现实新闻仍然参照互联网新闻格式,以类似“超链接”结构组织新闻素材。这种平面信息结构使得受众只能按照新闻制作者预设路径快速了解事件脉络,却无法自发地理解事件意义及其社会影响。因此虚拟现实新闻可以围绕事件本身将新闻素材以受众互动的方式进行立体式组织。受众可以按照自己的意愿去选择新闻信息。随着虚拟现实新闻互动的深入,受众在不断的信息获取、分析、再组织的过程中感同身受般体会到新闻报道的社会价值。

报告文学:丰富虚拟特效将新闻报道艺术化。报告文学是一种以客观事实为基础的艺术再创作,以其浓厚的艺术特色与其他新闻体裁区分开。这与虚拟现实新闻中“虚拟”、“现实”相结合的特点相似。利用虚拟特效加强报告文学艺术性,可以从故事情节连接、戏剧化场景特写、人物感情烘托等方面着手。虚拟特效将真实素材按照制作者的构思灵活、自然地衔接起来,同时对细节的刻画能够弥补文字描写的无力、视频拍摄的直白。

评论:生动虚拟交互迸发新闻思辨火花。评论是对新闻事件的主观意见表达,通过一系列事实佐证、专业分析达到监督社会舆论、指导社会建设的目的。虚拟现实新闻提供贴合事件现场的虚拟交互空间,评论参与的双方以事件亲临者身份进行自由交流,有利于双方观点达成共识。一方面新闻评论者可以根据需要自由调动各种新闻素材,将观点转换成仿真动画、实景视频等形式,从而提高观点说服力。另一方面受众可以利用虚拟现实新闻内部设计的互动渠道将观点传达给新闻评论者,同时自主地获取事实论据,有助于理解新闻评论者的观点。

(三)辩证视角审视虚拟现实新闻的真实性

虚拟现实新闻是“虚拟”与“真实”和谐统一体。一方面在传统新闻报道中,当面对突发事件报道、历史变迁描述,以及繁杂数据比较分析的时候,单一的文字、声音、图片形式难以起到还原事件全貌的作用。新闻工作者通过情景还原、事件推演、数据可视化等手段，将虚拟影像与真实新闻素材衔接在一起，使得新闻报道更加完整而具体，并且由于虚拟影像采用了数字形式，保存、处理更加方便，有利于新闻传播。另一方面虚拟现实新闻中也存在着"虚拟"与"真实"的博弈。为了节约新闻生产成本、夸大事件影响，滥用虚拟现实技术会使虚拟现实新闻丧失真实性。

虚拟现实新闻中"虚拟"元素的运用须遵循三个原则。首先，虚拟现实新闻报道主体必须真实。虚拟现实新闻报道不能利用虚拟影像将并不关联的新闻素材拼凑在一起，甚至抛弃真实新闻素材制造虚假报道。其次，虚拟现实新闻报道文本必须真实。"虚拟"元素的制作必须以新闻事件真实素材为基础，同时"虚拟"元素应该与新闻事件真实素材保持相同的时空规则和严谨的逻辑关系。最后，虚拟现实新闻报道需要尊重受众真实感受。虚拟现实新闻中"虚拟"元素所占比例以及展现形式需要与受众认知经验相符合。过度的"虚拟"元素使用或者浮夸的虚拟特效会分散受众对事件本身的注意力，甚至受众会因为"虚拟"元素与认知常识不相符而对新闻报道真实性产生心理排斥。

三、反思：新时代的开端还是旧时代的终结

随着科学技术的发展，虚拟现实技术会全方位渗透于新闻报道中，届时新闻行业、社会组织结构和受众认知习惯必然受到影响。

（一）警惕逐利行为对虚拟现实新闻社会功能的削弱

虚拟现实新闻的进一步发展，需要更多相关行业公司分工合作，降低生产成本、控制市场价格、制定技术规范，借此提高虚拟现实新闻的竞争力。传媒行业有别于其他行业，在注重经济效益的同时也担负更多的社会责任。如果各行业公司以追逐利润为目标涌入虚拟现实新闻市场，则会制作大量游戏化虚拟现实新闻，只注重虚拟现实新闻受众交互体验形式而忽视虚拟现实新闻应该具有的社会舆论监督作用。这些公司利用虚拟现实技术给受众带来的多方面感官刺激，有意凸显犯罪新闻中的血腥暴力、文体新闻中的花边八卦等。受众长期沉浸于这类游戏化虚拟现实新闻中，便会逐渐失去对现实社会问题的关注度，不利于社会健康发展。

同时一部分具有资金优势、技术优势的公司借助虚拟现实新闻发展初期

的高初始生产成本和低复制成本所形成的行业壁垒,以及规模经济和范围经济形成的竞争优势,占据难以抗衡的主导地位,也可能限制虚拟现实新闻发展。正是由于虚拟现实新闻发展初期的高初始生产成本特性,使得这些公司在选择虚拟现实新闻素材时更多取决于如何获得更高的投入产出收益而不是受众的信息需求。不同制作公司之间的谨慎竞争会促使盲目的互相模仿制作策略而生产题材形式相似的虚拟现实新闻。而虚拟现实新闻低复制成本特性,使得这些公司为了追求规模经济和范围经济优势,对同一新闻素材进行翻新再利用,或者重复使用相同仿真模型去展示不同新闻现实场景。显然对于受众来讲,这些虚拟现实新闻内容并没有实质性地丰富,反而减少了受众选择更多样虚拟现实新闻的机会。

(二)适应虚拟现实新闻对社会活动形式的改变

伊尼斯在《传播的偏向》中提出传播和传播媒介的时空偏向会对社会文明发展产生相应的时空观念偏向。麦克卢汉认为互联网技术促使社会发展中时空观念进一步分离。信息在互联网中不受地域限制地传播,使得“空间”概念与“地点”概念相区别,“地球村”的设想成为可能。但是虚拟现实新闻的发展给传播、传播媒介带来了一种时空融合可能性。新闻活动在这种时空结合紧密的虚拟空间传播,不再明显偏向于时间或者空间,国内学者李沁认为虚拟现实新闻这类沉浸式传播将偏向于“人”。

虚拟现实新闻通过虚拟现实技术将现实新闻事件传播出去,把虚拟世界与现实世界紧密连接在一起。在虚拟现实新闻充斥的社会里,受众很难将虚拟新闻交互过程中的角色和现实生活中的身份区分对待。这些借助虚拟现实新闻构造的角色通过一系列其他虚拟世界的社交活动联系在一起,包括处理多项日常事务,展现自我并与其他成员相互联系,甚至利用虚拟现实技术进行科学创新活动。同时受众也能够通过一系列虚拟现实新闻按照自己所选择的互动过程,构造不同时空关系的虚拟世界。而受众在其中的互动形式由面对面人际交流变为不同虚拟世界角色互动,由电子文本的互联网分享变为个性化虚拟空间拼接。

(三)迎接虚拟现实新闻对认知习惯的挑战

虚拟现实新闻作为沉浸式传播的代表之一,具有交互性、互文性和临场感。这些特性为“游牧式”阅读提供可能。“游牧式”阅读是由德勒兹提出的一种以阅读过程体验为目的的自由阅读方式。然而这种漫游于虚拟现实新闻构造的虚拟场景中,没有固定阅读顺序、开放性的阅读方式给受众利用好虚拟现实新闻提出更高要求。一方面,虚拟现实新闻制作者常常为受众预设一个特定角色,将事件现场以虚拟现实技术展现给受众去探索和观察,而新闻所要传达的信息被隐含在虚拟现实新闻的文字、图片、声音等形式当中。受众需要在感受虚拟现实新闻带来的感官体验的同时,准确找到并再组织起那些散落于虚拟现实新闻各个互动环节的新闻内容,才能充分获取到新闻信息。

另一方面,人类依靠各种感知器官所受到的真实刺激来认识和改造现实世界。虚拟现实新闻利用各种虚拟现实交互设备将受众的感知刺激数字化,以达到沉浸式传播效果。由于受众身体感知的数字化,导致身体所感知的世界是预先设计的虚拟场景。同时虚拟新闻所构造的虚拟场景以现实新闻事件为基础,使得虚拟场景与现实世界界限模糊。受众沉浸于虚拟现实新闻时,会产生一种现实世界中不易出现的感知与认知不统一的矛盾状态。虚拟现实新闻改变着受众获取新闻信息的方式,传统新闻中需要受众理解、联想的抽象内容正在被虚拟现实新闻的数字化感知刺激所替代。受众需要清醒认识到虚拟现实新闻中虚拟互动与现实社会实践的差异,克服虚拟互动低成本、低风险所带来的思维、行动惰性。

目前虚拟现实技术已经广泛应用于新闻传播中,媒体进行了各种技术尝试,引起了用户、新闻业界和学术界的关注。但是虚拟现实新闻仍处于发展阶段,需要相关行业公司积极参与其中,合理使用虚拟现实技术,不丢失虚拟现实新闻核心价值。随着虚拟现实新闻影响力增强,需要警惕逐利行为对虚拟现实新闻行业的破坏,适应新的社会活动形式,充分认识虚拟现实新闻对受众认知能力的更高要求。

Apple 模式对我国新闻传播业的冲击

匡文波①

一、什么是 Apple 模式?

(一)Apple 模式的巨大成功

从 2010 年开始,Apple 模式在全球取得了巨大成功。苹果公司在不到 4 年时间里,从被市场边缘化的电脑企业,一跃成为全球利润最高的手机企业和最大的平板电脑企业。

2011 年第一季度,苹果公司 iPhone 手机收入达到了 119 亿美元,第一次超越诺基亚,成为全球最大手机厂商,成为按营业收入和利润计算的全球最大手机生产商。而诺基亚同期的销售额为 94 亿美元。苹果的手机产品只有 iPhone 系列,2011 年第一季度 iPhone 手机的销售量是 1860 万部;而诺基亚同期的手机的销售量是 1.085 亿部,但是苹果领导了高端智能手机市场。

诺基亚发布的 2011 财年第二季度财报显示,其净营收达 92.75 亿欧元(约合 132.4 亿美元),同比下滑约 7%;净亏损 3.68 亿欧元(约合 5.24 亿美元),而 2010 年同期盈利 2.27 亿欧元。2011 年第二季度数据显示,诺基亚智能手机销量为 1670 万部,而苹果同期 iPhone 销量则达到了 2030 万部。诺基亚当季共出货 8850 万部手机,而 2010 年同期为 1.11 亿部。甚至有人认为,面对苹果、谷歌围追堵截,诺基亚难逃 2012 年倒闭的命运。

在中国国内市场,继 2011 年 8 月失去冠军位、9 月失去亚军位后,曾连续多月蝉联冠军的诺基亚 C5-03 在 10 月最受用户关注的十五大手机产品排行榜上被挤出了前三甲的位置,位居第四,且关注比例与前三甲产品差距明显。

---

① 匡文波(1968—):中国人民大学新闻学院教授、博士生导师,中国人民大学新闻与社会发展研究中心研究员、国家社科基金重大项目课题“网络文化建设研究”子课题特聘专家。

从上榜产品数量看,也能看出诺基亚日趋下滑的状态,10月,诺基亚仍然只有三款产品上榜,而HTC则有四款产品入围。

诺基亚目前的最大症结在于:高端旗舰产品的缺乏,其被寄予厚望的N8和N9销售惨淡;诺基亚只能依靠中低端产品占领市场,但是这种策略对于诺基亚这样的跨国企业来说不合时宜,成为其市场发展的最大障碍。

(二)Apple与诺基亚业绩反差的根源

Apple与诺基亚业绩反差的根源在于Apple将手机视为电脑,诺基亚将手机依然视为移动电话。Apple手机率先走上了智能化、电脑化、娱乐化的道路,远远把传统的手机制造企业甩在了后面。

此外,欧洲的高福利社会制度造成的低效率,在北欧最为严重。诺基亚作为北欧企业,自然也不例外。

(三)Apple模式的核心

Apple盈利模式的核心可以概括为:"高价的硬件+苹果网上商店"。前者带来巨额的硬件销售利润;而后者通过信用卡支付或直接从苹果网上商店付费下载电子书、软件、游戏、视频等数字化信息,从而获得持续的利润。

苹果的硬件销售利润丰厚。据英国《每日邮报》2011年11月12日报道,在苹果英国官网上标价499英镑(约合5085.09元人民币)的iPhone 4S,其成本价仅112.89英镑(约合1150元人民币)。

在Apple模式的产业链中,由于中国低价出让土地给富士康等代工企业,中国只是获得微薄的劳动力收入,却把苹果产品生产过程中的严重污染留给了中国。以苹果手机为例,参与生产零件的日本、德国和韩国分别能得到相当于批发价34%、17%和13%的分成,但负责组装的中国据称只能拿到3.6%的分成。在现行的贸易统计方式下,整部手机的178.96美元(约228.84新元)批发价却因中国是最后组装国,而都记在中国的出口账目上,导致"统计在中国、利润在外国"①的偏差。

此外,Apple封闭系统造成了基于技术的市场垄断。诺基亚、摩托罗拉、Google、微软的网上商店无法获取高额的垄断利润,因为Android(安卓)、Sym-

① 《现行统计方法造成我贸易顺差严重夸大》,《人民日报》2011年10月21日。

bian(塞班)、Windows Mobile 是开放系统。但是,封闭系统是双刃剑,当年 WPS 失败的深刻教训就在于 WPS 的排他策略。

(四)Apple 模式在中国没有根基

苹果相关软件在国外卖得好,是因为在美国一般游戏都卖得很贵。目前在美国由于严格的知识产权保护,一般电脑游戏每个需 40—50 美元,掌上游戏软件也需要 20—30 美元。现在苹果则是以每个仅需几美元来卖游戏,薄利多销,又没有盗版,销售额当然可以支撑开发商的投入。

国内严重的盗版问题已经让开发者和用户陷入双输的局面。国内用户没有付费习惯,再加上用户基础不大,让不少企业竹篮打水一场空。大量应用软件只要好用,很快就被破解。

此外,移动支付手段亦成商家的制约。

二、Apple 模式:给新闻出版业带来希望还是危机?

坦率地说,Apple 模式给新闻出版业带来的危机多于希望。

(一)Apple 模式加速纸质媒体的消亡

手机媒体的壮大,尤其是苹果模式的兴起,加速了纸质媒体的消亡速度。

有人认为,传统的纸质媒体有其自身的优势,如便于携带,直观性强,阅读方便。果真如此吗?这种观点忽略了一个重要的事实,即纸的信息存储的密度大大低于新媒体,新媒体体积小、容量大、存储密度极高;事实上,在信息量相同的情况下,新媒体远比纸质媒体更容易携带。一张重量只有几克的 DVD 光盘可以存储 4.7G 的信息,相当于 4.7×1024×1024×1024=5046586572.8 字节(Byte),即可以存储 2523293286 个汉字。若以一本书平均 20 万字计算,一张 DVD 光盘可以存储 12616 本图书。

在各类媒体的权威性、真实性上,我们需要具体对象具体分析。新媒体发布信息的迅速性与深刻性之间并没有必然的矛盾关系。只要存在利益驱动,无论是新媒体还是传统媒体,都可能发表假新闻。事实上,在一些突发与敏感事件的报道方面,新媒体比传统媒体具有更高的即时性、客观性与真实性,例如手机所拍摄的画面就具有很高的真实性、准确性。

有人认为,纸质媒体不需要专门的阅读工具,价格便宜、阅读成本低。但是,我们认为,在社会总成本方面,纸质媒体远不如新媒体经济。新媒体的传播省去了制版、印刷、装订、投递等工序,不仅省掉了印刷、发行的费用,而且避免了纸张的开支,使总的成本大大降低了。纸质媒体消耗了大量的森林资源,同时在纸张生产过程中也造成了严重污染。随着技术的发展,电脑、手机等数字技术产品的价格越来越低;而森林资源会越来越稀缺和珍贵,纸质媒体会越来越昂贵。

有人认为,人类对纸质媒体的依赖、依恋及其千百年来形成的线性阅读的习惯,不可能在一朝一夕就彻底改变。纸质媒体伴随着人们跨越了近两千年的风雨历程,人们已经习惯于它,并且对其充满了感情。实际上,感情与习惯是可以改变的。而且目前并没有科学权威的医学对比数据可以证明,纸质媒体对读者身体健康的负面影响小于新媒体。

新媒体的最大优势之一是信息存储密度极高、单位信息存储成本极低,因此,可以用极低的成本,迅速对数字信息进行大量的复制,作为备份,以防不测。而这是纸质媒体无法做到的。

有人认为,纸质媒体具有美感。笔者要问,难道新款的电子设备如 iPad、iPhone 不具有高科技、人性化的美感吗?

新媒体在不断进步与完善,其存在的不足也正在被迅速地逐一克服;相反,千年历史的纸质媒体已经没有技术飞跃的可能。新媒体的许多功能是纸质媒体永远不可能具备的,尤其是高速便捷的检索功能与知识聚类功能。

随着电脑的掌上化、第 3 代手机技术的普及,手机正在成为重要的新媒体,使得纸质媒体所具有的便携性等优势完全丧失,手机媒体加速埋葬了纸质媒体。

在美国,随着 iPhone、iPad、Kindle 等手持阅读终端的流行,纸质媒体破产的案例越来越多。美国《基督教科学箴言报》从 2009 年 4 月起开始停止出版纸质日报,这是美国主流大报中第一家完全以网络版代替纸媒的全国性报纸。2009 年 2 月 26 日,离 150 岁生日还有 55 天的科罗拉多州最负盛名的《洛基山新闻报》宣布关闭;3 月 16 日,具有 146 年历史的《西雅图邮报》决定停刊,以后只通过网络的形式发行电子报;密歇根市拥有 174 年历史的《安娜堡新闻报》也于 7 月出版其最后一期印刷版报纸。2010 年 9 月,美国最大的报纸《纽约时报》公司董事长亚瑟 · 苏兹伯格表示,《纽约时报》将停止推出印刷版,主要通过网络版来吸引读者和拓展收入来源。

(二)内容服务商弱势地位更为严峻

今后,传统媒体将逐步演化为提供各种新闻信息的内容服务商。但是,在新媒体的产业链中,技术巨头如苹果、渠道之王如亚马逊、移动运营商如中国移动,始终是市场的强者。作为内容服务商的传统媒体始终是弱势群体。

以目前流行的彩信报为例,目前通行的做法是彩信报用户每月通过交通信费的方式缴纳 3 元钱,但是作为提供新闻内容的报社一般只能拿到 1 元钱。

Apple 模式进一步掠夺传统新闻出版业日益微薄的利润,从而使得传统媒体及内容服务商的弱势地位更为严峻。在美国,Apple 公司要拿走报社30%的利润。

2011 年 2 月 16 日,苹果推出订阅功能,就像 App Store 里其他应用程序一样,苹果将收取 30%的费用。美国时代公司因无法接受苹果 30%的分成,刚推出的《Sports Illustrated》网络版没有包含 iPad 版或 iPhone 版。这 30%的提成无疑提高了媒体付费模式的风险并加大了成本,媒体不堪压力会将其中一部分转嫁给读者,使得本来就不愿付费的读者更快地逃离。

国内受众有长时间的网络免费使用习惯;普通受众的支付意愿低,对收费存在抵触情绪;媒体本身内容同质化程度高,付费内容与免费之间的可替代性高,受众当然会选择免费;版权保护意识淡薄,盗版、转载是常态,“免费是理所当然的”思维模式相当普及,所以潜在用户较难转化为忠实用户;新闻业界保持公正、客观的职业素养和从业理念尚待加强,且资本实力抵抗不过苹果等巨头,所以可能会因实际利益而被资本操控。

(三)Apple 是出版社吗?

Apple 公司目前不仅已经是市值最高的电脑巨头,而且事实上也成为全球最大的电子出版社。

电子图书由于可以节约印刷和发行成本,而且不需要考虑头疼的印刷数量问题,所以具有成本优势。一般作者将书稿给传统的出版社,作者的版税为7%—10%;而将书稿给 Apple 公司,作者能够获得付费下载收入的 1/3。

在美国,一些为商业化写作的畅销书作家,已经开始直接将书稿给Apple、Amazon 等公司,以便他们直接将书稿制作成可在苹果网上商店下载的电子图书,或制作成 Kindle 格式,供 Amazon Kindle 阅读器阅读。在国内,也有畅销书作家直接将书稿给中国移动手机出版基地的苗头。

(四)Apple 模式挑战中国新媒体管理政策

中国是一个新媒体管理严格的国家,但是,新媒体是没有国界的。Apple 并未获得任何中国政府部门的许可或审批就向中国用户销售游戏、软件、电子图书。Apple 模式直接挑战了中国政府对新媒体的管理体系。

总之,Apple 模式给新闻出版业带来的诸多挑战,需要我们及时采取策略应对。

小世界网络下舆情传播的从众效应

刘锦德　王国平

随着互联网和Web2.0技术的迅猛发展，网络媒体作为信息发布和传播的载体对舆情传播的影响越来越大，已被公认为是继报纸、广播、电视之后的“第四媒体”。据CNNIC测算，截至2014年底，中国网民数量达到6.49亿，手机网民数量达到5.57亿①，微博、新闻评论、微信、BBS、聚合新闻（RSS）和博客等成为网络舆情信息的重要来源。庞大的网民群体尤其是移动网民群体推动了海量信息在网络上的传播，在这个过程中信息很容易变样，很多报道信息在传播过程中被别有用心的人恶意篡改甚至雇佣“网络水军”将其歪曲，最后变成负能量在网络上传播，严重影响社会的稳定。面对此类情况，重视并加强舆情传播，特别是对以互联网为代表的新兴媒体的网络舆情传播的维护引导，具有非常重要的作用。本文研究网络舆情在新兴媒体中的传播及性质规律等，具有一定的理论价值和现实意义。

传统的网络舆情研究偏重于定性分析，从构建模型出发、定量模拟网络舆情演化规律的研究较少。现阶段，网络舆情传播研究主要有两个方面，一个方面是网络结构。网民作为节点，通过人际关系连接组成一个错综复杂的网络结构，网络结构是舆情传播的载体，对舆情传播过程有重要影响。传统的研究用随机图和规则网络来刻画人际关系网，而事实上传统的解析数学模型很难将这种舆情传播及形成的典型复杂系统研究透彻，而人与人之间的关系用规则网络研究又显得过于简单。通过研究发现，大多数实际情况下的复杂网络处于完全规则和完全随机这两个极端之间，既具有类似规则网络的较大集聚系数，又具有类似随机网络的较小平均路径长度，这就是小世界网络，如人际

---

① 第35次《中国互联网络发展状况统计报告》，2015年2月3日发布。

关系网络中的“六度分离”①就是小世界网络的经典例子。1998年，Watts和Strogatz提出了一种小世界网络模型（简称“WS模型”），通过对规则网络实施“重连”或“添加长程连线”实现对某些节点之间的长程连接，构造出的网络模型可以反映现实世界的人际关系网络。在研究网络舆情的传播中，刘常昱等以小世界模型为基础构建人际关系网络拓扑，对我国某特定地区舆情传播进行了模拟分析。唐晓波等在微博舆情的分析中引入了复杂网络的共词网络分析和思想方法，并在这基础上设计了基于网络可视化的微博舆情分析模型。金鑫等以新浪微博为例分析了微博社会网络的无尺度特性、小世界特征以及微博舆情的传播机制。周辉从流言传播网络的拓扑结构角度对预测和控制流言传播策略问题进行了研究，这一研究表明：采用小世界网络模型来研究流言传播过程中的动力学行为，进而对其进行预测和实施控制，具有潜在应用价值。L.L.Jiang等基于定向小世界网络研究了自我肯定效应对舆情传播的影响，结果表明长程连接对舆情传播影响显著，随着长程连接密度的增加，观点由连续区域变成一片片间断的区域。

舆情传播研究的另一个主要方面是网民的行为分析。现实中，网络舆情传播过程中普遍存在“羊群效应”，也就是说，在舆情的演化过程中会出现观点收敛的情况，即所有人的观点达到统一。穆卫东等提出要警惕新闻转载中的羊群效应，跟风易导致盲从，而盲从的结果一般会掉进陷阱或遭到失败。韩少春等和陈福集等研究了舆情传播的羊群效应，但他们没有对羊群效应产生的原因进行深入的分析。实际上羊群效应产生的一个重要原因是网络群体的从众行为，从众行为的产生主要由个体信息的不完全导致，群体信息的优势促使个体的从众行为。Bikhchandani依据信息瀑布理论认为个体在进行决策时的最优策略是完全跟随他人而忽略了自己的信息，此时便会产生从众行为。赵玲等对微博用户的行为进行分析发现，从众行为的发生与个体信息可信度、公共信息可信度和群体态度等有着明显关系。网络舆情的传播速度非常快，网民往往在了解真相之前就被众多信息包围，因而在短时间内做出的判断跟周围群体的观点有很大关系，在进行观点的选择时会跟大流走，就像跟在“羊

① “六度分离”理论由美国社会心理学家斯坦利·米尔格伦（Stanley Milgram）于1967年提出。

群”后面的一只“羊”。从众行为理论已经在消费者行为、股票市场、行为决策等领域得到广泛应用，而在网络舆情传播中的研究应用相对较少。研究网民群体的从众特性能为我们理解舆情传播的内在机理提供一定借鉴，为分析舆情传播羊群效应提供理论支持。

人们对网络舆情传播理论与方法的研究还存在不足之处：传统的网络舆情的研究主要基于门户网站特别是大型门户网站在网络新闻的传播中占主导地位，随着自媒体时代的到来，以微博、微信、社交网站等为主的新兴网络媒体日益改变人们阅读的方式，网民通过这些网络媒体能很容易发布自己亲眼所见、亲耳所闻的事件，从而成为网络舆情的传播者甚至是创造者。另外在网络舆情传播研究中，专门研究群体从众行为的也相对较少，因此本文基于社会心理学中的群体压力理论，在小世界网络上构建舆情传播模型，利用数值仿真模拟网络观点（1 和 0）的演化规律。

一、从众特性和群体规模的影响

个体从众特性是指个体在进行决策时不是依据最优收益选择最佳策略，而是采取跟随大众的策略，从众行为可以省去个体的分析成本，从而达到有效决策，但从众行为也可能产生错误。从众行为在生活中普遍存在，尤其是网络舆情的传播中，如 2011 年日本地震导致的核泄漏在我国引发了食盐抢购事件，由于网民无法判断网络上舆论的真假，只能跟随大众，从而引发食盐抢购潮。在微观经济学中，从众行为会影响需求和偏好之间的关系，比如从众消费者对商品的偏好随着商品销量的增加而增加，而随着消费者偏好的增加，商品的需求也会增加，因此从众消费者会影响传统供求关系中所阐述的消费者只会按照价格和偏好进行购买决策的分析。特别是在金融证券市场，从众效应会让一只股票在极短时间内上涨到一个不合理的价位。

个体与个体间存在相互影响，但个体产生的影响作用是不同的，有可能是非间接、面对面的一个过程，也有可能非常的微小以至难以察觉。从众行为主要是发生在群体之间，在群体里个体通过频繁发生观点交互，彼此产生影响，而群体压力是指群体中多数个体的共同观点会对持有其他观点的个体产生的影响，因此个体在面对群体压力时易产生从众行为。从 Asch 的经典从众实验可以发现：约 32%的个体会被一个带有错误观点的群体所影响，即便其给出的观点有明显错误的情况下。同时,我们可以从 Milgram 及其共同研究者的实验中得出以下的事实:假设某人驻足于曼哈顿大街,并且目不转睛地盯着六楼的某扇窗户看,接下来就会有大约 20%的过路人也会随同往上看;如果更多的人进行这样的动作,将会有更多的人受此影响抬头往上看,如当人数为 5 个时,有近 80%的人会停下来往上看。图 1 的曲线就是根据 Milgram 的实验结果而绘制的。

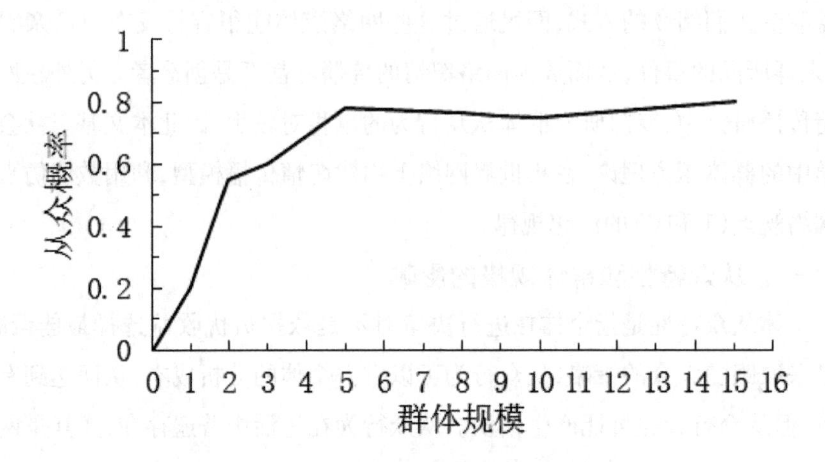

图 1　从众人群比例与群体规模关系曲线

二、个体观点演进规则

个体需要选择自己的观点或行为,而网络上个体不是独立的,个体观点的选择受周围群体的影响,同时也会影响他人观点的形成。这里我们对 Milgram 的实验结果做出以下简化:

$$y = \begin{cases} 1.6x, & x < 0.5 \\ 0.8x, & x \geqslant 0.5 \end{cases} \tag{1}$$

在上面的方程式(1)中,参数 x 代表的是持有某一特定观点的群体占总群体的比例,而 y 表示的是个体接受大众观点的概率。每一个个体在初始阶段都有初始观点(1 或 0),在舆情传播过程中通过与其邻居进行观点交互,进行观点演进。在这种情况下,个体有可能保持自己的观点,但是也有其他的可能。有可能会产生两种观点的转变,也就是正观点向负观点,或者是负观点向正观点转变。下面的公式(2)表示的就是个体观点变化的概率：

$$P_{(1\to0)}=\frac{P_{(0)}}{P_{(1)}+P_{(0)}} \tag{2}$$

$$P_{(0\to1)}=\frac{P_{(1)}}{P_{(1)}+P_{(0)}} \tag{3}$$

公式(2)体现了正观点向负观点转变的概率，而在公式(3)当中，则体现了负观点向正观点转变的概率。$P_{(0)}$ 代表的是负观点个体从众的概率，$P_{(1)}$ 代表的是在正观点条件下个体的从众概率，通过公式(2)和公式(3)的演算，可推出公式(4)：

$$P_{(0\to1)}+P_{(1\to0)}=1 \tag{4}$$

在这个公式里面，个体改变或采取相反观点的概率与保持自己观点的概率总和是100%。举个具有正观点个体的情况来说，$P_{(0\to1)}$ 是保持个体观点不变的概率，$P_{(1\to0)}$ 是个体改变自己观点的概率。此外，利用大多数网络群体的从众特性，某些非法个体借助“网络水军”给舆论造势，引导舆论走向，从而达到控制舆论的目的。“网络水军”是指受网络公关公司雇佣的，专门为一些特定的帖子回帖造势并获得相应报酬的网络人员，例如著名的“秦火火”。2013年8月19日，涉嫌非法经营和寻衅滋事罪的“秦火火”被北京警方拘留，“秦火火”当时是北京某公司在沈阳分公司社区部的副总监，主要负责的是网络推广等工作，他借“7·23”动车事故恶意编造、散发谣言称中国政府花2亿元天价赔偿外籍旅客，这则谣言一发出，即在2个小时内被转发了1.2万次，引发了网民对政府极其消极的情绪，另外“秦火火”还编造了一系列的谣言，如污蔑雷锋这一模范道德形象，编造全国残联主席张海迪拥有日本国籍身份，甚至将著名军事专家、资深媒体记者、社会名人和一些普通群众作为攻击对象，无中生有编造故事，恶意造谣抹黑中伤等等。本文认为“网络水军”是一群个体观点始终不变且异常活跃的特殊群体，本文假定其在整个网络群体中的比例为 ρ，在研究网络群体从众特性时需考虑其对网络舆情传播的影响。

三、小世界网络的构建

传播理论认为，社会是由一个大的人际关系网组成的，人是该网络的节点，人与人之间的人际关系是该网络的连接或边，社会舆论在人际关系网络中传播。传统研究先后用规则网络与随机网络来刻画人际关系网,但随着研究的深入,研究者发现规则网络和随机网络在刻画人际关系网时存在很大误差,事实上,人际关系网络既不是完全规则的,也不是完全随机的,而是"小世界"网络。小世界网络最早由 Watts 和 Strogatz 提出,他们研究发现,人类社会网络一般具有较大的聚集系数,同时又有较小的平均距离,这种网络集合了规则网络和随机网络各自的特性,因此他们在规则网络和随机网络基础上提出了小世界网络。本文基于 Watts 和 Strogatz 提出的小世界网络对舆情传播进行仿真分析,步骤如下:

步骤 1,构造个体规模为 n 的网络,每个节点的度为 k ,个体观点为 x 。

步骤 2,以概率 p 断开规则网络中的边,并随机选择新的端点重新连接,排除自环和重连边,从而形成小世界网络。

步骤 3,对个体 I ,将其所有相邻(即彼此之间有边连接的)节点通过一定的变换看作一个整体 J ,然后将 I 与 J 进行观点交换,根据公式(2)和公式(3)将个体观点更新。

步骤 4,重复步骤 2 到步骤 4 直至达到预先设定的最大时间步 t 。

基本参数设定为:群体规模 $n=1000$,每个节点的度 $k=4$,重连概率 $p=0.1$。值得注意的是:当 $p=0$ 时,形成的是规则网络,而当 p 逐渐增大时,网络结构的随机性增加,小世界现象越来越不明显。

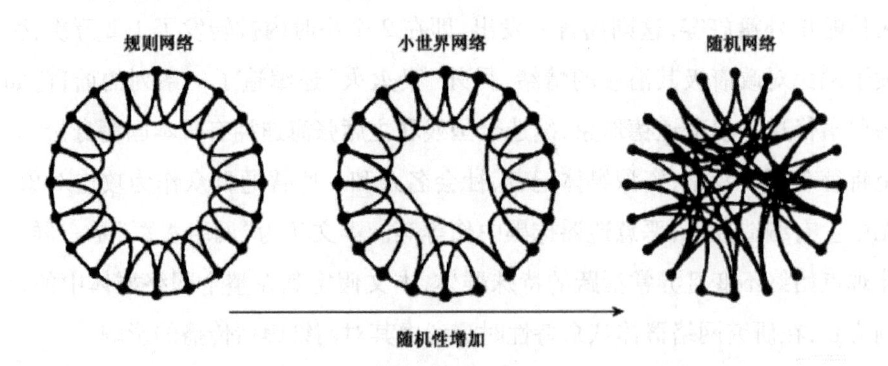

图 2　由规则网络变化到随机网络

从图 2 可以看出,小世界网络这种网络形式并不局限于规则网络和随机网络上,这种网络形式既存在较大的集聚系数,也有较小的平均距离,综合这两种不同的特性即为小世界效应。小世界网络就如同我们现实生活中的人际关系网络一样,我们的人际关系都是以邻居、学校、工作岗位为中心扩散,但是也不局限于这些人,我们可能也会有少数朋友在外地或者是在国外,WS 模型中的长程连接就是指的这么一种关系。因其良好的结构特性,小世界网络被广泛应用于模拟人际关系网络的研究中,本文利用 WS 模型构建具有小世界网络特性的舆情传播网络,在此基础上分析网络舆情的传播规律。

四、仿真分析

本文运用 Matlab 进行仿真分析,个体数为 100,初始观点均匀随机分布,假定“网络水军”的观点为 1,始终不变,舆情网络结构为小世界网络,仿真次数超过 100 次,并对结果取平均值。只要很小的“网络水军”比例就能带动整个舆论的走向,可见网民的从众行为具有很强的联动效应,这跟小世界网络的长程连接有关系,长程连接能影响距离较远的个体之间观点交互,促进了观点的传播速度与范围,从而加速了羊群效应的产生。因此,整治“网络水军”是净化网络环境、营造和谐的网络文化迫切需要解决的问题。

进一步分析初始状态观点分布对网络舆情传播的影响,对舆情产生初期持有观点 1 和 0 的个体数量比设定了九种情形:从 9/1 到 1/9,如 9/1 表示舆情产生初期持有观点 1 的个体数量是持有观点 0 的个体数量的 9 倍,并对不同情形进行仿真分析。

要研究非同性的初始化情况下的舆情演变特性,就要先对舆情差别值 m 下定义,这里的 m 表示的是在所有的演变群体中,正负观点群体规模的差别。下面的公式(5)给出了 m 的具体演算:

$$m = \frac{1}{L \times L} \sum_{i=1}^{L \times L} S_i \tag{5}$$

以 $p9n2$ 来说,它表示的就是初始状态下,群体值是 9/2。在这个舆情的模式里,很难出现整体被一种观点完全占据的情况,在所有的初始状态中最后都会达到差不多 0—1 观点相平衡的状态,在这种状况下,m 的取值为 0.5,但是群体不间断交互会造成一定的波动。

“网络水军”为了达到左右网络舆情的目的,通过不停刷帖、跟帖使大部分不明真相的网民跟随他们的观点。为了防止“网络水军”带来的不良影响，引导网民向正确的舆论方向演进，有两种治理措施：嵌入型和强制型。嵌入型治理措施强调对舆论观点的引导，主要表现为政府权威部门或主流媒体及时发布正确事实，消除不良报道，与“网络水军”正面拉锯。强制型治理措施除了对舆论观点的引导，更强调对不实报道来源的整治，主要体现为整治“网络水军”，如封杀IP、实行严格的发帖审核制度、删除散播不良信息的帖子等。通过嵌入型治理策略可以在一定程度上引导网民观点向正确的方向演进，但是并不能完全抵消“网络水军”带来的不良影响，当固定观点为0的比例与水军比例相同时，观点会呈现0—1共存的局面，也就是说引导方与“网络水军”进入拉锯战，谁也不能左右舆论的演进方向。但强制型治理策略带来的治理效果更显著，在较小的治理强度下即可实现引导舆论走向的目的。封杀水军IP、删除散播不良信息的帖子等方法能有效地从源头上杜绝不良信息的产生，加之政府与权威媒体的合理引导，能够帮助普通民众快速了解事实真相，从而营造良好的网络环境。

本文基于网民在网络舆情传播过程中普遍存在的从众行为特性，借鉴经典心理学从众理论，构建个体在群体压力下的从众模型，研究了人群的从众特性对网络舆情传播的影响，研究结果表明，当没有外部影响时，无论初始观点如何分布，都能达到0—1观点相平衡的状态，但“网络水军”能打破这种均衡，影响网络舆情的最终走向。因此，要治理“网络水军”及防止其不良影响可采取以下具体做法：一是堵塞不良信息传播渠道。鉴于某些非法个体借助“网络水军”来引导舆论、控制舆论，管理者可通过一系列专项治理行动来深入整治网络秩序、净化网络空间。二是重视与网络媒体交流互动。政府具体职能部门可与网络主流媒体多进行交流，通过与网络主流媒体的互动来建立网络主流声音，这样能更好地将网络“虚拟社会”的话语权掌握在自己手中，也利于更好应对网络舆情传播中的各种危机事件。三是加强意见领袖管理。网络群体的从众特性说明意见领袖观点的选择对舆情走向有重要的影响，因此既要发挥意见领袖在网络舆情传播中的引导作用，又要避免他们出现偏激、不当的言论。

大数据时代对灾难性新闻报道的分析探索

穆　潇

大数据的快速发展，正在影响着社会生活的诸多方面。在IT、医疗、保险、百货商店购物等领域，大数据正被广泛运用。大数据时代的到来，对于日新月异的新闻界来说也是一场巨大而深刻的变革。舍恩伯格认为："大数据的核心就是预测"。在灾难性新闻中，媒体应该及时获得有关灾情的准确数据，通过各种传播渠道和方式传递给受众，发挥好预防警示的作用。

一、何谓灾难性报道

所谓灾难性报道，是指对人类带来灾难的事件的报道。灾难，是指由于瞬间爆发的、不可控制和难以预料的破坏性因素引起的，突然地超越本地区防灾力量所能解决的，大量人畜伤亡和物质财富毁损的现象。灾难性事件一般包括自然性灾难事件和社会性灾难事件两类，它们给人类社会带来了巨大的灾难，新闻媒体应该提高灾难报道的精确度，并根据以往事实和最近变化着的事实对未来事件的走向进行合理的预测性判断。

二、大数据时代给灾难性新闻报道带来新视角

(一)大数据分析，为灾难性报道提高精确度

在大数据背景下，除了对海量数据的及时汇集与更新，还需要对事件与事件之间的相关性进行分析，得出预测结果，提高灾难性报道的精确度。2015年6月1日，一艘名为"东方之星"的载有456名乘客的客轮突遇龙卷风，在湖北省监利县大马洲水道内倾覆，造成442人遇难。事件发生后，受众渴望在第一时间了解事件的真相。对此，多家报纸利用数据图解的方式进行报道。《南方都市报》以长江航线图串联起各个相关时间点。5月28日，"东方之星"从南京出发，航线图的起点旁边，罗列出客船信息与乘客信息，正是这456名乘客从南京出发游览长江。6月1日晚，客船到达湖北省监利县大马洲水

道，突遇龙卷风翻沉，距离目的地重庆的这段距离在地图上被用虚线标记。

大数据等技术流手段的应用提高了灾难性新闻报道的准确性和科学性，满足了受众的基本信息需求。

（二）大数据技术，为深度预测提供技术支撑

迈克尔苏德森指出："在大数据与信息过剩的风险社会，真正有价值的新闻，应当是基于数据分析得出的预计明天将有暴风雨式的对公众的忠告指南和通知预警。"2014 年 12 月 31 日 23 时 35 分，上海黄浦区外滩陈毅广场发生踩踏事件，造成重大人员伤亡和严重后果。如果黄浦区政府相关部门或者新闻媒体能够提前运用大数据进行预测告知和报道，本可以避免此类事件发生。因为媒体可以根据大数据，提前报道哪个区域，哪个时间段，有多少人前往陈毅广场，及时监测人流量，对踩踏事故进行预测。而对于灯光秀地点的变更，不管是官方媒体还是大众媒体都应及时参与报道和告知群众，避免群众遇到突发事件时的惊慌失措。灾难性新闻考验了媒体应对突发事件的能力。大数据下的记者，应该具有数据运算和挖掘的基本能力，预测事件的发展趋势，并及时作出反应，扮演好社会瞭望者的角色。为了悲剧不再重演，引入大数据分析等前沿技术，提升对人流系统的控制将不可或缺。

（三）大数据运用，为灾难性报道提供新方式

丰富多样的可视化新闻呈现方式，往往能够给受众以直观真实的视觉效果，更快速地定位到自己所需要的信息。2014 年 3 月，美国华盛顿州发生了一场致使 43 人丧生的泥石流。《西雅图时报》团队运用数字化技术，探讨了此次泥石流是否能够避免。记者从本地数据库、州立数据库、联邦数据库中，搜集了 1887—2014 年这一百多年间，OSO 地区的卫星图，展现了泥石流发生地的地形变迁、周围植被变迁等。

此外还运用交互式地图的形式，图解 2006 年、2014 年两次泥石流发生时，沿线的 530 号公路的情况。受众可通过左右滑动，看到 2014 年那场泥石流过后，530 号公路被拦腰截断的场景。通过震撼、有视觉冲击力的对比图，加上一百多年来该地区砍伐树木、建造房屋的事实资料，人们心中自然能够判断造成这场事故的真正原因。

（四）大数据技术，影响新闻生产的核心环节

在大数据及相关技术的影响下，过去只有受过专业训练的人才能承担的新闻报道工作，开始部分地转移到了计算机身上。2014 年 7 月，美国加利福尼亚州发生了里氏 4.4 级的地震，3 分钟后，《洛杉矶时报》发出消息，这篇消息的作者是一个名为“Quakebot”的机器人。它的设计者——《洛杉矶时报》的记者兼程序员 Ken Schwencke 设计了一套新闻自动生成系统，Quakebot 在地震发生后，将从地质勘探局获得的数据输入模板并提交至采编系统，Ken Schwencke 大致审阅后，按下“出版”命令，一篇消息就创作出来了。“机器人记者”的出现，可以弥补传统记者应对灾难性新闻的不足，能够做到数据和分析的准确和快速。机器人记者的出现，对新闻业产生了深刻而长远的影响。

1. 新闻作品的内容生产环节

在社会化媒体、物联网以及计算机技术的共同作用下，新闻作品的内容生产环节可能会发生一些变化。财经、气象、地质、体育、健康等领域的常规稿件写作，可能会由“机器人记者”和传统记者协作完成。记者主要通过基于算法的内容管理系统进行审核把关和稿件推荐。

2. 新闻记者的现场采访环节

传统记者获取新闻来源的主要方式是调查采访，大数据时代的记者不一定在新闻现场，可以通过各种数据采集和分析工具去挖掘社会文本“碎片”中的具有新闻价值的信息。这意味着，传统新闻记者现场采访的重要性可能有所降低。

三、大数据时代传媒人的反思

大数据具有 4V 特点，即 Volume（数据量大）、Variety（数据类型多）、Velocity（处理速度快）、Value（价值密度低）。大数据的多样性、隐秘性更是增添了传媒生态环境的复杂性。传媒业遇到了前所未有的挑战和机遇。

（一）进行数据运算，提高预测能力

对于灾难新闻的报道，体现了媒体应对突发事件的能力。大数据下的记者，应该具有数据挖掘、筛选、运算、分析的基本能力，深度挖掘新闻事实，提高预测的准确性，并及时作出反应。大数据下的记者，不应该满足于只做受众的传声筒，而应该打破新闻现场的一般概念挖掘新闻，“哪里能够发现突破性的

信息,哪里就是新闻现场”。

(二)避免单独转战,发挥团队协作能力

大数据时代,单独一个记者难以获得全面的数据资源,需要团队其他成员的配合。一则优秀的数据新闻作品需要具有新闻敏感性的文字记者、具有创新思维的设计师和具有编程能力的“程序员”合作完成。2014 年,财新传媒数据可视化实验室受到极大关注。其所制作的数据新闻《青岛中石化管道爆炸事故》获得亚洲出版业协会卓越新闻奖。这是中国新闻史上第一次程序员获得新闻奖。

(三)利用大数据,做好新闻信息的公共服务

大数据时代的记者,需要通过数据挖掘从宏观层面把握事物发展的规律、动态和趋势,为公众提供令人信服的新闻信息服务。2014 年 4 月,央视与百度联合发布了“五一黄金周旅游景点的舒适度预测”,预测哪些地区拥挤,哪些线路热门,哪些地区人少而舒适。央视还在新闻中告诉大家,如果目的地是拥挤的景区,应如何运用百度预测进行路线调整等。观众在选择线路时,可以尽量规避这些热门线路以及高峰时段,缓解出游压力。媒体在报道中需要增加更多人性化元素,做好新闻信息的公共服务。

(四)大数据时代,需做好人才培养工作

大数据时代,越来越多的报道将依赖于对大数据的挖掘与分析。不仅需要对已经形成数据进行分析解读,还需要提出选题方向和数据采集处理的方案。无论是对于只习惯文字、图像等思维的传统新闻人,还是只习惯于数据思维的技术工程师,这都会是新的挑战。进行跨学科的人才培养,是未来的必然,如在高等院校、科研院所、国际知名企业建立大数据人才培养体系。媒体人要树立大数据思维,积极学习最新技术,努力在数据新闻方面有所突破。

大数据技术为灾难性新闻报道提供了一定的发展机遇,但数据误差不可避免,这需要我们不断对数据进行核实。一些与大数据时代相融合的报道团队、数学模型尚未发展成熟,这些短板,需要媒介机构在实践过程中逐步完善,提升媒体的公信力和价值。

网络环境下媒体融合价值创新的迁移与演进

——以台网协作电视互动入口为例

林起劲　曾会明

一、媒体入口的含义及其价值决定因素

（一）入口的含义

从传播学角度看，媒体包括“内容”和“媒介”渠道两者。因此从商业角度看，媒体具备两种显性价值。第一种显性价值是内容本身的价值。这来源于内容本身的吸引力，也可能来源于电视媒体作为官方喉舌的权威性与公信力（在国内传统媒体尤其如此）。第二种显性价值，就是媒体“信息入口”的价值。[①] “信息入口”或“入口”价值的本质，是将众多用户的潜在需求与能够满足相关需求的供方联系起来，并落地展现，甚至固化为用户习惯的能力。

但在过去很长的时间里，这两种价值没有被区分开来，特别是后者的价值未被充分重视。这是因为，在传统媒体范畴，媒介渠道与内容紧密捆绑的程度，就像自来水和自来水管、燃气和燃气管道一样，让人们在潜意识里把两者作为一体了。在这种潜意识背景下，人们进一步形成了各种习惯。就电视服务而言，在这种潜意识状态下，人们形成了各种消费习惯，例如：在傍晚 19:00 收看《新闻联播》；在饭后的黄金时段看一些精彩的电视剧或综艺节目；在 CCTV-5 频道看体育节目；在 CCTV-6 频道看一些经典电影老片。

从本质上说，用户各种固化的消费习惯就是媒体的“入口”。例如，新闻频道成为观看新闻节目的入口，体育频道成为观看体育节目的入口，电视剧频

① 林起劲：《小言移动新媒体（中）：移动媒体的价值》，中广互联网站，见 http://www.tvoao.com/a/170601.aspx，2014 年 9 月 23 日。

道成为观看电视剧的入口,《焦点访谈》栏目成为人们了解和交流重要时政事件的入口。

(二)电视入口价值的决定因素

前述的大众电视消费习惯或入口,是在内容和媒介深度捆绑的情况下形成的。但认真地考察媒体服务与媒体消费的整个过程,实际上包含以下三个价值环节。

第一,内容(书稿、歌曲、电视节目)的生产,包括源内容的创作与源内容的产品化(印刷成书、制作成 CD 光盘、录制成节目并编排到频道之中)。内容的生产属于传统媒体机构的显性工作,大部分媒体机构最核心的部门就是进行内容生产的采编团队。

第二,通过各种媒介渠道网络将内容分发,例如,报纸杂志这些平面媒体可以通过邮政网络分发下去;电视节目通过有线电视网络、地面电视网络、卫星电视网络发送到机顶盒或电视机终端;电影通过院线网络系统分发到影院。

第三,在各种终端将内容展现出来,如电视机、CD 播放机将电视节目或歌曲播放出来。

区分上述三个价值环节之后,可以发现,电视媒体入口的形成实际上是由以下因素决定的。

第一,电视节目内容的产品化,也就是经过编排后的完整频道和栏目。经过编排之后,人们就知道某个频道会在具体某个时间会播放何种类型的节目,这是一种隐形但对于人们消费习惯的引导效应非常显著的入口。

品牌栏目的入口效应非常明显:同一个事件同样的电视镜头,在《新闻联播》栏目播出产生的效应,与在 CCTV-13 频道播出产生的效应是完全不一样的;这与《新闻联播》栏目所具有的品牌效应和仪式感是紧密相连的。或者说,《新闻联播》就是一个典型的时政信息获取与交流的入口。同样,《春节联欢晚会》则是一个典型的节日娱乐服务入口。

电视台具有丰富的和高品质的节目提供能力,以及节目(和广告)的有效编排(如线性化频道编排)能力,本文将它命名为“内容入口价值”。

必须指出,传统电视媒体经过数十年的发展,其对用户习惯的引导和固化取得很大的成功(例如黄金时间段、周末剧场、周末赛事等设计)。这种固化的习惯与电视台在节目编排的专业性相关,对广告投放机构而言也非常的简约和高效(广告商对特定频道特定时间段能够形成某些受众预期)。

更重要的是,作为一个时时刻刻、对每家每户都提供的普遍性服务,以及权威性和公正性广受认可的情况下,电视机已成为一种贯穿家庭成员媒体生活与日常交流的核心背景之一。也就是说,电视屏幕不仅代表着人们对电视媒体的消费习惯,还具备深刻的群体仪式感,而且与家庭成员日常交流及伦理行为深刻结合,这使得上述内容入口具备更深的价值。

第二,电视网络的节目传递能力和受众覆盖能力。就技术而言,相对于地面电视网络,有线电视网络的传输稳定性、频道传输数量都有显著优势。另外,相对于模拟电视系统,数字电视系统的传输能力和稳定性也有显著优势。在我国,截至 2016 年年底,有线电视网络拥有了大约 2. 5 亿家庭用户;其中有线数字电视用户大约 2. 1 亿户。

电视网络在形成广泛覆盖之后,网络运营商再通过有效的营销和优质的服务将其覆盖能力转化为渗透能力。另外,电视网络的覆盖能力还体现在对特定人群的接触能力上。例如,分众传媒楼宇电视(广告)系统的核心价值在于,其液晶屏幕覆盖了大量中高端写字楼宇,从而能够接触到高消费能力的中高端白领。

第三,终端的承载与展现能力。同样的节目在黑白电视机、彩色电视机、高清彩电等不同类型终端的展现效果显然是不一样的。因此,终端实际上具备自身独有的价值。

区分了三类价值之后,可以发现:相对于内容与节目的生产,网络与终端更容易受到技术创新的影响;特别是在"内容"与"媒介"分离时,媒体入口价值迁移就大规模发生了。

二、电视入口的价值迁移

(一)电视内容入口的价值迁移

在新媒体兴起之前,电视终端机、电视网络与电视台是"三位一体"的捆绑关系。但从 20 世纪末开始,在芯片技术、宽带网络和智能终端以及风险资本的推动下,节目、网络与终端的捆绑关系发生了分离,新媒体获得快速发展,上述入口价值的三方面因素发生了显著的变化。

最显著的是，以互联网视频公司为代表的新媒体机构依靠云计算、CDN等新型平台建立了高效的在线播放平台，并大量购买影视节目版权。依靠海量视频内容和便利的流媒体点播服务能力，以及不断提升的宽带网络环境，视频网站聚集了大量用户注意力。尤其是视频网站在电影、电视剧这两种版权内容的丰裕性大大超出电视台。视频网站在电视剧的更新速度满足了很多“追剧一族”的观阅需求。视频网站首先分流了电视台的“内容入口价值”。

上述情况将逐步分流电视媒体的广告价值。当然，这一分流的进程还受到以下两个因素的制约。第一，经过多年的发展，传统电视媒体与广告机构形成了稳定的合作关系及利益关系；新的广告对这一关系的冲击和瓦解尚待时日。第二，在电视台的权威性、公正性广受认可的情况下，上述线性电视媒体节目附带的集体仪式感还会发挥一定的作用。特别对于品牌性综艺节目来说，用户第一时间观看“直播”综艺节目所获得的“快乐”或“意义”显然要高于之后通过互联网观看获得的体验。也就是说，强势频道特别是强势栏目本身所创造的品牌影响力很难被新媒体业态削弱。即使是电视剧，经由一家电视台首播能形成的短期效应（短期内带动的人气和话题效应等）常常要超过单个视频网站播放所能形成的短期效应。当然，互联网媒体具有很好的长尾效应；并且，互联网媒体在协同推广的情况下，也可能带来显著的短期效应。

与上述内容价值分流同时出现的是：用户可以从传统收视渠道（电视网络）之外，在电视机之外的终端上收看视频节目；也就是说，传统上“三位一体”的捆绑关系遭遇严重的解体。对传统电视网络运营商来说，由于电视节目从宽带互联网分发下去，使其原有的网络覆盖价值也被大大分流。在终端方面，从三屏竞争的角度看，PC终端、移动智能终端在一定程度上也分流了电视机的终端支撑价值。

（二）新型入口的出现

传统媒体[①]对于“信息入口”价值的衡量主要体现在线性节目编排、规模性覆盖（收视率）和画质展现方面。而在双向互动特别是互联网时代，上述入

① 如果不考虑无限的内容展现能力，实际上Web1.0形态的互联网网站在很大程度上也属于传统媒体范畴。

口价值则出现了如下演进。

搜索服务。在互联网领域用户面对的是海量的信息和内容,在解决这一问题过程中,首先发展出搜索这种服务。在数据库等技术的支持下,搜索服务将供需双方的匹配能力大大提高。搜索作为一种技术含量非常高的应用,在视频服务领域同样非常关键。

智能推荐及智能 EPG(电子节目指南)。与传统电视媒体播出平台的线性组织形式相比,网络视频在内容组织方面除了搜索服务,还发展出智能推荐及智能 EPG 系统。前者是根据用户当前播放的内容以及通过大数据对用户行为习惯的分析,推荐关联性节目内容,后者则可以根据用户个人收视喜好设定个性化的 EPG 界面。这些应用在互动操作相对复杂的情况下,通过大数据分析实现一定程度的智能化。

智能终端 APP。在视频终端展现方面,原先的终端是采取“硬件核心功能+简约软件服务”的模式。而从 PC 端开始,为了加强用户黏性和提升用户体验,软件客户端开始得到广泛应用。特别是在移动互联领域,APP 客户端成为在线视频服务的主流形式;在互联网电视(以及微型投影仪这类)领域,客户端基本成为唯一的服务形式。在新型智能终端领域,播放功能只是这些软件系统的基本服务,而搜索服务、智能推荐、智能 EPG、个人收看记录、在线支付系统等服务被集成到这些 APP 之中,成为在线视频服务必不可少的“入口”。①

搜索服务、智能推荐及智能 EPG 的出现,都推动了用户收视习惯的迁移,用户更倾向主动式内容发现而非接受既有的服务。这种消费习惯的扩散对传统电视台过去数十年固化下来的线性节目入口造成巨大的冲击。这一情况,与音像出版机构的遭遇有类似之处。早期的音乐爱好者是通过音像出版机构的卡式磁带和 CD 光盘获得音乐。但 MP3 播放器和 iTune(苹果公司的在线音乐服务软件)之类在线服务的出现,基本上瓦解了传统音乐渠道及价值体系。音像出版机构原来将个别受欢迎的歌曲与若干一般性歌曲打包出售的商

① 参见林起劲:《智能盒子前传》,中广互联网站,见 http://www.tvoao.com/a/162321.aspx,2014 年 3 月 31 日,2014 年 3 月 31 日。

业模式,就已经被碎片化的在线服务方式完全碾压,再加上数字服务的低资费以及盗版问题,音像出版机构丧失了大部分存在价值。对电视台来说,原来基于线性频道和栏目品牌的入口价值被大幅度地分流,用户对电视媒体本身的品牌认可和黏性将逐渐削弱,用户的消费变得更加碎片化。这种情况也充分说明了新技术创新对市场格局的改变和推动。

(三)“互动入口”概念及其意义

1.“互动入口”概念

搜索服务、智能推荐及智能 EPG 等新型入口的出现,其根本是强调精细化的运营服务方式,最终实现将“观众”变为“用户”。这些新型的入口通过互动不断跟踪和收集更多的用户信息,从而加强对用户需求的理解,并反过来进行产品体验的持续优化和设计——甚至反过来对内容本身提出需求。在这一过程中,互动是最基本的元素。本文将这些新型入口统称为“互动入口”,以区别于频道、栏目品牌这些“内容入口”。

相比较而言,内容入口主要来自内容本身定位和品牌号召力;而互动入口则来自对用户消费需求等关键信息的认知和适应。

2. 电视台亟待扩大“互动入口”

传统重视“屏幕”的观念,实际上是对“内容入口”或者是“观众”的重视。而现代意义上的“入口”更多指代“互动入口”,强调用户的主动参与以及对用户的把握和掌控。

在用户收视渠道较为单一——同时内容供给能力也比较短缺的背景下,尽可能地占据固定“屏幕”并且形成品牌号召力,是理想化的结果。但在“大视频”时代,用户收视渠道扩大,内容可选择性也趋向无穷时,只有少数“现象级”内容具备很强的号召力吸引到大量受众外;而大部分电视节目,更主要是通过“入口”(适当的网络、适当的终端以及适当的时间)来获得受众。

特别是在互动环境下,当用户具备很强的选择权时,大部分电视节目其实需要入口乃至平台本身的用户覆盖能力和营销能力,才能将自身内容分发给相应的受众。在这种情况下,“入口”显然更加重要。

在原有入口价值被分流的情况下,电视台媒体需要适应新的媒体形势重新塑造自身的入口价值。这主要包括以下几个方面。第一,在广电网络(除了有线电视网络还有地面无线网络和直播卫星网络)之外,电视媒体通过与电信运营商的 IPTV 业务合作,通过网络覆盖的延伸扩大视频服务入口。第二,面向公共互联网,以网络电视台、移动 APP 和互联网电视应用的形式,扩大视频入口。这其中,面向移动互联网的入口价值,目前在各主流电视台得到充分重视和深度运营挖掘。

(四)从入口到平台

如果将信息入口特别是“互动入口”的价值进一步显现,则其能向“信息平台”演进。这通常要符合如下条件。

第一,该入口覆盖了规模用户,并具备较高的用户活跃度,这是硬性条件。例如,新浪微博、腾讯微信都具备数以亿计的用户,相互之间存在密切的信息互动。

第二,该入口具备一些基础互动支撑能力(也就是平台的基础能力)。例如,IM(即时通信)能力有助于用户的分享和交流;在线支付能力有助于付费等业务的发展,有助于线上线下相互结合的商业模式创新;前述的节目智能推荐能力有助于内容运营。

第三,该入口在新型互动应用方面具备较高的扩展性,针对电视媒体的“节目—用户”创新互动提供必要的技术支撑。这通常表现为标准化第三方接口和开发工具,允许电视媒体机构做一些深度的和个性化的开发。

第四,该入口为电视媒体的持续互动运营提供必要的(后台)支撑手段和(前端)营销工具,如统计分析、大数据分析等。这些工具和手段应该有助于电视媒体的优化和提升其服务体验。

当互动入口演变为平台时,其本身的独立性将显著提高。从实际发展情况来看,具备平台能力的新型互动入口(微博、微信、QQ 空间等)都是由互联网公司发展起来的。这些新型入口或平台在大规模用户基础上,这些入口本身具备很强的 UGC(用户创造内容)服务能力,对媒体内容的依赖性大大降低。对这些新型入口或平台提供者而言,电视媒体、平面媒体都属于“合作伙伴”范畴;平台提供者可以与“合作伙伴”共同分享和开发用户。

从运营的角度看,从入口到平台的演变是在碎片化形势下对用户的重聚。一方面,平台本身可以导向丰富的内容,满足用户的多样化需求;特别是平台一旦具备扩展性，可以进一步扩大内容和应用，针对更多特定场景提供特色服务——也就是更多地让用户停留在平台自身范围内。另一方面，平台与用户的多样化互动接触，可以为平台提供更多维度的用户信息，从而通过大数据分析加强对用户的理解，进一步将用户的潜在需求与潜在服务方联系起来，实现增值。

从目前产业与技术演进情况看，移动互联网领域和电视互联网领域最可能诞生一些新型信息入口和平台。尤其国际领域，以 HBBTV（欧洲的广播宽带混合电视标准）和 ATSC3.0（美国地面数字电视标准）为代表的新一代电视技术，除了传统广播技术本身的演进之外，还与互动技术结合起来，能够实现“直播+互动”的融合应用，这或许可能诞生新型电视入口乃至平台。

三、针对主流电视台的建议

第一，入口的价值需要规模用户的支撑，特别是在现象级或品牌性节目缺乏的情况下，围绕强势频道及核心栏目强化入口的打造非常必要。

第二，移动入口是目前这个阶段最重要的入口，通过 APP、微信公众号等方式与用户进行的互动应当持续推进。而微信摇 TV 同样可以作为一种重要的渠道。但在与微信的合作方式方面，应该要求获得更高的话语权。

第三，就视频服务而言，互动环境下的电视大屏幕在客厅沙发模式具备很大入口潜力。因此，结合类似 ATSC3.0、HBBTV 这样的混合播放模式，针对大屏幕和品牌节目打造新型互动入口，应该是电视台媒体具备较强控制能力和话语权的环节，也是最具战略意义的策略工作。

第四，从美国 AT&T 计划收购时代华纳的案例可以看到，在大视频竞争的环境之下，内容与渠道焕发密切合作的强烈需求。对于电视台而言，与传输网络尤其是具有更广泛覆盖用户的有线电视网络的台网协作，将不仅是“前店后厂”式的合作，更将在互动式节目模式及商业模式方面获得创新的机会。

场景应用下移动媒体空间信息流的汇聚与传播

张玲玲

随着移动互联网时代的到来，传统媒体、互联网新媒体开始向移动媒体转型。从目前现有的媒体来看，除了现存网页版的信息沟通之外，多种类型新闻客户端层出不穷，形成水平和垂直领域上的生态化发展。在现有技术下，新闻客户端实现了对信息的抓取和个性化推荐，但是还只是停留在新媒体概念上，并没有实现真正意义上的转型。

一、相关概念的理解及其理论基础

（一）场景

所谓场景指的是任何周围景物之间关系的总和，其核心由两大部分组成，场和景，也是硬要素和软要素，硬要素指场域、场所和空间，软要素指景物、景观和氛围（见图1）。而本文主要倾向于基于空间和人的心理行为的软要素的解释。

（二）场景五力理论

全球科技领域资深记者罗伯特·斯考伯、资深技术专栏作家谢尔·伊斯雷尔，在《即将到来的场景时代》（*Age of Context*）一书里首次提出了能够改变未来人类社会的五大技术力量：可穿戴设备、大数据、传感器、社交媒体和定位系统。在这五大技术力量的重构下，生活上人们的衣食住用行等将得到革命性的颠覆；商业上传统的商业模式必将被淘汰，更加偏向于本地化、专业化和定制化的新型商业模式被重建；新闻媒体上传统媒体的被动化新闻推送模式不适应现实的发展，新闻追着用户跑将成为场景时代的潮流，移动媒体下技术将会比用户自己更了解自己，技术更清楚用户需要什么信息。场景时代下，以五种原力为基础并让其共同发力将会发挥出巨大的能量，人们的相关个人信

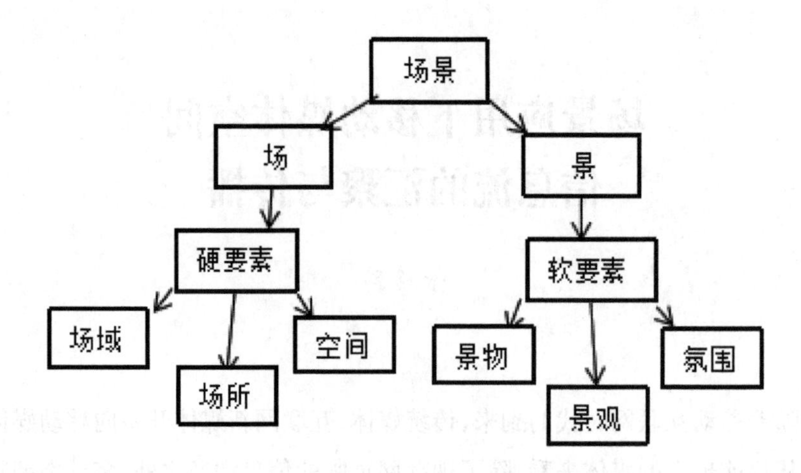

图 1　场景概念示意图

息被搜索并集入到智能化的收集器(各种联网设备和传感器)中,并通过云存储实现归类化的储存,后期云计算对这些归类化的信息进行统计和分析,解析出个人的喜好、兴趣等,使得场景时代下的技术就像一个私人的助理一样,对自己无所不知,可以帮助解决生活中的一切问题。在新闻的推送上,可以根据在不同场景之下的活动对用户进行个性化的新闻推送,满足用户当时当地、此情此景的需求。

所以由此看来,五大技术力量中,大数据是基础,传感器是大数据输入的软件要求,定位系统、社交媒体是大数据的来源和信息推送的渠道,可穿戴设备是数据输入和信息输出的硬件设备,在五力的共同作用下,人可以接收到个性化的信息。具体的流程如图 2 所示。

二、场景应用下移动媒体空间信息流的汇聚过程分析

(一)不同行为场景下信息流汇聚

所谓“空间信息流”就是在特定的地理位置上产生或者与某一特定空间有关的所有信息的汇聚。中国人民大学教授彭兰在《场景:移动时代媒体的新要素》中沿用的中国人民大学新闻学院新媒体研究所联合腾讯“企鹅智酷”对移动媒体用户调查的相关数据中指出,移动终端除了对人们的休息和闲暇时间的覆盖之外,也对卫生间和床上等这样的空间实现入侵,在乘坐交通工具时、吃饭时、工作中和学习时,人们通过移动终端进行信息的浏览和新闻的阅

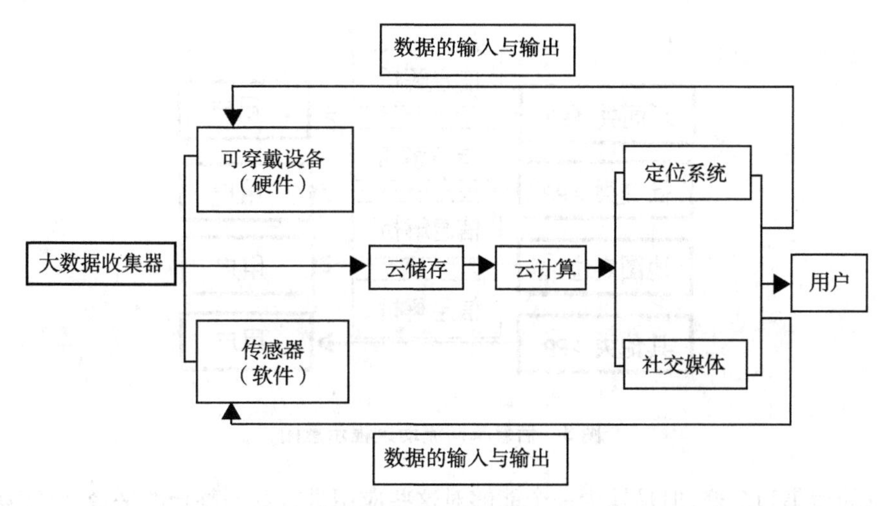

图 2　场景五力关系示意图

读，这使得人们能够把碎片化的时间进行有效的利用。在这些不同的行为场景之下，用户接收到的信息主要是经过场景五力对用户进行相关的数据分析之后的个性化信息推送。

在当今技术背景下，新闻信息的汇聚主要根据用户的社交账号、图谱分析、数据库的建立等对用户相关信息进行整合和归类，这种方法局限于大范围的信息搜集与整理，不能够实现根据用户不同行为场景的细分整理。基于用户不同行为场景产生不同需求，在未来关于用户资讯的汇聚与整理应该进行更加细致的划分，并且划分的范围要细致。越深入了解用户想法，越清楚用户需要什么，越能够进行精准化信息推送。

（二）不同功能产品场景设计下信息流汇聚

在智能手机刚刚诞生之时，由于缺少平台的构建，信息流的流动模式偏向于单向流动，不同功能产品之间无法实现信息的联通和共享，信息的汇聚需要经过专门的编辑或者运营人员进行人工化的分析和整理，再通过相关的媒介进行推送。除此之外，不同产品之间无法实现信息的沟通，使用起来具有很强的局限性。具体流动模式如图 3 所示。

现今，随着智能手机应用功能的增加，移动媒体及应用之间能够实现基本的信息共享和登录，通过不同平台之间的使用状态可以实现对用户的基本信

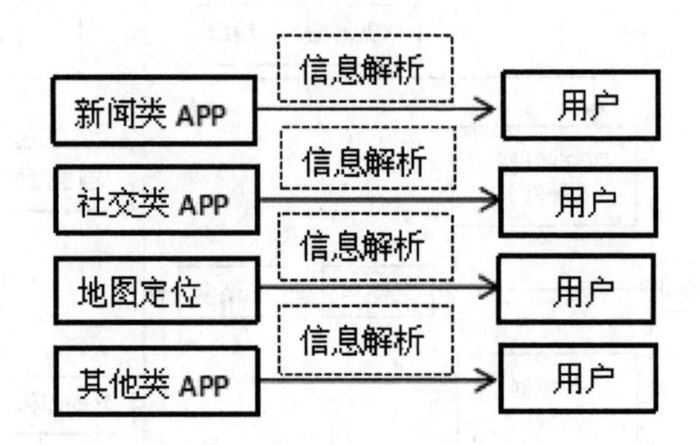

图 3　信息单向流动过程示意图

息的搜集和汇聚,但是缺少一个能够对这些应用进行共同整合的平台,以实现各个不同应用之间"空间信息流"的流通。所以,在未来对用户的信息搜集中,可以构筑起一个"流"的平台,在"流"平台的作用下,信息流的流通是多向的,不同产品的信息通过一定的渠道按照一定的规律和逻辑进行汇聚和整合,实现各个不同功能产品之间的信息汇聚,经过一定的解析输出最贴近用户信息需求的指令,最终通过一定的路径为用户所利用。传统信息汇聚和基于"流"平台的作用的信息流动过程,具体如图 4 所示。

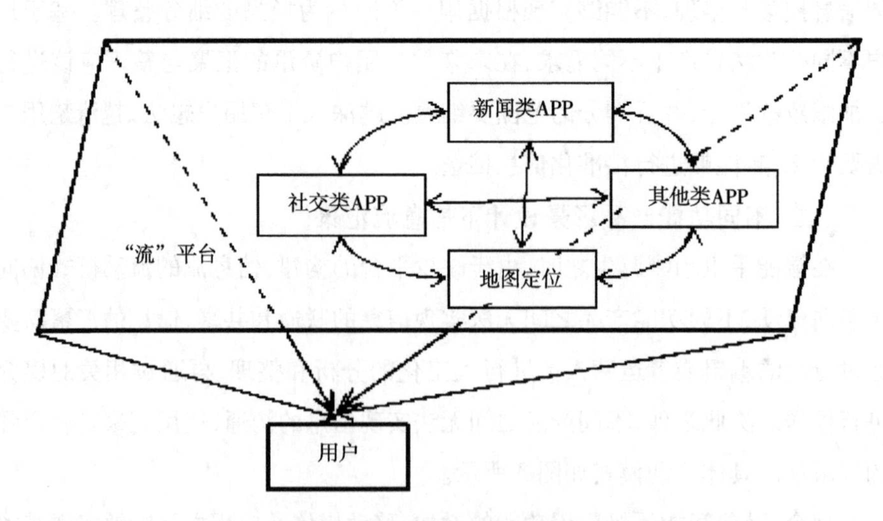

图 4　"流"平台作用下信息多向流动过程示意图

三、场景应用下移动媒体空间信息流的传播机制

（一）现有新闻客户端的推荐机制

根据推荐模式的不同进行划分，目前新闻推荐的模式主要存在两大类：第一，传统媒体、门户网站及新闻客户端的栏目化编辑推送，如腾讯等四大门户；第二，基于大数据搜集的个性化、智能化的推荐，如一点资讯和今日头条。

在传统的门户网站及传统媒体中，首页的内容及频道的内容推送主要由后台的编辑决定，固定的栏目在固定的位置推送固定的内容，用户处于较为被动的状态，用户想要看到自己想看的新闻信息需要花费很大的力气去寻找和订阅，并且同样的页面频道用户看到的信息是一样的。例如，过去腾讯新闻在栏目的设置上主要为：新闻、订阅、图片、视频。在这些大的栏目下面又设置子栏目，具体栏目设置如图 5 所示。

近年来，基于搜索引擎、智能化推荐的新闻客户端诞生，受到人们的极大欢迎，其代表有今日头条和一点资讯。该类新闻客户端依据大数据和机器为技术驱动，对数据具有极强的挖掘能力，基于用户社交行为对用户社交信息进行挖掘和解析，以用户的兴趣爱好进行计算，对适合向用户推送范围内的资讯进行抓取、甄选、分析、检索、去重、分类、聚类，从而对用户的信息模型进行更新，最终向用户进行个性化的智能推荐。基于咨询与用户标签的分析，进而对两者进行有效匹配，提升用户体验感。

（二）时空消失及一体化的跨越式传播与推送

在传播活动过程中，人们各项活动都会随着外界媒介或者传播渠道的改变而发生改变，信息传播速度加快，相应的时间就会被压缩，直到一个极致，甚至可以达到一个无时间的时间传播状态，这就是速度消灭时间的表现。当速度消灭时间，时间就会以不同的方式对空间入侵，达到一个极点后，时间消灭空间。在传播的过程中出现时空消失的现象，时空限制被突破，此时时间与空间形成一体化，世界连成一体，变成一个小的“地球村”。在这样的背景下，基于互联网、电子通信、数字信息等技术，在这个小的“地球村”中，通过场景五力的联动发力，人们可以快速进行信息和资源的交换，真正实现信息私人定制化的推送，满足用户“时空一体”的适时体验。

例如，当世界的某一个角落发生重大地震灾难的时候，在时空消失及时空

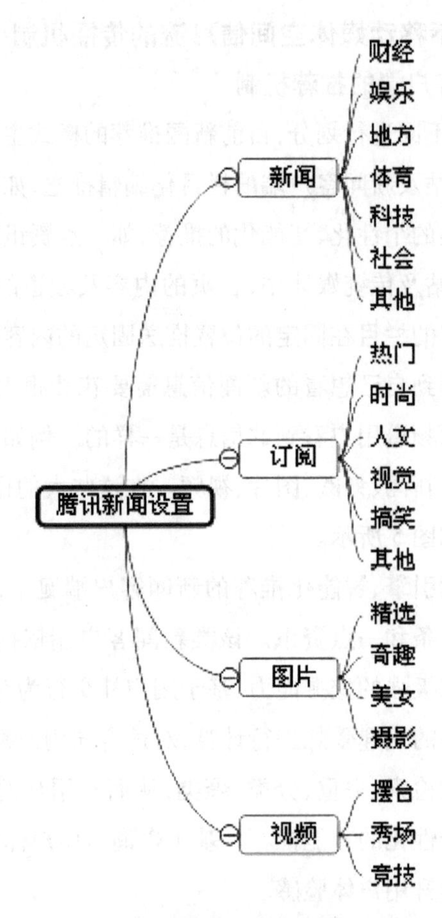

图 5　腾讯新闻栏目设置示意图

于一体的“地球村”下，基于场景应用的背景，场景五力联动发力，世界各个地区的人们可以在最短的时间内通过一定的通道获得来自第一媒体的第一手信息报道，并且能够对语言进行自动编码和换算，在国家法律允许的范围内以零点几几秒的时间把人们关心的信息传递到手中，减少过去需要本国新闻记者进行采访、编辑、推送等一系列的程序，充分利用过剩产能，实现世界资源共享。除此之外，在重大突发天灾人祸新闻信息传播方面，如果在场景五力的基础上增加一个力——智慧卫星，那么不仅能够在“地球村”的背景上联动世界，还能够将人们的部分工作进行简化。当世界某地发生地震灾难的时候，基于遥感技术、电磁波反映、地壳的震动强度等方面的因素能够进行画面的捕捉并传回地面，通过其他程序进行自动编码和译码，然后传至受众，那么在地震的发生过程就有可能被检测。

四、场景应用下移动媒体新闻信息流的汇聚与传播

（一）虚拟场景应用

1. 可穿戴设备:谷歌眼镜的即刻拥有

谷歌眼镜的产生为移动媒体的发展提供新的机遇,通过智能数据的运算使得信息的投放和广告的投放变得更加精准。这款集智能手机、GPS、相机等功能于一身的新技术眼镜,已经能够实现通过人的言语、表情和性格做出运算,从而推断出传播的内容、传播的过程和传播的效果。通过用户带上谷歌眼镜之后,设计师可以根据用户问题的回答等判断出用户的实际需求,所以,用户只要眨眨眼就能实现拍照上传、收发短信、查询天气路况等操作,满足用户实时需求。

例如,2014 年两会期间,人民网记者通过谷歌眼镜进行会议实时报道,利用这款高科技设备,记者只要用语音发出命令,就能让隐藏在谷歌眼镜上的摄像头对两会现场进行拍照和摄像,替代过去使用的沉重的专业照相机和摄像机。不仅给网友时尚之感,同时还能突出新闻的客观性和真实性,增强受众的新鲜感和参与感。

2. AR 智能造梦空间:新闻现场场景体验

在媒介融合不断发展的过程中,后数字化已经被智能化取代,紧随着谷歌眼镜的诞生,新的场景体验 AR 智能造梦空间成为可能,通过 AR 的体验,新闻现场场景得以实现。以外界可穿戴设备为硬件基础,将智能眼镜接入自带的智能传感器与电脑、电视终端无线端中,人们就可以通过镜片图像的切换感受到现场的再现,通过这样的方式可以实现人们边通过智能眼镜的画面视频切换体验边进行相关知识的学习,还可以进行电子报纸的阅读、语音版的新闻收听等等,足不出户就能够全景式地进行呈现,将事件重现在眼前,每个场景在家中就可以实现,媒介融合的终点也就是每个人的家,让每个人在家中就可以实现梦境的制造。

AR 技术目前较多地应用于医疗、教育、军事、家居、工业、旅游、商业和娱乐等领域,由于需要借助外在的设备应用,所以 AR 技术在新闻领域的应用较少。

3. VR 全景技术:全新实景多角度视觉冲击

三维全景是基于全景图像的真实场景虚拟现实技术。通过环绕 360 度的多张照片的拍摄然后拼接成一个全景的图像,通过一定的科学技术手段将其进行投影,由此通过计算机技术实现全方位互动式观看的真实场景进行还原,对新闻进行再现。在实际中,VR 场景技术被应用到各个方面,如网络运营、政府宣传、房地产开发、旅游景区、展博活动等行业,为了能够给客户一个全新的体验,使宣传更加吸引人,由此各大行业都进行虚拟场景的模拟。在新闻传播与应用方面,VR 技术能够率先使用的主要是电视台和互联网。

此前,就有《纽约时报》、Facebook、VRSE 等通过 VR 技术的使用来进行新闻报道,VRSE 更是将报道进行聚合形成了一个全新的"虚拟现实"的报道平台。而在我国,2016 年两会期间,网易在进行两会报道过程中也通过 VR 技术的应用将两会的会议现场进行重现,通过 5 个侧影的展现给用户带来了全新的视觉盛宴,不仅能够和用户实现及时的互动,并且通过技术的"沉浸式"体验将受众引入一定的场景和剧情之中,由此产生心灵上的共鸣,是一种重现新闻的新形式,成为新闻业一场全新的变革。

(二)应用场景

1. 不同生活场景习性下新闻信息自适应

不同的人有不同的生活习惯和行为方式,基于场景应用的新闻信息的推荐需要对用户此时此景的行文方式和过去的习惯进行全面的分析,只有达到信息标签和用户标签的高度匹配才能使两者实现自相适应,并且满足用户的需求。

例如,基于谷歌眼镜或者智能手表等可穿戴设备对用户进行实时识别,获取用户的生活习性等方面的信息,包括饮食、不同时间段的生活习惯、出行规律、兴趣爱好、喜欢的书籍、工作行业领域等,经过云计算对用户进行解析,了解到用户的需求,在不同的生活状态下推送不同的新闻信息。当用户想要做饭的时候,通过传感器的作用,谷歌可穿戴设备根据用户此前搜索的经验等进行解析,向该用户推送关于美食方面的新闻信息,或者菜谱等等,达到和用户意念上的统一。

2. 不同场景状态下新闻类型自推荐

用户实时状态,包括用户在此时此地的各种身体、行为、需求等数据。用户的实时状态可能是固定场景中的状态,也可能是移动场景中的状态,这就需要传感器等场景力发挥作用,捕捉到用户当时的行为以及感兴趣的环境、事物等,对用户的实时状态做出一个科学正确的判断,进而快速地对数据进行收集和分析,对于用户进行信息的匹配和自推荐,更快地将信息推荐到用户的手中。

当用户处于固定场景中,例如,家中、卧室、客厅等,在场景五力的背景之下,对用户的实时状态数据进行采集与分析,将用户平时进行搜索的数据等集合起来,变成对用户群体的分析依据,帮助系统理解顾客中喜欢看的新闻的规律,了解到哪些类型的新闻受到过用户的关注,在进行新闻推送的时候注重某一方面或者类型新闻的推送。当用户处于移动场景中,例如开车去上班,那么用户的场景为家到公司,在这段期间可以根据用户的行为特点进行新闻语音的播报推送,根据用户平时常用的关键词搜索。

3. 时空消失场景一体化的无时间新闻推送

时间和空间是人类感知世界的方式。麦克卢汉说:“每一种新的传播媒介都以独特的方式操控着时空。”每一种新的媒介对人进行延伸,使得人们感受到媒介的变化,但是这种感知更多的是表现在空间和时间上。传播媒介的发展伴随着传播速度发生改变,传播的速度越来越快,甚至突破时空的限制,使得人们对于时间和空间的意识消失。19 世纪,马克思也提出了时间消灭空间的理论。在这个基础上,曼纽尔·卡斯特又提出“无时间的时间”理论,及现实中每件事物都在飞跃式地发展,速度不断加速,使得人们的时间领域被压缩,直到极致,造成时间和空间的消失。

例如,当非洲发生任何疫情的时候,在世界另一端的人们也能够获知并且做出一定的预防措施,这些都是跨越了物理空间之后实现的社会关联。在现今网络新媒体的时代之下,信息传播的即时性和物理空间被慢慢地“入侵”,并且出现空间消失的局面,使得整个世界被连接起来,无论在世界的任何角落人们都可以实现即时的沟通和交流,世界变成一个狭小的空间,成为真正的“地球村”。当重大新闻事件发生的时候,无论在世界的各个角落都能够以最快的速度进行传播,甚至和新闻发生的瞬间同步进行,达到无时间的新闻推送,使用户能够在最快速度的情况下知晓新闻的发生状态。

场景作为一个全新的理念,如果在新媒体新闻中得到有效的应用,将对整个新闻产业产生颠覆性的改变,但是场景给人类带来一定益处的同时也存在一定的负面影响。例如,过度的信息挖掘会造成用户信息安全隐患;在新闻无时间的时间传播条件下,由于传播的速度较快,有的新闻信息未得到进一步的证实就进行大范围的传播,造成新闻的失实报道,给社会带来极大的恐慌。所以,应该看到场景技术给人类带来诸多便捷的同时也存在一定隐患。在实际中进行场景运用的时候需要进行一定的规避和防范,某些新闻信息能够传播与否还需要进行进一步的界定和规范,这就需要有关部门根据现实的发展制定出相关的法律法规,对整个行业予以规范。

大数据背景下的新闻革新与技术迷思

朱元君

“大数据”(Big Data)是近年来学界业界关注的热词之一,在百度检索,有927万个中文页面,而使用Google检索,有7.84亿个英文页面。

大数据到底有多大?举个例子来说,欧洲核子研究中心(CERN)利用大型强子对撞机(LHC)发现了希格斯玻色子,震惊了物理界。大型强子对撞机周长27千米,在第一次运行期间,尽管已经过滤掉了大部分数据,但数据还是以每年15 PB① 字节的速度累积,这比每年上传到YouTube上的视频总量还要多。LHC在2015年重启后,加倍的碰撞率将每年产生大约30PB的数据,几乎相当于每秒产生1GB的数据。② 在这些数据里寻找希格斯玻色子的证据,科学家无异于大海捞针。

一直以来,人们力图更加完整清晰地把握外部世界,但新闻报道受困于视角、版面及选择等诸多因素,只能作为一扇窗口来让受众了解周遭世界的变动。大数据的崛起和热传,为新闻业提供了一种不同的审视思路,基于海量的样本,媒介机构采取数据分析和挖掘的量化统计方法,可以更全面、更真实地反映新闻报道主题。

一、大数据对新闻生产提出的挑战

在传统新闻报道中,数据是新闻素材的一部分,驾驭和使用数据是新闻报道保持客观性和准确性的重要手段。在大数据时代,数据本身不仅被包含在新闻之中,海量的数据本身也就蕴含着新闻,通过分析挖掘,从数据内部就能寻找到新闻报道的切入点。

---

① PB(Petabyte)是较高级的储存单位,$1PB = 1024TB = 1024^2GB$。

② 环球科学杂志社:《大型强子对撞机重启倒计时》,果壳网,见 http://www.guokr.com/article/439924/。

（一）流程：大数据介入新闻运作环节

1. 选题阶段

传统的新闻生产流程通常是：找选题→记者采写新闻→编辑修改→发表，记者确定选题通常是根据新闻线索和职业敏感。而在开发利用大数据之后，在选题阶段，就能借助既有数据发掘多个选题，可以拓宽新闻选题的范围。

2. 制作阶段

在制作新闻过程中，考虑到原始数据本身比较枯燥，所以要提前为数据设计合适的展现方式。除了外在形式，在分析数据时，数据呈现的内在规律也可与记者思路进行对比，作为一种客观参照系，数据能在一定程度上检验或佐证新闻的内在逻辑。

3. 反馈阶段

传统媒体收集用户反馈须依赖于专业的调查机构，数据收集成本较高。社会化媒体使用户的反馈渠道变多，网络用户反馈的数据直接蕴含于大数据之中。专业调查机构的结论虽然更科学准确，但这类反馈迅速、分析便利的数据可视为有价值的参考。

（二）技术：算法模型决定分析结果精度

大数据结论的精确程度在很大程度上依赖于算法和模型。在准备数据后进行筛选时，需要按照不同情境设定不同的限定条件。对于复杂问题，还需建模以科学分析数据。数据分析和挖掘更多涉及工科知识背景，这对从业者而言是一项新的挑战。

近日，在全球新闻媒体代表大会上发表的《新闻编辑室趋势 2015》报告指出，利用数据报道新闻的方式“在过去一年中发生了巨大的改变”。报告提到了英国《卫报》的 Ophan 内部分析平台，Ophan 可供编辑制作图表，而且《卫报》所有员工都会使用。

相较于纸媒和电视媒体的新闻制作工具，数据分析会使用到诸如 Hadoop、NoSQL 等数据库，信息图制作又涉及 Photoshop、Illustrator 或者 HTML5 等等。从发展趋势来看，数据分析工具有越来越专门化、便利化的趋势，这在一定程度上减轻了传统媒体转型利用大数据的难度。

（三）观念：传统思维转向大数据思维

作为新闻生产的主体，大数据条件要求新闻从业者的数据思维进一步革新提升。大数据时代的口号是“一切皆可量化”。按照畅销书《大数据时代》的归纳，大数据时代应有三大观念转变：第一，在分析处理时使用的是全部数据，不再依赖随机抽样；第二，不再一味地追求数据的精确性，而是适应数据的多样性、丰富性，甚至要容忍错误的数据；第三，了解数据之间的相关性，胜于对因果关系的探索，“是什么”比“为什么”重要。

比如，在商业领域，将用户地理坐标与出行需求快速匹配，就促成了Uber、滴滴出行等一批商家的成功。不少手机开发者会收集用户的地理信息，但未曾想到将其与出行需求关联。在大数据时代，这些商业机构的成功经验提醒我们，媒体从业者也须具备相应的大数据思维能力。

万维网的奠基人 Tim Burners-Lee 在谈及新闻记者角色时说，新闻记者“不再是在烟雾缭绕的酒吧里同人搭讪以获取新闻线索”，而应该具有“让自己学习分析数据的技能”，从而“帮助人们切实理解其周遭的现实”。①

二、数据新闻在大数据背景下的革新

（一）何谓数据新闻

大数据热潮兴起，促使数据新闻这一概念也受到学界业界的重视。数据新闻，又称数据驱动的新闻，在 2010 年 8 月，首届“国际数据新闻”圆桌会议对这个概念做出了如下界定：“‘数据新闻’是一种工作流程，包括下述基本步骤：通过反复抓取、筛选和重组来深度挖掘数据，聚焦专门信息以过滤数据，可视化的呈现数据并合成新闻故事。”②

与传统的新闻相比，数据新闻更强调新闻来自数据，而非仅仅添加在新闻中的数据材料。从内涵上看，数据新闻侧重于挖掘事物的本质，解释事物之间的内在联系。传统媒体记者擅长于“挖掘事实细节构造生动的故事”，在大数据条件下，这种能力应向“挖掘数据细节揭示深刻的洞见”转变。

有学者指出，未来新闻在后一方面的努力，至少可以因循以下两种路径：

---

① 瞿旭晟：《数据入侵：“538”博客的实践与启示》，《新闻记者》2013 年第 6 期。

② 方洁、颜冬：《全球视野下的“数据新闻”：理念与实践》，《国际新闻界》2013 年第 6 期。

其一,语境化,即用更多的相关事实知识来增加对某一事实的了解;其二,数据可视化,即通过可视化的方式进行报道,以达到对事实的新分析与新认知。①从这个意义上说,数据新闻代表了新闻未来的发展方向之一。

(二)数据新闻的可视化策略

在信息爆炸时代,信息可视化更符合用户的信息接受习惯与偏好。什么是信息可视化?有业界专家如此定义:信息可视化是将数据信息和知识转化为一种视觉表达形式,是充分利用人们对可视模式快速识别的自然能力。②

可视化可以充分调动人的读图本能,通过图表理顺数据之间的内部逻辑和关系,将抽象的联系转变为具体的图例,有助于增强人们对抽象信息的理解和记忆。信息可视化伴随着技术工具的发展不断革新,在新媒体时代,数据新闻成为可视化的资源富矿,而可视化则进一步促进了数据新闻的发展。

在数据新闻的实践中,可视化最主要以图表的形式予以呈现。按照图表之间的形式差异,可以划分为静态信息图、动态交互图表两大类。

1. 静态信息图

这是最为常见的信息可视化模式,信息图提供长篇文章、研究报告的数据可视化,帮助用户高效、准确地了解信息。在国内新闻站点中,就有央视新闻的“一图解读”、网易“数独”、搜狐“图表新闻”、腾讯“新闻百科”等。在其他网站,都有类似的“一张图了解××”、“一张图读懂××”之类的产品,实质上都是传统的信息图。

以央视新闻的“一图解读”为例,“一图解读”是对重大新闻、热点新闻进行可视化解读的一种尝试,即每天根据新闻热点,用图形化的方式将数据和新闻背后的逻辑转为直观好看的图形,并于每晚固定时间用微信公众账户推送,目前已成为网络平台上知名度很高的品牌栏目。比如,为配合国家领导人出访,推出一系列“你所不知道的××国”图解;在今年的两会报道中,摘选、提炼关键词、关键数字率先制作《政府工作报告》图解,被其他媒体广泛转载。

---

① 王辰瑶:《未来新闻的知识形态》,《南京社会科学》2013年第10期。

② 李雅筝、周荣庭:《新媒体时代数据新闻的信息可视化应用——以〈卫报〉为例》,《科技传播》2014年第2期。

2. *动态交互图表*

动态交互图表的结构与静态信息图类似，但在设计中加入了网页语言，通过动作交互，可依次呈现不同的结果，这一形态适合用来展示一段时间内的变动情况。

2011年英国《卫报》的《伦敦骚乱中的谣言》这一报道被视为早期数据新闻范例。《卫报》在社交化媒体Twitter抓取了260万条与骚乱有关的内容，运用可视化技术对内容进行分析，解析骚乱的深层原因、舆论传播路径与趋势。

在互联网高速发展的今天，数据泄漏似乎越来越常见，每隔一段时间，就会有声称受到黑客攻击用户隐私被窃的新闻出现。为此information is beautiful网站基于这些数据泄漏事件，制作了一张动态交互图表①，涵盖3万到2亿个的数据泄漏事件，用户能够根据年份或者泄漏方式等条件筛选查看，不同的色块和大小附有详细的文字信息，直观反映出不同时期的数据泄露情况。

（三）新闻机构的转变

在这一轮大数据驱动的数据新闻革新背景下，新闻机构纷纷调整架构，投入人力物力发展数据新闻。

在英国，《卫报》成为全球第一家成立数字新闻部的报纸。数字新闻部针对新闻选题搜集分析数据，在收集、过滤、分析数据后，通过信息图的形式实现数据可视化，打造另一种新闻叙事形态。

在美国，《纽约时报》建立了一个记者加程序员的团队，成立“互动新闻技术部”。大约20%的《纽约时报》图表中心人员具备统计软件与数据库工具的操作能力，有能力独立收集数据并分析加工成图表新闻。

在国内，新华网自2012年开始探索“数据可视化”新闻，在全国媒体中率先成立数据新闻部，2013年3月推出数据新闻专栏，是较早开展数据新闻实践的媒体机构之一。数据新闻栏目以“用数据传递独特新闻价值”为理念，以数据为驱动，在数据梳理、表现形态、传播路径等方面创新，让枯燥内容生动

---

① World's Biggest Data Breaches & Hacks, http://www.informationisbeautiful.net/visualizations/worlds-biggest-data-breaches-hacks/.

化、让新闻信息知识化,打造高品质数据新闻作品。

在2014年初,央视新闻频道推出《"据"说春运》、《"据"说两会》系列专题片,大数据生产嵌入电视新闻生产环节,许多评论者对此高度评价,称其开启中国大数据新闻时代,因此2014年被称为中国"电视新闻大数据元年"。

三、大数据带来的技术迷思

面对大数据可能带来的多重变革,不少研究展示出乐观期待。例如,有学者提出"大数据已经成为新闻生产的核心资源"的说法,还有学者提出了在新闻学界和业界都有相当影响力的主张:数据驱动新闻——大数据时代传媒核心竞争力。[①] 针对这种观点,有研究者从数据新闻与精确新闻的历史关系出发进行考察,认为"数据驱动新闻是新闻业的技术革命,毋宁讲是新闻实践的工具改良"[②]。

具体来看,大数据并非天生完美,其自身及在发掘过程中,以下几个方面存在潜在缺陷。

(一)来源

海量数据是大数据神奇魔力的来源。在实践中,数据资料一般有三种来源:政府机构、专门组织、自我建设。通常来说,政府机构握有相当多的资料,但受诸多限制,这些数据的公开程度有限,许多具有重大价值的数据都难以一窥其貌。

社会上应用得较多的是来自专门组织的数据,它主要包括从政府、企业等机构公开数据中获取并整理的数据,以及自己调查或抓取的数据,相比费时费力自建数据库,这种方式的数据可靠程度较高,是目前大数据应用主要的信息来源。

由于数据来源庞杂,其格式不一,真实性亦难以保证。传统新闻采访素材的真实性很容易核对验证,但面对庞大的数据,核对的方式极其烦琐,成本也极大增加。无论数据来源是什么,新闻记者都不能贸然全盘采用,必须先评价数据的整体质量和可信度。

---

① 祝建华:《数据驱动新闻 大数据时代传媒核心竞争力》,搜狐传媒网,见 http://media.sohu.com/20/20718/n348442/3/.shtm/,2012年7月18日。

② 石磊:《数据驱动新闻的技术化迷思》,《今传媒》2014年第7期。

（二）样本

大数据虽然号称采用了全体数据，不再使用抽样方法，但究其根本，其有效性的前提仍是抽样基础上的大规模数据推演。虽然大数据的样本多，但多并不一定意味着典型，就一定能准确描述整体。在大数据研究中，样本代表性的问题依然存在，过多的数据反而会增加数据的复杂程度，伪数据存在的可能性提升，数据干扰增多。

另外需要注意的是，大数据的研究方式以数据自身为界，对于数据缺失的群体，默认视为不存在。问题的关键就在于，数据化程度与经济水平正相关，真实社会还存在经济条件弱势的群体。

除了这类数据黑洞，还存在数据污染的问题。作为信息社会的一种重要资源，数据争夺通常关乎企业的生存发展。比如从"数据注水"这个角度切入，我们会发现数据注水已成互联网潜规则，无论是新浪微博的粉丝量、转发数，还是偶尔爆出天猫商城的预约下单页面的数据操作迹象。① 数据涉及互联网企业的核心商业机密，这种竞争态势使真实数据被越来越多的注水数据包围，提取有效数据进行分析利用的难度加大。

（三）方法

在大数据分析中，受众接触到的都是现成的结论。对于研究各个阶段以及所采用的方法、资料，信息发布者不会明确表述，普通受众也不会关注。

大数据研究的结论在推向研究总体时，需要有一整套的抽样程序、因素分析、变量分析、多元分析等科学手段，以保证结果的准确性和适用性。对于操作的各个环节，如抽样方法及样本规模是否合理、分析单位是否准确、设立的变量是否可靠、研究过程是否科学，需要整套严谨而细致的方法论和操作准则。在实际中，并非所有的大数据分析都能遵循如此严格的分析路径，各个机构的分析方法和过程又很少公开，这都影响了大数据结论的说服力。

除了方法论缺陷导致的偏差，我们也要注意到人为主观歪曲结论的可能性。在新闻报道中，刻意不报道的内容往往比能报道出来的内容更具有新闻

---

① 罗超：《从天猫数据"造假门"看互联网假数据》，虎嗅，见 http://wwww.huxiu.com/article/44364/1.html，2014 年 10 月 14 日。

价值。数据分析也是如此,同样的数据,采用不同的呈现方法,刻意突出什么、回避什么,呈现给受众的图景会有巨大的差别。事实上,数据本身不能自我说明,用来解释这些数据的统计模型、分析技术也并非天然中立。

(四)认知

我们对大数据的研究程度不断加深,不少技术乐观主义认为,借助不断发展的技术手段,我们最终能够精确描绘周围的客观事物,从而有效掌控整个社会的运行。这实际上反映出这样一种认知态度:我们能通过客观描绘"完整"把握客观世界。

实际上,大数据本身就是一个快速自我繁殖的单元,正在发展中的物联网会进一步提升数据规模的量级。在处理大数据的过程中,还有数据的溢出效应——既有数据产生大量新的数据,这些数据又会参与数据整体的分析与诠释。

从这个角度来看,我们试图掌控大数据以求达到更透彻理解人类自身的努力,有点像"阿喀琉斯永远都追不上乌龟"的芝诺悖论:数据永恒增长,我们得到了最新的数据,但数据又继续向前增长了一点,我们永远都无法企及。

这当然只是一种比喻,我们能够掌握的大数据是数据全体里的具有代表性的部分,科学方法论能保证它们的说服力。至于"完整"把握客观世界的追求,这内在预设了一种独立于人类社会的客观情境,而事实上,客观世界与人类活动交织,这种"完整"把握本身或许就是一种镜花水月。在追求这种自主的过程,大数据能帮助我们更精确地描绘外在世界。

伴随着大数据技术的不断发展,"机器制作新闻"等消息不时涌现,新闻业面临新一轮震荡。在实践领域,大数据已经悄然融入新闻采编的源头环节,针对这一趋势,国内外的许多知名新闻机构都已直面挑战并做出调整,并在大数据挖掘和数据新闻制作等领域做出了许多富有意义的探索。技术的发展昭示着无限可能性,同时也具有潜在的人文主义负面影响,厘清这些正反两反面的因素,有助于我们进一步正视并展望大数据带来的深刻变革。

“互联网+传媒业”对媒体人的挑战

葛方度

“互联网+”的概念最早由易观国际董事长于扬在2012年11月易观第五届移动互联网博览会主题演讲中提出。① 2015年7月4日,国务院下发“互联网+”文件中明确指出,它“是把互联网的创新成果与经济社会各领域深度融合,推动技术进步、效率提升和组织变革,提升实体经济创新力和生产力,形成更广泛的以互联网为基础设施和创新要素的经济社会发展新形态”②。简单来讲,就是互联网与传统行业进行深度融合以缔造新的发展生态,从而使传统产业实现升级并带动其新的发展。就传媒业而言,“互联网+”时代的来临也使其出现了深刻的变化,传统媒体人的角色面临着一系列新的挑战,从而成为我们需要清醒面对和认真探讨的问题。

一、“互联网+”时代传媒业发展的新变化

传媒业自诞生之日起,就具有它自身的独特性。这种特殊性不仅体现在资金、设备、技术、人才等方面的高门槛限制,而且还具有较高的准入资格限制,即主体资格的限定性与程序上的审批制。③ 因此,长期以来,传媒业是一个具有清晰边界,并由专业媒体从业者作为主要组成部分的行业领域。然而,随着新世纪“互联网+”时代的来临,传统的媒体边界日渐松动,在信息采集、加工、发布等各环节和渠道都开始出现新的媒体技术和信息平台,媒体之间互为融合已经成为未来传媒业发展的新趋势。

---

① 于扬:《所有传统和服务应该被互联网改变》,腾讯科技网,见 http://m.techweb.com.cn/article/2012-11-25/1255068.shtm/,2012年11月14日。

② 《国务院关于积极推进“互联网+”行动的指导意见》,中华人民共和国中央人民政府网,见 http://www.gov.cn/zhengce/content/2015-07/04/content_10002.htm,2015年7月4日。

③ 景朝阳:《中国新闻传媒准入制度初探》,《中国社会科学院研究生院学报》2005年第3期。

（一）“自媒体”兴起开始冲击传统媒体的边界

“自媒体”（We Media）是21世纪之初诞生的概念，2003年美国新闻学会媒体中心的谢因·波曼（Shayne Bowman）与克里斯·威理斯（Chris Willis）在联合发表的报告中给出一个较为严格的学术定义，即“是一个普通市民经过数字科技与全球知识体系相联，提供并分享他们真实看法、自身新闻的途径”①。简单地讲，是不具备传统媒体专业背景的普通民众，借助互联网平台进行信息的采集、编辑及发送传播，即我们常说的“DIY”（Do It Yourself），其信息承载的主要平台形式是博客、社交网络（SNS）、微博、微信和软件客户端等，为传播者以个体身份参与公共信息传播活动提供了更为方便的渠道，也使个体的信息传播比专业媒体的渗透更为直接。

因此，“自媒体”颠覆了专业媒体信息生产、编辑及其传播的传统方式，从而在传媒领域掀起了一场清新之风，并涌现出一批具有社会影响力的“自媒体”。例如，慈怀读书会、张德芬空间、十点读书等。此外，一批具有体制背景的前媒体人，也正试图以“内容创业”为基础，创办具有鲜明个性和一定专业水准的“自媒体”，如：吴晓波开办的“吴晓波频道”，黄志杰开办的“呦呦鹿鸣”，赵青音开办的“青音约”等公众号。这不仅使过去与业余画等号的自媒体开始有了专业化色彩，也对传统媒体的话语权、信息把关等领域形成了更深层次的冲击。

（二）机器人写作等人工智能使专业媒体人的繁重工作得以减轻

随着“互联网+”时代新媒体技术的迅猛发展，新一轮的媒体扩张开始从“人”到“机器”或“物”。从传统媒体的运作机制来看，公共信息生产是必须由人来完成的，人是信息的采集者、中介者以及加工者，这也是专业媒体人的必备功能，工作烦琐且相当耗费心力，并为此不得不时常加班加点。然而，“互联网+”时代的物联网科技、大数据技术已经可以将信息的采集、加工人工智能化，机器人写作等媒体写作方式开始出现，未来将在新闻写作中扮演更重要的角色。

具体而言，计算机或物联网中传感器采集的数据，现已成为新闻写作中的

① 邓新民：《自媒体：新媒体发展的最新阶段及其特点》，《探索》2006年第2期。

重要资源。在某些信息数据的采集方面,它们甚至比人更有优势。不仅如此,物联网视野下的智能物体,还可以直接充当信息中介者的角色,甚至与人实现对话,从而成为公共信息传播的另一种渠道。因此,未来信息将不再是通过一种途径传播,而是通过多种途径到达目标用户。目前,欧美国家已经在传媒业人工智能应用领域走在前列,如美联社(Wordsmith)、华盛顿邮报(Heliograf)、路透社(Open Calais)等;国内则有腾讯新闻写作机器人(Dreamwriter)、快笔小新、新闻机器人张小明(Xiaomingbot)等。这使得专业媒体人能够有更多的空余时间,去投入到更加复杂的写作工作中去。

(三)网络视频和虚拟现实(VR/AR)直播平台发展不仅使受众产生身临其境之感,也使其获取信息的渠道得到进一步拓宽

以往视频直播领域一直由电视媒体所主导。电视直播能给人提供一种视觉上的"现场感",但观众与直播现场的关系仅是二维画面的"观看"。然而,随着网络视频和 VR/AR 的直播平台新技术的出现,能够让受众通过直播平台进入现场,从而使媒体用户与现场之间建立起一种新的连接方式。特别是在直播中,受众可通过穿戴设备感受更为真切的"第一人称视角":让事件当事人与观看者之间产生面对面的感觉,或将当事人体验传递给观看者。除了新闻类直播外,"直播+VR/AR"的结合应用已开始广泛应用在大型活动及体育赛事报道中。目前,奥运会、NBA、超级碗、欧洲杯、世界职业棒球大赛、中国网球公开赛、武汉网球公开赛等多个体育赛事都已尝试 VR 直播。

此外,2017 年国内媒体也开始尝试在两会报道中尝试 VR 直播,光明网记者在现场采访报道中使用了一套名为"钢铁侠多信道直播云台"的设备。这套设备是大量拍摄设备的聚合,包括手机、平板电脑、VR 设备等。该设备只需要一名记者,就可以进行视频、全景、VR 等内容的同步录制和直播。如果需要更多角度,只要继续在主架构的扩展槽上添加设备即可。"钢铁侠多信道直播云台"可同时为 16 家平台提供高达 3K 画幅、4M 码流的高清视频和 VR 直播,统一推送到服务器,各平台共享资源,这样同一时间实际接收直播的平台多达百家。观众可以通过《光明日报》客户端、光明网、一直播、今日头条、目睹 VR、3D 播以及多省份广电系统 APP 等进行观看。

二、"互联网+传媒业"对媒体人的挑战及思考

(一)专业媒体人面临专业价值弱化的趋势

"互联网+"时代下的新媒体技术得到迅速发展,它将传统媒体所创造的信息内容和价值集合在一起,人们可以借此更方便、快捷、有针对性地获取、传递和分享信息价值。但是,由于"互联网+"时代的信息、数据、知识、内容传播相关从业者涌入传媒行业,直接后果就是使传统媒体从业者在信息发布、传播话语权等领域功能逐步弱化。加之媒体行业整体的市场份额有限,新参与者的加入势必挤占了传统媒体的盈利空间和从业者的生存空间。

特别是"公民记者"的产生和发展尤为典型。"公民记者"是区别于专业记者的一个群体,以网民为主要构成,是一个草根的、自发的、独立的、非专业性的报道群体。① 特别是在某些突发或热点事件上,公民记者能够比专业记者更迅速、具体、准确地提供新闻事实。例如"周老虎事件"、"70 码事件"等都是第一时间被网民发布,并引起社会各界的广泛关注。因此,随着此类"新媒体"的信息发布、更新更加快捷,使得职业新闻媒体从业人员不再是唯一的新闻生产和传播者,传播接受关系的巨大变化使其产生专业身份危机感。

(二)对媒体人专业技能标准要求愈高

鉴于"互联网+"时代的媒体传播技术日新月异,媒体从业者也开始不得不学习新的专业技能,从而不断分化出新的工种。特别是随着全球数字化时代的来临,传统熟悉的信息环境和媒介生态都面临即将被全面颠覆的趋势。这样,新、旧媒体之间的竞争日益激烈,传统媒体人的生存空间被不断挤压,对媒体从业者的标准要求也不断提高。因此,传统媒体人原有的采访、编辑、写稿等基本技能已经远远不能满足新型媒体发展的需要。

作为媒体从业人员,要在"互联网+"时代的媒体激烈竞争环境中生存下去,必须具备两个方面条件:一方面,媒体人需要掌握社交媒体、数据新闻、多媒体等相关技能。在新闻报道的过程中,要逐渐学会掌握数据挖掘、数据分析、网络直播、无人机驾驶技术等多样化的技术。用这些新的技术及其带来的

---

① 张蓉:《互联网时代记者职业发展道路探析》,《视听》2017 年第 1 期。

新的报道理念,参与到媒体竞争中。另一方面,新的岗位不断涌现。社交媒体编辑、数据分析师等职业的出现,迫切需要具备崭新知识结构和技能体系的专业人才。

(三)传统媒体行业格局被打破的冲击

近年来,“互联网+”时代已经使媒体自身垄断局面被打破,其他行业通过投资力量强势进军传媒业。不过,这些外在行业对媒体内容生产的参与或干预力度都比较宽松。但即便如此,参与其中就在一定程度上打破了原有的媒体行业格局,甚至影响未来媒体整个行业的长远走势。如 2013 年亚马逊创始人杰夫·贝佐斯(Jeff Bezos)斥资 2.5 亿美元收购《华盛顿邮报》,不仅一举将其从濒临破产的边缘拉了回来,而且该报上线亚马逊 Kindle 电子书定制的免费应用也颇受欢迎。国内方面,近年来阿里巴巴集团与马云团队携手进军媒体业,现已有如“第一财经”、《南华早报》和“新浪微博”、优酷土豆等 25 家传统媒体和新媒体被纳入麾下或入股其中。①

反观传统媒体,也非常积极地参与到“互联网+”的合作共赢进程之中。具体而言,由于互联网与 IT 业、电信业、电子商务等交叉越来越多,传统媒体也开始积极借助互联网的力量来扩大自身的影响力。如传统电子商务是借助电视媒体来主动进行单品推广的商业模式,而互联网介入之后则演化为“电视+网络+电商”的新型模式。最为人知的案例就是 2015 年湖南卫视联合天猫共同打造的“双十一狂欢夜”,通过电视、网络、手机等平台将综艺、游戏、购物融于一体。

因此,在“互联网+”时代新传媒技术迅速发展的传播环境下,媒体人自身旧有角色面临着极大的挑战。如何在新技术的发展中取其所长,通过学习和借鉴实现媒体人自身角色的转型,是每个职业媒体人都必须思考的问题。

一是要主动学习“互联网+”时代下社交媒体的新闻推送和受众互动。

对职业媒体人而言,应设立专门的社交媒体团队,积极利用社交媒体平

① 杨鑫倢:《不知不觉,马云已经手握 24 家媒体:即将拿下南华早报》,澎湃新闻,见 http://www.thepaper.cn/newsDetail_forward_1401407,2015 年 11 月 26 日。

台,尝试用新的团队方式,更有创造性地发布新闻内容。这样,社交平台既成为新闻的收集和输出平台,也可成为媒体新产品的销售平台,从而让社交媒体上互动成为了解受众的重要渠道。以美国媒体为例,如今美国各大媒体都非常重视在社交媒体上发布新闻信息。如《纽约时报》有专门的新闻采编部,其受众拓展团队通过推特、脸书等社交媒体来研究如何使报道更加有效传递给读者;《今日美国》报上的消息每条往往不过三五百字,但会在文末提供"链接"服务以吸引读者登录其网站以获取更多信息;《华尔街日报》的网页设计是互动式的,可以用手机、平板电脑阅读;而纸制版则在突出独家新闻和深度报道之时,也会留有指向网络版的"链接"。

二是要掌握大数据技术的使用和分析,并逐渐掌握利用分析结果撰写新闻的能力。

在大数据新闻技术扩张日益迅猛的当下,传统媒体不仅需要借鉴数据分析来拓展报道的内容以及决定信息的价值、是否需要跟踪报道,而且要把数据分析运用到编辑业务的决策中,从而使在生产新闻的过程中就体现出媒体的用户意识。目前,西方媒体都十分重视运用数据分析。例如,在《华尔街日报》新闻编辑部指挥中心的受众分析数据大屏幕上,可以连续不断显示读者来访的具体数据信息,如来自 PC 端、移动端平台的读者数量,每篇稿件的浏览量及读者在该稿件上停留时间的长短等。同样,长期以来,CNN 也非常注重分析包括视频网站在内的各种新媒体的数据,从中了解当下受众趋势及其消费模式导向。正是基于上述较为全面且准确的数据分析,CNN 就可以随时根据读者点击率的高低来对该新闻的刊发数量进行调整,甚至根据反馈的细节信息调整新闻的报道方向。

三是要尝试人和机器人合作写作,未来将实现人与人工智能有效合作化。

目前,机器人进行新闻写作的人工智能技术已不再是新鲜事物,许多国内外主流媒体都对此予以关注并借鉴使用。如 2014 年 7 月美联社率先采用 WordSmith 程序进行财经类新闻写作,并研发使其未来能够自动将文字内容转换为音频版本的人工智能技术。但是,人在新闻写作中的作用仍不可能为机器所完全取代。原因是人工智能虽然可以分析数据并进行视角提炼,甚至预判稿件受众对象的反应,但无法完成更有深度及价值的新闻报道及写作。

因此,未来人与人工智能的总体发展趋势是如何实现人机一体化写作。因为,这种一体化写作的难点在于,如何实现人工智能在数据分析精准化与人的思维及情感在新闻写作方面的有效融合。

四是要在“互联网+”时代不断创新激励运作机制以培养全媒体人才。

尝试制定复合型人才发展战略,加快培养既懂媒体运作规律、具备传统媒体素养,又能掌握新媒体技术的全面人才。全媒体时代不可能要求记者、编辑十八般武艺样样精通,但应该要求记者、编辑具备一定的资讯整合、复合加工、网络发布和把关能力。因此,需要积极引进擅长新媒体内容生产、人机智能读写技术研发、资本运作与经营管理等技能的高端人才,并通过技术培训提升现有传统媒体人才的专业素质,帮助他们适应媒体融合发展,掌握新技能,实现转型。尤其重要的是,要不断创新媒体人才激励机制、健全人才晋升机制、完善人才流动机制,形成有利于各类人才脱颖而出的机制环境,真正激发促进媒体融合发展的创新创造活力。

五是要继续坚守专业媒体的把关人传统,做好专业媒体人的职业角色。

人们当前获取信息的现实情境是,“这个世界不缺新闻,如果你想看新闻,你上网可以看到很多垃圾”。据《北京日报》提供的数据,2016 年仅全国层面的资讯类 APP 就已超一千个,微博月活跃用户达到 2. 82 亿人,微信公众号也已是千万以上级别。① 随着人类已经进入大数据时代,每天都要面对海量的数据信息供应,急需一套有效的高质量新闻信息甄别选择系统。做到这一点,就必须有专业的媒体、专业的人进行专业的操作,这就是专业媒体从业人员和其他新闻资讯提供者之间的本质区别,即“把关人”的角色。

2017 年 5 月 2 日,国家互联网信息办公室发布新的《互联网新闻信息服务管理规定》,明确将“互联网站、应用程序、论坛、博客、微博客、公众账号、即时通信工具、网络直播”等各类新媒体都纳入正规管理范畴,“互联网新闻信息服务提供者应当设立总编辑”,并要求“相关从业人员应当依法取得相应资质”。② 由此可见,国家对新媒体行业的管理愈加正规、完善,从而使得媒体人

---

① 汤华臻:《“把关人”是媒体最该坚守的传统》,《北京日报》2017 年 5 月 5 日。

② 《互联网新闻信息服务管理规定》,中国网信网,见 http://www.cac.gov.cn/2017-05/02/c_1120902760.htm,2017 年 5 月 2 日。

自身也要更加强化"把关"的理念角色。特别是在随着"互联网+"时代新媒体技术的飞速发展、传统媒体与新媒体边界日益融合的今天,传媒业界相关人士更应该看到自身所应承担的职业及社会责任,做好专业的"把关人",才能够不辜负社会各界对媒体行业权威及公信力的殷切期望。

中国网络安全创新

互联网国际治理的中国智慧

姜　飞

互联网诞生以来如何广普国际、惠及民生已然形成共识。但是,如何实现科学、合理治理,是一个大课题,需要汇集智慧、凝聚共识。互联网治理的复杂性体现在,它不仅仅是一张无远弗届的物理网,互联网本身以及基于互联网信息传输技术革新所带来的社会关系重置、领域边界重构、利益结构重组、国际格局重张等,推动着自"二战"以来所奠定的国际秩序发生重大转变。因此,互联网的国际治理已经成为多个领域共同的前沿课题。

中国自1994年接入国际互联网迄今已历20多个春秋,兼顾互联网治理的国内和国际两大挑战;中国基于互联网发展和治理的过程,从国际传播视角来看,是一个在信息传播基础设施建设方面不断拉近与美西方发达国家差距的过程,是中国网络信息化、信息现代化不断拓展的过程,是一个助力国际传媒、传播新秩序平衡发展,发出中国乃至发展中国家声音的跨文化传播过程。中国有关互联网治理的经验、教训同时指向定国与安邦,也将为互联网国际治理贡献中国智慧。

一、"西强我弱",还是"一强普弱"? 基于互联网的国际传播形势变迁判断

究竟互联网的诞生给中国国内和国际传播形势带来哪些冲击? 世界该如何认识这种国际强弱形势的变迁,并在此基础上调适各自的政策导向?

从中国国内来看,国际传播格局的"西强我弱"局面判断由来已久。这个"西"包括了以美国为首的西方国家,"我"是包括中国在内的第三世界发展中国家。从19世纪美国报刊商业化、20世纪初期广播诞生以及40年代电视诞生以来,美国等西方国家从传统媒体时代就积累了丰富的信息传播经验,形成了独特的传播学和国际传播理论,建构了基于传媒寡头和西方文化话语领导

权、霸权的世界传媒秩序和国际传播格局,这种局面一直延续到20世纪70年代。

“二战”以后风起云涌的全球民族解放运动、反抗殖民主义以及新兴国家的建构,这个传统媒体时代惠及整个西方世界而非全世界的传播格局实质逐渐显现。自20世纪60年代到90年代世界范围内的文化运动,饱含着对于这样国际格局的反思和批判;包括法国、德国等欧洲国家对于来自美国文化产品和传媒的质疑,被美国倡导的“西方盟友”政治想象力量所裹挟并臣服,改变了“二战”以后对于世界传媒秩序反思的理性轨道,包括法兰克福学派对于文化工业,以及包括西方在内的世界范围内对于美国文化霸权批判的声音被“冷战”所设计出来的意识形态魔咒所吞噬,并改变了世界传播力量的格局。自20世纪70年代从部分西方国家内部发起的,以联合国教科文组织为基地的,反抗旧的世界传媒秩序、建构新秩序的运动,因为“冷战”过程中国际阵营联盟需要而被严重压抑,随着一些西方国家退出了联合国教科文组织,新—旧世界传媒秩序和国际传播格局博弈几乎以美国和西方盟友的完胜而告终。回头来看,当时对于这样的一种传播形势的任何不敏感或者误判,都形成极为严重的后果——苏联的解体所带来的国际震动延宕至今,而其中传媒力量的博弈更是被提升到了“第三次世界大战”①的高度来审视,不可不察。

20世纪90年代互联网的诞生和国际化带来崭新的传播体验,信息在物理网上无障碍的传播,实践层面对于“边界”的跨越修正了理论上“边界”的概念。包括海关等一切国家权力的代表,在互联网所代表的世界里日益符号化,国家的边界被互联网的力量所修改,文化的影响渠道也从频道、频率、版面等传统领域抑止,而在个人指尖以及个性化的终端唱响——从理论上来说,只要你有足够的资金、时间和人力,网络空间足够大,容得下所有力量遨游,于是,各个国家投身网络发展的海洋,争先恐后地发展自己,被各自所能跨越的阶段性胜利所迷惑。

但是,飞速跨越了荷尔蒙初期分泌的快速上升以后,网络文化(文化网

① 参见[俄]B.A.利西奇金、Л.A.谢列平:《第三次世界大战——信息心理战》,徐昌翰等译,社会科学文献出版社2003年版。

络)乌托邦想象在权力的边界搁浅——遽然发现各自想象的海洋都没有超出美国设定的规则,大家不过是在某一个国家划定的澡盆里“徜徉”。随着两次世界大战和“冷战”的成功,美国成为世界超级霸权,从文化上已经突破老欧洲主义、欧洲中心主义等瓶颈,成功建构了美国主义、美国中心主义时代。美国实力的一家独大不仅仅绝对性地拉开了发达国家和发展中国家的差距,另外,也通过在信息传播领域的垄断不断拉大美国和其他西方盟友之间的差距。尤其是在互联网领域,全球 13 台控制互联网的根服务器,10 台都在美国,控制了全球互联网的开关。2011 年 5 月,主管通信与信息事务的美国商务部助理部长劳伦斯·斯特里克林(Lawrence E.Strickling)明白无误地宣称:“美国坚定不移地反对建立一个由多个民族国家管理和控制的互联网管控结构。”同年 6 月,其代理机构再次斩钉截铁地声明:“美国将继续扮演历史赋予它的角色。”斯特里克林还说:“我们不会用类似于联合国的契约政体来替代现有的制度。”①

近期发生戏剧性的变化。2016 年 8 月 16 日,美国商务部国家通信与信息管理局(NTIA)致信互联网名称与数字号码分配机构(ICANN):“NTIA 于 2016 年 8 月 12 日收悉 ICANN 提交的互联网号码分配机构(IANA)管理权移交实施状态报告。报告确认管理权移交的所有任务已经或者将于 2016 年 9 月 30 日之前完成。NTIA 全面审查了该报告。经审议,克服巨大困难,NTIA 意愿允许 IANA 功能合同于 2016 年 10 月 1 日到期。”这样一个标签性的“意愿允许”所带来的沸腾实在与现实的骨感不匹配:现任总统马上到任以及美国相关两院冗长的辩论和程序。

务实的思路是,需要静观后效。但是,国际社会有必要以互联网而非传统媒体传播为支点,对国际传播形势的变迁进行深入研判后重新出发已然形成共识。我们看到,此前基于传统媒体优势所建构起来的美国和西方盟友共享的世界传媒和国际传播旧秩序,在互联网时代,依然是美国一家独大;并且,美国誓言不会放弃对于互联网国际治理的专属权力,把互联网及其延伸均视为

---

① [美]丹·席勒:《互联网时代,国际信息新秩序何以建立?》,常江译,《中国记者》2011 年第 8 期。

其专属区域,如此,以往的“西强我弱”国际传播格局演变成“一(美)强普弱”的局面。

这样的一种形势,我们看明白了。但是,它是否是一个巨大的冰桶,冷却那些跟着大哥跑得大汗淋漓的小弟们?从此,推动世界传媒和传播新秩序重构的路上,是否能够再次看到他们的身影?

二、“主权安全”,还是“法外之地”?中国提出国际网络治理的基本原则

当今世界,互联网发展对国家主权、安全、发展利益似乎都提出了新的挑战,必须认真应对。虽然互联网具有高度全球化的特征,但每一个国家的发展道路是基于其独特的历史、文化和资源等综合要素,无法统一的。基于此,新兴传播技术所提供的便利在坚持普惠的原则下,貌似也不能侵犯各个主权国家的信息主权权益。在信息领域很难设定双重标准,各国都有权维护自己的信息安全,不能一个国家安全而其他国家不安全,一部分国家安全而另一部分国家不安全,更不能牺牲别国安全谋求自身所谓绝对安全。

这样的判断是理性和客观的。互联网作为20世纪最伟大的发明之一,把世界变成了“地球村”,深刻改变着所有人的生产生活,有力推动着社会发展,具有高度全球化的特性。中国对于互联网的安全性是比较敏感的,也提升到一个很高的高度来认识。通过技术追赶,产业升级,媒体融合,资本介入等手段,积极推进信息传播基础设施建设,把核心技术掌握在自己的手中,掌握竞争和发展的主动权,努力“打破受制于人的局面”,建设网络强国,维护网络空间主权。并且,建设网络强国的战略部署是与“两个一百年”奋斗目标同步推进,向着网络基础设施基本普及、自主创新能力显著增强、信息经济全面发展、网络安全保障有力的目标不断前进。

同时,信息传播法制环境建设稳步推进:中国的治网之道最根本的就是坚持依法治网,把互联网从法律方面完善起来,整章建制,净化环境。从基本精神上提出,加大依法管理网络力度,加快完善互联网管理领导体制,确保国家网络和信息安全。其次,从原则上阐明,制定《中华人民共和国网络安全法(草案)》是为了“保障网络安全,维护网络空间主权和国家安全、社会公共利益,保护公民、法人和其他组织的合法权益,促进经济社会信息化

健康发展”①;进而,《中华人民共和国国家安全法》也重点强调了维护国家网络空间主权、安全和发展利益的原则,以及加强网络与信息安全保障体系建设、加强网络管理,防范犯罪的关切。② 第三,基于信息安全的关切再次提升到刑法层面,对于利用信息网络实施犯罪进行具体处罚规定。③ 这一切不断强化这样一个声音,中国是网络安全的坚定维护者,网络这块“新疆域”不是“法外之地”,同样要讲法治,同样要维护国家主权、安全、发展利益。

三、“开放共治”,还是“单边主义”? 中国积极推进国际传播能力建设,与世界其他国家合作推动改革国际传播格局

网络的诞生,推动着传统媒体和现代新兴媒介的互联互通,政治格局、人际交往、商业活动的无缝衔接,主流、精英和草根文化的同台献艺,国际、国内信息交流的往来无碍,通过信息供给侧的创新更新了传播生态,体现并呼唤着一种广泛的、自由的、负责的互联网治理精神。我们看到,互联网俨然已成为国际重器,类似核武器的研发和拥有,急需一种国际大国合作精神进行合理规约。

60 多年前,万隆会议上,周恩来代表中国政府提出国际关系和平共处五项原则,代表了第三世界国家、一个时代的心声。此外,《联合国宪章》确立的主权平等原则是当代国际关系的基本准则,覆盖国与国交往各个领域,其原则和精神奠基于“二战”后基本的国与国的物理边界和国际秩序,同理,也应该适用于网络空间。但是,“一强普弱”的国际传播格局下,在某种程度上美国已经在承认和推动互联网传播无边界的前提下,率先忽视乃至否认了联合国秩序下国与国之间的物理边界,换句话说,率先挑战了“二战”以来的国际秩序,这个道理始终引而不发,到哪儿说理去? 互联网上国家利益的博弈渐趋激烈,似乎愈加需要一个赛博空间中国与国的行为原则。

能否充分信任美国单凭一己之力即可将世界互联网信息的流动管理好? 其他国家政府对此一直深感疑虑。在一场多边论坛,即 2003—2005 年间的信

---

① 《中华人民共和国网络安全法(草案)》,第十二届全国人民代表大会常务委员会第十五次会议初次审议,2015 年 6 月。

② 《中华人民共和国国家安全法》,第十二届全国人民代表大会常务委员会第十五次会议通过,2015 年 7 月 1 日。

③ 《中华人民共和国刑法修正案(九)》,第十二届全国人民代表大会常务委员会第十六次会议通过,2015 年 8 月 29 日。

息社会世界首脑会议上，反对的声音初露端倪。及至2011年，当美国商务部就是否对既存域名系统的管理与分配方式做出调整而征询民众意见的时候，反美浪潮再次喷发。尽管包括思科、谷歌和威瑞信在内的互联网公司支持美国继续对域名实施单方面管控，但若干主权国家却提出了截然相反的观点，主张彻底更换现有的“单边全球主义”。例如，肯尼亚政府提出要从美国管控的模式中“切换”出来，转而拥护信息社会世界首脑会议通过的“突尼斯宣言”。印度政府则声称，对域名系统资源的控制权应该“扩大，以使整个生态系统和人类社区能够参与审阅工作”。埃及发表声明称，目前的控制结构“就是……一个与世隔绝的黑匣子”，须“增加其面对整个社会的透明度和责任感”。与美国拥有漫长边界线的墨西哥的通信部部长发表了类似的观点：“我们相信，增强透明度与责任感是有必要的”，而且还应确保互联网的控制结构能够真正代表多数国家的利益。中国互联网络信息中心谋求通过建立“一个真正独立的组织”来实现既有域名管理模式的转型。①

换这个角度来看国际传播形势，国际社会似乎能够更好理解中国媒体出现在国际传播空间里所肩负的平衡使命？中国也似乎应该能够找到更加普适性的话语来增强我们国际传播的动力？我们似乎也有理由相信，随着那些与互联网同时诞生的新生代网民的成长，互联网所提供的那种广泛、自由、负责的精神也应该会转化为一种社会化动力，加深人们对国际挑战的共识，甚至形成某种“全球公众舆论”力量，将“精神”、“原则”与行动综合体现在中国提出的新的四项原则中：对于网络主权的尊重、对于和平安全的维护、对于开放合作的促进、对于良好秩序的构建。这四个方面是推进全球互联网治理体系朝向科学、合理变革的理性精神，是确保互联网普惠、开放、共享精神落到实处的原则，也是确保互联网发展以及基于互联网所推动的资源重组、产业升级和实体领域新兴发展可持续性的基本保障。秉此精神和原则，打造“和平、安全、开放、合作的网络空间，建立多边、民主、透明的国际互联网治理体系”，全球互联网治理中提出的“中国方案”所呈现的美好愿景可期。

---

① [美]丹·席勒：《互联网时代，国际信息新秩序何以建立？》，常江译，《中国记者》2011年第8期。

捍卫网络主权　有效值守“信息边疆”

王新涛

2016年1月6日,中国互联网协会发布的《2015中国互联网产业综述与2016发展趋势报告》显示:截至2015年11月,中国手机上网用户数已超过9.05亿人,中国互联网宽带接入用户超2.1亿人。

毋庸置疑,中国已经成为世界第一网民大国。然而,中国这个世界第一网民大国,在捍卫网络主权方面,还是一个互联网弱国。在经济全球化和信息网络化大潮中,西方发达国家凭借经济强势和科技优势,特别是信息网络技术的优势,已抢占了网络舆论话语的先导权,西方网络巨头甚至垄断了全球网络舆论话语权。2014年12月初,总部在柏林的“透明国际”发布2014年全球“清廉印象指数”,中国的得分比2013年低了4分,排名也从第80名降到第100名,外交部发言人华春莹随即主持例行记者会评论称,2014年中国“清廉印象指数”评分和排名与中国反腐败取得举世瞩目成就的现实情况完全相背、严重不符,中国反腐败工作取得的明显成效自有人民群众的公正评价,不以透明国际“清廉印象指数”为标准——这就是中国缺乏国际话语权的一个典型例证。

随着互联网的深度普及,网络空间已经成为没有硝烟的战场,网络主权已经成为国际社会真实而客观的实践。但如果连话语权都没有,谈何网络主权?在网络信息的流动中,虽然互联网没有国界,但互联网背后的信息交流传播主体却有国界,因此而产生的“信息边疆”对一个国家来说,和传统的确保领土、领海和领空安全同等重要,是无形的“第四边疆”。尽管网络主权的概念在国际社会中仍有争议,提法也不尽相同,但无一例外,各国都严厉管制本国的网络,以防“第四边疆”受到外部干涉。正因为如此,网络主权实际上已经成为一国国家主权在网络空间中的自然延伸和表现,对内指的是国家独立自主地发展、监督、管理本国互联网事务，对外指的是防止本国互联网受到外部入侵和攻击。

一、“信息边疆”是一个国家无形的边疆

目前，“没有网络安全，就没有国家安全”已是世界各国的共识：谁拥有制网络权，谁就可能守住“信息边疆”，进而拥有国家安全；谁失去了制网络权，谁就可能守不住“信息边疆”，进而失去国家安全。正因为有这个共识，第六十八届联合国大会第四次评审并通过的《联合国全球反恐战略》中，根据中国提出的修改意见，首次写入了打击网络恐怖主义的内容。

第一个提出“网络恐怖主义”一词的，是美国加州情报与安全研究所资深研究员柏利·科林。同年，也就是 1997 年，美国联邦调查局专家马克·波利特对这一概念进行了补充。柏利·科林认为，“网络恐怖主义”是网络与恐怖主义相结合的产物；马克·波利特认为，“网络恐怖主义是有预谋的、有政治目的的针对信息、计算机系统、计算机程序和数据的攻击活动，由次国家集团或秘密组织发动的打击非军事目标的暴力活动”。那之后，“网络恐怖主义”一词的定义不断得到补充和完善。

“9·11”恐怖袭击发生后，一场以美国为首的反恐战争在全球范围内打响。当人们庆祝恐怖分子纷纷落网时，网络上却不断出现各种恐怖文字、图片和视频。同时，以侵扰电脑网络、破坏国家关键设施、危害人们生命财产安全为特征的“网络恐怖主义”越来越受到关注。反恐专家警告说，恐怖活动已经蔓延到互联网上，网络恐怖主义已成为信息时代恐怖主义手段和方式发展的新领域，成为非传统安全领域挑战国家安全的新的全球性问题。国际社会也就“网络恐怖主义”达成共识：恐怖组织的一切与网络有关的活动，都可以列入“网络恐怖”范畴，包括恐怖宣传、招募人员、传授暴恐技术、筹措资金、组织和策划恐怖袭击、实施网络攻击和破坏等，都应视为危害社会公共安全的行为。而如何应对网络恐怖主义，也成为世界各国面临的一个共同课题：网络环境的复杂性、多变性，以及信息系统的脆弱性，决定了网络安全威胁的客观存在；也正是网络本身的特性及网络安全的脆弱性，为恐怖主义提供了更大的活动空间和更隐蔽有效的攻击手段。对恐怖分子来说，互联网极有利于他们发动心理战和宣传战。据美国参议院国土安全和政府事务委员会 2008 年报告

称,"基地"组织遍及全球的多层面网络宣传网主要依靠四大媒体中心开展网上宣传,制作的宣传品包括使用图示、声效、标语、字幕和动画等记录恐怖袭击全过程的录像,以及各种网络杂志、实时新闻、文章、白皮书甚至诗歌等,不仅在上传互联网之前要送到有关部门核验,还要确保信息实时更新。不仅如此,恐怖分子还利用互联网讨论绑架和杀害人质的技巧,培训新生恐怖分子。

基于这些原因,当时,国际上有关人士就曾推测,在国际政治斗争和经济竞争日趋复杂化、多样化的大背景下,随着信息网络技术的不断发展,未来网络恐怖主义攻击的可能性会大大增加,其主要目标可能是互联网最广泛且脆弱性最大的全球金融证券交易网络系统,以及关系到国计民生的信息通信、电力与交通等网络系统——几年来,这个推测已经被证实:在2008年印度孟买爆炸案中,利用全球定位系统和谷歌地图掌握目标地形后,恐怖分子利用黑莓手机实时了解政府的应对部署;网络恐怖主义领袖特苏里曾盗取过3.7万张信用卡,总额达350万美元,号称"网络007";2013年9月,肯尼亚首都内罗毕西门购物中心恐怖袭击事件的制造者,还利用网络对袭击事件进行了"推特直播";2013年4月23日,"叙利亚电子军"盗取美联社官方推特账号,谎称"白宫发生两起爆炸,奥巴马受伤",美股市应声大幅波动,损失约2000亿美元……

当网络恐怖主义正成为国家安全、国际政治与国际关系中一个新的突出问题时,人们不仅要从技术角度高度重视"信息边疆"的安全,更应从政治与国家安全的战略层面予以密切关注。确保"第四边疆",也就是无形的"信息边疆"的安全,对一个国家来说,和传统的确保领土、领海和领空安全同等重要。甚至可以说,"第四边疆"的安全,关系着一个民族、一个国家在信息时代的兴亡。

二、有效值守"信息边疆"的深远意义

飞速发展的互联网,既为人类带来了巨大的便利和财富,也创造了一个继陆、海、空之后的全新空间——网络空间,并对实体空间以及全球政治、经济、军事、文化产生了"一网打尽"的巨大影响。因此,捍卫网络主权,扎牢网络边疆的篱笆已成当务之急。据中国之声《全球华语广播网》报道,联合国裁军研究所2013年4月27日透露的最新调查结果显示,当时已有46个国家组建了

网络战部队，这一数量约相当于全球国家数量的1/4。可见，捍卫网络主权，已像捍卫国家陆地、海洋、天空主权一样，成为国家利益的核心组成部分——不过，由于网络主权方面国防意识的普遍淡漠，在现实生活中，有形空间国家主权受到挑战，往往会引起举国关注，而对无形空间国家主权受到的挑战，则不容易引起重视。

既然有网络主权，就必然存在网络边疆，因为任何主权都是相对一定范围内而言的。大到一个国家的网络基础设施、国家专属的互联网域名以及金融、电信、交通、能源等关系国计民生的国家核心网络系统，小到个人网银密码、计算机防火墙等，均应视为国家网络边疆的重要组成部分，不允许肆意破坏。而网络边疆的值守过程则是一种授权关系，即必须符合要求、得到允许，方能进入；否则，不能进入。如果别有用心的人采取不法手段，突破防火墙和密码限制，将会引起严重后果。网络边疆虽似无形，但与国家安全和个人的生活息息相关。这与传统边疆仅仅依靠军队守护不同，它需要军民联防共守，举国合力维护。

据新华网2015年7月28日报道，美国总统奥巴马负责国土安全和反恐事务的高级顾问莉萨·莫纳科当天表示，美国国家安全局前承包商雇员爱德华·斯诺登的行为涉及“窃取和泄露”美国机密信息，给美国国家安全造成“严重后果”，斯诺登应该为自己的行为承担后果，回到美国接受审判，而不是逃避。此前，中国日报网2014年10月11日曾报道，爱德华·斯诺登披露美国国家安全局（NSA）最高级别的“核心机密”行动，称NSA在中国、德国、韩国等多个国家派驻间谍，并通过“物理破坏”手段损毁、入侵网络设备，甚至在北京设置了“定点袭击前哨站”，对中国的监控项目还获得了中央情报局（CIA）、联邦调查局（FBI）和国防情报局（DIA）的支持。

从斯诺登的爆料可以看出，我国核心信息网络存在着较大的安全隐患，而且网络面临的威胁状况还在恶化，网络边疆安全形势亟待改观。随着全球加速融入一张看不见的网络之中，网络疆域的经营、网络边界的安全，已关系到一个国家、一个民族在信息时代的兴亡，这个由网络及其附属设施建构的空间，虽然没有海关界碑，没有堑壕堡垒，但国家、民族的政治安全、经济安全、文化安全和军事安全等都越来越依赖于对无形网络“领土”的有效管辖和治理。

鉴于此，我国建造巩固的网络边疆，其意义远远超过历史上建造万里长城。

三、有效值守“信息边疆”的前提和路径

与传统实体空间相比，网络空间具有虚拟性、无界性、连通性。然而，网络空间的这些特性并不能抹杀网络边疆存在的现实性和捍卫网络边疆安全的严肃性。网络是中性的，谁利用它，它就会为谁服务。在国家网络安全建设上，必须树立“防不胜防更要防”的理念，认清网络安全防范是一项系统工程，具有很强的战略性、前瞻性、对抗性和融合性，坚持从培养网络主权意识、打造安全可信的网络环境做起。

培养强烈的网络主权意识，是实现网络安全、有效值守“第四边疆”的前提。国家主权覆盖范围随着人类活动空间的拓展而拓展，从最初的陆地逐渐向海洋、天空延伸。这一点，已经得到了国际社会的普遍认可和尊重。网络空间出现后，国家主权必然再向网络空间延伸，网络主权自然而然成为国家主权的全新内容和重要组成部分：早在2003年12月12日举行的信息社会世界首脑会议日内瓦阶段会议上，各国领导人就通过了题为“建设信息社会：新千年的全球性挑战”的信息社会世界首脑会议《原则宣言》，为形成中的信息社会奠定了基础；2013年联合国信息安全政府专家组报告明确地提出了网络主权原则，其具体内容是：国家主权和由国家主权衍生出来的国际准则与原则，适用于国家开展的信息通信技术相关活动，也适用于各国对本国领土上信息通信技术基础设施的司法管辖。

我国在2010年《中国互联网状况》白皮书中就已经指出，互联网是国家重要基础设施，中华人民共和国境内的互联网属于中国主权管辖范围，中国互联网主权应受尊重和维护。2014年11月，中国国家主席习近平在首届世界互联网大会致贺词中表示“中国愿意同世界各国携手努力，本着相互尊重、相互信任的原则，深化国际合作，尊重网络主权，维护网络安全，共同构建和平、安全、开发、合作的网络空间”。2015年12月16日，中国国家主席习近平在第二届世界互联网大会开幕式主旨演讲中提出，推进全球互联网治理体系变革要坚持尊重网络主权，尊重各国自主选择网络发展道路、网络管理模式、互联网公共政策和平等参与国际网络空间治理的权利，不搞网络霸权，不干涉他

国内政,不从事、纵容或支持危害他国国家安全的网络活动。

现实生活中,有形空间国家主权受到挑战,往往会引起举国关注,激起国人强烈愤慨,而无形空间国家主权受到的挑战,则不容易引起关注。实际上,通过网络攻击一个主权国家,与通过陆、海、空、天实体空间攻击一个主权国家,在本质上是一样的,所以,如果没有"第四边疆"理念、不在网络主权方面树立国防意识,后果非常严重。

而打造安全可信的网络环境,是实现网络安全、有效值守"第四边疆"的根本途径,更是打赢未来网络战的根本保证。正因为如此,为了强化网络空间安全培训机制、形成网络防御整体能力,必须从网络技术和人文精神两方面入手,打造我国安全可信的网络环境,研发自己的可信软件,研制自己的可信系统。并在此基础上,形成多层次、多部门、多要素联合的网络防御整体能力。比如,可常态化地组织国家级、地方级、行业级联合网络防御整体演习,以全面检验国家、行业网络联合防御整体筹划能力和实战能力,从机制、体制、技术、管理等方面,在多要素、多层次上提前运筹实施,把主动防御和纵深防御相结合,制定我国网络空间安全战略等。

网络空间不是"法外之地"

谢永江

网络安全观,是人们对网络安全这一重大问题的基本观点和看法。什么是正确的网络安全观?总的看来,要树立正确的网络安全观,应当把握好以下六个方面的关系。

一、网络安全与国家主权:承认和尊重各国网络主权是维护网络安全的前提

国家主权是国家的固有权利,是国家独立的重要标志。网络主权或网络空间主权是国家主权在网络空间的自然延伸和体现。对内而言,网络主权指的是国家独立自主地发展、管理、监督本国互联网事务,不受外部干涉;对外而言,网络主权指的是一国能够平等地参与国际互联网治理,有权防止本国互联网受到外部入侵和攻击。习近平总书记指出:"《联合国宪章》确立的主权平等原则是当代国际关系的基本准则,覆盖国与国交往各个领域,其原则和精神也应该适用于网络空间。"目前,网络主权的观念已经得到多数国家的认可。网络空间不是一个如同传统的公海、极地、太空一样的全球公域,而是建立在各国主权之上的一个相对开放的信息领域。

对于网络霸权国家来讲,最好没有网络主权,这样它可以自由出入于网络空间的每个节点和角落,但对于其他国家而言,网络主权却是管辖本国网络、维护本国网络安全的前提。若没有网络主权,网络安全也就失去了根基。承认和尊重各国网络主权,就应该尊重各国自主选择网络发展道路、网络管理模式、互联网公共政策和平等参与国际网络空间治理的权利;就不得利用网络技术优势搞网络霸权;就不得借口网络自由干涉他国内政;就不得为了谋求己国的所谓绝对安全而从事、纵容或支持危害他国国家安全的网络活动。

二、网络安全与国家安全:没有网络安全就没有国家安全

随着网络信息技术的迅猛发展和广泛应用,特别是我国国民经济和社会信息化建设进程的全面加快,网络信息系统的基础性、全局性作用日益增强。网络已经成为实现国家稳定、经济繁荣和社会进步的关键基础设施。同时必须看到,境内外敌对势力针对我国网络的攻击、破坏、恐怖活动和利用信息网络进行的反动宣传活动日益猖獗,严重危害我国国家安全,影响我国信息化建设的健康发展。网络安全是我们当前面临的新的综合性挑战。它不仅仅是网络本身的安全,而且关涉到国家安全和社会稳定,是国家安全在网络空间中的具体体现,理应成为国家安全体系的重要组成部分,这是网络安全整体性特点的体现,不能将网络安全与其他安全割裂。

习近平总书记倡导"总体国家安全观",网络安全是整体的而不是割裂的,网络安全对国家安全牵一发而动全身,同许多其他方面的安全都有着密切关系。在信息时代,国家安全体系中的政治安全、国土安全、军事安全、经济安全、文化安全、社会安全、科技安全、信息安全、生态安全、资源安全、核安全等都与网络安全密切相关,这是因为当今国家各个重要领域的基础设施都已经网络化、信息化、数据化,各项基础设施的核心部件都离不开网络信息系统。因此,如果网络安全没有保障,这些关系国家安全的重要领域都暴露在风险之中,面临被攻击的可能,国家安全就无从谈起。

三、网络安全与信息化发展:网络安全和信息化是一体之两翼、驱动之双轮

习近平总书记指出,安全是发展的前提,发展是安全的保障,安全和发展要同步推进。网络安全和信息化是一体之两翼、驱动之双轮,必须统一谋划、统一部署、统一推进、统一实施。这非常经典地概括了网络安全与发展的辩证关系。

在国际上,已经发生了多起因网络安全没有同步跟进而导致的重大危害事件,甚至带来了政府倒台。例如,2007 年四五月间,爱沙尼亚遭受全国性网络攻击,攻击的对象包括爱沙尼亚总统和议会网站、政府各部门、各政党、六大新闻机构中的三家、最大两家银行以及通信公司等,大量网站被迫关闭。2010 年伊朗核设施遭受"震网"病毒攻击,导致 1000 多台离心机瘫痪;"震网"病毒

攻击瘫痪物理设施,引起世界震动。2011年社交网络催化的西亚北非“街头革命”,导致多国政府倒台。2015年12月23日,乌克兰电力基础设施遭受到恶意代码攻击,导致大面积数小时的停电事故,造成严重社会恐慌,这是一个具有信息战水准的网络攻击事件。这些惨痛的教训所反映的共同问题,就是网络安全防护工作没有同步跟进,使得国家政权、基础设施和社会生活面临极大的网络风险。

目前我国网络应用和网络产业发展很快,但网络安全意识不足,网络安全保障没有同步跟上。因此,要在加强信息化建设的同时,大力开发网络信息核心技术,培养网络安全人才队伍,加快构建关键信息基础设施安全保障体系,全天候全方位感知网络安全态势,增强网络安全防御能力和威慑能力,为国民经济和信息化建设打造一个安全、可信的网络环境。

值得注意的是,网络安全是相对的而不是绝对的。考虑到网络发展的需要,网络安全应当是一种适度安全。适度安全是指与因非法访问、信息失窃、网络破坏而造成的危险和损害相适应的安全,即安全措施要与损害后果相适应。这是因为采取安全措施是需要成本的,对于危险较小或损害较少的信息系统采取过于严格或过高标准的安全措施,有可能牺牲发展,得不偿失。

四、网络安全与法治:让互联网在法治轨道上健康运行

伴随着互联网的飞速发展,利用网络实施的攻击、恐怖、淫秽、贩毒、洗钱、赌博、窃密、诈骗等犯罪活动时有发生,网络谣言、网络低俗信息等屡见不鲜,已经成为影响国家安全、社会公共利益的突出问题。习近平总书记指出,网络空间不是“法外之地”;要坚持依法治网、依法办网、依法上网,让互联网在法治轨道上健康运行。

法律通过设定各个主体的权利义务,规范政府、组织和个人的行为,维护正义秩序。网络空间是一个新兴领域,并随着技术的日新月异而不断发展变化,传统的法律难以适应快速发展的网络,网络空间的许多行为和现象有待于法律明确规范。因此有必要加快网络立法进程,明确网络主体的权利义务,规范网民的网络信息行为,依法治理网络空间。

我国当前要尽快出台网络安全法、电子商务法、个人信息保护法、互联网信息服务管理法、电子政务法、信息通信法等网络空间基础性法律,依法保障

网络运行安全、数据安全、信息内容安全,全面推进网络空间法治化建设。

五、网络安全与人民:网络安全为人民,网络安全靠人民

当前的互联网是一个泛在网、广域网,绝大多数网络基础设施为民用设施,网络的终端延伸到千家万户的电脑上和亿万民众的手机上,网络的应用深入到人们的日常生活甚至整个生命过程中。各个网络之间高度关联,相互依赖,网络犯罪分子或敌对势力可以从互联网的任何一个节点入侵某个特定的计算机或网络实施破坏活动,轻则损害个人或企业的利益,重则危害社会公共利益和国家安全。因此,传统的安全保护方法,如装几个安全设备和安全软件,或者将某个个人或单位重点保护起来,已经无法满足网络安全保障的需要。泛在的网络需要泛在的网络安全维护机制。正如习近平总书记所指出的,网络安全是共同的而不是孤立的,网络安全为人民,网络安全靠人民,维护网络安全是全社会共同责任,需要政府、企业、社会组织、广大网民共同参与,共筑网络安全防线。

依靠人民维护网络安全,首先要培养人民的网络安全意识。总体来讲,社会公众的网络安全意识比较淡薄。由于大多数的网络服务都是免费的,人们在尽情享受网络带来的福利时,往往容易忽视网络的安全隐患。因此,培养网民的网络安全意识成为网络安全的首要任务之一,许多国家都将此作为一项战略行动予以重视。例如,美国在2004年就启动了国家网络安全意识月活动;澳大利亚每年设网络安全意识周;日本从小学、中学阶段开展增强网络安全意识的活动;印度推动和发起综合性的有关网络空间安全的国家意识项目,通过电子媒体持续开展安全素质意识和宣传运动,帮助公民意识到网络安全的挑战;韩国设立国家“信息保护日”,在小学、初中和高中阶段加强网络安全教育,以便提高公众意识和扩大网络安全领域的基础。我国也从2014年开始每年举行“网络安全宣传周”活动,帮助公众更好地了解、感知身边的网络安全风险,增强网络安全意识,提高网络安全防护技能,保障用户合法权益,共同维护国家网络安全。

六、网络安全与国际社会:维护网络安全是国际社会的共同责任

全球互联网是一个互联互通的网络空间,网络安全是开放的而不是封闭的,网络的开放性必然带来网络的脆弱性。各国是网络空间的命运共同体,网

络空间的安全需要各国多边参与，多方参与，共同维护。正如习近平总书记所指出的，网络安全是全球性挑战，没有哪个国家能够置身事外、独善其身，维护网络安全是国际社会的共同责任。

各国政府均已认识到保障网络安全需要国际合作。各国应该携手努力，加强对话交流，有效管控分歧，推动制定各方普遍接受的网络空间国际规则，共同遏制信息技术滥用，反对网络监听和网络攻击，反对网络空间军备竞赛和网络恐怖主义，健全打击网络犯罪司法协助机制，共同维护网络空间和平安全。国际社会要本着相互尊重和相互信任的原则，通过积极有效的国际合作，共同构建和平、安全、开放、合作的网络空间，建立多边、民主、透明的国际互联网治理体系。

网络发展、技术创新不能逾越法律红线

——兼论网络、创新、法律之间的关系

刘志飞

一、网络、创新、法律的相辅相成关系

网络的发展日新月异,与之伴随而生的硬件设备飞速更新。每次网络发展都伴随着技术创新与运用创新,从有线网络到移动互联,从2G到5G,既是生产力发展的需要,也是技术创新者孜孜探索的结果。网络——一个虚拟的空间,成为创新的孵化器,网络与创新此二者相互影响,共同推进。法律——一个社会治理工具,网络是社会发展的一部分,自然需要法律的规范治理。创新——一种探索未知的行动,自然会对现有社会和经济秩序提出挑战,挑战意味着超越,超越意味着可能会突破现有法律的规范,同时也为法律的规范对象提供了新的空间。

网络、法律、创新,三者不断挑战彼此,又不断推进彼此的发展,也为彼此的发展提供了可能和保障。

(一)网络为创新提供无限空间和平台

网络发展为社会经济发展、技术更新、人居生活作出了巨大贡献。人类的发展、进步,其实是劳动工具的革新。网络更新日新月异,不断满足人们的生产生活需求,为创新提供了无限可能。

"大众创业、万众创新"已经成为时代发展的最新趋势。《国务院关于大力推进大众创业万众创新若干政策措施的意见》提出,推进"大众创业、万众创新",是发展的动力之源,也是富民之道、公平之计、强国之策,对于推动经济结构调整、打造发展新引擎、增强发展新动力、走创新驱动发展道路具有重要意义。未来将依托"互联网+"、大数据等,推动各行业创新商业模式,建立和完善线上与线下、境内与境外、政府与市场开放合作等的创业创新机制。

网络的发展打破了传统的生产、交易方式，对人们的生产、生活包括思维模式的革新是开创性的。李克强总理在2015年全国两会期间的《政府工作报告》中提出“互联网+”行动计划后，“互联网+”俨然已成为2015年以来互联网行业最为热门的名词，成为各个领域各个行业的口头禅。它代表一种新的经济形态，即充分发挥互联网在生产要素配置中的优化和集成作用，将互联网的创新成果深度融合于经济社会各领域之中，提升实体经济的创新力和生产力，形成更广泛的以互联网为基础设施和实现工具的经济发展新形态。它将促进以云计算、物联网、大数据为代表的新一代信息技术与现代制造业、生产性服务业等的融合创新。

“互联网+”所包含的内容涉及生产、生活的方方面面，既是一种社会经济发展需求，也是一场思维风暴。“互联网+”思维意味着网络为创新提供了无限宽广的平台；“互联网+”不仅正在全面应用到第三产业，形成了诸如互联网金融、互联网交通、互联网医疗、互联网教育等新业态，而且也正在向第一和第二产业渗透。“互联网+”行动计划将促进产业升级，为创新提供新的动力和平台。

（二）网络创新需要法律为之划定红线

法律本身具有滞后性，网络的发展涉及诸多未知领域。网络是把双刃剑，积极作用如“天网”监控设备对刑事侦查的巨大帮助；消极作用如利用网络进行聚众赌博、色情文化传播等非法活动。网络技术的发展需要法律配套制度的更新，适应和规制网络创新中对社会公共秩序和善良风俗的冲击。

网络的发展使得人们的言行能够在瞬间无限传播，要求人们利用网络社交工具如微信等发表意见时谨慎行事，对自己的言行负责。通过网络介质传播没有事实依据的信息，对正常的社会秩序造成不良影响的将面临法律的制裁。因为虚假言论、虚假信息可能会带来民众的恐慌，甚至会破坏正常的社会经济秩序。

2016年2月2日，甘肃省会宁县一男子因在自己的微博中转发有关H7N9的虚假消息，被当地公安机关以涉嫌散布虚假言论扰乱社会公共秩序而教育训诫并处以500元罚款。近年来，随着网络发展和技术创新提供的平台，信息传播速度和范围越来越快、越来越广，其带来的损害后果也越来越严重。这就需要法律规范来划定红线。2013年9月9日,最高人民法院和最高人民检察院公布了《最高人民法院、最高人民检察院关于办理利用信息网络实施诽谤等刑事案件适用法律若干问题的解释》,明确了网络谣言在什么情况下构成犯罪。该司法解释于2013年9月10日起施行,对规范人们的网络行为,打击利用网络非法散布谣言提供了法律依据。

总之,网络的发展已经涉及生产、生活的方方面面。互联网金融、互联网贸易、互联网农业、互联网教育、互联网医疗、互联网品牌等等,网络创新的利用需要法律的规范,为最新的领域划定红线,才能在这个无限发展创新的时代,保护好每一位创新者、受益者的合法权益。

(三)法律为网络空间的创新提供制度保障

法律通过知识产权等无形资产的保护,能够极大地支持和鼓励创新。通过对网络空间中的域名权、信息网络传播权等知识产权的确认和保护,能够对创新者在网络空间的无形资产进行现实的保护,并对其传播过程中所包含的经济利益提供有力的制度设计和保障,推进网络运营和科技创新。

2001年10月27日,全国人大常委会审议并通过了《中华人民共和国著作权法》修正案。此次修改是为了适应计算机网络环境下著作权保护的迫切需要而进行的。该法第十条明确规定了"信息网络传播权",即以有线或者无线方式向公众提供作品,使公众可以在其个人选定的时间和地点获得作品的权利。这是我国首次以法律的方式确立了"信息网络传播权"这一民事权利,该权利是随着网络的发明和发展而通过法律创设的权利。

为了更好地保护著作权人、表演者、录音录像制作者的信息网络传播权,鼓励有益于社会主义精神文明、物质文明建设的作品的创作和传播,国务院于2006年5月18日公布了《信息网络传播权保护条例》,并于2013年1月30日进行了修订,于2013年3月1日起开始施行。与此同时,《最高人民法院关于审理侵害信息网络传播权民事纠纷案件适用法律若干问题的规定》自2013年1月1日起施行,该规定对如何界定侵害信息网络传播权,特别是如何确定网络服务提供者的法律责任进行了规定,给予著作权人的信息网络传播权更加全面的保护。

上述法律保障一方面有利于规范网络行为,维护网络秩序,保护网络创新者的合法权益;另一方面也有利于鼓励创新。正是有了法律的充分保障,才能够更好地激励相关权利人不断开拓进取,通过创新去创造物质财富并实现其人生价值。

二、网络发展、技术创新推进法律制度更新

网络的发展和技术的创新,使得新的利益需要保护,这就需要法律制定者不断通过创设权利,以权利为载体对利益拥有者进行保护。这就为法律制定和司法者提出了新的要求。

(一)法律制度具有滞后性

我国是成文法国家,国家通过制定和颁布法律对社会关系进行调整,对违法犯罪行为进行打击。法律法规的制定有严格的程序要求,这就意味着自法律法规颁布实施之日起,已经落后于时代的发展了。

法律规范的滞后性是指法律规范的变化往往赶不上社会现实变化的步伐,不能及时反映社会现实的本质要求,从而使法律规范调整与社会现实之间出现"空白地带"。社会现实是不断变化发展的,而法律规范却是相对稳定的,法律的稳定性要求法律规范不能朝令夕改。这一方面导致许多亟须规范的社会现象缺乏法律的调整,另一方面也导致产生大量缺乏调整对象和落后于社会现实的法律垃圾。网络空间的高速发展,创新周期的不断缩短,在此过程中对传统的社会秩序所包含的自由、平等、公正既有促进,也有挑战。法律制度如何适应新情况、解决新问题,已经成为一个无法回避的问题。

曾经出现的针对阿里巴巴集团旗下 B2C 电子商务平台淘宝商城因提价而引发的中小卖家"网络围攻"事件,即反映出我国在网络虚拟经济发展中存在的深层次问题,特别是法制建设严重滞后于网络市场发展的问题。也就是说,在互联网经济领域,我们还没有形成完善且有效的反垄断法律体系、知识产权保护体系、经济纠纷调解体系和消费者权益保护体系。

近年来,微博、微信等新型互联网交互工具的出现,为人们的社交提供了极大便利,尤其是微信为人们的言论自由和信息传递提供了新的平台,这也与无线网络的普及有较大的关系。伴随微信的社交功能而产生的"微商"所产生的法律问题如何解决?这将是未来立法者需要关注和考虑的一个问题。以微信为交易平台的诸多化妆品、食品的买卖,各种商品的代购等行为,通过微

信朋友圈进行宣传和交易,物品质量如何保证,交易纠纷如何取证,监管部门如何管理,税收制度如何落实等诸多问题都需要立法者用创新思维应对网络创新。

成文法国家法律制度的滞后性是“先天”的。虽然立法者在立法之初应当考虑法律制度对调整对象的预见性和前瞻性,但是网络技术的迅速发展以及随之而来的生产、生活工具的短周期创新、更新,是立法者无法预见的,这就需要立法者不断制定法律或者修改现有法律法规以适应技术创新所带来的新问题、新情况;也就是说,无线网络的发展带来的工具革新,在倒逼立法制度不断发展。

(二)网络发展极大拓宽了法律制度调整的空间

每一次技术革命都伴随着人类认知领域的拓展以及生产、生活方式的变化。第三次技术革命的发展,电子计算机的出现,以及随之而来的网络大数据的发展,对人们生产、生活的巨大影响是前所未有的。生产模式的革命性发展,打破了行业传统运营模式,也为法律制度的调整对象提供更加广阔的空间。信息网络传播权的发展,促使法律对复制权的新解释,对著作权、商标权、专利权等传统知识产权的保护,从有形载体向网络空间拓展。以侵害著作权为例,网络的发展和软件的创新在方便人们生产、生活的同时,也使得侵权更加便利,如何进行全面保护成为法律制度面对的新问题,这也将拓宽法律制度的调整空间。

利用微博、微信等进行的网络交易不应成为法律规范的“真空”地带。传统的利用交易场所进行交易的行为,正在受到移动社交电商的冲击。移动社交电商主要是以移动数据网络的发展作为基础支持的,移动化和社交化是其显著特征。移动互联网已经重新定义了消费者获取信息的方式与品牌交互的方式,消费者越来越期待通过移动智能设备和企业直接进行互动沟通。最有效的办法就是利用移动社交媒体与目标消费者建立直接联系,并通过一系列营销策略引爆社群或圈子,从而形成有情感附着力、价值观趋同度、彼此尊重的态度、优质且充实内容的口碑营销。比如滴滴出行软件就降低了从业门槛,便利了出行者,但同时也对多年来的出租车行业的规则造成了极大冲击,形成了法律法规需要对相关问题进行规范的新情况。

诚如前文所述，法律本身是具有滞后性的，网络发展、技术创新产生的新情况、新问题，极大地拓宽了法律制度调整的空间。

（三）网络发展和创新对立法和司法者的新要求

网络发展拓展了法律法规需要调整的空间，需要立法者不断适应和调整以网络为载体的高频率创新所出现的新法律关系和社会矛盾。网络带来的生产生活方式日新月异，创新带来的生产工具更新周期越来越短，需要司法者不断学习和掌握新技术所带来的新法律关系，进而定分止争，化解矛盾。

在“互联网+”时代，互联网立法、司法均面临着一系列挑战，这在版权保护制度方面的挑战尤为明显。比如，内容提供网站未经许可直接上传文字、音乐、影视、软件等作品，以及电子商务平台等销售侵权盗版作品、网络服务商传播侵权盗版作品等。此类纠纷往往涉及网络技术和软件工具，一方面涉及的专业知识较多，需要跨专业的复合型人才才能全面、准确把握案件事实；另一方面涉及的利益主体更加多元，有权利主体、网络用户、网络服务提供者等，权利、义务、责任的划分更加困难。

针对网络领域的立法，需要立法者在立法时不仅要考虑法律问题，还要考虑相关网络技术，进而确定法律规范的可执行性；同时因为网络创新周期缩短，新矛盾、新纠纷不断出现，立法者需要从法律的稳定性出发，考虑针对网络立法的前瞻性，使法律不会在短时间内便无法应对不断出现的新情况；与此同时，针对司法者的要求也更高。立法者针对的是制度设计，司法者则是在运用法律。司法者面临的问题更加具体，需要解决的矛盾更加尖锐。司法者需要对法律规范通过文义解释、体系解释、目的解释等方法，同时考虑法律定分止争之功能，兼顾公平正义之原则，进行准确适用。我国虽然是成文法国家，但对案件审理的关注往往更能影响和冲击民众的内心和行为，因为它比较真实、具体，易于传播；同时，司法系统的信息化建设，在便利司法工作的同时，也为司法者提出了新要求，比如庭审的直播需要提高庭审驾驭能力，裁判文书上网公开需要提高文书质量等，因而司法机关也是网络创新的受益者。

三、网络发展、技术创新不能突破法律红线

（一）技术中立的适用

技术只是为生产、生活的变革提供了新的工具，但技术的发展也具有其积

极和消极的两个方面。“技术中立”是1984年美国最高法院在“环球电影制片公司诉索尼公司案”中确立的,也被称为“索尼标准”或“索尼原则”。根据该原则,如果“产品可能被广泛用于合法的、不受争议的用途”,即“能够具有实质性的非侵权用途”,即使制造商和销售商知道其设备可能被用于侵权,也不能推定其故意帮助他人侵权并构成“帮助侵权”。

关于“技术中立”的适用问题,前不久发生的“快播案”即是一个很典型的案例。在“快播案”的审理过程中,诉辩双方针对快播软件作为网络技术提供方是否为“技术中立”进行了激烈辩论,网民通过各种渠道也对此案发表了各自的看法。“技术中立”是对技术提供者的保护。2001年,在第一个由于提供P2P技术被起诉的Napster公司案件中,美国法院曾对“索尼原则”作出修正,认为Napster实际提供的是一种服务,而非产品本身,衡量的标准之一就在于服务商对于内容是否具有“持续性控制”。判决结果是Napster停止在音乐方面的侵权,案件未涉及刑事责任。相信此类案件会随着网络的发展和技术的创新越来越多,如何寻找技术创新带来的挑战与传统价值观念之间的冲突与平衡,将是未来必须面临和解决的问题。把握标准过宽,可能会纵容新技术的不当利用,有损公序良俗、阻碍社会发展;而标准过于苛刻,则可能会不利于鼓励技术创新,同样会影响社会进步,这就需要通过法律法规的调整作用,同时考虑社会主流价值追求,不断通过一些典型案件对此类社会活动进行指导。

技术本身并无善恶之分,技术创新也是必需的和不可阻挡的,随着新技术的不断发展,将会有很多不可预见的情形不断出现,法律不可能也不应当限制技术发展,法律必须尽可能地对技术的发展具有一定的前瞻性,使法律法规相对于迅速发展的技术尽可能稳定。

(二)网络的发展和技术的创新不能突破法律红线

法律制度是指一个国家或地区的所有法律原则和规则的总称,它是调整社会关系、进行社会管理的工具之一。依法治国是党领导人民治理国家的基本方略。依法治国要求我们依照体现人民意志和社会发展规律的法律治理国家,而不是依照个人意志、主张治理国家;依法治国要求国家的政治、经济运作,社会各方面的活动统统依照法律进行,而不受任何个人意志的干预、阻碍或破坏。

创新是对未知领域的不断探索。它需要按照社会价值观对其发展所带来的新情况进行法律评估;需要不断对新兴空间和权利进行确认、保护,如果符合社会经济发展和公序良俗,要大力弘扬;如果对社会公共利益和价值观念有所损害,则需要法律进行规制。

随着互联网技术的渗透,设备越来越轻便化,特别是智能终端的出现,民间金融被互联网化,发展到“2.0 时代”;人工智能物联网将催生融合金融,再进一步是绿色金融、法治金融,即是“3.0 时代”。互联网金融创新的风险在于:互联网非面对面、虚拟性的特征,对此,我们要强化实名认证。互联网业务的便捷性存在风险,必须以安全性为前提。公开透明是互联网的基础特征,但互联网的远程交易又削弱了真实性和有效性,必须接受监督。金融机构不能利用自身的业务优势侵犯用户的权益。互联网业务的风险与收益并存,但追求利益不能突破法律的红线。在利用网络进行技术创新,利用技术创新从事经济活动或者其他活动时,法律是一条不可逾越的红线,必须严格遵守,才能真正发挥网络创新为人类社会进步服务的积极作用。

四、网络发展、技术创新需要法律保驾护航

中国互联网协会秘书长卢卫曾经表示,如果把中国互联网看作一艘迎风破浪的巨轮,那创新与规范就好比是推波前行的双桨。一方面,创新是互联网的基因和灵魂;另一方面,互联网市场离不开规范和秩序。这段话把网络与法律关系讲得非常形象、透彻。

(一)虚拟空间的新权利需要立法予以确认,方能在社会经济生活中进行转让、许可使用,进而产生经济利益,这也是创新者不断探索的动力之源

法律对新权利保护的第一步是创设权利,确认权利的存在后,通过对权利进行系统的保护性规定,进而保护权利所有者的正当利益。我国已有网络立法中,过于注重对网络环境的法律规制,主要篇幅往往用于规定各类禁止性行为或义务性行为,而较少有确认网络主体相关权益尤其是新型权利的规定。即使是设置“权利”的条款,也都属于赋予行政机关各种“公权”的条款,即赋予行政机关针对网络违法行为的各种职权,而并未确认网络主体所应有的网络民事权利。

作为对现实世界的延伸与反映，网络空间中的许多新型权利虽然无法准确归类于某种传统民事权利类型，但对于网络生活秩序的稳定至关重要。比如网络游戏中作为交易对象的“点卡”、“金币”、“装备”等，此类数字化、非物化的虚拟财产在数字化的网络空间中很常见，但是如何对其进行充分保护则是亟须解决的新问题。

面对越来越多的虚拟财产纠纷，我国的立法表现出明显的滞后性。已经颁布和实施的《全国人民代表大会常务委员会关于维护互联网安全的决定》、《中华人民共和国计算机信息系统安全保护条例》等法律法规和行政规章中，网络虚拟财产的保护也是一片空白。究其原因在于：现行法律包括《宪法》和《民法通则》只对公民的合法收入、储蓄、房屋和其他合法财产予以认可，而并没有对虚拟财产的合法性作出明确规定。我国的《消费者权益保护法》中并没有对玩家的虚拟财产的数据资料的相关权益做出规定，玩家对指代其虚拟财产的数据的权利也不属于《消费者权益保护法》所规定的九项消费者权利中的任何一项，这便出现了很多玩家在丢失财物后投诉无门的现象。因此，为了保护网络游戏者的合法利益，促进网络事业的健康发展，加快解决网络虚拟财产的合法性认定、制定保护网络虚拟财产的相关性法律法规等关键问题，已迫在眉睫。

由于当前我国没有具体的法律法规对网络虚拟财产进行有力的保护，在现实生活中，关于网络虚拟财产的纠纷日渐增多，并且出现了一系列恶性案件。因此网络空间的发展，需要法律制度的跟进，一方面从法律上对某些新的财产利益发展到一定程度后，通过法律创设的方式，确认其为法律上的权利；另一方面为其创设系统性全方位的保护性规定，为其参与社会经济生活保驾护航。

（二）规范也是一种保护

无规矩不成方圆。法律规范既能保护自己，也能提高社会交往的效率，对社会整体的发展进步的作用是巨大的。人们对自己的行为具有了一定的预见性之后，知道了红线所在，其行为才能有安全感。就像沙漠中行走，法律就是划定流沙的红线，能够防止创新者陷入流沙而无法自拔。

法律对网络空间的规范，既体现了对经济社会秩序的调整和规范，也体现了对创新者权利的保障。十字路口有了红绿灯的指挥,才有了交通的井然有序。一旦偶尔交通指示灯故障,往往会出现交通混乱,这与人们的素质高低无关,而是因为没有了统一协调的指挥导致的后果。如前文所讲,网络的发展充满了无限可能,创新无处不在、无时不在,对未知领域的探索使得人们的生产、生活无时无刻不在发生着各种各样的变化。交通指示灯不可能规范到人们尚未到达的区域,人们到达的区域也并非全都有交通指示灯在进行指挥。只有某一路口事故多发之后,方能引起人们的关注,进而进行指示灯的架设,这种架设恰恰是为了保护过往的行人和车辆的安全。同样的道理,充满无限创新可能的网络在它所开拓的每一个区域都需要法律法规的规范,这种规范不仅仅是一种制约、约束,更是一种保护、保障。

法律是网络安全、网络创新的制度保障。离开了法律这一强制性规范体系,信息网络安全技术和管理人员的行为都失去了约束和保护,再完善的技术和管理手段都是不可靠的,即使相当完善的安全机制,也不可能完全避免非法攻击和网络犯罪行为。信息网络安全法律告诉人们哪些网络行为不可为,如果实施了违法行为,就要承担法律责任,构成犯罪的还要承担刑事责任。一方面它是一种预防手段;另一方面它也以其强制力为后盾,为网络安全和技术创新的使用构筑起最后一道防线。

透过美国“棱镜门”事件看如何维护国家网络主权

曾 哲

《美国爱国者法案》(*USA PATRIOT Act*)是2001年10月26日由美国总统乔治·沃克·布什签署颁布的国会法案,正式的名称为“Uniting and Strengthening America by Providing Appropriate Tools Required to Intercept and Obstruct Terrorism Act of 2001”,即“使用适当之手段来阻止或避免恐怖主义以团结并强化美国的法律”,英文首字缩写简称为“USA PATRIOT Act”,而“patriot”也是英语中“爱国者”之意。

这个法案以防止恐怖主义为目的,扩大了警察机关可管理的活动范围。根据法案的规定,警察机关有权搜索电话、电子邮件通信、医疗、财务和其他种类的记录;减少对于美国本土外国情报单位的限制;扩张美国财政部部长的权限以控制、管理金融方面的流通活动,特别是针对与外国人士或政治体有关的金融活动;并加强警察和移民管理单位对于居留、驱逐被怀疑与恐怖主义有关的外籍人士的权力。

而从法案的性质来看,此法案属于国会立法。国会法案(Act of Congress)是由美国宪法授权美国政府所制定颁布的成文法。当议案在国会两院以简单多数的得票通过,接着再由总统签署后即完成立法,并正式成为联邦法律。在颁布成为联邦法律之前,议案必须通过参众两院的半数投票同意后,再经总统签署。所有国会法案都不得违反宪法,也不得超越宪法赋予国会的权力。否则美国最高法院将能够宣布法案违宪。

但是,美国《宪法》第四修正案又明确规定:“任何公民的人身、住宅、文件和财产不受无理搜查和查封,没有合理事实依据,不能签发搜查令和逮捕令,搜查令必须具体描述清楚要搜查的地点、需要搜查和查封的具体文件和物品,逮捕令必须具体描述清楚要逮捕的人。”其主旨是对政府权力进行限制，杜绝政府机构搜集非法证据。而《美国爱国者法案》一夜之间就将美国从一个民主国家转变为一个“全民安全国家”。可以说，这一法案打破了微妙的宪法制衡，宪法权威本该在立法、行政和司法权的三权分立中体现，现如今政府行政权却与其他两个较弱的权力抗衡。

国家安全涉及的是一国主权的问题，而个人隐私则为人权的范畴。人权与主权的关系是一个十分敏感的问题，也是国际社会政治斗争和外交斗争的焦点之一。从现代法哲学和国际法的角度来看，人权与主权在本质上是一致的。《经济、社会、文化权利国际公约》、《公民权利和政治权利国际公约》及《世界人权宣言》等构成的国际人权法案，是讨论一切国际人权问题的权威的评价标准。国家应对实现人权负主权责任。但同时，国际人权公约也赋予国际社会对公约签字国国内尊重和促进人权“实施”进行检查的合法权力。

进入 21 世纪以后，主权受到越来越多的限制。不干涉内政原则与人权国际保护原则不能两全时，应优先考虑后者。正如前任联合国秘书长安南在诺贝尔和平奖颁奖仪式上所说：“每当有的国家破坏法治并侵犯公民权利，他们不仅成为本国人民的威胁，也成为邻国甚至整个世界的威胁。我们今天需要的是更好的施政，从而使每个人都能够得到充分的发展，每个国家都能繁荣富强。”而美国“棱镜门”事件不正好受此国际公理的考问吗？

对于美国的“棱镜门”，有人做出如下分析：（一）国家安全局（NSA）并没有私自进行这些行动，所有的一切行动都是经过授权的。（二）这些授权并不是奥巴马政府的机构所授权的，而是合乎法律的行为，也就是在布什时代通过的《美国爱国者法案》的范围之内。（三）奥巴马政府也并没有“秘密”地开展这些窃听或者网络监控，而是每三个月，国会就要授权一次，同时，政府必须和每一个参议员进行定期的沟通，告诉议员们都做了些什么。（四）技术细节是，在电话方面，NSA 只是获得电话号码和通话时长，如果他们的确需要监听，那么就必须获得联邦法官的授权；在网络方面，他们只监控外国人的网络情况，而不是美国公民，而且，同样地，当要获得具体的信息的时候，他们仍然必须获得联邦法官的首肯。了解了这些细节之后，任何人都可以得到一个结论，就是这是一项合法的、合乎程序的、经过权力平衡和监督的政府行为。然而,《美国爱国者法案》第216条:“修订关于使用电话窃听器和追踪设备的权限。”这是法案中最重要的扩大监控部分。说明使用电话窃听器和追踪设备的权限适用于互联网信息流量,允许提供全国范围内的进程服务。该条规定没有设置终止条件。NSA的行为从形式上可以说是符合美国国会立法方面的程序,但是《美国爱国者法案》的合宪性及合法性从立法初始一直存在争议。那么从法理上说的“恶法”还是否有遵从的必要;另外,“棱镜门”事件已经上升为国际问题,使用一国国内法作为其辩称的理由,未免太过牵强。

实际上,到目前为止,“棱镜门”事件,早已经不是美国内政的事情了,是侵犯到了别国的人权,因为“棱镜门”针对“非美国人”,而且据斯诺登爆料,他们屡次侵入中国的网络,现在包括俄罗斯,甚至欧洲各国,都在要求美国做出解释。各国要求美国做出解释是要求美国对自己行为的合法性和正当性做出解释。网络主权是国家主权的全新内容和重要组成部分。国家主权的覆盖范围并非一成不变,而是随着人类活动空间的拓展而拓展,是动态的、发展的,从最初的陆地逐渐向海洋、天空延伸。网络空间出现后,国家主权再向网络空间延伸。2010年6月,我国公布的《中国互联网状况》白皮书指出,中国政府认为,互联网是国家重要基础设施,中华人民共和国境内的互联网属于中国主权管辖范围,中国的互联网主权应受到尊重和维护。《美国爱国者法案》也规定,若进入其“网络领土”,必须向其“申请护照”,遵循其“游戏规则”。林肯总统曾说过:“法律是显露的道德,道德则是隐含的法律。”“棱镜门”事件违反了国际法和相关国际公约,不仅侵犯了他国主权,同时,也侵犯了包括美国公民在内的公民的隐私权,突破了人们的道德底线。

有一种观点认为,美国宪法只保护美国公民不保护全人类,美国政府获取他国公民信息虽不友好但是正常的情报作业,并且情报搜集过程中只要没阻碍扰乱他国网络正常运转就不算攻击。然而,间谍活动在国家和国际关系诞生伊始就在国际关系中有着非常重要的作用,但其一直处于一种尴尬的灰色位置。国际法并未明文禁止从事间谍活动,国际法庭也未有间谍活动的相关判例,且在法理上也有学者认为间谍活动是国家自保权的一种延伸,一国的间谍组织可以利用各种设备获取他国情报以维护本国安全。一国仅能以另一国对其从事侵犯其领土主权完整、干涉其内政,或对其造成损害,或者违反国际法基本原则,或者是一项国际犯罪的间谍活动要求另一国承担其国家责任。并且承担国家责任的前提是该行为可归责于该国家。一国在和平时期在另一国从事间谍活动可能总是通过外交途径解决,而不会真正追究其国家责任,但间谍个人要为其从事的间谍活动承担个人责任,主要是被所在国追究刑事责任。但网络主权也是国家主权的一个不可分割的组成部分,美国政府依托自身的科技优势无边界地获取他国公民信息的行为,不仅损害了他国的国家主权,也损害了自身“美式民主法治国”的形象。

美国《宪法》第 3 条和《刑法》第 2381 条规定,任何人曾宣誓效忠美国而对美国发动战争或依附敌国,并向敌国提供援助和表示支持;任何人在美国境内或美国管辖的任何地方招募兵源或开设兵站进行反对美国的武装敌对行动;任何人在美国境内或美国管辖的任何地方自愿应征或自行参与反对美国的武装敌对行为,即构成叛国罪。根据美国《国家安全秘密信息保护指令》以及《美国法典》中授权总统颁布涉密人员审查命令的有关规定,行为人在明知或有理由相信其所掌握的设计及国家安全的信息将会损害美国利益,直接或间接披露该信息,可以判处死刑、任何刑期的监禁或终身监禁。斯诺登将美国国家安全局的“棱镜”项目披露出来,损害了美国的国家利益。基于此,单从法律上推言是可以入罪的,但从另一棱镜反射,恰恰是美国国民正义和良知的心理写照。

美国 1986 年《信息自由法》增加了“除外规定”(Exclusion),包括(1)妨碍执法程序的文件;(2)泄露刑事程序中的秘密信息来源的文件;(3)联邦调查局关于间谍、反间谍和国际恐怖主义的文件。这种“除外规定”文件是一种比免除公开规定更加保密的文件。根据美国涉密人员接触秘密信息的有关规定,涉密人员在接触秘密信息之前,要与政府签订保密协议,如果秘密情报工作人员泄露涉及国家安全的秘密,将被处以严厉的刑罚,甚至可以判处死刑、任何刑期的监禁或终身监禁。签署保密协议的斯诺登属于中情局雇员,斯诺登公开美国国家安全局“棱镜”秘密项目就是一种违反保密协议的行为,斯诺登可能将会承担相关的法律责任。依据美国《信息自由法》之相关规定:公众了解和获得政府信息的方法,如果行政机关应当公开文件而没有公开,或者行政机关拒绝公众的请求而不公开文件,公众可以请求法院命令行政机关公开文件,这种司法救济即为信息自由法诉讼。但是“除外规定”的文件是排除在《信息自由法》申请公开的范围之内的。

我国现阶段关于互联网的立法状况有:现行的法律有 1 部,即《全国人民代表大会常务委员会关于维护互联网安全的决定》;行政法规 6 部;司法解释 2 条;部门规章 1038 部;地方政府规章 4 部;地方性规范性文件 420 部。

从内容上看,多针对的是互联网信息服务管理方面的事项。互联网安全方面则是《全国人民代表大会常务委员会关于维护互联网安全的决定》第一条规定:“为了保障互联网的运行安全,对有下列行为之一,构成犯罪的,依照刑法有关规定追究刑事责任:(一)侵入国家事务、国防建设、尖端科学技术领域的计算机信息系统;(二)故意制作、传播计算机病毒等破坏性程序,攻击计算机系统及通信网络,致使计算机系统及通信网络遭受损害;(三)违反国家规定,擅自中断计算机网络或者通信服务,造成计算机网络或者通信系统不能正常运行。”其法意主要是从刑事责任上加以规制,但此法律的性质为国内法,只能针对国内管辖的互联网运行安全。

中国网络用户管理创新

大数据时代的个人隐私保护

匡文波

大数据(Big Data,Mega Data)本是一个技术词汇,但是却成为社会热点名词。大数据具有4V特点,即:Volume(大量)、Velocity(高速)、Variety(多样)、Value(价值)。通过大数据挖掘,人类所表现出的数据整合与控制力量远超以往。但大数据是把"双刃剑",国家和企业因大数据获益的同时,个人隐私的保护却从此变得更加艰难。

一、大数据是把"双刃剑"

在个人隐私方面,日前网上流传了一个关于买比萨的段子:一个客户打电话订购比萨,客服人员马上报出了他的所有电话和家庭住址,推荐了他适合的口味,报出他最近去图书馆借过什么书,信用卡已经被刷爆,了解他房贷还款金额,知道他丈母娘刚动过心脏搭桥手术,甚至还准确定位出他正在离比萨店20分钟路程的地方骑着一辆摩托车……

每当我们上网、使用手机或者信用卡,我们的浏览偏好、采购和行为都会被记录和追踪。或者,在我们根本没有意识到的时候,智能设备便处于联网之中,相关数据被悄然发送到第三方。

"棱镜门"事件充分说明了以大数据为代表的信息技术是一把双刃剑。棱镜计划(PRISM)是一项由美国国家安全局(NSA)自2007年小布什时期起开始实施的绝密电子监听计划,该计划的正式名号为"US-984XN"。英国《卫报》和美国《华盛顿邮报》2013年6月6日报道,美国国家安全局(NSA)和联邦调查局(FBI)于2007年启动了一个代号为"棱镜"的秘密监控项目,直接进入美国互联网公司的中心服务器里挖掘数据、收集情报,包括微软、雅虎、谷歌、苹果等在内的9家国际网络巨头皆参与其中。

棱镜计划监控的主要有10类信息:电邮、即时消息、视频、照片、存储数据、语音聊天、文件传输、视频会议、登录时间和社交网络资料的细节都被政府监控。通过“棱镜”项目，国安局甚至可以实时监控一个人正在进行的网络搜索内容。

“棱镜”项目监视范围很广，包括美国人每天都在使用的网络服务。FBI和NSA正在挖掘各大技术公司的数据。微软、雅虎、谷歌、Facebook、PalTalk、YouTube、Skype、AOL、苹果都在其中。

二、大数据时代给个人隐私保护带来的挑战

数据时代给个人隐私保护带来的挑战主要表现在以下几方面。

（一）窥视与监视

洛杉矶警察局和加利福尼亚大学合作利用大数据预测犯罪的发生；谷歌流感趋势（Google Flu Trends）利用搜索关键词预测禽流感的散布。而商家利用这些数据，可以对消费者的喜好进行判断，预估用户的需求，从而提供一些比较独特的个性化服务。这一块的应用，还包括百度利用搜索记录进行推荐，包括逐渐完善的Google Now。

但是在这些人性化的背后，是令人战栗的隐私安全。你在互联网上分享出来的各种信息，很有可能会在明天成为黑客攻击你的最后一根稻草。如果这些数据都是某个人产生的，而不法分子的目的也是针对这个人的，那这个人的过去以及未来，近乎是“全裸”地呈现在别人面前，这样的结果你想要吗？而会有什么样的结果你能预料到吗？是的，我相信上段时间好莱坞女明星私密照泄露事件，不仅仅是苹果的问题，也还有那些女明星自己对互联网隐私保护不力的原因。

（二）隐私信息披露与未经许可的商业利用

大数据带来的不仅是各种便利及机会，同样也会让我们时刻都暴露在“第三只眼”之下。

在荷兰，许多使用“Tom Tom”牌导航仪的司机发现，生产商将导航仪记录下来的数据信息打包卖给了荷兰政府，警察根据数据显示的司机驾驶习惯，在那些最可能“创收”的地方设置了限速“陷阱”，不少司机都因此“中招”。此事被曝光后，Tom Tom公司的CEO公开道歉。

淘宝、京东、亚马逊网站监视着我们的购物习惯，百度、谷歌监视着我们的网页浏览习惯，而微博窃取着我们的社交关系网。在各种机构搜集数据的同

时,普通人的各种私人信息也会成为被收集的数据。在哪里使用了购物卡、租用汽车等等,这些信息都会被收集起来。

这些私人信息被收集起来后会供给谁使用?会继续保持匿名,还是在使用后被删除?曾经有公司宣布要通过脸书、推特和其他社交网站收集的信息分析个人的贷款信誉,结果引发了民众的抗议,这个计划最终被取消。

当大数据应用软件细化和明确到每个人的数据时,企业就可以针对每个人的喜好来进行非常具体的营销。例如,如果某人在社交网站上表示自己喜欢某个品牌某个款式的牛仔裤,那么百货商店就可以在此人下一次进入该品牌专柜时向他的手机发送该款式的优惠券。也许零售商和部分消费者会喜欢这种促销模式,但是其中涉及的隐私泄露也是非常可怕的。

许多公司都会标明收集的信息是"匿名"的,但信息越多,被对号入座的可能性就越大。

(三)歧视

个人健康信息等隐私的泄露,会导致歧视的发生。

大数据是好的时代,也是坏的时代:如果免费检测基因的公司拿到了个人的健康隐私数据,就能精准地推销医药产品,建立点对点的商业模式,这对公司是一个黄金时代。但如果大数据被污染了,也就是说,数据被人为操纵或注入虚假信息,据此做出的判断就会误导人们。

大数据时代最重要的挑战,是对用户隐私的挑战。周鸿祎指出,大数据时代可以不断采集数据,当看起来是碎片的数据汇总起来,"每个人就变成了透明人,每个人在干什么、想什么,云端全部都知道"。

(四)隐私信息的恶意使用

隐私信息的泄露,会导致诈骗频发。个人隐私泄露的频繁发生威胁到个人的生活安全,成为影响社会治安的主要因素,如:电信诈骗、个人或交友圈信息泄露后的身份冒充、购物信息泄露后冒充卖家诈骗。隐私信息的泄露,最典型的案例就是人肉搜索。

三、从隐私保护的角度看:手机是最危险的智能终端

今日的手机,已绝非移动电话,而是具有通信功能的迷你型电脑。由于手机 24 小时不离身,已经成为隐私泄露最危险的智能终端。

2014年夏天,小米智能手机被曝搜集并向其服务器传输用户个人信息事件被炒得沸沸扬扬。此事一出,立即在博客圈引发热烈讨论。几番升级之后,此事似乎淡出了人们的视线。现在,台湾“国家通讯传播委员会”又把此事带回公众视野。该委员会8日称,小米智能手机或仍在不知不觉中向其服务器传送用户数据。

今日的手机,不仅成为偷拍利器;而且暴露用户的位置信息。1996年4月22日凌晨4:00,俄罗斯空军运用A-50预警机,截获了杜耶达夫与他人的手机通信,并在全球定位系统的帮助下,准确地测出了杜耶达夫所在地的坐标。几分钟之后,俄罗斯空军苏-25攻击机在距目标40公里的地方发射了两枚“DAB-1200”反辐射导弹,导弹循着电磁波方向击中了正在通话的杜耶达夫所在的小楼,将其消灭。

《科技日报》2015年5月7日报道,美国科研人员日前开发出一种具备厘米级精度的定位系统。该系统基于GPS信号,用较低的成本就能将手机等移动设备的定位精度提高上百倍,将误差的尺寸从汽车一般大缩小到硬币一样小。这一技术为人们日常生活带来更多便利,如厘米级精度的GPS可能会导致更好的车联网技术,让车与车交流发生革命性的变化。如果你的车能够知道盲点处来车的精确位置和速度,就能提前反应,避免碰撞。但是,手机精确定位技术也是个人位置信息等隐私信息保护的噩梦。

苹果今年发布了可穿戴设备Apple Watch,它的发布很有可能将各种大大小小的可穿戴设备普及开来。这种普及是好事,因为它能够给用户带来各种便利,但它健康状况记录、运动追踪(GPS)等功能则给互联网隐私带来了更大、更多的挑战。

可穿戴设备由于体积小,所以语音就成了这些设备最主要的交互方式,这也就使得一些设备会记录用户的声纹数据。但如果声纹隐私无法得到保护,现在的声音合成软件又到处都是,那么肯定会有不法分子利用你的声音去诈骗。试想下,如果有亲友在QQ上向你借钱,你的第一反应肯定是通话验证下是否真假,如果不法分子用声纹信息合成的声音,这时你还能辨别得了?

这还不是最致命的,最致命的是你的喜怒哀乐也尽被人掌控。除了家人、医生和竞争对手,还有谁会关心我们的心率是否正常?但请别忽视这个问题。

一旦将心跳数据与其他数据相结合，所能泄露的秘密远远超出我们的想象。试想，攻击者可以实时听到我们的语音，并能实时了解我们的心跳，那么我们就会像在美剧《尼基塔》中被阿曼达用专业仪器测谎的艾丽克斯一样。区别在于，攻击者躲在暗处，而我们对这种“测谎”毫无戒备。结合智能手环的心跳数据和智能眼镜的实时影像，攻击者可能比我们自己更了解我们的真实情感——喜怒哀乐等。我们这个时代，强调云、强调大数据，我们的这些健康数据虽然是记录在自己的设备上，但最终多多少少会被上传到云中。如果有权限查看你数据的人别有用心，那么他只要记下与你谈话的时间再结合这些数据，你在生活中就有时刻被监视的可能性。

除了这些外，可穿戴设备上的 GPS 传感器也是种威胁，它泄露了用户个体的行踪，让你无处可藏。

四、困惑与对策

（一）完善保护个人隐私的相关法律法规

我国缺乏综合性隐私保护的专门立法，隐私权保护条款散见在民法等法规中。虽然，通过相关法律法规来保护个人隐私的成本高昂；但是却是必需的。

2014 年 5 月，欧洲最高法院对谷歌的隐私诉讼中裁决，用户有权要求互联网公司在搜索结果中删除不相关的多余信息。该裁决颠覆了人们长期以来持有的关于网上信息自由流通的观念，强调了搜索引擎企业收回争议信息的权力，同时对企业这样做的能力进行了严格限制。欧洲最高法院宣称，作为“通行规则”，搜索引擎应该将隐私权放在公众寻找信息权之前。裁决还意味着，可以让谷歌和其他可供公众查询的大数据存储器，如社交网络为自己的行为负责。这些公司以获取利润为目的提供私人数据。此前，它们往往辩称自己只是提供第三方的内容，或仅仅提供指向第三方内容的链接。但现在它们没法这样推脱责任了。欧洲法院的判决表明，这些大数据公司不仅要为内容负责，而且也要为提供指向内容的链接负责，而且在特定情况下有赔偿义务。如此一来，搜索引擎的整个营利模式都要被置于新的前提条件之下。

美国彭特兰教授曾提出“数据上的新决议”三原则：1. 你有权利拥有你的数据；2. 你有权利掌握数据的使用；3. 你有权利摧毁或者贡献你的数据。同时,他本人觉得不应该把个人的数据交给一个以营利为目的的商业公司。我们认为:国家应该立法确权“个人网络数据,属于个人所有”;互联网企业必须告知用户其个人数据被采集情况;用户在大数据环境内可自由选择删存被记录信息;商业公司可以在获得用户授权后使用个人数据;将未经授权使用和出售数据的企业纳入终身黑名单。泄露用户数据甚至牟利,不仅要被视作不道德的行为,而且是非法行为。

(二)加强对个人隐私权的技术保护

加强对个人隐私权的技术保护,也是在互联网时代保护个人隐私权的重要措施。但是,人们不可能对所有的数据都加密。如果不想让自己的隐私成为“大数据”分析的样本?以下技术技巧有一定帮助:

其一,如在搜索引擎键入“如何避孕”,如果你是男性,那么你会发现接下来的几天里,几乎所有网页的推荐广告位都被“无痛人流”占据;如果你是女性,就要忍受连续几个月的母婴用品推荐。所以,如果你真的需要搜索这些信息,不要使用私人电脑,也不要用自己的账号登录搜索引擎。

其二,网站搜集用户数据主要利用Cookies,这是计算机自带的一项功能,用于辨别用户的身份。你可以在浏览器的隐私设置里选择禁用Cookies,这样会起到一些作用,但还远远不够。

其三,可以安装防止隐私泄露的软件,像PrivacyMark和TrackerScan这样的网络安全工具,则可以让Cookies失效。

(三)道德自律与监督

道德自律是一种软性的但是却是十分有效的约束。

互联网是一个全球性的庞大网络,正是因为全球性、开放性,所以互联网没有隐私性可言,否则怎么互联?这是互联网出发点所决定的,只要你在互联网上有所动作,你的所作所为一定会有痕迹。互联网隐私的挑战,并不会随时间的推移而减少,而会越来越大。尤其是万物互联的时代正在到来,任何设备都将接入互联网,大到汽车,小到戒指、耳环、手表。各种传感器、各种设备产生的数据,足以让别有用心的人跟踪普通用户一生,因此而带来的隐私挑战真的是前所未有的。未来将是一个遍地都是数据的时代,我们真的要重视隐私、保护隐私,千万别让大数据成为大窥探。

中国网购者的十大特征

喻国明

针对中美各1000名18岁以上网民(500名网购者vs 500名非网购者)在线上调查结果显示,美国和中国都几乎完全普及了电子商务,89%的中国成年购物者和84%的美国成年购物者在12个月进行过网上消费。在美国网购者的参照下,中国网购群体表现出更年轻、更男性、更移动、更“败家”、更频繁、更热衷、更精于线上线下比较、更看重价格、更觉不安全、更乐于分享等十大特征。

一、更年轻:一方面,中国网购者平均年龄低于美国同一群体;另一方面,中国网购“新手”较美国多

一方面,无论通过PC端还是移动端购物,中国网购者的平均年龄均低于美国同一群体。其中,中国PC端网购者平均年龄32岁,较美国同群体年轻12岁;移动端网购者平均年龄30岁,较美国同一群体年轻9岁。

另一方面,中国网购“新手”规模更大。在过去6个月内才开始通过移动端与PC端网购的中国民众分别较美国同一群体高出9%与13%;而网购历史在三年及三年以上、通过移动端与PC端网购者的中国民众分别较美国同一群体低14%与12%。

二、更男性:中方网购群体中男性规模超过女性;且中方网购群体中男性相较于女性的规模优势较美国明显

调查结果显示,通过PC端网购的中国民众中,男性占57%,女性占43%,而美方同组数据分别为49%与51%。通过移动端网购的中国民众中,男性占53%,女性占47%,而美方同组数据分别为50%与50%。由此可见,一方面,中方网购群体中男性规模超过女性;另一方面,中方网购群体中男性相较于女性的规模优势较美国明显。

三、更移动：中国网购者更青睐移动终端

PC 端与移动端为中美民众网购的两大工具，比较而言，中国移动电子商务的使用率更高：在过去 12 个月中，中国 2/3（67%）的成年网民曾用移动终端购物，相比之下，美国这一比例只有 1/3（34%）。

四、更"败家"：中国民众更舍得在网购中花钱

中美被调查者家庭收入虽相差不大，但是比较而言，不管是通过移动端网购还是通过 PC 端网购，中国网购者的"月度网购总开支"（均值）均约是美国同一群体的 9 倍。这表明，中国民众更舍得在网购中花钱，难怪中国网购者被戏谑为"剁手党"。

五、更频繁：中国网购频次为"每周 1 次及 1 次以上"或"每天"的网购者比例远超美国同一群体

虽然电子商务在美国和中国成年网民中都非常流行，但与美国网购群体相比，中国民众网购更频繁，网购（PC 端+移动端）频次达到"每周 1 次或 1 次以上"、"每天"的中国民众较美国同群体分别高出 42%与 16%。

六、更热衷：中国民众疏远实体店购物、热衷网购的倾向较美国明显

无论在中国还是在美国，实体店购物与网购均同时存在。但在"月度总购物"中，中国民众网购比重（59%）远超过实体店购物（35%），而美国民众在实体店购物比重（53%）则超过网购（42%）。

七、更精于线上线下比较：中国网购者更常在店内对商品展开研究和比价，更倾向将实体店视为线上购物的展示厅

虽然多数购物都发生在同一渠道，但依然有线上、线下相结合的购物体验。线上与线下相结合既可充分利用线上购物的便利、价格等优势，又可发挥线下购物的安全、退换货便利等优势。数据显示，在店内浏览后，在店内购物的中国民众较美国少 7%，转而网购的中国民众较美国多 5%；先在网上浏览，再去店内购物的中国民众较美国少 3%，直接网购者较美国多 4%。

此外，几乎 1/3 的美国人（29%）从不在店内借用移动网络对店内商品展开研究和比价，而中国同一数据则只有 7%。在店内对商品展开研究和比价对中国网购者来讲更为常见。

由此可见，相对美国网购者，中国网购者更精于线上线下的配合使用，并

且在配合使用两种购物渠道时,更倾向以网购为目的,将实体店作为网购的参照;而非以实体店购物为目的,将网上浏览作为实体店购买的前奏。对于不少中国网购者来讲,线下实体店更倾向于扮演线上购物展示厅的功能。

八、更看重价格:中国网购者表现出更明显的"价格驱动"特征

调查数据显示,中国民众网购的第一大动机在于"最有利的价格"(85%,美国同一数值为77%)。

此外,在中国,折扣、比价网站/APP和通信软件更流行,而在美国,消费者更依赖于多产品零售商和竞拍网站。

无论是网购第一大动机为"最有利的价格",还是折扣、比价网站/APP更流行,实际上都说明中国成年网民受整体消费水平所限,其网购行为表现出较明显的"价格驱动"特征。

九、更觉不安全:中国网购者遭受"网络信息安全"与"商家欺诈"所带来的双重不安全感

在美国,"需要真正看到且接触商品"并"与销售人员面对面互动"是较大的网购障碍;而在中国,"网购复杂"且"不安全"则为较大障碍。由此可见,美国网购的障碍主要来自当前网络技术自身的局限性,此障碍可能需要依靠360度产品全景视频、VR、AR等能为网购提供现实感的购物新技术予以解决。而中国网购的障碍则主要来自商家所提供的服务,设计更易操作的网购界面与流程、增强网购安全性等更依赖商业服务水平的提升。

更重要的是,中美网购者在网购时虽都感到不完全安全,但觉得网购完全安全的购物者百分比在美国是30%,在中国只有13%,中国消费者安全感更低。

并且美国网购者对安全的担心主要来自网络遭到黑客攻击所产生的安全/隐私隐患,而中国购物者除担心黑客攻击所产生的安全/隐私隐患外,还担心商家故意欺诈。

十、更乐于分享:中国网购群体更倾向通过分享购后体验,并参考他人社交媒体帖子的"群体互助行为"达到降低风险的目的

在网络购物空间中,中国民众表现出较强的分享利他倾向,并且在因商家信誉不够高而权威缺位的情况下,网民间的分享有更大的参考价值。具体来讲,一方面,中国购物者尤其喜欢网上评论、分享购物体验——几乎所有中国网购者(90%)都做过这类事情,相比美国的这一比例为 69%。另一方面,无论是在中国还是在美国,积极评论对网购决策都有很大帮助——将近 2/3 美国购物者(60%)和中国购物者(63%)在看到积极评论后购买过产品或服务。不过,社交媒体帖子对中国购物者的购买决策的影响约为美国的 2 倍。

除此之外,调查还发现,中国网购者更青睐 C2C 渠道,而美国网购者更喜欢 B2C 渠道;中国网购者更喜欢线上支付服务和移动钱包,而美国购物者最经常使用的支付方式则是信用卡;中国对 VR、AR 和 360 度视频网购新技术的认知和使用程度更高;购物网站/APP 对新技术的整合能影响购物者对网站/APP 的选择,这一点在中国表现尤其明显。

广播媒体微信公众平台用户实证研究

周宇博

中国互联网络信息中心（CNNIC）发布的第39次《中国互联网络发展状况统计报告》显示，截至2016年12月，中国网民规模达7.31亿人，手机网民规模达6.95亿人。① 手机网民规模的持续增长促进了手机端各类应用的发展。其中，腾讯公司于2011年初推出的手机即时通信软件——微信所带来的巨大影响力让人瞠目结舌，腾讯2016年第三季度财报显示，截至2016年9月30日其微信活跃用户已达8.46亿人。②

微信具有通过移动互联网快速发送文字、图片、语音、视频信息，多人在线群聊，分享朋友圈信息等诸多功能。其中，于2012年8月正式公测的微信公众平台为传媒业的全媒体发展带来了一次重大变革。微信公众平台可为注册账号提供消息群体推送功能，满足注册账号与其用户之间轻松实现文字、图片、语音及视频的全方位即时互动。同时，微信公众平台还具备用户管理、分组群发、素材管理和自定义回复等多种功能。因此，不少传统媒体纷纷开通微信公众账号，以期能扩大传播通路和品牌效应、增加用户黏度，甚至成为其在移动互联网时代寻求突破和发展的现实之路。

尽管目前不少广播频率的微信公众账号粉丝已达数十万，但广播人对微信公众平台的理解、使用、创新都还处于初级阶段，对于广播受众与微信用户

① 《第39次〈中国互联网络发展状况统计报告〉》，见 http://www.cnnic.net.cn/hlwfzyj/hlwxzbg/hlwtjbg/201701/t20170122_66437.htm，2017年1月22日。

② 《腾讯第三季度收入超400亿　微信活跃用户8.46亿》，搜狐网，见 http://mt.sohu.com/20161116/n473370671.shtml，2016年11月16日。

的有效连接与转化,对于传统广播与微信传播的融合创新、整合营销等都还需要深入细致的研究。

本文以2014年7月中央人民广播电台旗下的“中国之声”、“经济之声”、“音乐之声”、“都市之声”、“文艺之声”、“中国乡村之声”以及“海阳”七大微信公众账号联合推出的微信用户调查数据(有效样本达14620个)为基础,试图摸清广播微信公众账号的真实生态环境,继而研究广播微信公共账号如何用互联网的思维方式扩大用户群,增加用户黏性,促进广播媒体与新媒体的融合发展。

一、广播媒体微信公众账号用户特点

(一)整体广播微信用户显现出年轻化的特征

此次调查中,超过八成的微信用户年龄集中在21—40岁,是广播微信公众账号的主要用户群体。其中,半数以上的用户年龄集中在21—30岁。

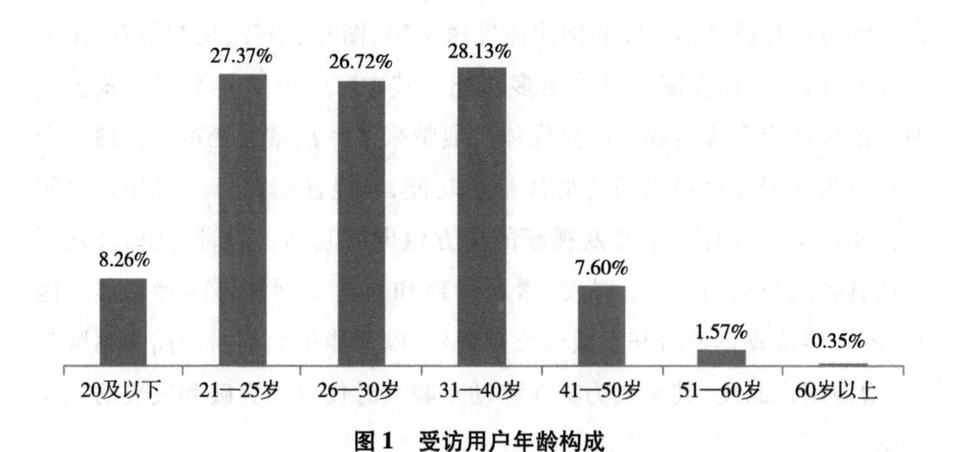

图1 受访用户年龄构成

(二)广播微信用户和广播原有听众的重叠率高

调查显示,广播微信用户与广播原有听众的重叠率高达88.96%。通过微信平台培养的广播新受众占11.04%,新受众中约三成的人仅依赖微信收听广播节目,剩下七成的人通过微信接触广播后会采用多种方式收听广播。

表1 受访用户状态描述

受访用户状态描述	所占比例(%)
我本来就是广播听众,关注微信账号只为了看微信上的内容,不对我以前收听广播的方式产生任何影响	47.35
我本来就是广播听众,现在通过微信这个渠道能更加方便我收听广播节目	41.61
我本来不是广播听众,现在会通过微信收听广播节目,而且只通过微信收听	3.10
我本来不是广播听众,通过微信接触广播后,会主动采用微信、传统收音机、车载收音机等其他方式收听广播节目	5.99
我本来不是广播听众,现在也不听广播,关注微信账号只为了看微信上的内容	1.95

二、广播媒体微信公众账号用户使用习惯

(一)网络环境不会对用户阅读广播微信公众账号带来决定性影响

约八成用户在 Wi-Fi 环境下阅读微信公众账号,六成的用户在 2G/3G/4G 手机网络下阅读。由此可见,流量对打开公众账号虽然存在一定的影响,但并不是决定性因素。

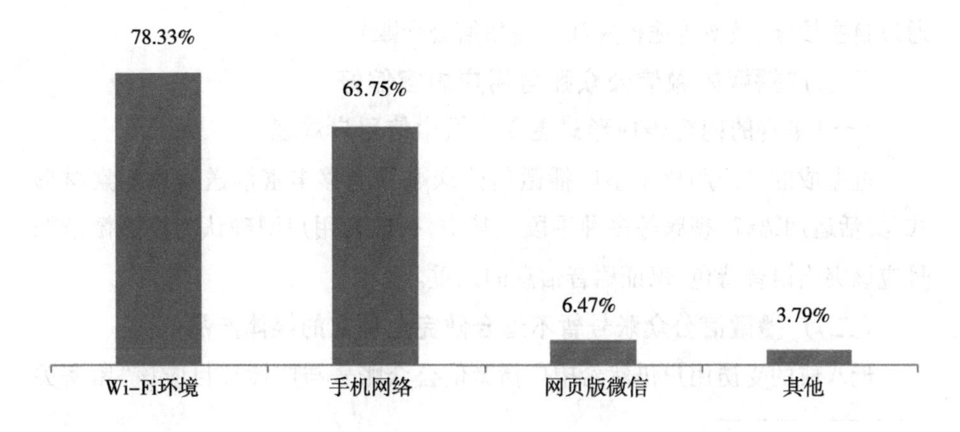

图2 受访用户阅读广播微信账号发送消息的网络环境

注:本题为多选题,合计百分比超过100%。

（二）推送时间与用户打开广播微信公众账号的意愿没有必然关系

从权重得分上看①，绝大多数用户认为微信公共账号“什么时间推送消息影响并不大”。不过，相对来说，用户更希望上午（9—11 时）、早晨（9 时以前）和中午（11—13 时）三个时间段收到各广播微信账号推送的消息。这与以往业界普遍认为“晚间推送更能赢得用户点击率”的观点有较大出入。

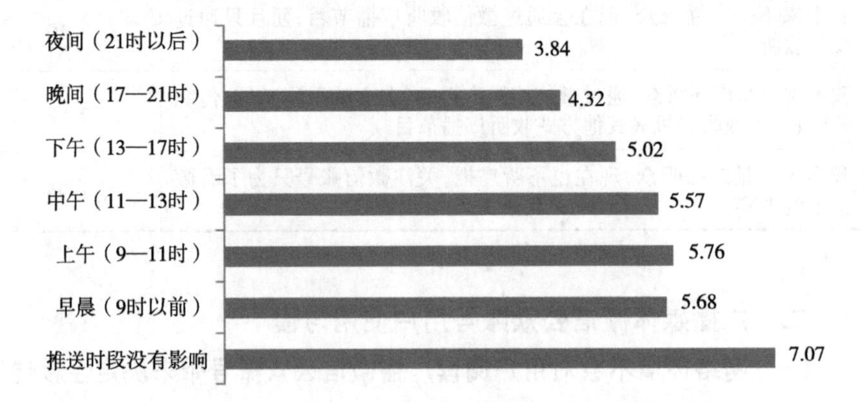

图 3　受访用户期望接收广播微信账号发送消息的时间段

（三）广播节目是用户关注广播微信公众账号的主要途径

六成用户通过广播节目关注到广播的微信账号。除此外，还有不少用户通过自主搜索、微博等途径关注广播微信公众账号。

三、广播媒体微信公众账号用户内容偏好

（一）丰富的内容表现形式更受广播微信用户欢迎

近七成的受访用户希望广播微信公众账号能够丰富推送信息的素材形式，灵活运用语音、视频等多种手段。其中，一成的用户明确认为广播微信账号应该突出语音特色，保证语音信息的比重。

（二）广播微信公众账号暂不适合做完全独立的媒体产品

近八成的受访用户仍然希望广播微信公众账号与广播节目应该“紧密关

① 此题为排序题，即让用户按照认为的重要程度由高到低排序，并通过数值1—8来反映。例如，选项“早晨（9 时以前）”有 A 名用户排序 1，B 名用户排序 2……H 名用户排序 8，那最终加权得分为$\sum = 8\times A+7\times B+6\times C+5\times D+4\times E+3\times F+2\times G+1\times H$，再通过统计勘误，最终同比例缩放至 10 以内的数值，得出权重得分。“权重”只反映各选项的重要程度排序，并不体现比例关系。如无特殊说明，后文中所有的权重得分都通过此方法算出，不再逐一解释。

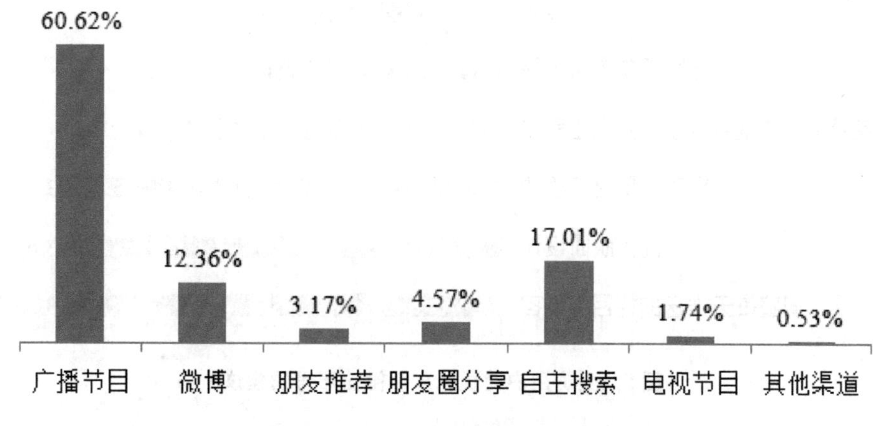

图4　受访用户关注广播微信公众账号的途径

联”或“较强关联”，微信账号中应主推广播资讯，围绕广播节目布局微信内容。仅有不足5%的用户认为广播微信账号应完全独立地生产内容。

（三）广播微信用户对广告的排斥程度较低

超过半数的受访用户表示不排斥广播微信公众账号中有广告，但广告的内容和形式要适当。同时，还有四分之一的用户比较欢迎能带来实惠的广告内容。仅有不足两成的用户表示“反感一切形式的微信广告”。由此可见，通过微信公众平台进行适当的广告商业活动有较良好的用户基础。

（四）广播微信公众账号的改进空间较大

从权重得分上看，关于微信账号优化建议，受访用户对“优化版面设计”、“提高与粉丝的互动”和“调整每天推送的栏目与内容”这三项的建议反馈相对集中。

四、运营广播媒体微信公众账号的思考

（一）用户定位：重点锁定现有的中青年广播受众

微信是现代媒介高速发展的产物，以微信传播为代表的新媒体传播已经进入了由“大众”变为“小众”、由“广播”变为“窄播”的转型时期，任何一个微信账号想要覆盖全体受众已经不再可能实现。因此，广播微信公众账号要放弃基于传统大众传播的“大而全”思维，树立“细分受众”理念，确定最适合自

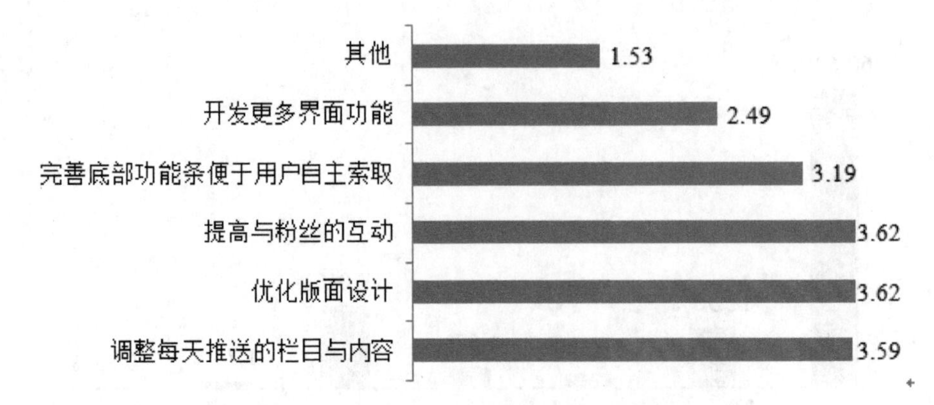

图 5　受访用户对优化广播微信账号的建议

己的目标受众,培养自己的种子用户。

通过调查可以发现,各广播频率中现有的中青年群体是广播微信公众账号最重要的服务对象。这一群体,广播节目能够覆盖、广播微信能够触及,并且具有较高的消费能力和消费意愿,是广播媒体通过微信公众平台实现提升影响力和获取广告效益的用户基础。

同时,微信提供了"一对一"精准服务的平台,微信后台也有用户详细的资料和使用行为数据。广播媒体应该充分利用这些用户资源,建构用户管理系统,通过年龄、区域等关键信息智能匹配广播微信账号推送的内容。从而使广播微信公众账号逐步由单一的资讯模式走向资讯和服务并重,为未来的精准用户营销打下基础。

(二)内容构成:立足于广播音频资源的独特优势

微信公众平台的精准推送让"平台渠道为王"再一次回归到"内容为王"。订户关注微信公众账号属于主动"订阅式"行为,这就意味着订户希望通过订阅的公众账号获取到比其他平台更优质、更专属的资讯。通过调查发现,广播微信公众账号用户更多地依然是想获得和广播本身相关的内容;并且多数用户认为广播微信与广播节目应有所关联,根据这一调查结果,广播微信公众账号暂不适合做完全独立的媒体产品。为此,目前广播微信账号仍应将优质的广播资源作为主推内容。

"融语音"无疑是彰显广播媒体自身优势的一大利器。正如调查结果显示,多数用户希望广播微信账号推送的内容能与广播节目有关,并且以语音的形式展现；同时，由于绝大多数用户是在 Wi-Fi 网络环境下阅读微信公众账号，因此并不用担心语音带来的“流量”问题。由此可见，广播微信所要考虑的不是用不用语音或者用过多的语音影响用户的使用欲望，而是应该考虑如何用好语音。善用语音，既是用户之需求，也是广播媒体在微信公众平台相较于其他公共资讯平台上的最大竞争优势。广播媒体在运营自身微信账号时，既要注重用专业的“语音”方式来发布资讯，将广播优势拓展到微信平台上；也要用“语音”的对话方式与用户开展互动，同时还可将用户的语音素材反向利用，融入到节目之中，创新并丰富自身的内容生产。

（三）互动形式：增加即时互动，重视社交属性

虽然目前各广播频率的微信公众账号一直在尝试各种互动方式，但用户调查结果显示，互动性欠缺仍然是广播微信账号面临的重要问题，提高与粉丝互动是优化广播微信公众账号的主要建议。

新媒体环境下，征集回复、问卷调查等传统的延时互动已经不能满足微信用户的互动需求。同时，相较于文字，语音互动因为音频的不可视性更为困难。因此，如何根据微信平台和广播音频传播的特点，创新互动尤其是即时互动方式成为一种必须。

互动创新的一种思路是充分利用微信的各种新鲜功能。比如，微信“摇一摇”功能的使用。除此之外，微信公众账号提供的“微社区”（可实现用户与用户、用户与平台之间“多对多”的沟通）等功能若能合理运用，都可以成为有效的互动方式。这些互动方式除了更加快捷、方便外，与传统广播互动的最大区别在于用户能在整个过程中扮演更积极、更重要的角色，从而可以充分提高用户的积极性。

此外，充分利用微信平台的社交属性，通过社交扩展的方式吸引用户的关注和提高用户的黏性也是一种思路。在广播微信账号中可以融入互动问答、玩游戏、索取回复等元素，让用户从“被动地接收信息”转为通过各种小应用“主动地获取信息”，从而满足社交平台上用户的分享、互动等社交需求，维系其对账号的使用黏性。“中国青年报”微信公众账号曾推出“你对今天的新闻知道多少”的 60 秒答题积分游戏，用户可以把答题结果分享到朋友圈与好友一起 PK，得到了很多用户的积极响应。

(四)账号推广:搭载热点,实现品牌裂变式传播

调查发现,受访用户关注广播微信公众账号最主要的途径依然是“广播节目”。从中可以发现广播微信公众账号获取用户的两重挑战:其一,如何挖掘存量,尽可能多地将现有广播受众“发展”为广播微信公众账号的订阅者;其二,在广播已有受众潜力得到充分挖掘后,广播微信公众账号的订阅用户数上涨会较为困难甚至会出现负增长,此时就必须着眼于增量,开辟新的途径来增加订阅用户数量。除了利用广播节目和广播主持人的影响力推广广播微信账号挖掘存量外,发展增量无疑对扩展广播媒体本身的影响力和发展广播微信账号更加重要。

首先应抓住重大事件带来的受众拓展契机。2013 年,“央视新闻”微信公众账号通过对“4·20”芦山地震的精心策划,当天推送 9 组消息,涵盖现场灾情、报平安、寻亲平台、微信直播等创新的设计,让微信用户耳目一新,当日订户增长就超过 10 万人。①

同时,发展增量很重要的一点就是充分重视用户之间的口碑传播效应,实现品牌的裂变传播。调查发现,目前已有部分用户是通过“朋友圈分享”的途径关注到广播微信账号。因此,充分利用微信的社交属性,通过用户之间的口碑传播无疑是扩大广播微信账号受众规模的手段之一。“壹读”微信公众账号为了更加人性化地和用户交流,采用真人即时回复用户信息。“壹读君有后台”也随之成为该账号的招牌口号,网上很多“调戏壹读君”的帖子被广泛转载,并且都是订户自发的行为,却成为“壹读”账号病毒式推广的重要渠道,为“壹读”账号轻松赢得了大量用户。“中国之声”微信公众账号在 2017 年两会期间推出的 H5 作品“王小艺的朋友圈”,集合了广播的声音特性、图文视频的可视化特性、虚拟现实的场景特性、实时评论的互动特性,迅速在朋友圈中传播起来,并使得“中国之声”微信公众号的粉丝数量大幅增加。

除此之外,和其他媒体账号合作、账号互推,通过线下活动增加微信号与二维码的曝光率,提供优惠券、产品试用等多种“福利”方式宣传和引导微信

---

① 蔡雯、翁之颢:《微信公众平台:新闻传播变革的又一个机遇——以“央视新闻”微信公众账号为例》,《新闻记者》2013 年第 7 期。

用户订阅都是广播微信账号扩展用户的有效思路。

（五）商业拓展：精准数据营销，变现用户资源

2014年7月，微信和广点通团队共同推出的微信公众账号广告开始对外公测。粉丝数超过10万人的公众账号运营者可变身成为“流量主”，在消息界面上发布广告链接，依照粉丝的点击数量从广告主处获得“酬劳”。而且，这一粉丝数的门槛将逐步放宽。由此可见，微信公众账号的商业化发展已具备现实路径。同时，从调查结果上看，仅有17%的用户反馈“不欢迎任何形式的微信广告”，说明广播通过微信公众平台进行适当的广告活动有较为良好的用户基础和发展前景。

不过，硬广告依然是“高压线”。用户对微信广告需要一个适应过程，生硬的推送会使用户产生反感情绪，更不利于新媒体广告消费习惯的培养。调查结果显示，用户更欢迎“能为粉丝带来实惠或福利的广告”，同时希望广告推送“形式适当、与推送内容有关联并限制篇幅”。因此，有技巧地植入广告信息是通过微信进行广告活动的重要思路。同时，通过微信资料和数据统计功能可以对用户的偏好进行分析，将不同的广告信息锁定更为精准的目标群体，广告投放效率更高。

除此之外，2013年8月，微信公众账号被划分为服务号和订阅号两大类。目前，绝大多数广播的微信公众账号属于订阅号，但服务号拥有微信开放的更多端口权限，可摆脱订阅号“消息推送”的模式束缚。建立服务号可以最大限度地发挥微信公众平台的O2O（Online To Offline，线上到线下）功能，从而实现商业效益。石家庄音乐广播除开通微信订阅号“1067音乐控”外，还开辟了微信服务号“石家庄音乐广播商城”。该服务号于2014年1月启用，利用微信平台实现线上购物消费，打造电台版“微商城”。

微信的到来，已经并将继续影响整个传媒业，带来内容生产、信息传播、互动沟通等各个方面的改变。广播媒体微信公众账号仍有很长的发展道路要走，微信和广播之间的联接还存在很大的挖掘空间。当然，对于广播媒体而言更重要的可能不是微信产品本身的影响力，而是广播媒体对待微信的态度。微信的辉煌未必可以延伸到广播媒体的未来，但在微信等全新传播方式面前如何更深刻地改变自己，则可能决定着广播媒体的未来。

中国网络智能创新

物联网时代中国的伟大历史机遇

沈　杰

日新月异的信息时代,技术创新始终是第一生产力,在全球化、"一带一路"背景下,物联网通过人与物、物与物的广泛互联将开启一个伟大的新时代,特别是对于中国来讲,也迎来了一次重大的历史性发展机遇。

首先,什么样的技术才能够被称为改变社会的革命力量?我们可以把时间轴拉长一点:在古代,原始人通过简单农耕工具的制造,从自然界获得食物,逐步从自然界中走出,建立了农业社会;工业社会时代通过各类机器等的发明创造,人类有了改变自然环境的力量。到现在的信息时代,互联网、移动通信网等使得人与人的沟通越来越顺畅,从广度和深度层面均彻底地改变了我们的社会生活。但物联网会如何继续深刻地去变革人类社会呢?虽然现代社会已取得辉煌的成就,但人类和自然界的矛盾依然层出不穷,作为信息技术融合发展新阶段的代表,物联网真正的变革意义在于不断促进人类和整个自然界的重新融合与协调发展,通过人与"物"的连接与和谐共处,形成一个高效的智慧化社会体系。而且由于"物"的广泛性,这场革命势必将席卷社会生活的各个领域。

中国在这样一场新的技术革命中,将扮演什么样的角色?以及如何抓住历史性的发展机遇?首先,以PC为代表的信息处理技术和20世纪末以互联网为代表的信息传输技术两次革命浪潮,使得各个领域均发生了巨大的变化,但主要还是点、线、面层次的信息技术革命,中国由于在工艺、技术和标准等方面的落后,很难实现后来者超越。但今天所迎来的物联网,它是一个全新的社会生态体系,它的成功将不再局限于点、线、面的技术竞争,而是全方位、宏观体系化的竞争,也是所有国家前所未有的挑战,大家又回到了同一条起跑线上,而且又恰逢中国经济快速发展、中华民族伟大复兴之时,乃天赐之良机。

从另一个角度来看,西方思维擅长于点、线、面的实验逻辑,而东方思维擅长宏观系统关联分析。经过前两次信息浪潮的学习和积累,中国产业和科技力量已初步达到与西方企业同等水平,但在之后的生态体系构建与竞争中,传统的东方哲学势必略胜一筹。

其次,从市场发展的角度来看,物联网根源于不同应用领域的既有问题,是应用需求牵引下的社会生态体系变革,也就是说,谁能对应用需求把握得更准确,谁就更可能构建出领先的物联网生态体系,从而占领产业制高点。中国经过四十多年的改革开放和快速发展,也同时积累了大量的社会问题,包括环境污染、食品安全、人口老龄化、交通拥堵、有限的医疗健康资源、传统落后的农业生产、人口红利消退、产能过剩等等,我们更加迫切地需要去解决社会各个领域的问题,而大量问题的核心就是如何提升人与“物”之间的效率模型。这些大量累积的迫切的社会问题也恰恰给产业提供了一个难得的“弯道超车”的历史性机遇。中国的物联网企业有了更广泛的社会资源和急迫的社会需求去更加清晰地了解问题、分析问题和解决问题,为在物联网新兴产业中引领全球的发展获得了足够的养分。

再次,从市场规模的角度来看,前些年由于对物联网业务形态的曲解,仅定位在产品级或项目级,所以部分人士会产生“物联网缺乏杀手级应用”的尴尬。事实上,如从物联网应用服务的业态模式看,仅国内市场而言,单一成型的物联网应用服务市场都将是千亿级以上规模容量,尤其是医疗、健康、工业、农业、食品、家居、纺织等行业,动辄均为万亿级产业规模。中国的物联网企业将逐步迎来一个遍及各行业的饕餮盛宴的黄金创业时代,这一盛况在国外其他国家,反而不易出现。物联网的市场容量评估应脱离单一的网络通信或产品项目视角,而应从关联的“物”的价值市场评估入手,如此更容易切中商机。“无可限量”四字可较为贴切地用来形容物联网今后的市场经济规模。

虽然机遇当前,但摆在中国物联网企业面前的并非顺风顺水,物联网巨大的市场蛋糕也并非一蹴而就。自2009年到今天,中国物联网领域尚未出现如互联网时代的BAT。这首先并非说明物联网领域不可能有这样的巨无霸,而恰恰是因为更为巨大的一个巨无霸物联网企业群体需要更长久的酝酿和积累。原因如前所提,物联网不再是点、线、面层次信息技术的产业形态,而是一个更为复杂的生态体系的建设和运营。这个新的生态体系,由于“物”的深度融合,其复杂度已远远超越现有互联网业务生态体系。当面临一个复杂的生态体系时,就自然带来一个巨大的挑战,尽管市场很大,但是单靠一个企业去抓的时候,抓不住,因为它太大了,你不知道从什么地方入手,不知道核心关键在哪里,一个应用方向的物联网生态体系建设,最简单而言,均要覆盖差异化用户需求、“物”及其环境特性、感知或控制的技术、设备、系统及其“物”的关联方式,网络通信基础设施、基础运营级平台、应用服务分类、云平台与大数据处理、系统运维保障、行业政策及法律法规符合性、信息资源共享与协同、外部合作资源、市场营销及商业模式、以“物”为中心的服务体验、“物”的关联性应用业务等诸多要素,这已远超出一个企业所能覆盖的业务范围,而在早期,缺乏标准和成功商业案例的指导情况下,大部分物联网企业单独探索时,整体的市场试错成本极为高昂,道路也极为曲折。

物联网的未来很美好,但道路却很曲折。对于政府、对于企业、对于投资者,如何抓住这样一个历史机遇,尤其是当中国面临一个难得机遇而不至于错过?这是我们真正需要思考的重要问题。

从时间纬度来看,物联网的发展大致可分为四个阶段:2009—2013 年为培育期,2013—2015 年为导入期,2016—2020 年为成长期,2020 年以后是成熟期。过去的几年时间,物联网产业总体经历了:RFID、二维码、传感器网络、智能视频、M2M、LBS、智能硬件、可穿戴设备、智能网关、低功耗 Wi-Fi/蓝牙、OID/E-Code、云计算、大数据、“互联网+”、NB-IoT、区块链等诸多关联要素热点的风起云涌,以及智能家居、智能交通、智能制造、现代农业、食品安全、医疗健康、安全生产、智能电网、智慧城市(综合)等应用领域的局部示范应用。过往种种,一方面充分体现了物联网生态体系的多样性和复杂性,市场自我探索和完善的诸多艰难;另一方面也为物联网成长期的快速发展,奠定了宝贵的产业和实践基础。2016 年始,物联网无论在共性与应用特性的产业分工,又或在各个应用领域的创新发展,更为成熟和理性,全新的成功案例也将在各个领域如雨后春笋般出现,预计经过 5 年左右的时间,中国大地上的物联网企业必将开始枝繁叶茂。

另外,从产业的制高点——物联网标准化来看,中国也真正获得了一个

"弯道超车"的历史性机遇,实现了突破和引领。如前所述,物联网产业发展之所以艰辛,源于其复杂的社会生态体系构建和运营,而要实现生态体系高效、科学的构建,必然需要标准的顶层构架以及体系规划,才能有效地引导和实现产业的分工以及生态体系的有序导入。因此,物联网标准化的路线决定了对产业的助推力度和有效性。"一流企业做标准",物联网企业期望抓住新的机遇实现飞跃,也必然需要紧抓住标准这一利器。尤其是我国和发达国家相比,在物联网研究和实践应用方面,基本同步,部分还走在了前面,在标准领域,因为及早的部署和深厚的积累,我们的优势也更加凸显。

物联网的顶层架构不仅决定了物联网的具体实现形态,也为各行业应用和各产业细分技术环节奠定了框架基础。在物联网概念、标准以及各行业应用混乱之初,制定科学、有效,代表各行业之上共性抽象的物联网顶层架构尤为重要。因此,自 2011 年起,国家物联网基础标准工作组花了大量的时间在多个行业进行调研、分析、梳理和归纳总结,并对当时所存在的各类架构做了深入的剖析和反思,得到一个明确的观点是,传统互联网分层的架构模型已不能再满足异构生态体系化的物联网架构要求,必须得进行创新和突破。经过两年多的反复论证,我们提出了一个新的物联网参考体系结构即"六域模型"。"六域模型"对于物联网所有重点覆盖的共性要素均做了全面的梳理和归纳,把一个复杂的物联网生态体系,有序地划分为六个部分,并建立起各自之间的基本逻辑关系。基于"六域模型",人们对物联网的认识可以开始具象化,并且能够相对便捷、清晰和高效地去构架不同应用领域的物联网生态体系的顶层架构,从而为系统的建设和运营服务以及商业模式创新等奠定重要的基础。

简单来说,一个好的物联网参考架构必须得解决如何有效整合人与物的异构体系,并且有足够好的兼容性、可扩展性和可裁减性。物联网"六域模型"参考体系结构通过将纷繁复杂的物联网关联要素进行系统和不同角度的梳理,以系统级业务功能划分为主要原则,设定了物联网用户域(定义用户和需求)、目标对象域(明确"物"及关联属性)、感知控制域(设定所需感知和控制的方案,即"物"的关联方式)、服务提供域(将原始或半成品数据加工成对应的用户服务)、运维管控域(在技术和制度两个层面保障系统的安全、可靠、稳定和精确的运行)、资源交换域(实现单个物联网应用系统与外部系统之间的信息和市场等资源的共享与交换,建立物联网平衡商业模式)等六大域。在参考体系架构层次,并可以基于六域扩展出系统业务、网络通信、信息流、商业模式等不同角度的参考架构设计。以上即可成为不同行业物联网顶层设计的参考依据和架构基础。各个物联网行业应用的架构师可以在六域模型的基础上,根据各自的特点与需求进行裁减,并定制出特定应用的物联网系统架构。目前,在环保、医疗、纺织、消防、农业、能源、食品安全、家居等行业应用领域,均已逐步开始采用六域模型的参考架构,进行物联网应用系统的顶层设计,并取得了较好的效果。当然这一架构还会在应用实践中不断地丰富和完善,各行业和产业链基于统一的顶层架构,也有了融会贯通和协作分工的基础。

基于上述研究成果,我们在 2013 年就发起了对牵头物联网参考体系结构国际标准制定权的冲击,经过与不同成员国代表的多轮沟通并突破了一些国家的阻挠,中国最终拿下了国际标准组织 ISO/IEC JTC1 物联网参考体系结构国际标准项目的牵头制定权,这也是在新兴热门领域,中国牵头制定顶层架构国际标准的重大历史性突破,为中国物联网技术和产业界都提供了极强的信心和机遇。同时,经过十余年的发展和酝酿,物联网也将逐步从杂乱无序走向协作分工,进入全新的物联网 2.0 时代。在新的物联网 2.0 时代,通过标准的指导,技术、应用与商业等将开始系统性融合,一个个成功的物联网应用和商业案例将拔地而起,更为重要的是,中国也不再是学习和跟随,而是创新和引领。

回到前面的问题,产业链和企业如何有效地参与到物联网的大潮中去?基于物联网六域模型,我们也能更加清晰地去了解和判断一个物联网应用生态体系的所有参与者及协作分工关系。简单来说,一个面向某类应用的物联网生态体系的参与者,主要包括物联网用户域的政府、企业和公众等不同类型用户,目标对象域中不同对象的实际所有者,感知控制域中不同系统的部署主体和所有者,服务提供域中提供网络、云计算、物联网基础平台等基础服务的运营商、第三方大数据挖掘分析服务商以及物联网特定应用服务运营商等,运维管控域中提供系统运维保障的第三方以及法规政策监管的第三方,资源交换域中第三方支付工具、第三方信息资源、第三方社交平台、第三方金融资源、第三方物流资源等的主体。就目前市场和产业分工而言，上述生态体系在许多应用领域还不多见，大量的物联网从业者都在摸索中。这几年的智能硬件就是个极好的例子，大量的创业企业生而赴死，死而复生，不断进行试错试验，其原因根结就在于对物联网的生态尚缺乏理解，对周边的合作方是谁尚不清晰。当然这种现象的进步意义在于，为将来的运营服务和商业模式创新奠定了重要的产品性价比基础，使得物联网应用服务运营成为可能，从而带动整个物联网生态体系的建设和完善。所以，大家可以认真地想想，根据这样一个架构，如果想从事物联网的话，你应该在哪里？周围是谁？

物联网给我们描绘了无比美好的未来蓝图，中国也获得了超越式发展的伟大历史机遇，创新的成功案例将遍及各个行业，巨大的市场对于每一个人均无比诱惑。在物联网 2.0 时代，我们需要审慎思考，围绕物联网生态体系的建设，如何协作分工，实现共赢。

新一代人工智能的发展路径：基于战略比较的考察

吴沈括　罗瑾裕

人工智能科技的兴起为众多行业和领域带来了新的发展机遇。为了应对人工智能的快速发展态势，美国于2016年10月顺势发布《为人工智能的未来做好准备》，对人工智能的发展现状、现有和潜在应用以及可能引发的社会和政策问题做出了深入剖析，并提出联邦政府在科研、技术、人才培养和治理方面的对应举措。

此外，美国《国家人工智能研究和发展战略计划》提出了政府资助人工智能研发的具体七项战略计划，而白宫在同年12月又紧接着发布了《人工智能、自动化与经济》，就人工智能、自动化技术对就业和经济的影响进行了深入阐析，力图解释人工智能发展对劳动力市场影响的根源问题和必然性。

与此同期，中国国务院于2017年7月8日印发《新一代人工智能发展规划》（以下简称《规划》），填补了我国需要的人工智能发展顶层战略的空白。《规划》指出人工智能已成为国际竞争的新焦点，针对我国人工智能发展面临的机遇挑战，政府从科研、应用、保障政策等角度为人工智能发展做出体系化的整体布局，提出全面增强科技创新基础能力、全面拓展重点领域应用深度广度、全面提升经济社会发展和国防应用智能化水平的发展任务。

一、中国新一代人工智能发展规划的总体愿景

相较而言，《规划》是一部更注重细节化、全面化和重在应用的人工智能顶层战略。它从我国人工智能科技发展和应用的现状出发，对人工智能进行系统布局，旨在抢占科技制高点，推动人工智能产业变革，进而实现社会生产力新跃升。

《规划》提出坚持科技引领、系统布局、市场主导以及开源开放的四项基

本原则,其强调在人工智能的发展中科技发展将占据主导地位,同时对于企业充分赋能,在技术路线选择和行业产品标准制定层面将主要突出企业的主体作用,政府则负责规划引导、政策支持、安全防范、市场监管、环境营造以及伦理法规制定等保障支持。

同时,《规划》提出"构建一个体系、把握双重属性、坚持三位一体、强化四大支撑"的总体部署,强调技术发展的同时,也提出人工智能技术属性和社会属性相融合,谨防人工智能带来的社会风险,提出了用技术推动产业链创新、产业升级的经济目标。

此外,《规划》指明了我国人工智能发展的几项重点任务:首先,构建开放协同的人工智能科技创新体系。从具体的基础理论体系、关键共性技术体系、人工智能创新平台、人才引进和培养方面对重要技术细节进行了列举和汇总,对日后人工智能技术发展重点给予了明确的指引。

其次,培育高端高效的智能经济。这也是本次规划的重点内容,从智能软硬件、智能机器人和智能运载工具等人工智能新兴产业,到应用于制造业、农业、物流和金融等产业的智能化升级,再到人工智能企业和智能产业创新集群,从点到面对人工智能的应用落地与产业化指出了明确的方向。

再次,建设安全便捷的智能社会。发展教育、医疗、养老等智能服务,同时从智能政务、智慧法庭、智慧城市等方面推进社会智能化治理。

最后,构建网络、大数据和高效能计算的智能化基础设施体系,加强人工智能在军事领域的应用,并提出落实"1+N"人工智能重大科技项目群。

从以上重点任务可以看出,国家部署人工智能发展规划的重点和核心在于人工智能科技的落地与应用,分别从产品、企业和产业层面的分层次落实发展任务,对基础的应用场景、具体的产品应用做了全面的梳理。

关于《规划》未来的保障与落实,政府将从以下几个方面做出努力:

首先,利用现有政府投资基金支持符合条件的人工智能项目,建设人工智能创新基地,统筹国际国内创新资源,发挥政策激励和引导作用,以形成财政、市场与社会多方资本支持的新格局。

其次,制定促进人工智能发展的法律法规和伦理规范;完善税收补贴、数据保护等重点政策;建立人工智能技术标准和知识产权体系;对人工智能可能对社会带来的风险进行安全监管和体系评估;同时提到了加强劳动力培训的问题。

最后,《规划》明确了国家科技体制改革和创新体系建设领导小组牵头统筹协调,国家科技计划(专项、基金等)管理部际联席会议,科技部会同有关部门负责推进新一代人工智能重大科技项目实施,成立人工智能规划推进办公室,办公室设在科技部,具体负责推进规划实施。成立人工智能战略咨询委员会等负责机构。加强任务分解,明确责任单位,成立全国试点,做好规划的保障与落实。

关于《规划》的发展前景,尤其值得注意的是《规划》确定的分步走战略目标:从2020年开始,以5年为一个周期,预计在2030年之前,实现人工智能研究领域的国际性重大突破,占据科技制高点;实现人工智能核心产业规模1万亿+,带动相关产业规模超过10万亿。

二、美国人工智能发展战略的整体思路

如前所述,早在2016年10月,美国国家科技委员会发布《为人工智能的未来做好准备》,在其发布之前,美国政府和社会就该报告开展了广泛的讨论,力图确保可以妥善管理人工智能带来的社会风险,推进人工智能技术为社会发展贡献积极价值。

美国对人工智能的基础研究和应用研发,如医疗、交通、环境以及刑事司法和经济等,已经收获了可观的效益。但另一方面又反映了美国政府谨慎监管,对新产品(如自动驾驶和无人机)进行全方位安全评估的相对保守态度。

细加审视,美国方面重点关注的人工智能发展的风险问题包括以下几个方面:首先,人工智能自动化对就业产生的负面影响。这一趋势对低薪工作岗位造成的负面影响最大,会进一步加剧经济不平等。对劳动人员的再培训及合理的政策导向便成了至关重要的问题。关于该问题,美国还专门发布政策性文件《人工智能、自动化与经济》,就人工智能与就业冲突的根源和必然性以及政府相关举措做出了充分的分析与阐述。

其次,关于人工智能的公平、安全和治理问题。具体包括了数据应用、决策的公平性和透明性等命题,其中难点在于无法全息掌握人工智能做出决策的过程,这一过程目前仍具有相当的不确定性。此外还涉及设备安全的风险、

相关的机器伦理等问题，而在网络安全和军事武器方面，美国也显示了足够的重视。

最后，是对超强人工智能（通用人工智能）可能威胁到人类的远景担忧，但同时官方也明确指出，在没有显著威胁迹象的当前，不会对现有的政策产生任何影响。

而美国另一份重要政策性文件《国家人工智能研究和发展战略计划》（以下简称《战略》），提出利用人工智能实现未来愿景，包括促进经济发展（在制造业、物流、金融、交通以及通信等领域）、改善教育机会和生活质量（包括教育、医学以及法律等）、增强国家和国土安全水平（包括执法、安全以及预测等）。

具体而言，《战略》为联邦政府制定了一系列资助研发战略，希望可以催生人工智能发展的新知识和新技术，其内容涵盖诸多方面，包括对人工智能研究进行长期投资；开发有效的人类与人工智能协作方法；人工智能的伦理、法律和社会影响问题；人工智能系统的安全可靠性问题；开发用于人工智能培训及测试的公共数据集和环境；制定标准和基准以测量和评估人工智能技术；以及解决 AI 人才急缺问题等等。

三、中美人工智能发展战略的异同检视

对比中美两国的人工智能发展战略文本，可以发现其中存在的差异与共通点。

（一）中美两国人工智能战略文本内容的视域差异

在文本内容层面，中美两国有着较为显著的差异：首先，我国《规划》主要从技术研发、产业应用、政府政策保障等方面做出部署，可以认为其重在技术发展对行业带来的经济影响；而美国战略则对人工智能对社会可能带来的风险进行了充分讨论，并且有针对性地制备配套文件就政府资助研发和就业保障两个问题进行重点规划。

其次，美国战略文本对网络与系统安全问题，包括系统的可追责性和决策的透明性等问题投入较大篇幅进行论述，而我国《规划》对相关问题着墨较少。

最后，美国战略文本提议政府公开机器学习数据库并制定数据标准进行

数据打通等问题,在我国《规划》中并无言词体现,而该问题的解决对于应对我国政府数据公开、数据孤岛等命题而言具有较高的现实意义。

总体而言,应当指出中美人工智能战略对AI广阔应用前景的顶层研判、技术研发的长期投入、AI人才的培养、制定政策标准等保障体系建设有着基本趋同的认识。当然,美国战略相较更为关注人工智能相关风险而且涉及的层面较为丰富,而我国《规划》整体而言则更强调技术的落地应用,有关风险、安全的表述相对而言篇幅较小。

(二)中美就人工智能发展任务与目标的布局差异

我国《规划》提出了六项重点任务,从技术科研立项到培育高端高效的智能经济再到建设安全便捷的智能社会,还包括加强人工智能在军事领域的应用,可以说应用与落地是我国人工智能未来发展的重心所在。而美国则侧重从研发与从业者的培养,公平、安全与治理,就业风险保障等方面进行部署。

我国的现阶段举措在一定程度上更加注重技术的应用,目标侧重是推动经济发展。而美国则在现阶段试图着力技术研发和完善保障体系,反映其在提速人工智能发展应用的同时,对可能伴生的风险给予了特别的关注。

(三)中美就政府市场以及对科技企业的定位差异

我国《规划》明文指出,在技术路线选择和产品标准方面,企业将发挥主体作用,认可市场在人工智能发展进程中的主导作用,科研立项也提倡以企业为主体推进,同时明确提出对科技企业采取税收减免等措施进行扶助。在一定意义上可以认为我国《规划》是为企业赋能的政策安排,从文本来看政府很大程度上将人工智能发展的主动权交给了市场和企业。

而美国方面则更注重由联邦政府主导的人工智能发展路线,主张由市场主导无法完全完成发展目标,无论是从科研投入还是就业保障方面,都突出了政府的主导地位。

从当下发展态势来看,我们有充分的理由对我国在人工智能领域的提升潜力抱以乐观的态度。庞大的人口基数产生的海量数据正是培育人工智能系统的前提条件,当然我们也要认识到我国和美国相比还有一定的差距,后者的人工智能生态系统更加完善和活跃,其创业公司数量也远超我国,我们需要特别关切的问题包括核心技术创新能力不足、人工智能应用意识还不深入以及缺乏完善的数据生态系统等。

诚如我国《规划》指出,发展人工智能要以钉钉子精神,一张蓝图干到底,从深层出发,我国在着力提升市场活跃度的同时,也可持续关注美国针对人工智能可能引发的社会变革及相关风险采取的审慎举措,在后续工作中进一步补充完善人工智能发展战略其他配套文件和措施,不断改进政策保障体系,对可能引发的各类风险因素及早做出科学的防控与应对。

大数据呼唤大搜索
大搜索向网络索取智慧

方滨兴

互联网结合物联网和移动互联网正向着泛在网的方向发展;该网络不仅承载信息,还把人和物连接在一起;泛在网上新型应用层出不穷,数据及数据形态利益丰富和多样,并且蕴藏着极大的价值;大搜索技术应运而生。

大数据时代的数据的特点是:数据量大,数据产生的速度快,类型多样,数据不可信,最重要的是具有潜在价值。我们需要应对、需要解决的问题就是在大数据中发掘价值。哪个企业的产值最高?这就涉及统计的问题。近期会出现什么热点?这就涉及聚类的问题。事件的起因,这就涉及关联计算。

现在有很多大数据价值发掘的案例,比如亚马逊,通过营销推荐系统,可以精准对接客户需求,把很多产品提前预销售。像中国移动的客户投诉识别系统,可以年节约成本达540万美元。谷歌使用大数据技术实现广告投放更加精准,获得80亿美元的收入。

我们团队开发的应急系统可以用公开的语境信息、公开的微博信息去挖掘,再提供一些公开的能力,人们利用这个能力可以判断什么事件传播的情况怎么样,什么事件大家对它持有什么样的态度,什么事件在什么地域传播。通过公开的数据,再提供给大家公开的能力,大家就可以利用这个去发现他所感兴趣领域中的一些重要事件。

从搜索引擎角度来思考,目前网络空间中我们都能搜到什么?最简单的就是文字搜索,还有儿童搜索。儿童搜索的特点是,你要是输入脏话,它会告诉你,没有这个词。视频搜索,在视频库里搜索你所关心的视频。新闻搜索,它的背后是大量的新闻网站。微博搜索,我们看看大家所关注的内容。文档搜索,比如我研究大搜索,看看有没有别人也在研究大搜索。游戏搜索,随便关注一个游戏就给你一个游戏的相关信息。学术搜索,把文章给你导出来,可以搜索到很多的资料,包括我们研究的一些成果都可以搜索出来。人物的搜索,搜“奥巴马”,可以搜索到他一些公开的信息。企业信息搜索,比如输入“天眼查”,它可以告诉你某单位法人代表是谁,还有下面的机构有哪些。周边人搜索,还有房地产搜索,你一输入“房天下”,它会告诉你附近的房价。购物搜索,使用“一淘”搜索引擎,你关注的产品是什么价格都可以给你搜出来。商品信息检索,用“快拍”二维码,你拿手机一拍,这个商品在哪个超市多少钱,哪里最便宜,都可以告诉你。物流搜索,当当网物流检索可以告诉你这个东西几点到哪儿。生活搜索,用糯米,你输入“北京小吃”,它会告诉你北京小吃哪里有。旅游搜索,用“去哪儿”搜索引擎,输入“我要在北京旅游三天”,它会告诉你有哪些旅游套餐最好。职位搜索,运用 Indeed 搜索引擎,它会马上告诉你哪个企业需要什么样的人才,让你个性化地找到你的需求。农业搜索会告诉你应该打什么样的农药,怎么使用。

联网设备搜索,这是我们团队开发的,已经搜到了 3 亿多个联网设备,还发现了 170 多万个设备有漏洞,可以任意闯进去。传感器搜索,物联网检索系统,它可以搜这个人大概在哪儿,现在所采集的值是什么,都可以搜出来,目前物联网的搜索能力比较弱,利用这种方法还不太容易推进。移动设备检索,如 360 智能手环,使用儿童手环就可以搜到这个儿童在哪里。这些应用本质上我们叫作存在性搜索,什么叫作存在性搜索?它是把存在的符合用户需求的东西提供给用户,它所在的重点是如何给出最符合用户需求的信息。比如第四次工业革命,它可能有几万个结果,哪个结果放在最前面这是它所要关心的。所有这些我们都叫存在性搜索。

时间搜索,用“中国搜索”引擎,我输入“北京时间”,它会直接告诉你北京时间是几点。输入“北京天气”,它会马上告诉你昨天晚上北京气温是 30℃,而且告诉你到了周日、周一、周二、周三等这七天天气是一个什么情况,还会给你一个气温变化曲线。

我昨天从深圳过来,搜一下深圳到北京的机票,它会提供一个月内深圳到北京机票价格的变化。比如输入“今日汇率”,它会马上告诉你昨日的、今日的,人民币、澳元的汇率是什么。比如输入“今日限行”,今天是周日,不限行,周一怎么限,周二怎么限。“测网速”,它自动就你给测试你的网速下载速度怎么样,上传速度怎么样。我输入“王文银”,它会直接把他简单的情况、照片、简历都给你推出来。

这些从本质上来说,都是能感知到你想找一个服务,就给你提供这种服务。我刚才举的例子叫服务搜索,服务搜索是以“尽力而为”为原则,通过汇集大量“服务”的方式,在用户提出搜索需求时,首先判断这个需求是否和系统服务库之中的某个服务对应上,如果能对应上,就为用户启动相应的服务。根据你的关键词判断,你可能需要这个服务,如果没有这个服务,就给你与这个服务相关方面的信息。

学术搜索,比如我输入“北京邮电大学”,马上告诉你北京邮电大学的相关知识点是什么,涉及的机构是什么,相关人员有谁,还有学术图书的曲线,发表刊物的曲线等等,具有很强大的智能性,帮你分析这个学校的整个学术情况。

任务关系搜索会通过挖掘,判断你周边的人是谁。

路径检索,用“高德”地图搜索系统。比如我要从北邮到钓鱼台,它会马上告诉你这个路线应该怎么走。这些都具有很强大的智能。

还有公交搜索,我要从天安门到钓鱼台,它就告诉你步行多少米到哪儿坐车,坐车多久到达。

企业信用搜索,用“水滴信用”搜索引擎。比如我输入“北京奇虎科技”,打的分是3547分,信用是良好,还有介绍里面的高管和核心企业,对外投资了哪些企业,全部这些资料都有,这些都有一个很好的组织。

论文查重搜索,我写一个文档名,看看这个文档在网上是不是有重复,重复率多少,有些学生的论文有抄袭现象,通过这个可以看到他是否有抄袭。整个相当于一个知识搜索。

互联网新一代的搜索技术,随着网络空间、大数据等新技术的发展,促进搜索引擎技术的不断进步,也促进用户形成了新的搜索需求,用户将不再满足于仅在互联网空间搜索存在性信息,而是希望搜集到涉及信息、时间、位置三维空间的包含有人、物体、信息在内的解决方案。从互联网到物联网到移动互联网,再到泛在网,我们要搜索答案,而不是搜索信息,而且这个答案要涉及空间,涉及时间和空间。

两条脉络的交汇点:下一代搜索就是从大数据到价值发掘,再到知识发现服务,称之为大搜索。刚才说了,地图搜索导航信息,本身就是知识搜索了,它要给你做路径规划。但是现在导航要结合物联网信息,这样它就知道哪条路的交通流量怎么样,通过交通流量,现在给出的路径就不是传统的,给的路径是哪个到达最快,到达最快取决因素不仅仅是距离最近,还有取决于是不是交通拥塞,这就相当于这个搜索引擎基于知识处理之外,还有更多的信息融合。

大搜索,是指面向泛在网络空间的人、物体和内容,在正确理解用户意图基础上,基于从网络空间大数据获取的知识,从信息、时间、位置的角度给出满足用户需求的智慧解答。我们有各种各样的信息源,最后要得出的是一个智能发掘,而这个智能发掘就是从大数据的源头通过大搜索获得网络的智慧。

这样做要依靠三个因素,第一是网络空间。第二是正确的理解。理解就涉及要有感知,要能判断真实的需求是什么。第三是知识库的构建,如果我们搞的是一个专家系统,两个小时就可以给出答案来,这个大家都能接受,但如果是搜索引擎的话,怎么可能等两小时?两分钟都等不了。大搜索也是一样,你可能这一次问的问题根本不会被回答,因为它从来没有为这个做过知识框架,它就可以把这个记录下来,以后就围绕着这个搜集所有答案,等你以后再问这个问题的时候,我就可以马上把答案找出来,这就相当于十万个为什么。最后当我提出问题的时候,你给我的问题不是存在性的信息,而是直接给我解答,这里面哪些答案跟你的答案有关,我还要重新组织,重新加工。这些一旦成立以后,这个功能就很强大,强大到什么程度?它很可能把个人的隐私也挖掘出来了,所以就需要一道安全门,这个安全门就是隐私保护,涉及隐私了,这个东西就不能往外提供。

大数据有5V特性,而大搜索有5S特性,第一是信息泛网获取(Sourcing),第二是用户感知(Sensing),第三是多源综合(Synthesizing),第四是安全可信(Secure),第五是智慧解答(Solution)。

泛网获取,网络空间泛在化,支持定向信息的获取。传统搜索只是从网页上获取互联网数据。为了提供答案,现在十万个为什么,将来十亿个为什么,我就围绕着为什么获取信息,没有这个为什么就不去获取了。

用户感知，意图理解精确化，基于场景感知的意图理解。传统搜索只是关心所提交的查询词，现在关心的是不仅能够在语意级别上对用户搜索意图进行理解，还能根据用户的时空位置、情绪状态以及历史偏好等信息来感知用户的需求。比如我输入“曼豪中国”的时候，它会把它的组成、它的业绩、它的相关人员都给你组织过来，尤其发现曼豪中国背后关联的创新论坛，可能把创新论坛相关的内容也给你推送下来，有一个感知才能解决这个问题。

多源综合，信息关联知识化，构建搜索对象空间。传统搜索只是根据 PageRank 给出最相关的结果。大搜索要把所有的东西关联起来，看看它们之间有什么关联。

安全可信，传统的安全可信只是简单的信息过滤措施，大搜索能去伪数据，还能保障用户的隐私。

解决方案，搜索解答智慧化，为用户求解做出智慧的答案。

刚才所说的所有这些搜索把它重新整理一遍，我们就能看出来它围绕三个空间，互联网空间、物联网空间和电信空间，所以我们搜索的范围不再是互联网了，而是从互联网到物联网。

搜索的内容分为三种，信息搜索、物体搜索和人物搜索，搜索的问题从传统的信息搜索扩张到信息、物体和人物。

网络空间大搜索就是，根据一定的策略和方法，从互联网、物联网、电信网等，在网络上实时、快速、精准地获取各种物理实体、人物、信息，及其时间与位置的属性，具备洞察理解用户搜索意图的智能。

现在有五大新信息技术，这些都推动了大搜索的进程。历史经验告诉我们，如果没有互联网搜索引擎，就没有今天互联网的发展，如果没有大搜索引擎，泛在网肯定发展不快，走不下去。面向泛在网，在大数据中发掘满足用户意图的智慧解答，必将成为下一代网络发展的利器和催化剂！

智媒化:未来媒体浪潮

彭　兰

一、智媒将临:万物皆媒、人机共生

(一)智媒化的三个特征

在 2013 年的报告中,我将互联网进化的一个基本线索落脚在“连接”上,并预测了 Web2. 0 之后的趋势,如图 1 所示。在 2015 年的报告中,我对未来物与物、物与人充分连接前提下媒体发展的趋向,用了“万物皆媒”这样一个表达。

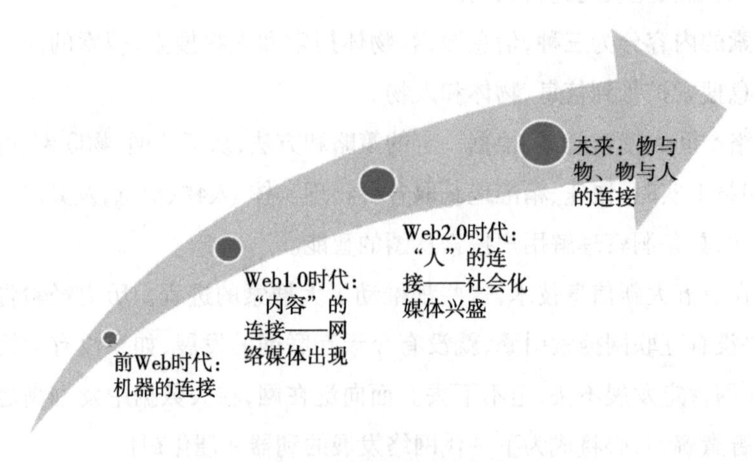

图 1　互联网连接的演进

Web2. 0 之后媒体变革的起点是移动互联网,但它更大的趋向是媒体智能化,或智媒化。智媒化的特征包括三个方面:

万物皆媒:过去的媒体是以人为主导的媒体,而未来,机器及各种智能物体都有媒体化可能。

人机合一:智能化机器、智能物体将与人的智能融合,共同作用,构建新的媒体业务模式。

自我进化:人机合一的媒介具有自我进化的能力,机器洞察人心的能力、人对机器的驾驭能力互为推进。

从信息生产角度看,智媒化将带来以下几方面的可能:

用户分析与匹配的场景化、智能化与精准化:智能化的媒体将更好地洞察每个个体用户在特定场景下的行为与需求,并智能推荐其所需要的信息与服务。

新闻生产的机器化、智能化与分布式:智能化机器进入到新闻信息的采集、分析、写作等环节,改变现有的生产模式。另外,由多元主体在去中心化的模式下完成的协作式报道,在未来将更为普遍。

新闻传播的泛在化、智能化与新闻体验的临场化:各种智能物体将成为新闻接收的终端从而为用户提供无所不在的信息获取,而 VR/AR 等技术,将为人们塑造全新的新闻临场感。

互动反馈的传感化与智能化:用户在信息消费过程中的生理反应,将通过传感器直接呈现,用户反馈将进入到生理层面。

支持这些新可能的新技术会导致全新的力量对新闻业的"入侵",这也意味着,智媒化时代将是一个传统传媒业边界消失、格局重塑的时代。

(二)智媒化的技术基石

从技术角度看,今天我们正处于智媒时代的黎明。社会化媒体应用、移动互联网技术、大数据技术、云计算为媒体的智能化提供基本的技术铺垫。除了成熟的社会化媒体应用外,其他几大技术都在爆发中或在临界点上。下面这些典型数据或事件可以让我们管窥这几大领域的进展:

从移动互联网角度看,根据 CNNIC 报告,今天中国的网络用户中,92.5%的用户用手机上网,移动时代正全面到来。①

在大数据领域,大数据战略在中国已被列入国家"十三五"规划,2015 年 8 月,国务院颁发《促进大数据发展行动纲要》,系统部署大数据发展工作。

---

① 《第 38 次〈中国互联网络发展状况统计报告〉》,2016 年 8 月 3 日发布。

从云计算的发展看,根据中国信息通信研究院发布的《云计算白皮书(2016年)》,2015年以IaaS、PaaS和SaaS为代表的典型云服务市场规模达到522.4亿美元,增速20.6%,预计2020年将达到1435.3亿美元,年复合增长率达22%。①

而人工智能、物联网、VR/AR等则为媒体的智能化提供了更直接的动力。

1. 新设备与新感知

在各种新的设备中,VR和AR最引人注目,它们给人类带来了感知世界的新方式。

Facebook、高盛等都把VR/AR视作下一代的计算平台,这意味着未来的内容、社交、服务及各种交互都将与这样一个新平台有关。

近年来,大批国内外科技和媒体巨头都先后涉足这一领域。表1与表2列举了国外与国内一些巨头在这个领域的布局。

表1 国外主要科技和媒体巨头在VR/AR领域的行动

公司	时间	与VR/AR相关的行动
谷歌	2012.4 2014.10	推出AR眼镜Google Glass 5.42亿美元投资AR公司Magic Leap
索尼	2014.3	发布VR设备project Morpheurs,后更名为PlayStation VR
Facebook	2014.3	20亿美元收购VR企业Oculus
英特尔	2014.4	投资VR公司World VIZ
三星	2014.9	与Oculus合作发布VR设备三星Gear VR
苹果	2015.5 2015.11 2016.1	收购AR公司Metaio 收购面部识别技术公司Faceshift 收购AR公司Flyby
微软	2015.1	发布AR设备Hololense
迪士尼	2015.10	投资VR内容公司Jaunt
Comcast和时代华纳	2015.11	投资VR平台NextVR

① 《云计算白皮书(2016年)》,2016年9月发布。

表2 BAT在VR领域的动作

公司	时间	与VR/AR相关的行动
百度	2015.12 2016.7	推出VR视频频道 上线VR浏览器
腾讯	2015.12	公布Tencent VR SDK及开发者支持计划
阿里巴巴	2016.2 2016.3	投资美国AR公司Magic Leap 成立VR实验室,启动"Buy+"等计划

2016年也被业界称为VR/AR元年。高盛报告预言,正常情况下,到2025年,VR/AR技术将可能产生800亿美元盈收,快速发展情况下,则可能产生1820亿美元的市场。

另一方面,机器对人的感知能力也在增强。而这归功于人工智能的发展。从媒体的角度看,这种新的感知能力机器可以帮助新闻生产者更好地洞察用户心理与需求,精确化的信息生产与推送将在未来更为普及。

2. *新关系与新连接*

近几年,业界、学界的一个共识是,互联网的本质是各种对象间的关系与连接。而新的设备不断带来新的关系与新的连接模式。智能化媒体时代要解决的是人、物、环境这三个变量的关系以及与之适配的内容和服务,内容与服务之间也会产生更深层互动关系,如图2所示。

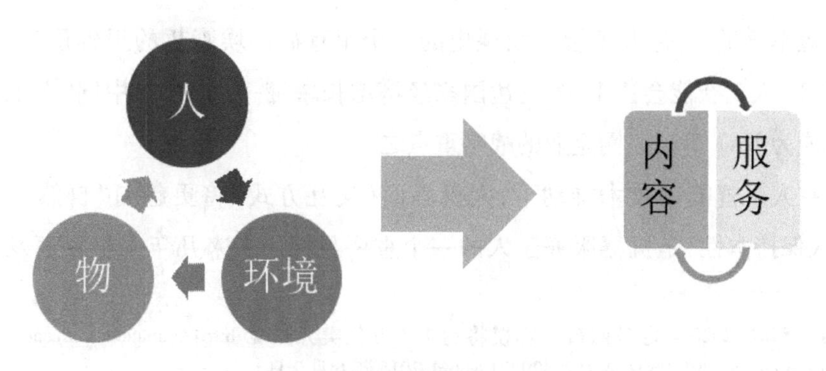

图2 智能化媒体时代互联网中的基本关系

互联网中的连接也在渐进地升级。过去互联网实现了人与内容(Web1.0)、人与人(Web2.0)、人与服务(Web2.0)的连接。今天,人与物、物与物、人与现实环境等更多关系维度,将成为构建互联网服务的基础。未来,现实与虚拟两种环境、不同的虚拟环境之间的关系,也将是新的服务拓展维度。

在推动关系的升级中,物联网技术这样的新连接技术是关键。而物联网技术也在大爆发前夕。据 IDC 预测,到 2020 年,物联网市场将达到 1.7 万亿美元。① 市场研究机构 Gartner 预计,到 2020 年,将有 250 亿个嵌入式和智能系统被接入网络。② 国内的几大互联网公司以及华为这样的企业,也在近几年加紧在物联网领域的布局,如表 3 所示。在万物互联的前提下,媒体的生产机制、传播机制也将发生深刻变化。

表 3 国内几大公司的物联网布局

公司	时间	与物联网相关的行动
华为	2015.5	发布"1+2+1 计划"(一个平台、两种接入、一个物联网操作系统)
腾讯	2015.7	发布"QQ 物联计划"
百度	2015.9	发布 BAIDU IoT 平台
阿里巴巴	2016.7	发布"阿里巴巴物联网平台"

3. 新界面与新交互

2016 年对人工智能应用的普及,具有特别意义。Alpha Go 战胜人类围棋世界冠军李世石,是人工智能发展史的一个里程碑。埃森哲的报告预言,到 2035 年,人工智能会让 12 个发达国家经济增长率翻一倍。③ 在中国,人工智能已成为 BAT 等互联网企业的战略重点之一。

在人工智能等技术推动下,人机界面(交互方式)将更趋向"自然化"。"让人保持本性"是机器服务于人的一个重要目标。未来几年人机界面发展

① 《IDC:2020 年物联网市场规模将达 1.7 万亿美元》,见 http://finance.sina.com.cn/360desktop/world/20150602/204622329971.shtml,2015 年 6 月 2 日。

② 《2020 年联网设备数量将达 250 亿部》,见 http://www.xmigc.com/Pages/Home/NewsDetai/aspx? rowld=1838,2014 年 11 月 14 日。

③ 《埃森哲最新报告:到 2035 年,AI 会让 12 个发达国家经济增长率翻一倍》,见 http://it.sohu.com/20161001/n469488038.shtml,2016 年 10 月 1 日。

趋势主要包括:

语音交互将成标配。目前,语音交互技术已经趋向成熟,语音识别率已经达到相当高的水准,微软语音识别、科大讯飞、苹果、谷歌、百度等语音技术的识别准确率都超过90%,甚至在某些情况下比人的准确度还高。

手势交互适应更多场景。微软的Kinect推动了用户对手势交互的认识,而未来这样的通过手势或其他肢体动作进行隔空操作的人机界面,必将越来越多,并且可以满足更多场景的需求。

图像识别、面部识别应用渐行渐近。图像识别技术会使得机器更好地理解图形的意义,而未来大量的应用,将是基于"刷脸"技术的应用。

智能翻译成为另一种界面。2016年9月,谷歌的Google Neural Machine Translation(简称"GNMT")取得重大突破,它不再像以往翻译系统那样逐字翻译,而是从整体上分析句子。翻译准确程度大幅提升。智能翻译为使用不同语言的用户间的交互提供了一种新的界面。

所有这些都意味着,VR/AR、物联网、人工智能等这些几年前似乎还离媒体很远的技术,正在快速向传媒业推进,并积蓄着引发媒体新一轮革命的能量。

二、用户渐变:向智媒时代靠近

当技术已经推动着媒体的智能化浪潮时,用户是否愿意随之跟进?对用户目前的媒介使用行为和未来意愿的研究,有助于我们认识智能化媒体的市场基础。

2016年10月,腾讯网科技频道企鹅智酷团队通过网上问卷的方式对移动用户进行了调查,虽然调查数据不能说明一切,但仍为我们了解移动用户提供了一定参照。

下面是本次调查的主要数据与结论:①

(一)用户向移动端的迁移基本完成

受调查用户中,日均使用超过1小时的用户占比达到81.5%,近半数用户

① 限于篇幅,本文未能提供各项调查具体结果的图表,有兴趣了解者可以访问报告的网络版。参见http://tech.qq.com/a/20161115/003171.htm#p=1。

是移动端重度用户，每天使用移动终端时间在 3 小时及以上的用户比例为 46.6%，与 2015 年(46.8%)持平。

客户端(新闻网站)仍是移动用户的首要新闻渠道，比例为 63%。但社交应用作为新闻渠道的重要性名列第二位，比例接近半数(49.4%)，超过电视(22.8%)。受调查对象选择纸媒和广播的比例分别为 2.2%和 2.1%。

受调查用户对门户网站客户端作为新闻源的信任程度最高，比例为 46.3%，超出电视(40.6%)和传统媒体客户端(24.9%)。对个性化资讯客户端(14.2%)和社交应用(自媒体)的信任度(12.1%)高于纸媒(11.3%)和广播(7.7%)。

总体来说，用户对移动端的依赖是较强的。他们在移动端获取新闻的首要方式是客户端。但这并不意味着客户端代表未来一切。新闻客户端的竞争格局已定，未来的增长空间有限。目前的新闻客户端模式也基本是传统门户的一个简单转型，难以满足复杂场景下用户的需求。“今日头条”这样的个性化推荐应用的市场份额日益增加，也表明用户对沿袭门户思维的新闻客户端的日益疲劳。

(二)社交化新闻传播正在主流化

2016 年调查结果显示，认为社交平台对新闻获取非常重要的用户比例为 24.0%，认为比较重要的为 33.3%，两者之和为 57.3%。而 2015 年调查结果认为非常重要的为 18.4%，认为比较重要的为 28.6%，两者之和为 47.0%。相比 2015 年，用户对社交平台作为新闻渠道的认同度提高了 10 个百分点以上，这也预示着社交化新闻传播正在主流化。

对用户群体的细分调查显示，越年轻，越偏向社交化新闻消费。19 岁以下用户使用社交应用获取新闻资讯的比例为 58.5%，超过他们使用新闻网站或应用的比例(44.4%)。从整体用户来看，年龄越低，使用社交应用获取新闻的比例越高。

在个人兴趣和社会热点这两大内容取向中，年轻人更重个人兴趣、老年人更重社会热点。对热点新闻的偏好程度，随年龄增加而增加，50 岁及以上群体最偏向热点新闻(61.5%)。对个人兴趣内容的偏好程度随年龄增加而降低，19 岁以下用户程度最高(38.4%)。

这些调查结果提示我们,对于年轻用户来说,个人兴趣取向和社交渠道是他们新媒体新闻消费的两个重要特征。而要更好地理解他们的个人偏好,机器智能的作用不可或缺。

(三)新潮技术得到用户的一定认同

调查显示,个性化新闻推荐开始得到部分用户认同。认为个性推荐能完全满足资讯获取需求的用户占 15.2%,另有 70.3%的用户认为满足程度为一般。

对个性化推荐的缺陷用户的认识较为一致。认为个性推荐的内容太少(32.6%)和认为它会让视野变狭窄的用户(32.3%)比例相当,而认为推荐内容不准(30.7%)和推荐内容低俗(29.4%)的比例也相当。

从用户的反馈来看,重大新闻视频直播潜力可观。用户最喜欢的视频直播类型为重大新闻直播(54.3%),知识科普类直播其次(45.3%)。VR 直播接受率为 8%。

对于 VR/AR 新闻这样的新形式,有超半数用户看好。认为 VR/AR 一定会影响资讯获取的用户占 14.8%,认为可能会影响资讯获取的占 48.7%。

对于机器写作,用户有了一定了解,而对机器写作的担忧是共通的。认为机器缺少新闻判断力的用户为 41.6%,还有 39.0%用户认为机器缺少人情味,37.3%的用户认为机器缺少人的创造力。

从智能硬件方面的用户认知来看,仍需市场培育。用户最有兴趣尝试的智能硬件是智能家电(36.4%),智能手表(13.0%)和头戴设备(12.4%)的接受程度相近,但对智能硬件不接受的比例也很高(38.7%)。

从用户反馈来看,方便性与费用是影响新技术扩散的主要因素。用户考虑采用新技术时最在意的是获取是否方便(50.8%),其次是费用是否合理(41.4%),再次是操作复杂程度(34.0%)。

总体来看,用户已基本完成到移动端的迁移,这为智能化媒体的普及提供了基础,而年轻用户的“个人兴趣导向+社交化传播渠道”的信息消费习惯,为智能化媒体的发展提供了动力。个性化推荐、机器化写作、VR/AR 得到一定认同,也增加了我们对未来智媒化业务发展的信心。

三、“新闻+机器”:五大模式

智能机器、智能物体和其他技术进入到新闻生产领域,带来了新闻发展的五种新模式。它们有些已经成为普遍的现实,有些还只初露端倪。而有些趋向也显现出某些令人担忧的问题。但我们不能把现在的缺陷和问题作为预测未来的唯一依据。另外,我们也需要在对技术可能抱着更多期待的同时,时刻警惕技术的陷阱。

(一)个性化新闻

个性化新闻在今天已被普遍接受。个性化新闻主要体现在三个层面:

个性化推送:个性化推送凸显了“算法”对于新闻分发的意义,算法的水平决定了个性化匹配的精准程度。但算法设置的议程,用户未必永远买账。前文提到的用户调查结果,也表明了用户对算法推荐新闻的一些忧虑。

对话式呈现:一些媒体在探索社交机器人在新闻传播中的应用,它们将某些新闻的获取和阅读过程变成一个互动对话过程,通过机器人与用户的对话,来了解用户的阅读偏好,进而推荐相关内容。但用户是否愿意承受这种对话的成本,仍需观察。

定制化生产:定制化信息生产即基于大数据分析的、基于场景的个人化信息定制。定制化生产是个性化新闻的更高目标,它的成熟与普及取决于更深层的用户洞察能力,场景分析是理解用户在特定环境下需求的一把钥匙。

(二)机器新闻写作

从 Narrative 公司到美联社、华盛顿邮报、路透社、Facebook,从 Dreamwriter 到快笔小新、Xiaomingbot 等,机器化新闻写作已经成为热门话题,但撇去炒作与跟风的泡沫,我们更需要在理解人工智能技术潜力的基础上,探索机器新闻写作的未来模式。

机器写作不够自由个性、没有质感与温度,机器没有人的创造力,一直是今天人们对机器化写作的主要批评理由,用户的反馈也说明了这一点。但随着机器深度学习、语义分析等能力的提高,未来的机器写作未必不会在这些方面实现突破。

未来理想的新闻写作,将是人的能力与人工智能的结合。机器的作用,不仅仅是自动获取数据并进行填充,还将体现在:引导新闻线索的发现、驱动新闻深度或广度的延伸、提炼与揭示新闻内在规律,甚至可以借助机器分析对内容的传播效果进行预判,从而决定写作角度与风格。

而在机器新闻写作的范围不断扩大时,人的新闻写作将向何方发展,是今天我们就需要思考的问题。

(三)传感器新闻

从新闻生产角度看,传感器扮演着两个方面的角色:

其一,作为信息采集工具的传感器。

在这个层面上的传感器,是人的感官延伸,它们可以见人未见,知人未知。可以在一定程度上帮助人突破自身的局限,从更多空间、更多维度获得与解读信息。通过传感器获得的大规模环境信息、地理信息、人流信息、物流信息、自然界信息等,可为专业媒体的报道提供更为丰富、可靠的数据,甚至可以为选题的发现提供线索。传感器对某些特定对象或环境的监测能力,也使得它们可以更灵敏地感知未来动向,为预测性报道提供依据。

其二,作为用户反馈采集工具的传感器。

作为反馈机制的传感器,将用户反馈深化到了生理层面。

传感器可以采集用户的心跳、脑电波状态、眼动轨迹等身体数据,准确测量用户对于某些信息的反应状态。这样一个层面的反馈,不仅可以更真实、精确地反映信息在每个个体端的传播效果,也可以为信息生产的实时调节、个性化定制或长远规划提供可靠依据。

在智能物体作为信息采集者日益普及时,“物—人”间的直接信息交互也将逐渐变成常态。由“物”所监测或感知的某些信息,也许通过“物—人”信息系统,就能直接到达目标受众,这会使得专业媒体的中介性意义被削弱。甚至可能出现 OGC(Object Generated Content)——物体生产内容。

(四)临场化新闻

尽管以往的电视直播在视觉上传达了一定的“现场感”,但观众与现场的关系是基于二维画面的“观看”。新技术将创造媒体用户与现场的新关系:“临场”,即进入现场。

新技术从不同方面推动新闻用户在新闻事件中的“临场感”或“进入感”。具体而言,临场化新闻主要有以下三种形式:

1. 临场化新闻方式之一:网络视频直播

网络视频新闻直播可以创造当事人与观看者的面对面感,或将当事人体验传递给观看者。如果在直播中应用可穿戴设备,则将带来更真切的"第一人称视角"。

网络视频直播不是电视直播的简单小屏化,直播的主体、直播的题材、直播的方式与体验等都会有大的变化,如表 4 所示。网络视频新闻直播,需要通过 PGC+UGC 的方式实现突破。

表 4 电视新闻直播与网络视频新闻直播的区别

电视新闻直播	网络视频新闻直播
专业电视机构	专业电视机构、当事者、普通目击者等
通常用于重大活动或突发事件	除了重大题材外,也趋向日常化的生活
通常有统一调度的多机位,观众最终看到的是被导演、被编辑的现场	普通直播者通常只有单一机位,但多个直播者可以相互补充,观众通常更能看到"原生态"的现场
直播主要展现"台前"	直播有助于更多展现"幕后"
追求客观的视角	较多当事者或目击者的主观视角
有较成熟、稳定的表现手法	普通人的直播多数时候表现形式粗糙
互动多数时候是装饰性手段	互动成为必要元素,在某些时候直接影响进程

尽管今天的网络视频热有不少虚火,未来会在一定程度上降温,但网络视频直播还是会有广阔的应用空间。除了新闻类直播外,网络视频直播还可以在个人类应用、商业类应用中产生创新。

2. 临场化新闻方式之二:VR/AR 新闻

VR/AR 体验让用户在三维空间里直接"到达"现场,360 度沉浸于现场,而不是由媒体用二维平面"再现"现场。

这意味着,"你所见即是你所得"。也就是说,用户可以依据自己的主观视角,从现场发现更多的个人兴趣点,而较少受到传统电视直播的摄像、导播视角的限制。他们对于现场的理解与认知,也是基于他们从现场观察中所获得的信息。

3. 临场化新闻方式之三:VR/AR 直播

"直播+ VR/AR"可能在大型活动及体育赛事报道中成为趋势。目前,奥运会、NBA、超级碗、欧洲杯、世界职业棒球大赛、中国网球公开赛、武汉网球公开赛等多个体育赛事都已尝试 VR 直播；2015 年 10 月，CNN 与 NextVR 合作，首次 VR 直播民主党电视辩论，2016 年 9 月，NBC 与 AltspaceVR 公司合作，对 2016 年美国大选第一次总统候选人电视辩论进行 VR 直播。2016 年 3 月，国内有网站在两会报道中尝试 VR 直播。

可以看到，目前 VR 直播在一些大型活动中初显身手，而 AR 与直播的结合则需要更多技术与想象力的支持。

但 VR/AR 新闻的未来发展也面临很多问题，主要包括：

VR/AR 设备的普及：VR/AR 设备的普及还有待时日，目前媒体所做的 VR 新闻很多都只能用 360 度照片方式呈现，效果打了折扣，这可能会在一定程度上影响用户的热情。

用户的生理限制：VR/AR 观看时产生的晕眩感，是目前用户体验中最大的问题，而未来技术在多大程度上能克服这一问题，决定了未来应用的深度。此外，VR/AR 观看不像手机使用那样可以一心多用，这种体验是排他的，用户的“生理带宽”有多少可以交给 VR/AR，也会影响到 VR/AR 的应用前景。

互动的创新：VR/AR 新闻需要全新的互动模式，而这方面的想象力与创新能力也决定着 VR/AR 新闻的发展前景。

新闻真实性与伦理：VR/AR 新闻会使新闻真实性受到新的挑战，一些过于刺激的场景是否适合用 VR/AR 来表现，同样也是一种新的新闻伦理考验。

（五）分布式新闻

智媒化的另一个含义，是用机器集成人的智慧。

社交媒体的应用，使得新闻生产逐步趋向分布式，即多种主体在自组织模式下共同参与某一个话题的报道。人工智能等技术将进一步推动分布式新闻生产的普及，甚至分布式生产的参与者将扩展到物体。

分布式新闻是信息与知识生产领域的共享经济。维基百科在这方面已经树立了典范，而在新闻领域，借助一些开放平台，人的认知盈余与机器、物体的智能资源结合在一起，将有助于对一个特定的新闻主题建立起丰富的认知框架，也有助于推动人们在某些角度下的深入挖掘。

在分布式新闻这样的模式中，各种主体的资源发现与整合，报道任务的分配与报道过程的协同,是发展的核心。在其中,机器智能或许将扮演越来越重要的角色。

分布式新闻意味着新闻生产进一步去中心化。专业媒体虽然仍然不可取代,但并非唯一决定性力量。

四、智媒生态:无边界重构

用户平台、新闻生产系统、新闻分发平台及信息终端是构成智媒时代传媒业生态的几个关键维度。它们彼此关联,而每一个维度的每一个变化,都意味着更多非媒体力量的进入。

这也意味着传媒业原有边界的进一步消融,一个极大扩张的传媒业新版图将在新的角逐中形成,新的生态也是在这样无边界的大格局中重构。

(一)用户平台的重构

未来的用户平台将是人的社交平台、与人相关的物体平台(如可穿戴设备、智能家电、汽车等)以及与人相关的环境系统(包括现实环境与虚拟环境)三个系统互动形成的大平台,用户分析也将是对三类数据的协同分析。

在这样的大平台系统中,人的社交平台仍是用户平台的核心,基于社交黏性的平台是可持续的。

而各种与人相关的物体的数据,是人的行为、需求及状态等的一种外化或映射,物可以提高人的“可量化度”与“可跟踪性”,通过物来了解人,将是未来用户研究的另一种途径。

与人相关的环境包括两个方面:现实环境与虚拟环境。

现实环境是用户场景的构成要素之一,把握用户环境有助于提供更精确的服务。虚拟环境是新媒体为用户提供内容和服务的基础,而基于 VR/AR 的临场化环境的构建,将给用户带来全新的体验。

(二)新闻生产系统的重构

未来的新闻生产系统,会在信息资源、分析加工模式和生产者构成等方面发生一些重要变化。在新闻生产系统的重构中,有两个动向尤为值得关注。

1. 机器成为新闻生产者

在未来的新闻生产生态下,从信息的采集到加工各个环节,参与主体都不仅是人,机器及万物都可能成为信息的采集者,而机器也可以完成信息的智能化加工。这意味着掌握着智能机器和传感数据的IT企业、物联网企业,也将成为新闻生产系统中的成员。

2. 新闻信息存储、分析、加工系统可能脱离专业媒体独立存在

在传统媒体时代,新闻信息的存储、分析与加工系统都是嵌入在媒体内部的,是媒体生产流程的一个部分,但近年来,我们看到了一个新的动向,这样的系统正在开始脱离媒体,向外部转移。2015年Facebook发布的"即时新闻"系统、谷歌发布的"新闻实验室"系统以及2016年"今日头条"发布的"媒体实验室",都是非媒体平台提供的媒体化工具,它们共同展现了未来的可能性。在大数据、云计算等技术的推动下,这样一种趋势可能会加剧,未来的以数据为核心的新闻信息处理系统,甚至可能会存在于云端。

(三)新闻分发平台的延展与重构

进入新媒体时代以来,新闻生产与新闻分发这两者逐渐分离,成为两个独立系统,两者不再像传统媒体时代那样捆绑在一起。

互联网进入大众传播领域以来,出现了很多新类型的新闻分发平台。这些新的平台都并非为传统媒体所掌控,但它们或者借助用户流量与黏性优势,或者借助技术优势,成为主流的新闻传播渠道,尤为值得关注的是,诸如购物、地图服务、天气服务这样的专业化服务平台甚至也开始承载一定的新闻与资讯分发功能。而未来的新闻分发平台更有可能是现有各种平台的混合。在这样一个延展过程中,传统媒体在新闻分发平台中的地位会进一步下降。

无论是哪一种类型的新闻分发平台,未来的新闻分发平台都要能实现如下目标:

稳定用户规模,维持用户活跃度,促进社群发展;

集聚更多内容生产者,保证信息环境的均衡;

提供内容生产与消费匹配的恰当算法或手段;

提供多重新闻体验环境;

关联内容与其他互联网服务。

(四)信息终端与生态的重构

未来将是"万物皆媒"的时代,而信息终端未来发力的三个重点领域是:可穿戴设备、智能家居、智能汽车。

可穿戴设备将使人体变成双向的“人肉终端”。人体终端化,不仅意味着人体向外界发送数据的丰富,也意味人对信息的获取与处理能力的增强。人体上的智能物体可以拓展人的感知、认识能力,以及人与物的信息交互能力。这也将带来人的一种“外化”,人的思维活动、内部状态这些本来的隐秘,成为可以感知、存储、传输甚至处理的外在信息。另一方面,VR/AR 的普及,也离不开可穿戴设备。

智能家居将重构家庭内的信息生态。智能家居使得围绕个人产生的信息变得丰富,人的行为、需求和环境被全方位信息化、数据化。个人化信息的传播,是人与物体、环境之间的“对话”过程,各种智能家居设施在其中扮演着媒介的角色。家庭成员间的信息传递与情感交流,也可以在更多场景中借助各种家庭设施展开。

未来的智能汽车不仅是无人驾驶的,更是一个完整的信息系统。它可以实现:车与人的信息互动、车与车的信息互动、车与环境信息系统的互动、车与公共信息系统的互动。

五、人机博弈:以人为本

未来的媒体进化过程,将是一个漫长的人机博弈过程。这个过程既是对机器能力的挑战,更是对人的挑战。

(一)人机边界:三种可能

未来人与机器的关系,会向三种模式发展。这三者的形成是一个渐进的过程,而到人工智能成熟时期,三种关系模式会并行存在。

1. 机器辅助

从传媒业角度看,这样一个趋势已经开始。在人的主导下,机器帮助人进行数据的采集、分析,为人的信息生产提供全面、深层的依据,此外,机器还可以辅助实现人与信息的适配。

2. 人机协同

从传媒业角度看,人机协同意味着,人与机器共同完成选题策划、资源发现与采集、新闻写作、数据分析与解读、内容智能分发、传播效果预判、用户反馈的自动收集与分析等新闻生产与传播的全部环节。而人机协同时代,更多数据与机器智能的拥有者,也会在新闻生产的格局中拥有一席之地。

3. 人机合一

人体上将有越来越多的“机器”,它们以可穿戴设备、传感器和其他芯片形式存在,甚至某些芯片可以植入人体。“人”将被机器重新定义。机器则越来越隐身于人、物体、环境之中。

人机合一的另一层含义是,人的智力注入机器、机器延伸人的感官与智慧,人机共同作用,实现自我进化。

(二)超越算法:人的价值坚守

尽管机器将在未来的传媒业不断渗透,人—机互动也将日益进入深层,但在人—机互动中,主导者还是人。机器智能的方向,应由人决定。

算法大行其道时,人要有能力对算法进行评判,及时发现与纠正算法中可能存在的陷阱与漏洞。

人更需要警惕自身对数据、算法、机器的裹胁、迷信与滥用。

算法只是未来信息生产与分发的方式之一,而不是全部。人应该超越算法,保持自身对现实世界的洞察力与判断力。机器帮助人更好地进行信息的收集、汇聚与分发,但对这些信息的价值判断、真伪判断,还取决于人。机器可以帮助媒体更好地描绘现实世界的图景,但对这些图景的价值判断与解读,还是依赖于人。

在机器可以批量地进行事实性信息生产的时代,人的力量将更多地向意见性信息生产倾斜。当机器可以把人从机械的、程式化的内容生产中解放出来时,人将更有机会来提升自己的情感表达、个性化创作甚至哲学思考能力。

(三)人文观照:机器时代的缰绳

无论未来机器智能如何发展,我们都需要始终把人文关照作为首先考虑。我们需要在人机博弈中时时关注下列这些问题。虽然很多问题目前我们可能还没有明确答案,但智能化媒体的发展过程,也就是对这些答案的追寻过程。

1. 隐身权与被遗忘权:未来我们还有隐私吗?

人在被全面数据化、可跟踪化,也就意味着,隐私泄露与侵犯在随时随地发生。个性化服务是基于个人的数据的,但如何在个性化服务与隐私保护之间实现平衡?除了隐私权,个人是否还应该拥有隐身权,以保护自己的私人空间不受侵犯?

数字时空是无限绵延的,这意味着个体在其中产生的数据不仅在被即时使用,也在被延时使用,个人在某个时刻留下的数据化记录,可能会成为很久之后其个人危机的一个导火索。被遗忘权,是否应成为新媒体时代个体的新权利?

在技术带来的新问题不断涌现时,技术之盾能否防住技术之矛? 自律与法律之绳,能否缚住技术这匹野马? 这都将是我们在未来时时要做出的回答。

2. 信息茧房:算法真的能读懂人性吗?

算法在智媒时代的新闻生产与分发中将成为一个新的关键词,但是建立在大数据、人工智能等基础上的算法虽然能理解并顺应人们的行为,却未必能完全读懂人性。

徘徊在人的低层次需求上的算法,是否真的是人性的?

完全围绕人的外在兴趣和行为建立起来的算法,是否会把人们带到"作茧自缚"的境地? 这是对个性的解放,还是新的束缚?

如何解决算法带来的偏见与歧视?

对这些问题的回答,显然不是靠算法,而是靠决定着算法的人。

3. 信息鸿沟:智能机器是否会带来新落差?

当机器、算法、数据、传感器等成为智媒时代的核心资源时,资源拥有上的不平等,是否会带来新的信息鸿沟? 甚至在某种意义上,一些传统媒体也会逐渐被抛在鸿沟的另一边?

那些拥有着数字资源霸权的机构或个人,应该如何善待手中的权力? 如何对这些权力进行制衡?

可以预见的是,未来的信息鸿沟会更广泛存在,并不断以新的形式出现,而如何缩小这些鸿沟,将是一个巨大的挑战。

4. 虚拟与现实:谁更真实?

互联网刚兴起,就引起了人们对于虚拟与现实关系的思考。VR/AR 技术,将创造一种与现实世界关联度更高的全新的"虚拟世界",这个虚拟世界不只是符号化的,也是临场化的,是对真实世界的再现与增强,未来的我们,能否分清虚拟与现实的界限?

虚拟世界是我们对现实世界的逃避,还是对现实世界的再造?

对我们来说,未来的虚拟世界,是一种新的真实吗?

这些问题的思考,会逐步上升到哲学层面,而这在未来技术时代,会变得格外重要。

5. 机器伦理:约束的是机器还是人?

机器当道的时代,对于机器,我们也会开始有新的伦理思考:

机器能欺骗人类吗?机器能与人类产生情感联系吗?

当人过分依赖机器,甚至成瘾,是机器的过错,还是人的过错?

当机器犯了错,该负责的,是机器,还是人?

2016年9月,英国标准协会(BSI)发布机器人道德,指出:机器人的设计目的不应是专门或主要用来杀死或伤害人类;人类是负责任的主体,而不是机器人;要确保找出某个机器人的行为负责人的可能性。

这些关于机器人的伦理,也适应于更广泛的智能机器,它们其实是指向主导机器的人的伦理。

对以上所有这些问题及其未来可能出现的新问题的思考与回应,决定着未来是人驾驭机器,还是人被机器所异化。

智媒时代不应该是一个机器统治人的时代,相反,机器的力量应在于更好地连接人与人,更好地汇聚人的智慧,并以机器的智慧拓展人的能力。但能否达到这一目标,取决于人对自我及机器的认知能力。

中国 APP 应用创新

中国移动APP新媒体创新发展报告

钟　瑛　伍　刚　李秋华

新媒体领域,创新是最频仍发生的景象;创新的前沿,新媒体是最先锋的阵地。新媒体创新,是新媒体持续发展的原动力与重要驱动引擎,因应新兴技术的迅猛发展和新型媒体形态的快速更迭,在多维层面不断涌现、表现活跃。科学评价与准确测量新媒体的创新水准与创新表现,特别是新媒体产品及应用的创新性和创新价值,不仅事关新媒体组织的现实运营,也关乎整个行业和社会整体经济的健康运行与良性发展。

一、新媒体创新指数及样本说明

依据科学理论和新媒体创新实践研究,构建系统、全面、可操作的新媒体创新指数,针对科学选取的评测样本,量化考察移动APP主要类型的创新水平、创新程度和创新价值等新媒体创新现状。

(一)新媒体创新指数构建

综合熊彼特的创新理论、罗杰斯的创新扩散理论以及集成创新理论关于创新的相关研究,总结发现,创新不仅是生产要素或生产条件的"新组合",更是一种不停运转的机制;创新不仅是某项单纯的技术或工艺发明,也是多种不同类型创新资源和能力的协同与整合,表现为技术集成、服务集成、资源集成等不同的集成创新模式;创新的新颖度由三方面来表达:所含知识、本身的说服力、人们采用它的决定,可以归结为媒体、技术和用户三者的有机合成。同时,结合传媒领域的信息创新研究、市场领域的产品创新研究和新媒体创新的相关研究,概括为信息创新是内容与形式相结合的全面创新,产品创新则是技术和用户综合作用的结果,而新媒体创新则是信息创新与产品创新的整合协同作用。以创新的新颖特征为逻辑起点,结合新媒体创新的特有属性,我们构建了由3个一级指标、6个二级指标和16个三级指标组成的新媒体创新评价指标体系,对移动 APP 的新媒体创新特征、创新水平和创新价值进行量化评估。新媒体创新指数的 3 个一级指标分别是:媒体品质、科技属性和用户价值。

移动 APP,即移动应用服务或移动客户端,是针对手机、笔记本电脑、平板电脑等移动终端设备,提供无线上网服务而开发的应用程序和软件;移动 APP 是当今时代最为典型的新媒体类型,业已成为人们日常生活与工作交往最为常用的新媒体产品。移动 APP 借助不断改进的内容建设和信息传播服务而实现"媒体品质"创新,"媒体品质"指标重点评测新媒体所负载的信息内容的质量水准,以及新媒体产品结构的素质状态,主要考察新媒体产品及应用本身的创新特征,包含两个二级指标:信息承载和形态设计。新媒体创新必然由技术驱动,与技术创新息息相关,与之相关的"科技属性"指标,主要指新媒体创新过程中吸纳的科学、知识和先进技术的水平和程度,重点考察新媒体产品对新技术的采纳程度和新功能的开发能力,包含技术采纳和功能推新两个二级指标。用户是新媒体创新的来源,更成为创新价值的积极贡献者,移动 APP 的新媒体创新离不开用户的参与、创造与价值贡献,"用户价值"正是从用户的维度,评测新媒体产品在使用过程中,用户参与的便利程度和深度,以及用户需求的满足程度,本指标下设用户参与和用户满意两个二级指标。移动 APP 的新媒体创新指标体系的每个二级指标之下又分别设置了若干三级指标和具体的实现路径,用于全面考察其创新表现的各个不同层面。

移动 APP 的新媒体创新指数构建及指标设定,遵循科学的理论依据和严谨的计算标准,同时参照操作性、导向性、全面性、层次性与系统化原则。各指标在进行权重计算时,邀请了 20 多位以新媒体业界高级产品经理、学界新媒体研究专家为主的专业人士,以德尔菲法对指标体系中不同指标的重要性进行评分,同时运用层次分析法(Analytic Hierarchy Process,简称 AHP)和普通最小二乘法(Ordinary Least Square,简称 OLS)检验判断矩阵的一致性,评估得出每个指标的权重。移动 APP 的新媒体创新指标体系详见表 1。

表 1　移动 APP 的新媒体创新指标体系

一级指标	二级指标	三级指标
媒体品质 A1	信息承载 B1	原创水平 C1
		信息更新 C2
		信息丰富度 C3
	形态设计 B2	交互性 C4
		扩展性 C5
		开放度 C6
科技属性 A2	技术采纳 B3	新技术升级 C7
		新知识运用 C8
	功能推新 B4	新功能开发 C9
		产品迭代 C10
用户价值 A3	用户参与 B5	参与便捷度 C11
		参与深度 C12
		个性化参与 C13
	用户满意 B6	用户美誉度 C14
		用户活跃度 C15
		用户黏度 C16

（二）样本获取

在样本获取中，为了保证评测样本的代表性和样本获取的可操作性，主要参考易观智库、艾媒咨询和苹果公司 App Store 三家最新的移动 APP 排行及相关研究报告，同时结合研究对象的影响力以及移动 APP 的不同性质、类别，最终选取七大类、共 106 家最热门的移动 APP 产品，对其创新水平进行考察和评析。七类移动 APP 分别是：资讯类、视频类、即时通信类、社交类、旅游类、综合电商类、移动支付类。同时，为了更详细评析不同移动 APP 的创新性表现，在进行指标分析和榜单解读时，又将资讯类移动 APP 细分为传统媒体资讯类、商业网站资讯类和聚合型资讯类三类，将视频类移动 APP 细分为视频网站类、移动直播类和短视频类三类。

本研究报告针对选取的七类移动 APP 新媒体产品，主要采集 2016 年 1 月 1 日至 9 月 30 日时间内的详细数据，主要包括各移动 APP 的版本更新详细数据，首屏信息及功能设计数据，信息原创及更新状况的定时观测数据，同时参照第三方报告的活跃用户数及使用状况的统计数据。对各统计数据进行综合计算后，获得各移动 APP 的新媒体创新各指标的最终数值。

二、移动 APP 主要类型新媒体创新考察排名

依据构建的新媒体创新指标体系，针对选择的七种类型移动 APP 客户端产品进行新媒体创新的量化评估，评估结果显示了各类移动 APP 的新媒体创新现状。

（一）资讯类移动 APP 新媒体创新排名 TOP30

资讯类移动 APP 共考察 30 个评测对象，依据其新媒体创新总分排名，如图 1 所示。

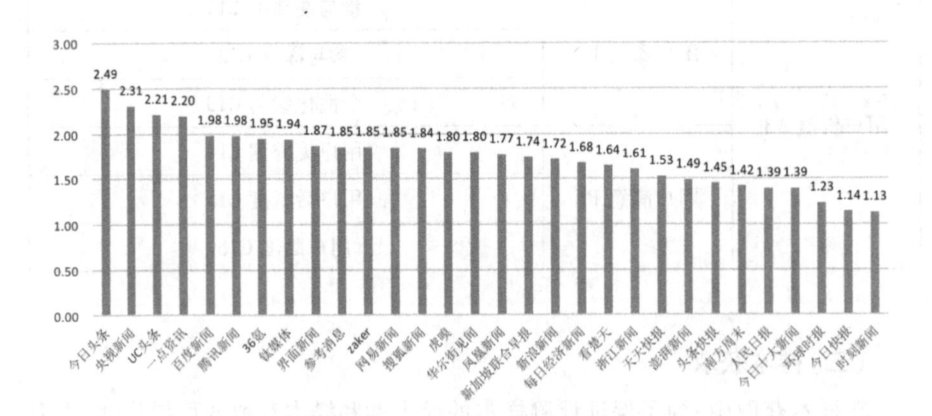

图 1　资讯类移动 APP 新媒体创新 TOP30

今日头条以 2. 49 分的较大优势居于资讯类移动 APP 新媒体创新总分榜首，央视新闻和 UC 头条分别以 2. 31 分和 2. 21 分排在第 2 和第 3 位。总体来看，排名前 10 的移动 APP，传统媒体资讯类仅有 1 家，聚合型资讯类有 4 家，商业网站资讯类有 5 家；以今日头条为代表的聚合型资讯类移动 APP，其新媒体创新总分明显高于其他两类，在排名前 5 中占据 4 席，分别为今日头条（第 1）、UC 头条（第 3）、一点资讯（第 4）和百度新闻（第 5）。比较发现，传统媒体资讯类移动 APP 的新媒体创新总分普遍偏低，前 10 名仅有央视新闻，排名第

2,排名后 15 位的却占了 8 席,反映出脱胎于传统媒体的资讯类移动 APP 新媒体,亟待提升其创新水准。

(二)视频类移动 APP 新媒体创新排名 TOP30

视频类移动 APP 共考察 30 个评测对象,依据其新媒体创新总分排名,如图 2 所示。

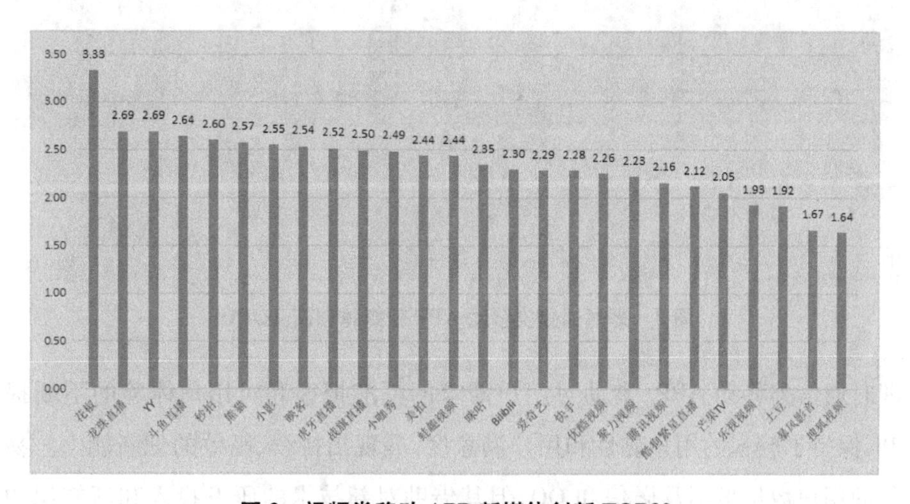

图 2　视频类移动 APP 新媒体创新 TOP30

花椒以 3. 33 分的较大优势居于视频类移动 APP 新媒体创新总分榜首,龙珠直播和 YY 同以 2. 69 分并列第二。总体来看,排名前 10 的视频类移动 APP 中,移动直播类占据 8 席,具有绝对优势,短视频类占据 2 席,表现尚可,而视频平台类则无一家进入排名前 10,其创新表现亟待改善。比较发现,以花椒为代表的移动直播类 APP 新媒体创新总分普遍高于其他两类,在排名前 5 中占据 4 席,并分列前 4 名,分别为花椒、龙珠直播、YY 和斗鱼直播;短视频类异军突起,有 2 家进入排名前 10,分别为秒拍(第 5)和小影(第 7)。

(三)即时通信类移动 APP 新媒体创新排名 TOP10

即时通信类移动 APP 共考察 10 个评测对象,依据其新媒体创新总分排名,如图 3 所示。

即时通信类移动 APP 新媒体创新排名 TOP10 榜单中,微信、易信难分伯仲,分列前两位;QQ 紧随其后,排名第 3;WhatsApp 是唯一得分低于 2 分的移动 APP,排名第 10。微信、QQ 作为目前市场上用户规模最大、最活跃的两款

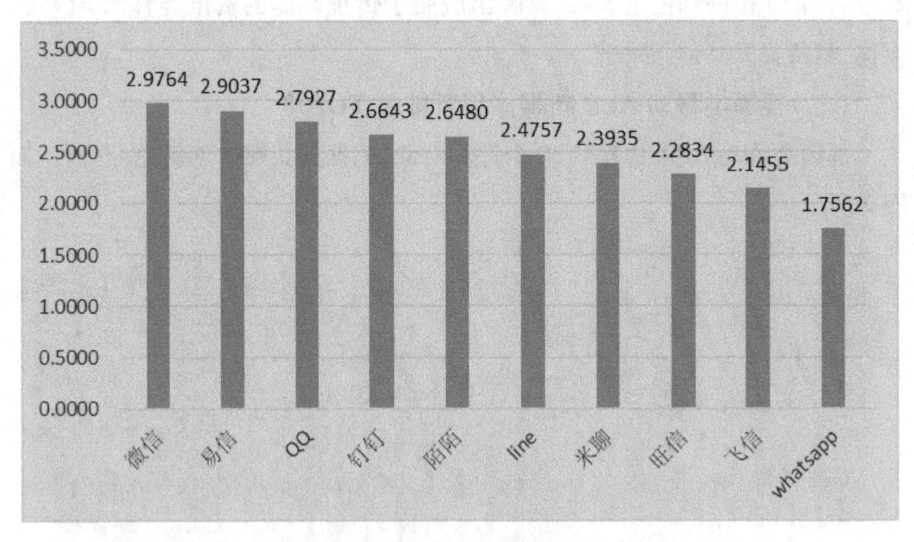

图 3　即时通信类移动 APP 新媒体创新 TOP10

即时通信类移动 APP,借助对用户需求的精准把握和对用户体验的不断提升,保持了较强的用户黏性和用户满意度,展现出持续、高效的创新能力。易信的用户数量虽不及微信和 QQ,但其借助对新技术的研发投入和新知识的持续更新,带来产品的不断迭代优化和功能出新,体现了上佳的新媒体创新表现。

(四)社交类移动 APP 新媒体创新排名 TOP10

社交类移动 APP 共考察 10 个评测对象(未包含即时通信类和直播社交类),依据其新媒体创新总分排名,如图 4 所示。

社交类移动 APP 新媒体创新排名 TOP10 榜单中,知乎以绝对领先优势占据首位,是得分唯一超过 3 分的移动 APP;豆瓣和 Nice 好赞紧随其后,分别排在第 2、3 名;微博则以 2.4011 分位居第四。排名第 1、2 位的知乎和豆瓣同为社区平台,两者以高质量的内容分享和高价值的用户创造赢得了上佳的创新表现。排名第 3 的 Nice 好赞,是近年来国内新兴的图片社交类移动平台,其依托较高的技术创新水准,提升了其整体创新表现。微博作为国内最早的社交网络平台,以较高的用户活跃度和较强的用户黏性,提升了其创新水准,排名第 4。

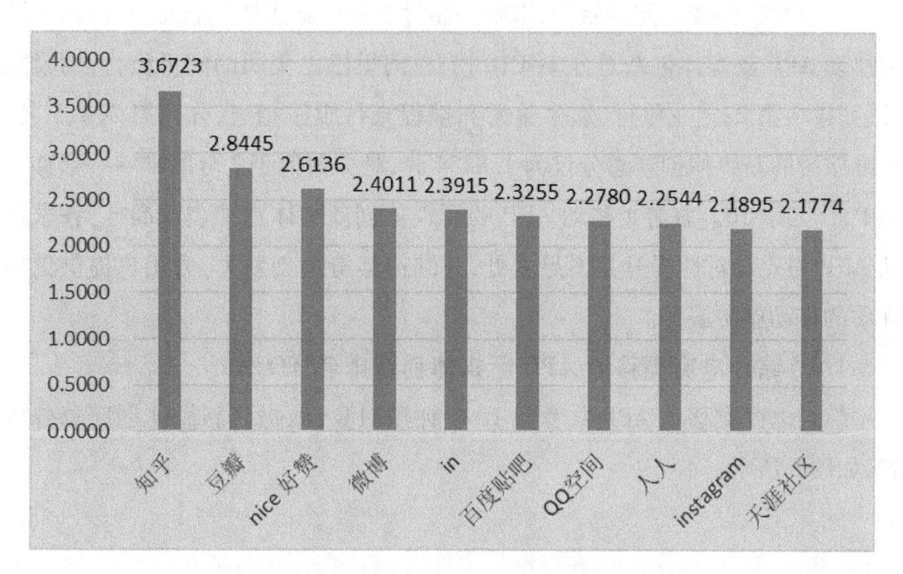

图 4 社交类移动 APP 新媒体创新 TOP10

(五)旅游类移动 APP 新媒体创新排名 TOP10

旅游类移动 APP 共考察 10 个评测对象,依据其新媒体创新总分排名,如图 5 所示。

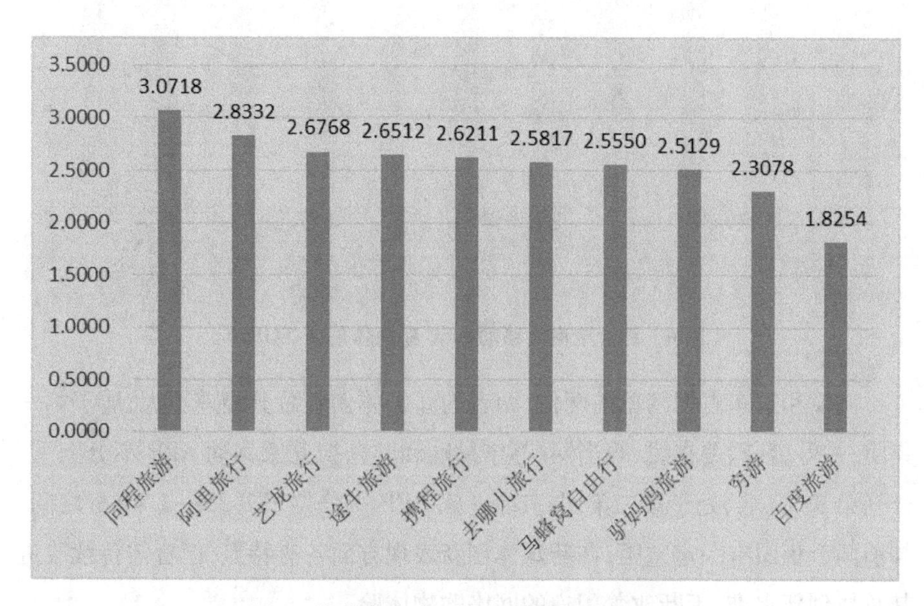

图 5 旅游类移动 APP 新媒体创新 TOP10

同程网络科技的同程旅行，以唯一超过3分的新媒体创新总分，占据旅游类移动APP新媒体创新总分TOP10榜首；阿里巴巴集团的阿里旅行，则紧随其后，排名第2；艺龙旅行、途牛旅游和携程旅行旗鼓相当，分列第3、4、5名；百度旅游的新媒体创新总分仅为1.8254分，是分值低于2分的唯一一家移动APP，排名第10。旅游类移动APP的新媒体创新整体水准表现尚佳，各家移动APP需要针对性提升其不足之处，并维持其持续创新力，为用户提供更加优质的移动旅游服务。

（六）综合电商类移动APP新媒体创新排名TOP10

综合电商类移动APP共考察10个评测对象，依据其新媒体创新总分排名，如图6所示。

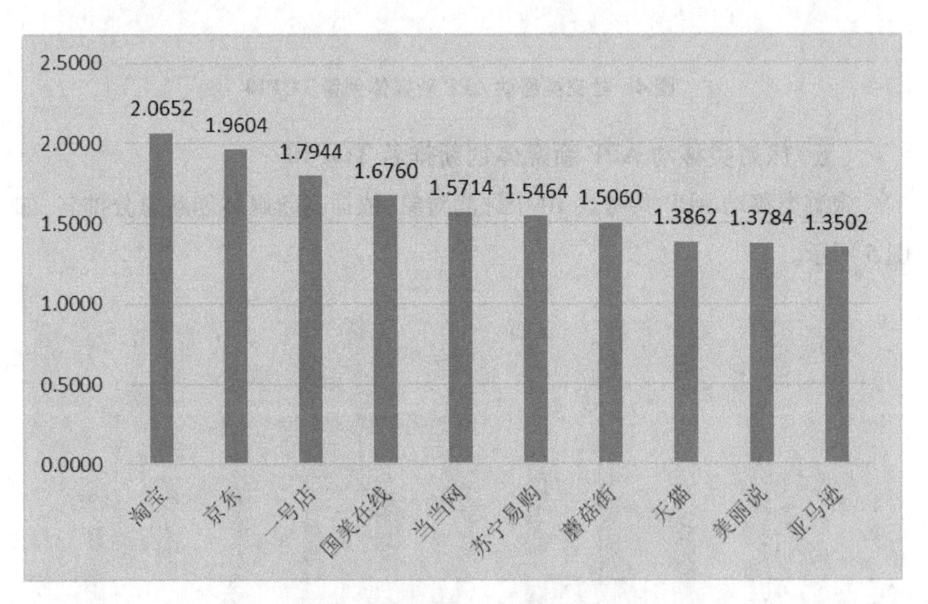

图6　综合电商类移动APP新媒体创新TOP10

淘宝和京东占据榜单前两位，两者的新媒体创新总分相差不大，居于第一集团；一号店、国美在线、当当网、苏宁易购和蘑菇街五家移动APP不分上下，分列第3—7名，处于第二集团；其余3家APP得分位于1.35—1.40分之间，与前两个集团有一定差距，在新媒体创新表现方面各有特点，但皆需持续改进其总体创新水准，不断改善用户的网络购物体验。

(七)支付类移动 APP 新媒体创新排名 TOP10

支付类移动 APP 共考察 10 个评测对象,依据其新媒体创新总分排名,如图 7 所示。

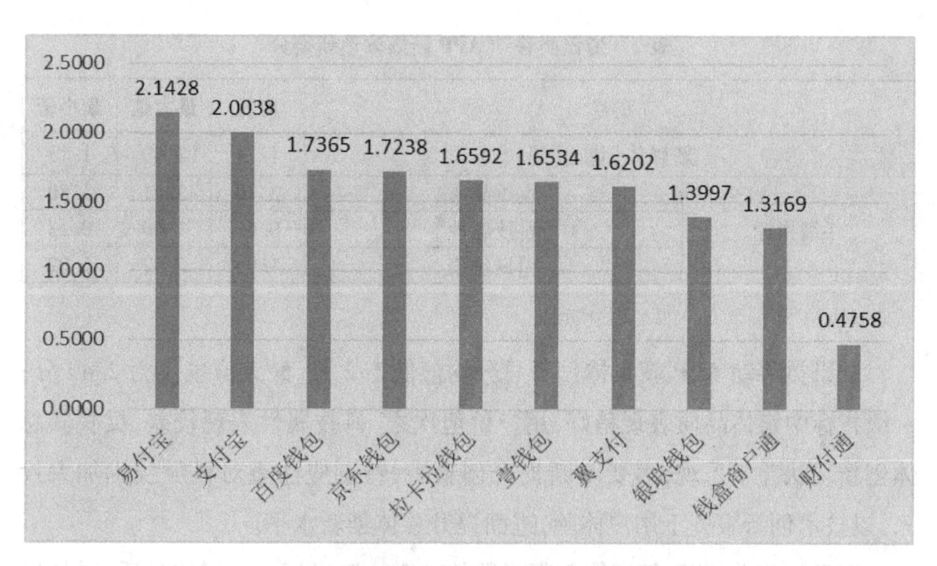

图 7　支付类移动 APP 新媒体创新 TOP10

支付类移动 APP 新媒体创新指数排名榜单中,新媒体创新指数得分区间分布于 0. 4758—2. 1428 分,差距较为明显。苏宁云商旗下的易付宝和阿里巴巴集团的支付宝分列前两名,得分均高于 2 分;腾讯公司的财付通则以唯一低于 1 分的新媒体创新总分,排名第 10;百度钱包、京东钱包等其余 7 家移动 APP 的分值皆在 1—2 分区间,分差并不明显,分居榜单第 3—9 名。作为移动支付平台的支付类移动 APP,新媒体创新的整体得分并不高,需要在媒体品质、科技属性和用户价值方面,全面提升其创新水平,以便为用户提供更安全可靠、体验优良的在线支付服务。

三、移动 APP 新媒体创新现状分析

结合新媒体创新指数的各级指标得分状况,分类解析各热门类型移动 APP 的新媒体创新表现,并横向对比,全面呈示其整体创新现状。

(一)资讯类移动 APP 新媒体创新现状分析

1. 基本状况

资讯类移动 APP 分为传统媒体资讯类、商业网站资讯类和聚合型资讯类

三个细分类别，其新媒体创新指数包含三级指标。结合资讯类移动 APP 新媒体创新排行榜 TOP30，汇总 30 家资讯类移动 APP 的新媒体创新总分和各一级指标得分，基本状况如表 2 所示。

表 2　资讯类移动 APP 新媒体创新得分

<table>
<tr><th colspan="2">项目</th><th>均值</th><th>最大值</th><th>最小值</th></tr>
<tr><td colspan="2">新媒体创新总分</td><td>1.74</td><td>2.49</td><td>1.13</td></tr>
<tr><td rowspan="3">一级指标</td><td>媒体品质</td><td>2.70</td><td>3.81</td><td>1.80</td></tr>
<tr><td>科技属性</td><td>0.65</td><td>1.40</td><td>0.13</td></tr>
<tr><td>用户价值</td><td>1.96</td><td>2.97</td><td>1.02</td></tr>
</table>

资讯类移动 APP 新媒体创新总分均值低于 2 分，最大值也仅为 2.49 分；一级指标中媒体品质表现稍好，用户价值次之，科技属性表现较差，反映其总体创新现状并不乐观，需要不断提升创新力，特别应注重对科学技术加大投入，以技术创新服务于用户体验，进而提升总体创新水平。

资讯类移动 APP 新媒体创新指数的三个一级指标——媒体品质、科技属性和用户价值的得分情况如表 3 所示。

表 3　资讯类移动 APP 新媒体创新一级指标得分

排名	名称	媒体品质	科技属性	用户价值
1	今日头条	3.4299	1.3992	2.7376
2	央视新闻	3.8111	0.7771	2.3837
3	UC 头条	3.2924	1.1483	2.1961
4	一点资讯	3.2082	0.9243	2.6273
5	百度新闻	3.4432	0.4745	2.0838
6	腾讯新闻	2.6953	0.8257	2.6917
7	36 氪	3.3262	0.6670	1.8092
8	钛媒体	3.6768	0.2942	1.8240
9	界面新闻	3.4822	0.2264	1.9324
10	参考消息	3.5885	0.2839	1.6166
11	zaker	1.8758	1.1270	2.9652
12	网易新闻	2.5974	0.8826	2.2019
13	搜狐新闻	2.4084	0.9706	2.3357
14	虎嗅	2.6664	1.0361	1.6285

续表

排名	名称	媒体品质	科技属性	用户价值
15	华尔街见闻	2.7616	0.6847	2.0390
16	凤凰新闻	2.1117	0.9336	2.5674
17	新加坡联合早报	2.8433	0.4610	2.0402
18	新浪新闻	2.6706	0.7129	1.8068
19	每日经济新闻	3.0809	0.4965	1.3571
20	看楚天	2.6169	0.4294	2.0413
21	浙江新闻	2.8525	0.3785	1.5907
22	天天快报	1.9858	0.7754	2.0091
23	澎湃新闻	2.3021	0.3164	2.0758
24	头条快报	1.8820	0.9574	1.5583
25	南方周末	2.4911	0.4089	1.3347
26	人民日报	2.0836	0.6199	1.5404
27	今日十大新闻	1.8016	0.5180	2.1271
28	环球时报	2.2416	0.1839	1.3006
29	今日快报	1.9661	0.1347	1.4384
30	时刻新闻	1.8696	0.4560	1.0226

媒体品质总体得分优于科技属性和用户价值得分，其中，媒体品质得分最高的是央视新闻，科技属性最强的是今日头条，zaker 则是用户价值的第 1 名。

2. 媒体品质状况

资讯类移动 APP 媒体品质得分状况如图 8 所示。

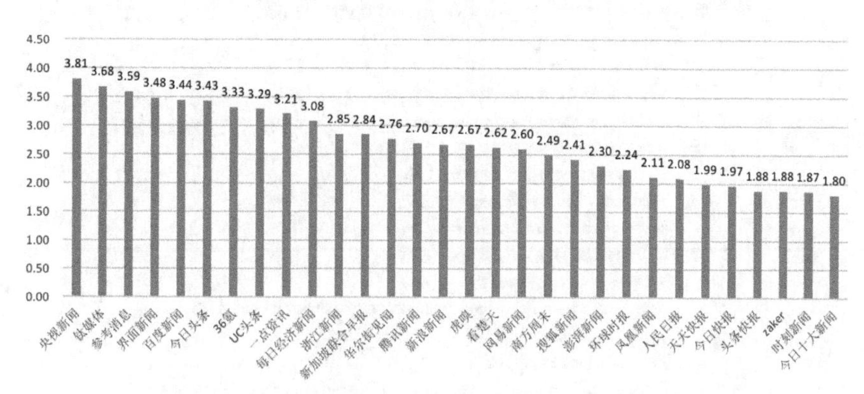

图 8　资讯类移动 APP 媒体品质得分

媒体品质方面，央视新闻、钛媒体和参考消息位居前三，该项得分都在 3.59

分及以上,创新指数前三名中只有央视新闻入围媒体品质的前三名,得分高达3.81分,明显高于其他资讯类移动APP。媒体品质排名前十的资讯类移动APP得分都在3.08分及以上,反映资讯类移动APP普遍注重媒体品质建设。

与创新指数总排名相反的是,在媒体品质排名中,传统媒体资讯类和商业网站资讯类移动APP表现不俗,排名前四的央视新闻、钛媒体、参考消息和界面新闻都属于此两类。与之相反,排名最后三位的zaker、时刻新闻和今日十大新闻都属于聚合型资讯类,聚合型资讯类移动APP需要在媒体品质方面多做努力。

信息承载和形态设计是媒体品质下的两个二级指标,资讯类移动APP媒体品质的两项得分情况如图9和图10所示。

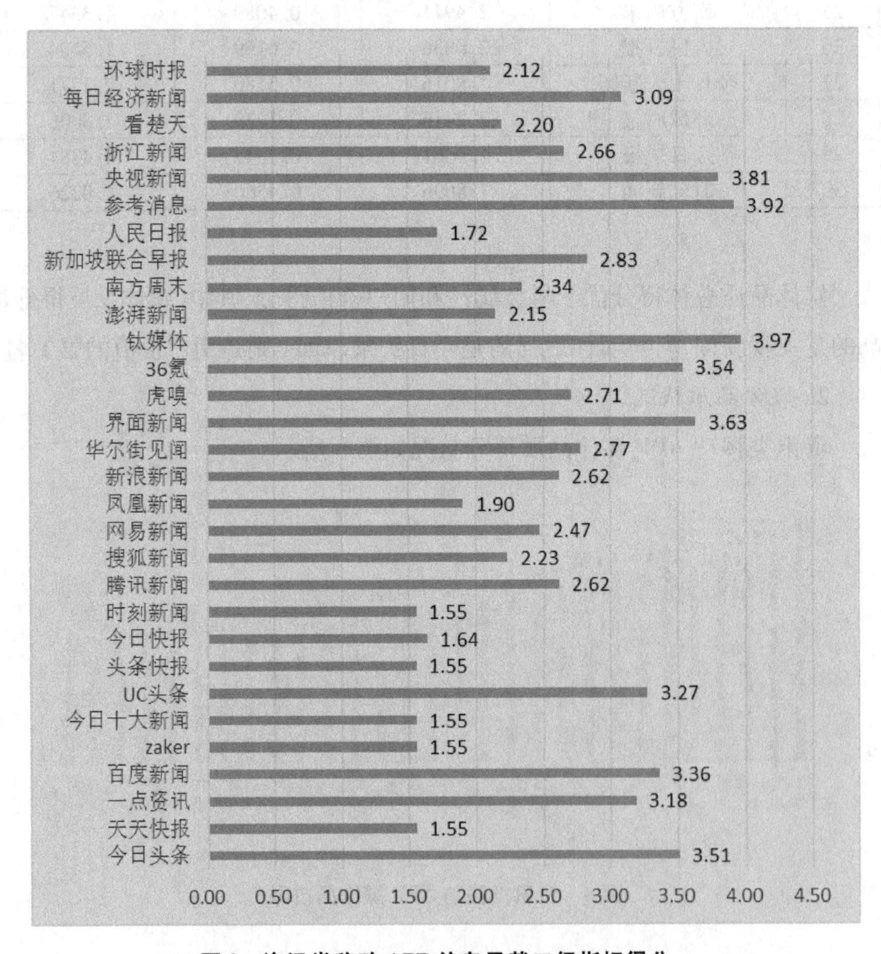

图9 资讯类移动APP信息承载二级指标得分

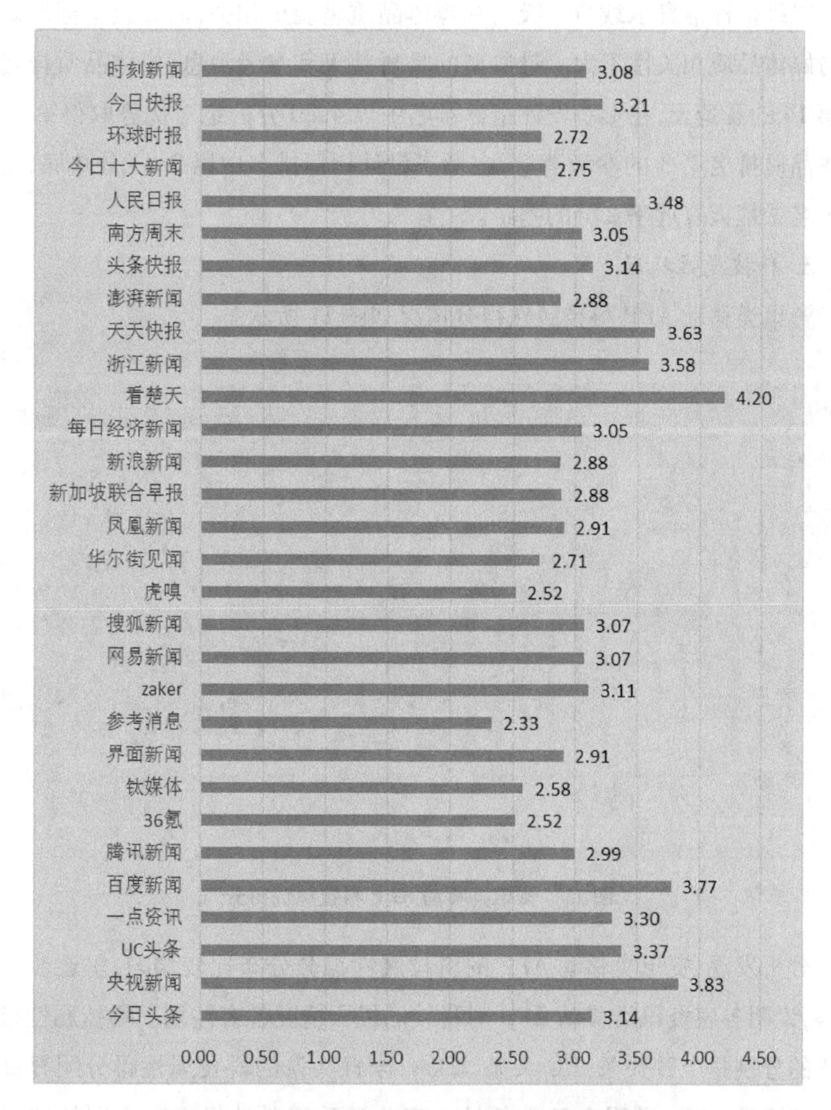

图 10　资讯类移动 APP 形态设计二级指标得分

信息承载方面，钛媒体排名第 1，高达 3.97 分；参考消息和央视新闻分列第 2、3 名；高于 3 分的 APP 有 10 家；2—3 分的有 12 家；低于 2 分的有 8 家。形态设计方面，看楚天一枝独秀，高达 4.20 的得分名列第 1；央视新闻和百度新闻分列第 2、3 名；得分高于 4 分的有 1 家；3—4 分的有 16 家；低于 3 分的有 13 家，30 家 APP 皆高于 2 分。

二级指标信息承载与一级指标媒体品质呈现正相关,而二级指标形态设计与媒体品质相关性不大。最典型的是看楚天和参考消息,媒体品质排名倒数第 14 的看楚天,在形态设计指标排名中以 4. 20 分的绝对优势取得第 1;而媒体品质排名第 3 的参考消息,在形态设计指标排名中以 2. 33 分垫底,且与第 1 名看楚天有近乎 2 分的差距。

3. 科技属性状况

资讯类移动 APP 科技属性得分情况如图 11 所示。

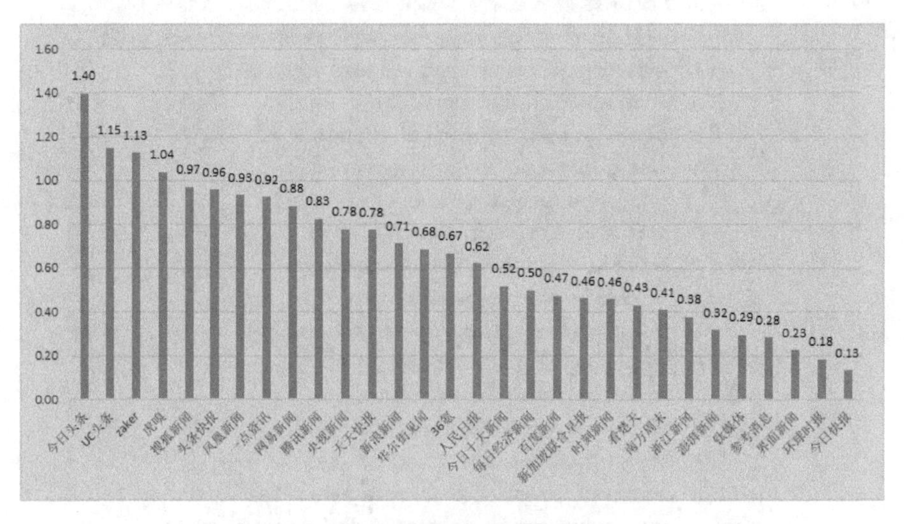

图 11　资讯类移动 APP 科技属性得分

分析发现,资讯类移动 APP 的科技属性得分分布比较均匀,呈逐步下降趋势,说明各家资讯类移动 APP 对科技的投入情况各有差别。科技属性排名前 3 的分别是今日头条、UC 头条、zaker,今日头条的科技属性得分明显高于其他资讯类 APP,说明今日头条是一家非常重视科技投入和运用的资讯类 APP,UC 头条、zaker 也相对较高,说明其对科技的研发与投入也比较重视,前 3 名的类别都是聚合型资讯类。排名居中的三个 APP 分别是新浪新闻、华尔街见闻、36 氪,科技属性分值在均值左右,说明其对科技的重视程度一般,这三家同属于商业网站资讯类。排位后 3 名的分别是界面新闻、环球时报、今日快报,科技属性均不足 0. 3 分,说明这几家资讯类 APP 对科技投入严重不足,界面新闻属于商业网站资讯类,环球时报属于传统媒体资讯类,今日快报属于聚合型资讯类。综上类别分析，聚合型资讯类移动 APP 科技属性相对较高，部分较低，分布不均；商业网站资讯类 APP 科技属性得分比较均衡，无较大反差；传统媒体资讯类的科技属性得分则普遍较低。

聚合型资讯类移动 APP 科技属性最高的是今日头条，今日头条的理念是“基于用户的社交网络数据进行挖掘分析，通过算法提供给用户自己最感兴趣的消息，再通过用户的社交网络来促进 UGC 内容，以此循环，构建用户的良性资讯生态圈”。它通过抓取、挖掘、计算、选取、推荐，呈现给用户个人最关心、最感兴趣的新闻。在这个众口难调的信息时代，一个信息源可以绕开大众口味，只提供符合用户个人口味的新闻，无疑较为贴心，这种方式更多依托时下最为领先的大数据技术和推荐算法，以技术取胜，其科技属性得分最高理所应当，这也正代表了资讯类移动 APP 的一种未来发展方向。

技术采纳和功能推新是科技属性下的两个二级指标，资讯类移动 APP 在此两项指标的得分情况如图 12 和图 13 所示。

技术采纳方面，今日头条排名第 1，为 1. 54 分；zaker 和 UC 头条分列第 2、3 名；高于 1 分的 APP 有 3 家；低于 1 分的有 27 家。功能推新方面，网易新闻排名第 1，为 1. 57 分；虎嗅和头条快报分列第 2、3 名；高于 1 分的 APP 有 11 家；低于 1 分的有 19 家。

4. *用户价值状况*

资讯类移动 APP 用户价值得分情况如图 14 所示。

资讯类移动 APP 的用户价值得分下降趋势比较平缓，反映出各个资讯类 APP 的用户价值相互之间差别并不明显，用户对各个资讯类 APP 的忠诚度、喜好程度没有集中分布在某个 APP 上，而是相对均匀地分布于不同的 APP，但是对某些类的 APP 略有倾向。用户价值排名前 3 的 APP 是 zaker、今日头条、腾讯新闻，其中今日头条和 zaker 的科技属性得分分别居于第 1 和第 3 位，腾讯新闻的科技属性排位第 10。分析认为，资讯类移动 APP 较高的用户价值往往和先进的科技投入有一定关联，科技属性较高的 APP，其用户价值也相对较高。排名居中的 3 个 APP 分别是新加坡联合早报、华尔街见闻、天天快报，其科技属性分别排名第 20、14、12，这几个科技属性也都在中间左右，说明

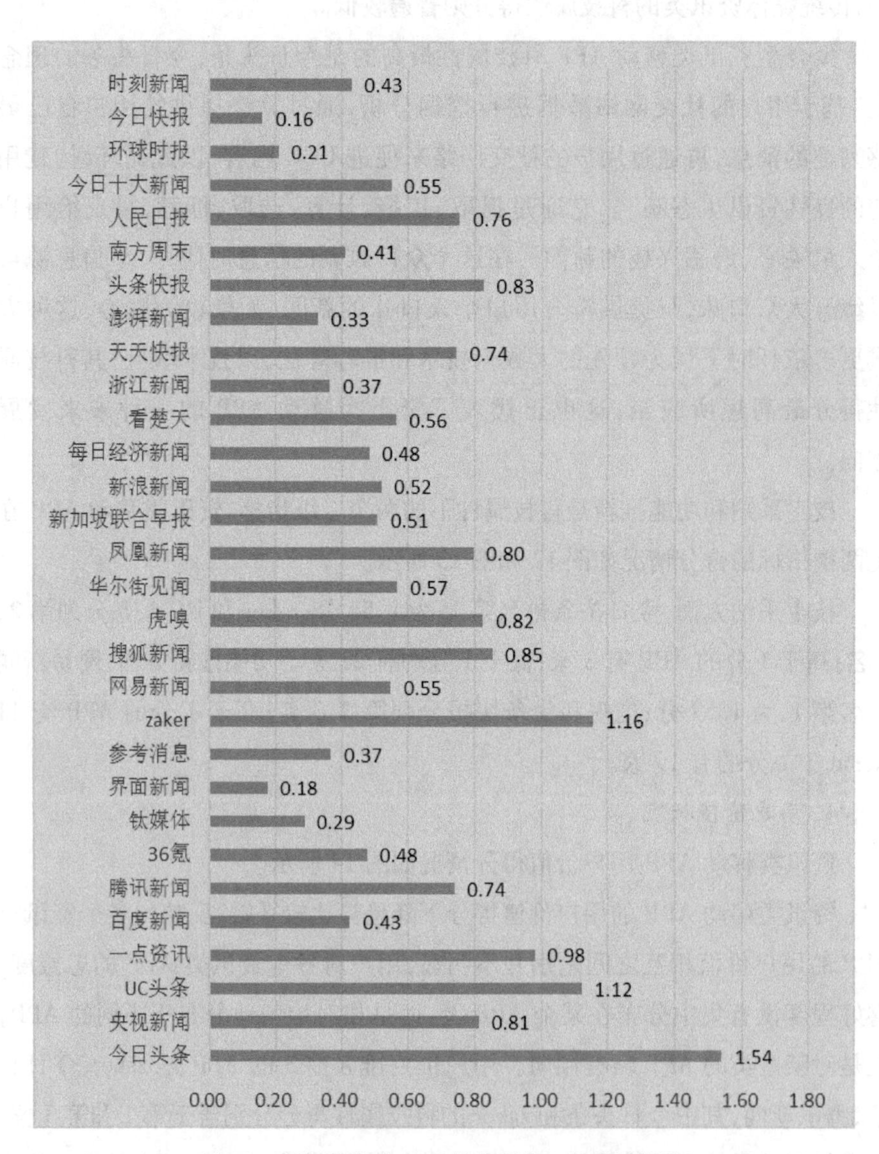

图 12　资讯类移动 APP 技术采纳二级指标得分

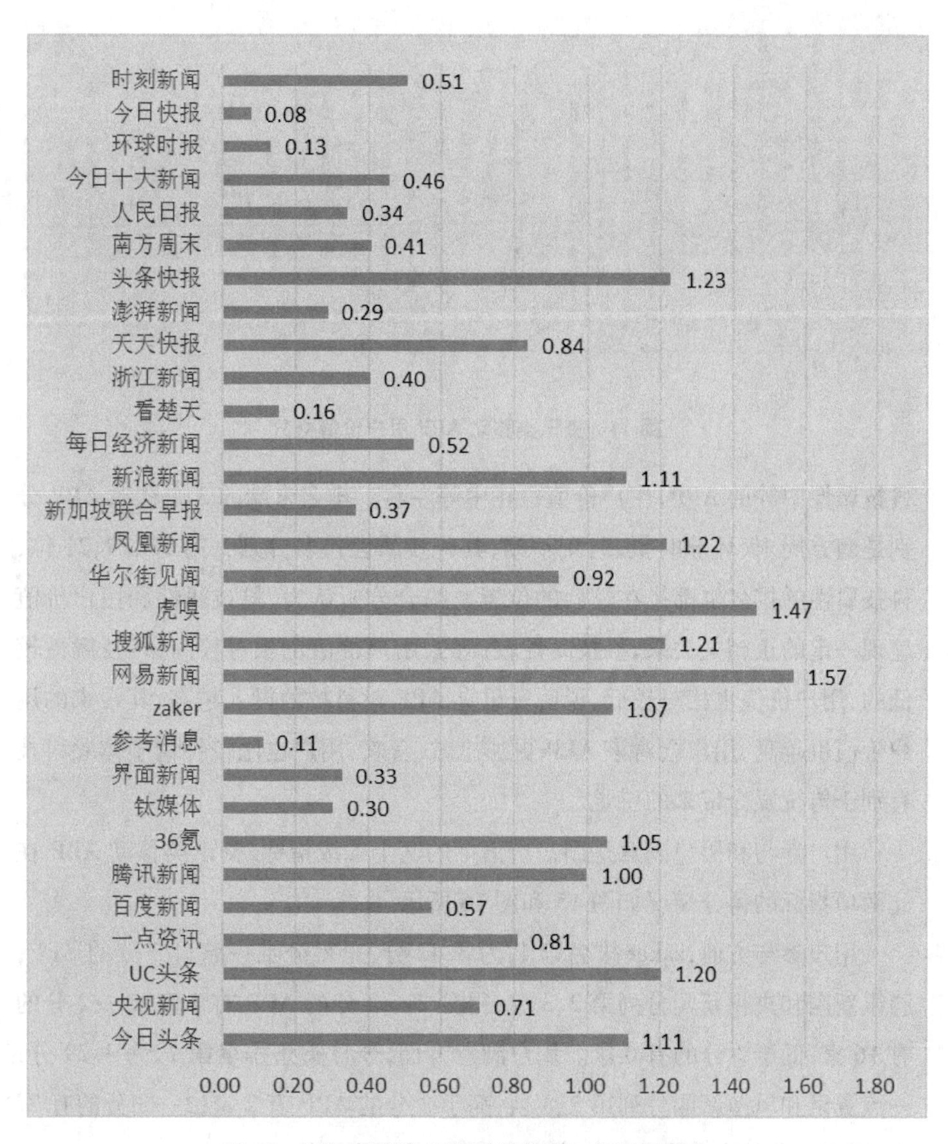

图 13　资讯类移动 APP 功能推新二级指标得分

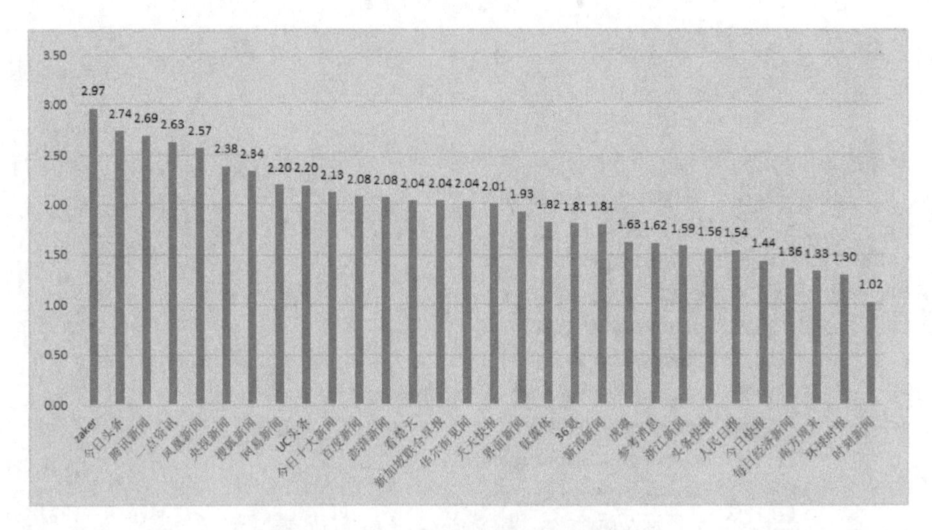

图 14　资讯类移动 APP 用户价值得分

科技属性中等的 APP，用户价值也在中等左右。排名末端的 3 个移动 APP 分别是南方周末、环球时报、时刻新闻，其科技属性排名分别为第 23、29、21 位，科技属性的排名也都排在较后的位置。综合分析认为，科技属性和用户价值呈现一定的正相关关系，科技属性较高的，用户价值也相对较高，科技属性较低的，用户价值也相对较低，说明资讯类 APP 对科技的投入越高，其带来的用户价值也越高，用户会对该 APP 更加忠诚、喜欢，用户也比较钟情于体验科技有别于传统媒介带来的感觉。

用户参与和用户满意是用户价值下的两个二级指标，资讯类移动 APP 在此两项指标的得分情况如图 15 和图 16 所示。

用户参与方面，zaker 排名第 1，为 3.42 分，是得分唯一超过 3 分的 APP；腾讯新闻和央视新闻分列第 2、3 名；得分 2—3 分的 APP 有 7 家；1—2 分的有 16 家；低于 1 分的有 6 家。用户满意方面，今日头条排名第 1，为 3.29 分；一点资讯和凤凰新闻分列第 2、3 名；高于 3 分的 APP 有 2 家；2—3 分的有 27 家；低于 1 分的有 1 家。

5. 总体分析

资讯类移动 APP 新媒体创新指数各一级指标得分变化趋势，媒体品质在资讯类移动 APP 创新指数中明显高于其他指标，反映了媒体追求质量的大趋

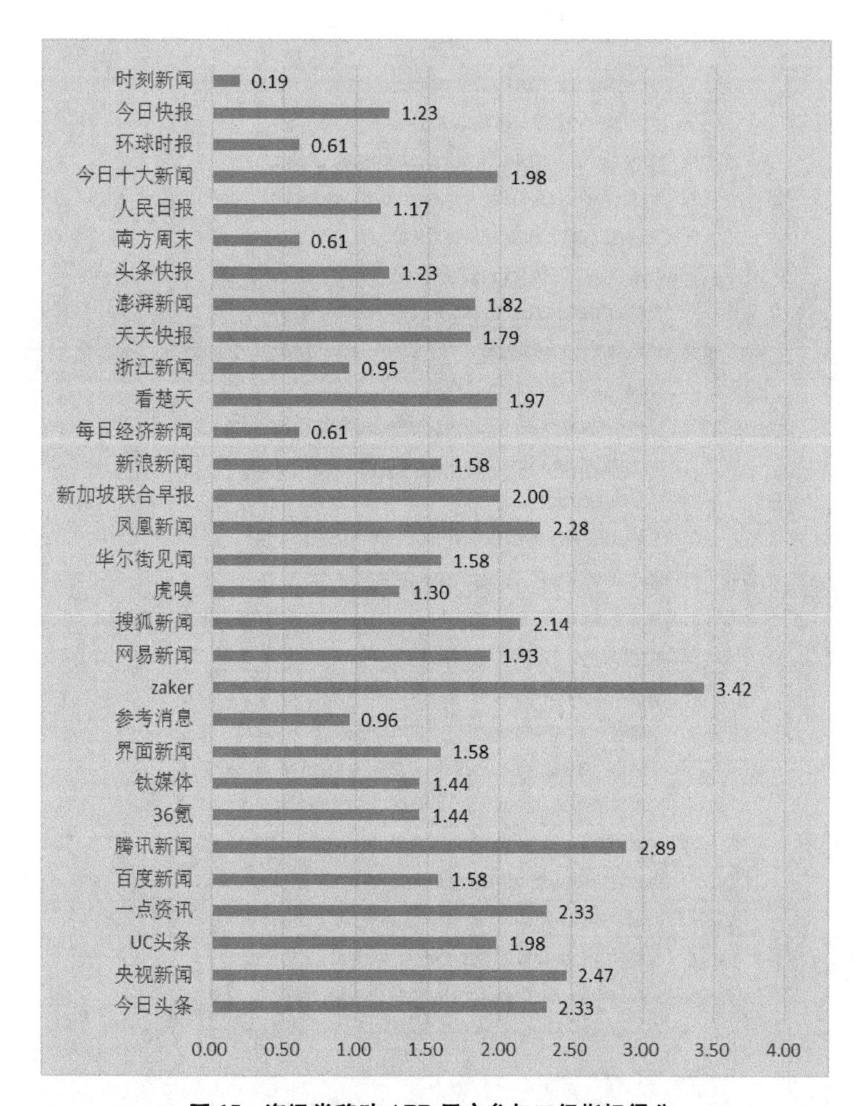

图 15　资讯类移动 APP 用户参与二级指标得分

势。用户价值得分居中，与媒体品质得分小部分重叠，是发展创新的一个着力点。三个一级指标中科技属性明显低于媒体品质和用户价值，是未来资讯类移动 APP 创新发展需要着重提升的重点所在。

（1）新媒体时代，内容创新重于科技创新

央视新闻和参考消息注重发展媒体品质，虽然科技属性不高，但依靠内容的品质建设，仍旧成为传统媒体资讯类创新发展的引领者，在新媒体创新指数

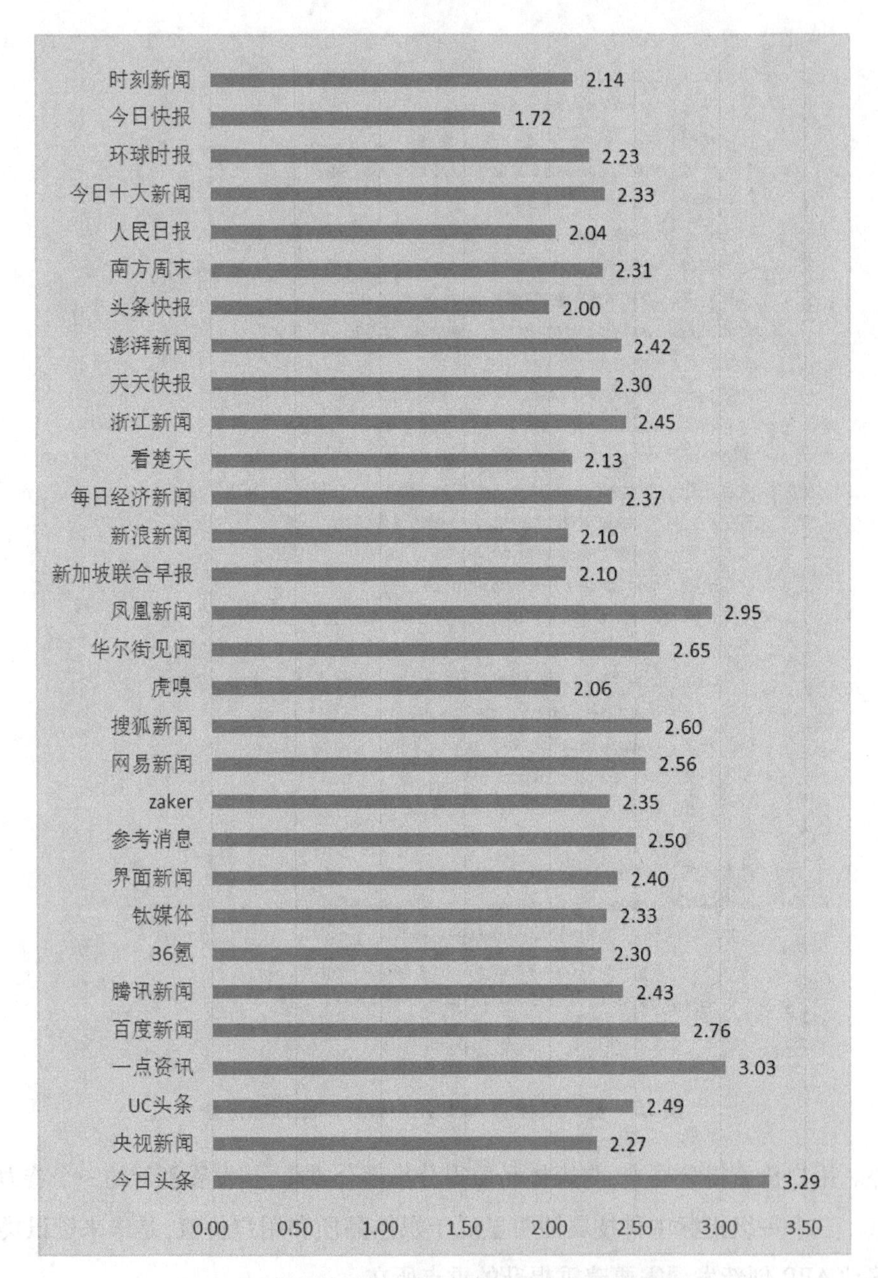

图 16　资讯类移动 APP 用户满意二级指标得分

排名前 10 的资讯类移动 APP 中，传统媒体资讯类的央视新闻排名第 2，参考消息排名第 10。与聚合型资讯类相比，传统媒体资讯类创新指数普遍靠后，央视新闻和参考消息显得有些与众不同。分析发现,二者排名主要依靠媒体品质的较高得分,而在媒体品质的原创水平三级指标中,央视新闻和参考消息均高于 4.65 分,这与二者创新指数排名靠前直接相关。

与媒体品质的高得分相对的是低科技属性得分,参考消息的开放度三级指标为 0 分,科技属性下的其他几个三级指标也得分较低,主要原因在于参考消息长时间未进行版本更新,科技投入并未直接呈现在移动 APP 的建设和改进工作,这直接拉低了其科技属性得分。

在新媒体时代,内容创新比科技创新更重要,内容创新是提升创新指数的关键,科技创新则是传统媒体资讯类移动 APP 创新指数的短板。

(2)科技创新服务于用户体验,联合助推新媒体创新水平

传统媒体资讯类、商业网站资讯类和聚合型资讯类三类移动 APP 的科技属性和用户价值得分均值比较分析发现,科技属性方面,聚合型资讯类 APP 得分最高,商业网站资讯类 APP 次之,与聚合型资讯类 APP 相差不大,但两者明显高于传统媒体资讯类 APP。用户价值方面,商业网站资讯类和聚合型资讯类 APP 的用户价值相差不大,也都明显高于传统媒体资讯类。反映出聚合型资讯类和商业网站资讯类移动 APP 的科技属性和用户价值都要好于传统媒体资讯类 APP,同时也反映出科技属性和用户价值呈现一定的正相关关系,科技属性高的 APP,用户价值一般也相对高,科技属性含量比较低的 APP,用户价值也相对较低。

(3)新功能、强交互有益于提升用户满意程度

传统媒体资讯类、商业网站资讯类和聚合型资讯类三类移动 APP 在功能推新、用户参与和用户满意三个指标的得分均值比较,分析发现,功能推新方面,商业网站资讯类移动 APP 推新最快,聚合型资讯类次之,传统媒体资讯类推出新功能的速度较慢。用户参与方面,商业网站资讯类和聚合型资讯类也相对优于传统媒体资讯类,主要表现为商业网站资讯类和聚合型资讯类更加重视用户体验,增设了很多与用户交互的功能和设计,而用户也更方便、更乐于在商业网站资讯类和聚合型资讯类 APP 中参与新闻的互动,所以这两类移动 APP 的用户满意程度也比传统媒体资讯类稍高。同时分析发现,用户对资讯类移动 APP 的满意程度与 APP 的功能更新状况和交互程度存在一定的正

相关关系，功能推新越频繁，交互性设计越便捷，用户的满意程度也相对更高。

（二）视频类移动 APP 新媒体创新现状分析

1. 基本状况

视频类移动 APP 分为视频网站类、移动直播类和短视频类三个细分类别，其新媒体创新指数包含三级指标。结合视频类移动 APP 新媒体创新排行榜 TOP30，汇总 30 家视频类移动 APP 的新媒体创新总分和各一级指标得分，基本状况如表 4 所示。

表 4　视频类移动 APP 新媒体创新得分

<table>
<tr><th colspan="2">项目</th><th>均值</th><th>最大值</th><th>最小值</th></tr>
<tr><td colspan="2">新媒体创新总分</td><td>2. 35</td><td>3. 33</td><td>1. 64</td></tr>
<tr><td rowspan="3">一级指标</td><td>媒体品质</td><td>3. 04</td><td>3. 69</td><td>1. 65</td></tr>
<tr><td>科技属性</td><td>1. 16</td><td>2. 93</td><td>0. 57</td></tr>
<tr><td>用户价值</td><td>3. 16</td><td>3. 91</td><td>1. 95</td></tr>
</table>

视频类移动 APP 新媒体创新总分均值为 2. 35 分，最高分为 3. 33 分，表现差强人意；一级指标中媒体品质和用户价值表现较好，科技属性尚待提升，反映其总体创新现状中规中矩，整体状况优于资讯类移动 APP，特别是在用户价值指标方面比较令人满意，也得到用户认可，用户活跃度和满意度稍好。作为引领技术创新的典型代表，视频类移动 APP 的科技创新水平依然需要不断改善。

视频类移动 APP 新媒体创新指数的三个一级指标——媒体品质、科技属性和用户价值的得分情况如表 5 所示。

表 5　视频类移动 APP 新媒体创新一级指标得分

排名	APP 名称	媒体品质	科技属性	用户价值
1	花椒	3. 49	2. 93	3. 71
2	龙珠直播	3. 61	1. 35	3. 39
3	YY	3. 37	1. 66	3. 27

续表

排名	APP 名称	媒体品质	科技属性	用户价值
4	斗鱼直播	3.67	1.14	3.43
5	秒拍	3.46	1.19	3.51
6	熊猫	3.46	1.13	3.48
7	小影	3.32	1.45	3.09
8	映客	3.37	1.56	2.79
9	虎牙直播	3.69	0.85	3.32
10	战旗直播	3.53	1.22	2.90
11	小咖秀	3.36	1.30	3.00
12	美拍	3.50	0.75	3.46
13	蛙趣视频	3.53	1.30	2.52
14	咪咕	3.39	0.57	3.53
15	bilibili	2.64	1.76	2.62
16	爱奇艺	2.61	0.95	3.91
17	快手	3.36	0.85	2.88
18	优酷视频	2.91	0.96	3.29
19	聚力视频	2.44	1.24	3.46
20	腾讯视频	2.99	0.88	2.89
21	酷狗繁星直播	2.81	1.08	2.68
22	芒果 TV	2.81	0.74	2.95
23	乐视视频	1.76	1.18	3.39
24	土豆	2.04	0.60	3.83
25	暴风影音	2.32	0.85	1.95
26	搜狐视频	1.65	0.76	3.02

媒体品质和用户价值总体得分较高,均值分别为3.04分和3.16分,科技属性总体得分较低,均值为1.16分。其中,媒体品质得分排名第1的是虎牙直播,科技属性排名第1的是花椒,用户价值排名第1的是爱奇艺。

2. 媒体品质状况

视频类移动 APP 媒体品质得分情况如图 17 所示。

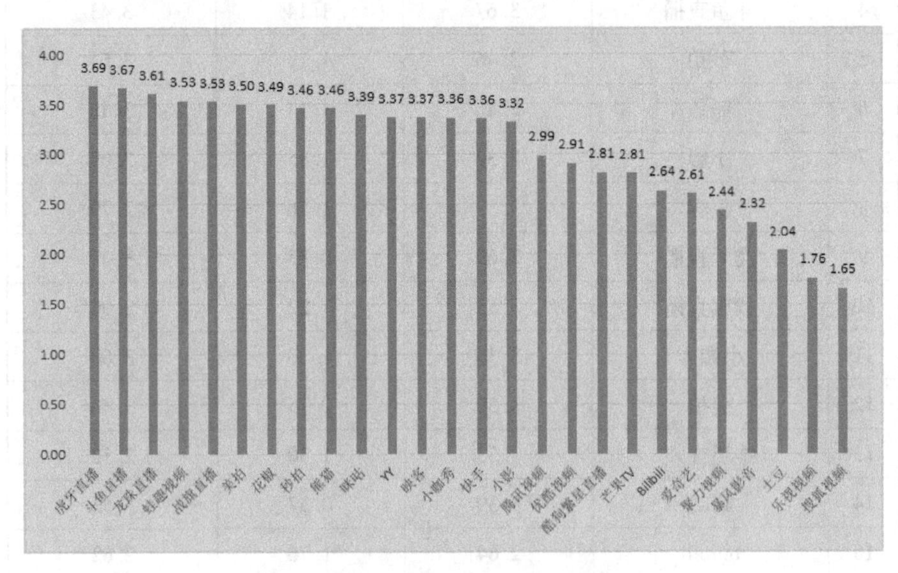

图 17 视频类移动 APP 媒体品质得分

虎牙直播、斗鱼直播和龙珠直播位列前三，分值均高于 3.6 分，明显高于其他同类移动 APP；与其创新指数总分排名相比稍有变化（虎牙直播排名第 9，斗鱼直播排名第 4，龙珠直播排名第 2）。而媒体品质 TOP10 的移动 APP 中，蛙趣视频、美拍和咪咕直播均未入榜新媒体创新总分 TOP10，说明这三个移动 APP 创新指数总分与媒体品质得分有明显差异。

信息承载和形态设计是媒体品质的二级衡量指标，其评分高低直接影响媒体品质的排名位次。视频类移动 APP 的新媒体创新指数在信息承载和形态设计两个指标的得分如图 18 和图 19 所示。

视频类移动 APP 信息承载和形态设计二级指标得分图显示，信息承载方面，虎牙直播、斗鱼直播和龙珠直播信息承载得分的分值并列第一，高达 3.59 分；其次是战旗直播和蛙趣视频，得分皆为 3.51 分；得分高于 3 分的有 25 家，得分在 2—3 分的有 7 家，得分低于 2 分的有 4 家。形态设计方面，乐视视频、爱奇艺、搜狐视频和虎牙直播分别位居前 4 名，得分皆在 4 分以上；其余 22 家 APP 皆超过 3 分。

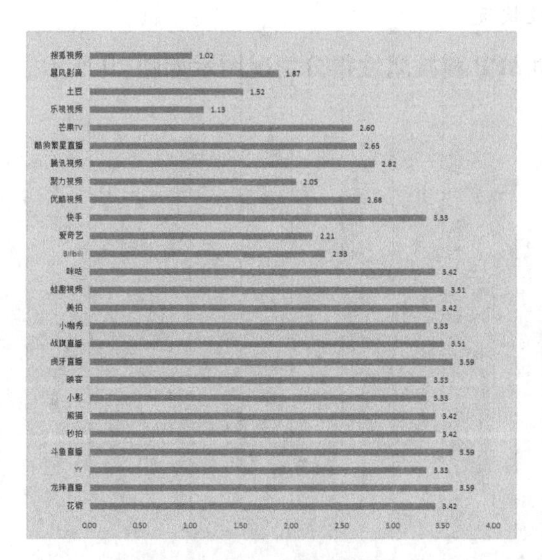

图 18　视频类移动 APP 信息承载二级指标得分

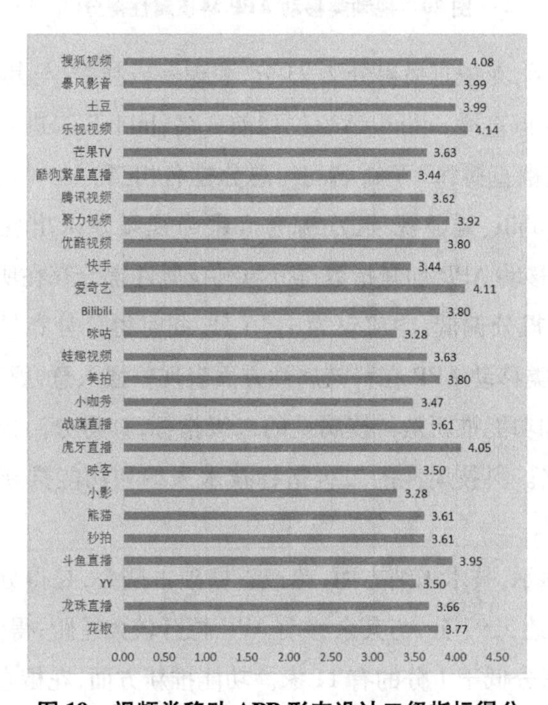

图 19　视频类移动 APP 形态设计二级指标得分

3. 科技属性状况

视频类移动 APP 科技属性得分情况图示如图 20 所示。

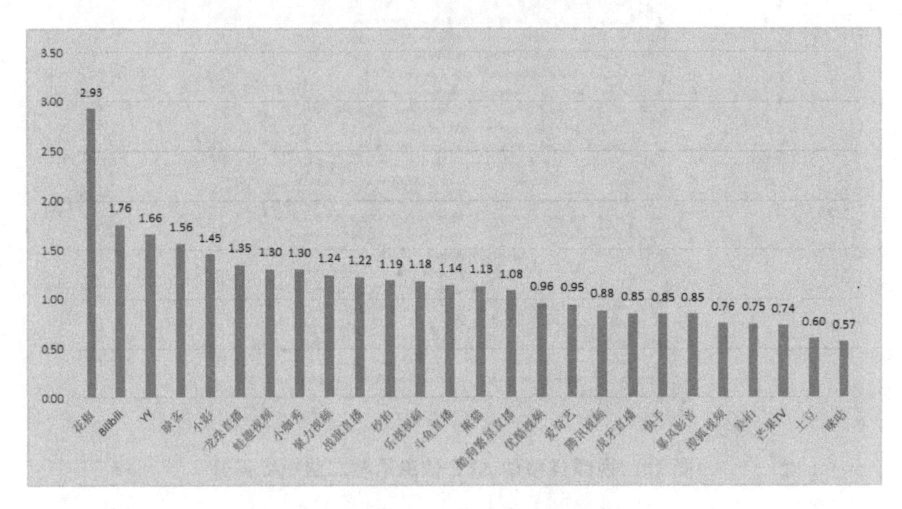

图 20　视频类移动 APP 科技属性得分

如图 20 显示，花椒直播得分 2.93 分，表现一枝独秀，与其余移动 APP 拉开较大差距。花椒直播、bilibili、YY 位列前 3 名，bilibili 未进入新媒体创新总分 TOP10 中，花椒直播和 YY 排名均与总分排名相当。在科技属性得分排行榜 TOP10 中，bilibili、蛙趣视频、小咖秀和聚力视频并未出现在总分 TOP10 中，说明这四个移动 APP 创新指数得分与科技属性得分存在明显差异。总体而言，科技属性得分偏低，均值仅为 1.16 分，同时得分分布呈现两极分化态势，反映出视频类移动 APP 在科技属性方面表现差强人意，亟待改善。

技术采纳和功能推新是科技属性的二级指标，其得分高低同样影响科技属性的得分排名。科技属性的二级指标技术采纳和功能推新得分情况如图 21 和图 22 所示。

两图对比显示，技术采纳方面，花椒直播独占鳌头，是得分唯一超过 2 分的移动 APP，高达 2.97 分，与其余移动 APP 拉开较大差距；得分在 1—2 分区间的有 14 家；得分低于 1 分的有 11 家。功能推新方面，花椒直播表现依然亮眼，牢牢占据第 1 名位置，得分 2.85 分；乐视视频紧随其后，得分 2.09 分，排名第二，其余 APP 皆不足 2 分。

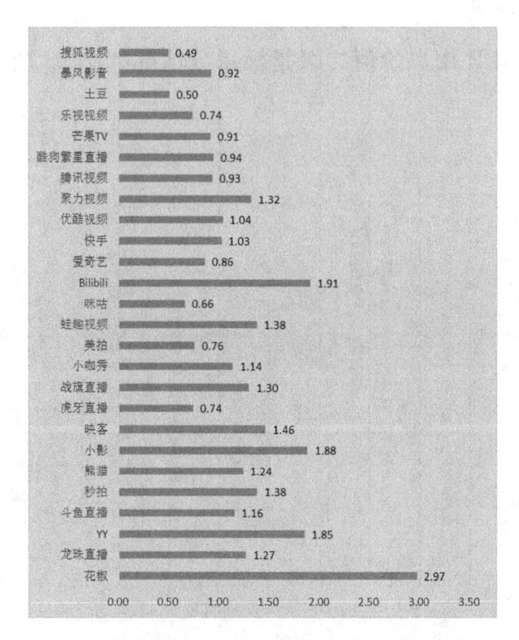

图 21　视频类移动 APP 技术采纳二级指标得分

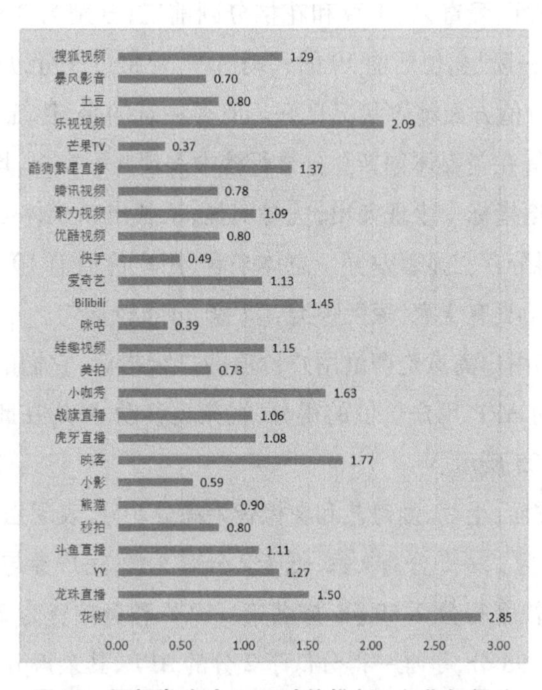

图 22　视频类移动 APP 功能推新二级指标得分

4. 用户价值状况

视频类移动 APP 用户价值二级指标得分情况如图 23 所示。

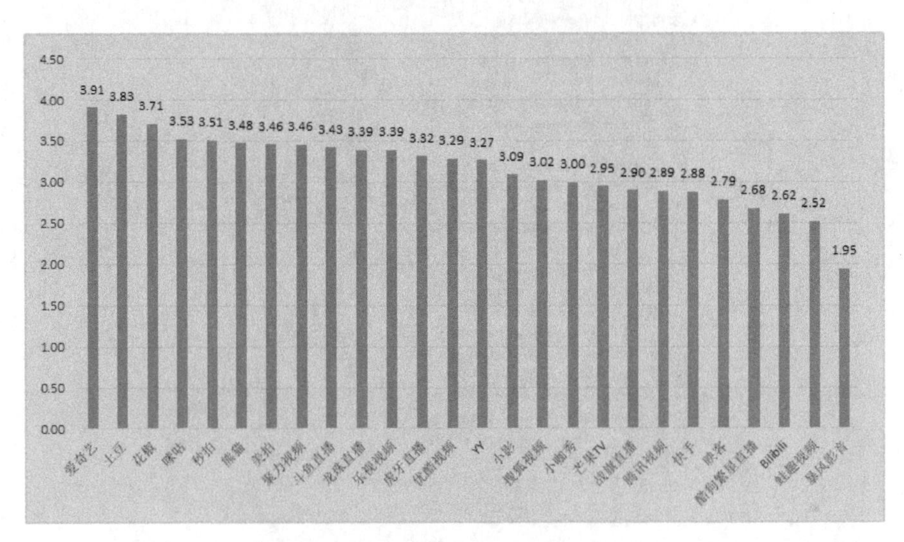

图 23　视频类移动 APP 用户价值得分

用户价值方面,爱奇艺、土豆和花椒分列前三,分别为 3.91 分、3.83 分、3.71 分,处于第一阶层,位居前 10 的移动 APP 皆超过 3 分,反映出视频类移动 APP 在用户价值方面整体状况良好。值得注意的是,传统视频播放平台,如爱奇艺、土豆等在新媒体创新总分排行榜中表现并不突出,均未进入总榜前 10,但在用户价值指标中表现突出,优势明显,反映出新媒体创新总分与用户价值一级指标得分存在显著差异。总体来看,用户价值前 10 中,移动直播类有 5 家,视频网站类有 3 家,短视频类有 2 家,分布较均匀。

用户参与和用户满意是衡量用户价值的二级指标,它们的得分情况直接影响视频类移动 APP 用户价值的得分,视频类移动 APP 在此两项指标的得分如图 24 和图 25 所示。

用户参与方面,土豆、爱奇艺和花椒皆为满分 5 分,表现强势;4—5 分有 9 家;3—4 分有 9 家;2—3 分有 4 家;低于 2 分有 1 家,用户参与整体表现上佳。用户满意方面,快手得分 2.69 分,排名第一;YY 和美拍皆为 2.56 分,排名第 2;花椒得分为 1.98 分,是唯一得分低于 2 分的 APP,其余得分皆在 2—3 分区间。新媒体创新总分排名第一,用户满意排名最后的花椒,于 2015 年刚刚上线,虽然从一开始就定位为"强明星属性的社交平台",拥有明星强助力,在直播平台中影响较大,但花椒自身在用户参与互动的便捷度和参与深度上仍存在缺陷,许多用户在使用过程中反映有卡顿现象,互动功能也不够完善,因此花椒直播除了专注提升明星效应外,还应当努力为用户打造更好的用户体验。而在这方面,排位靠后的小影、映客直播却得分较高,这反映出用户满意与新媒体创新指数之间有很大差异,各视频类移动 APP 在各项指标中得分不均匀,侧面说明了这些移动 APP 目前仍存在较为明显的短板,需要加强改进。

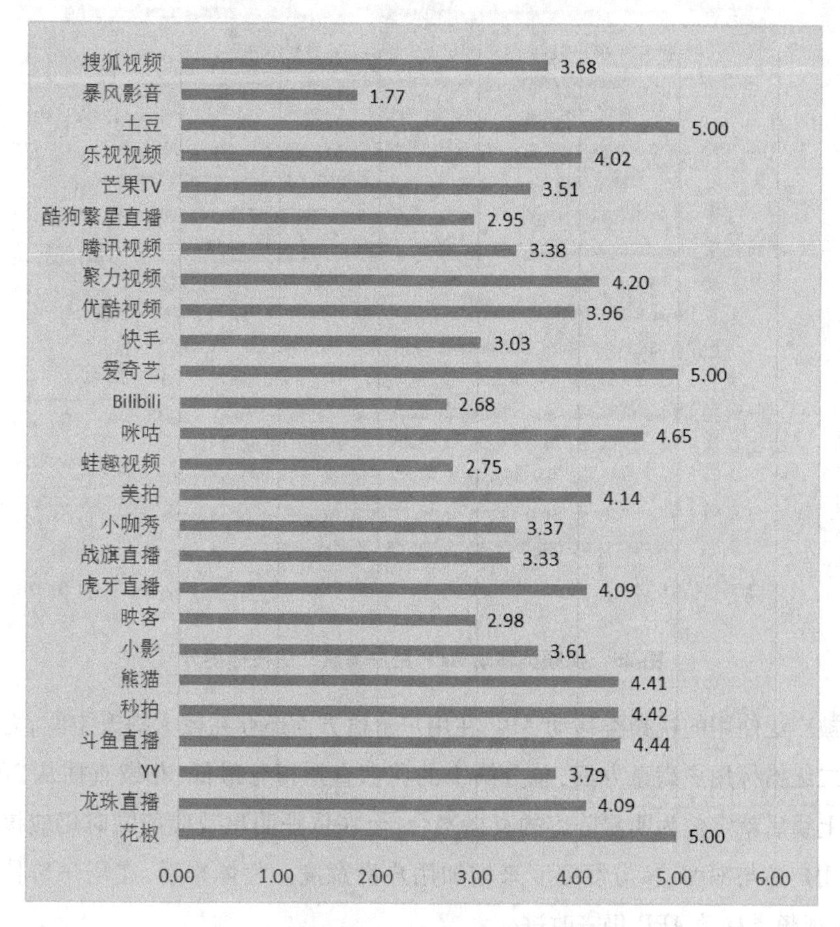

图 24　视频类移动 APP 用户参与二级指标得分

创新指数总分排行榜和用户价值得分排行榜排名差异较大,创新指数总分 TOP10 的许多移动 APP 在用户价值方面得分均未进入前 10,这反映出目

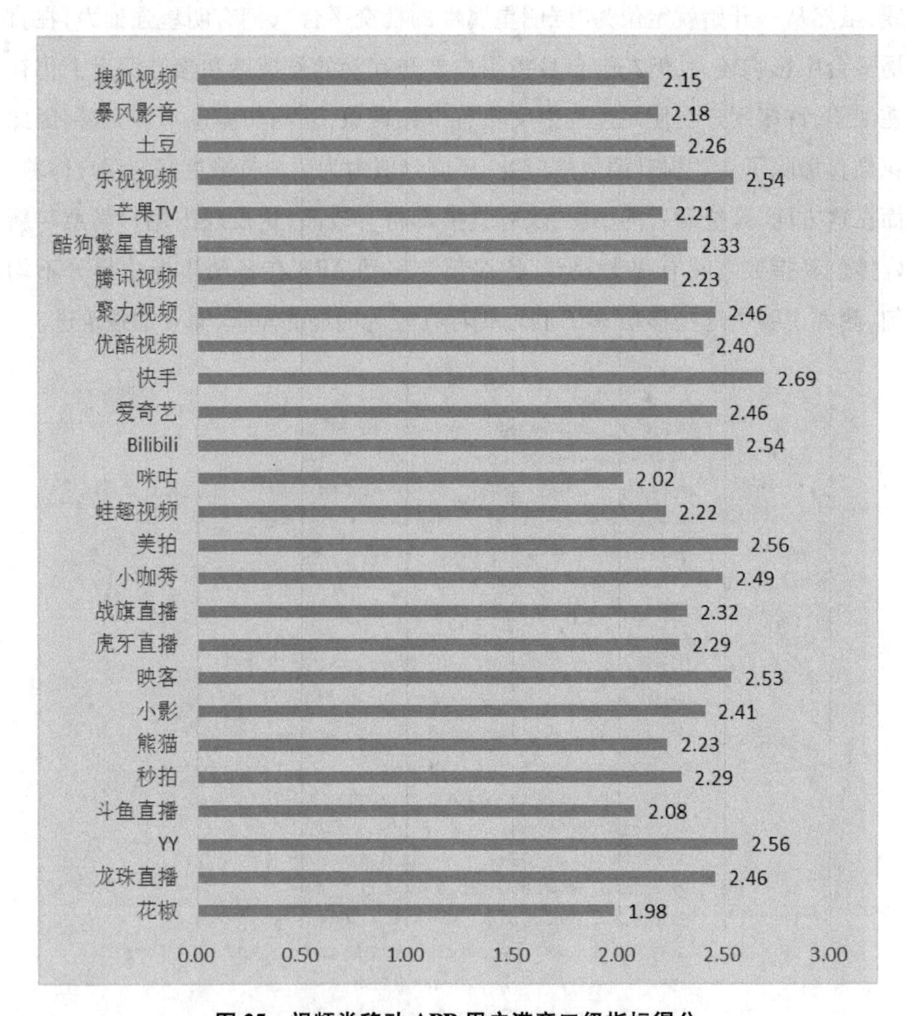

图 25　视频类移动 APP 用户满意二级指标得分

前被广泛使用的视频类移动 APP 在用户价值方面还存在较大提升空间,尤其在二级指标用户满意方面,总分第 1 的花椒直播得分最低,花椒直播从 2015 年上线后就定位为明星阵容的直播平台,但在依托明星效应的同时仍应该提高用户参与深度、参与便捷度来增加用户满意度。整体来看,在用户价值方面,视频类移动 APP 仍需改进。

5. 总体分析

视频类移动 APP 新媒体创新各一级指标得分趋势如图所示,分析发现,媒体品质和用户价值两项得分接近,且明显高出科技属性指标得分,媒体品质和科技属性两项指标得分变化趋势基本与新媒体创新总分趋势一致，而用户价值的得分趋势体现为相对独立的发展变化状况。

总体分析认为，视频类移动 APP 的媒体品质建设和用户价值体现较为突出，反映了以提供视频信息服务为主的移动 APP，在内容建设和服务用户方面具有独特优势，基本能在自身媒体品质和服务对象的创新发展方面有上佳表现；而与此同时，需要特别关注的是，视频类移动 APP 在借助新技术、运用新知识来改进创新方面尚需继续努力，不断加强技术创新水平，以改进整体创新水准，体现更大、更全面的创新价值。

（三）即时通信类移动 APP 新媒体创新现状分析

1. 基本状况

结合即时通信类移动 APP 新媒体创新排行榜 TOP10，汇总 10 家即时通信类移动 APP 的新媒体创新总分和各一级指标得分，基本状况如表 6 所示。

表 6　即时通信类移动 APP 新媒体创新得分

项目		均值	最大值	最小值
新媒体创新总分		2. 5040	2. 9764	1. 7562
一级指标	媒体品质	3. 4394	3. 9629	2. 2012
	科技属性	1. 0812	1. 8188	0. 0849
	用户价值	3. 2947	4. 8311	1. 9088

即时通信类移动 APP 新媒体创新总分均值为 2. 5040 分，最高分为 2. 9764 分，分布较为均衡；一级指标中媒体品质和用户价值表现较好，科技属性尚有较大提升空间，反映其总体创新现状基本令人满意，特别是媒体品质建设表现突出，反映其提供的信息质量和信息呈现方式皆能较好地满足用户需求；但在科技创新层面，即时通信类移动 APP 未能保持持续创新力，技术创新水平呈现下降态势。

即时通信类移动 APP 新媒体创新指数的三个一级指标——媒体品质、科技属性和用户价值的得分情况如表 7 所示。

表 7　即时通信类移动 APP 新媒体创新一级指标得分

排名	APP 名称	新媒体创新总分	媒体品质	科技属性	用户价值
1	微信	2.9764	3.9629	0.8368	4.8311
2	易信	2.9037	3.7539	1.5191	3.7688
3	QQ	2.7927	3.9437	0.9481	3.9158
4	钉钉	2.6643	2.4276	2.2964	3.6269
5	陌陌	2.6480	3.6265	0.8622	3.9502
6	line	2.4757	3.3970	1.8188	2.0659
7	米聊	2.3935	3.6828	0.5095	3.3605
8	旺信	2.2834	3.5980	0.7164	2.7042
9	飞信	2.1455	3.8008	0.0849	2.8148
10	whatsapp	1.7562	2.2012	1.2193	1.9088

即时通信类 APP 新媒体创新排名 TOP10 中，媒体品质总体得分较高，科技属性总体得分普遍偏低。其中，媒体品质和用户价值两项指标得分排名第一的皆是微信；科技属性指标得分位列第一的是钉钉。

2. 媒体品质状况

即时通信类移动 APP 媒体品质得分情况图示如图 26 所示。

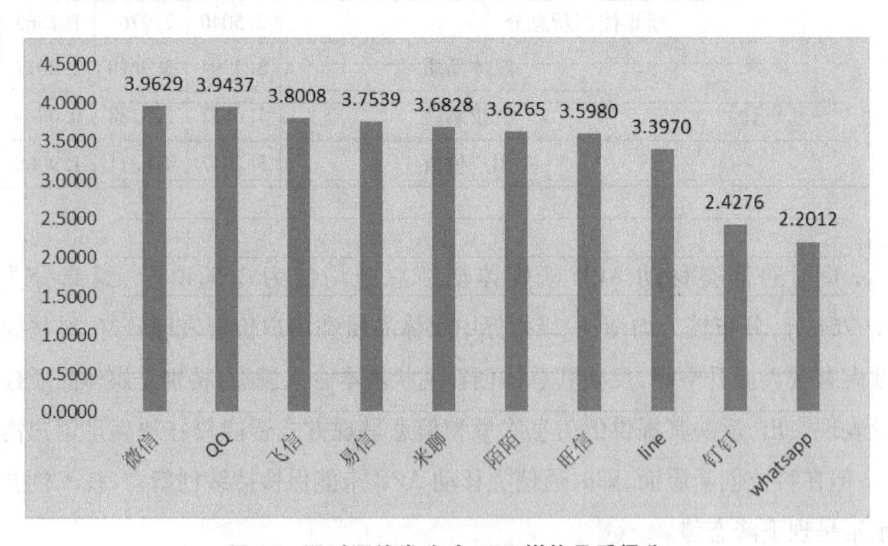

图 26　即时通信类移动 APP 媒体品质得分

媒体品质指标得分方面，微信、QQ 作为用户群体最为庞大的 APP，分别位居前两位,明显高于其他微信公众号,其在原创水平、信息丰富度、交互性、扩展性和开放性方面表现不俗。飞信、易信、米聊、陌陌、旺信和 line 媒体品质得分相差不大,而钉钉和 Whatsapp 得分明显低于其他 APP。

信息承载和形态设计是媒体品质的二级衡量指标,其评分高低直接影响信息生产的排名位次。即时通信类 APP 新媒体创新排名 TOP10 的信息承载和形态设计二级指标得分如图 27 和图 28 所示。

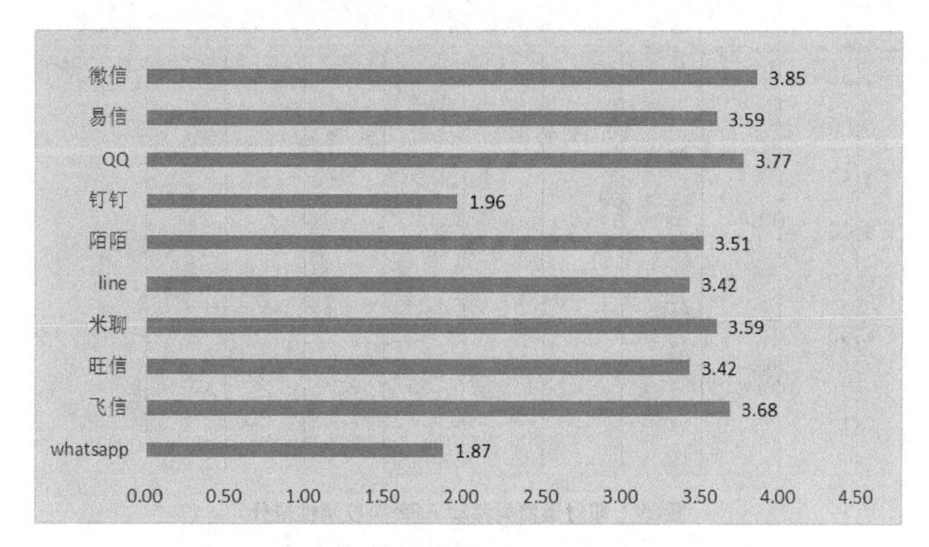

图 27　即时通信类移动 APP 信息承载二级指标得分

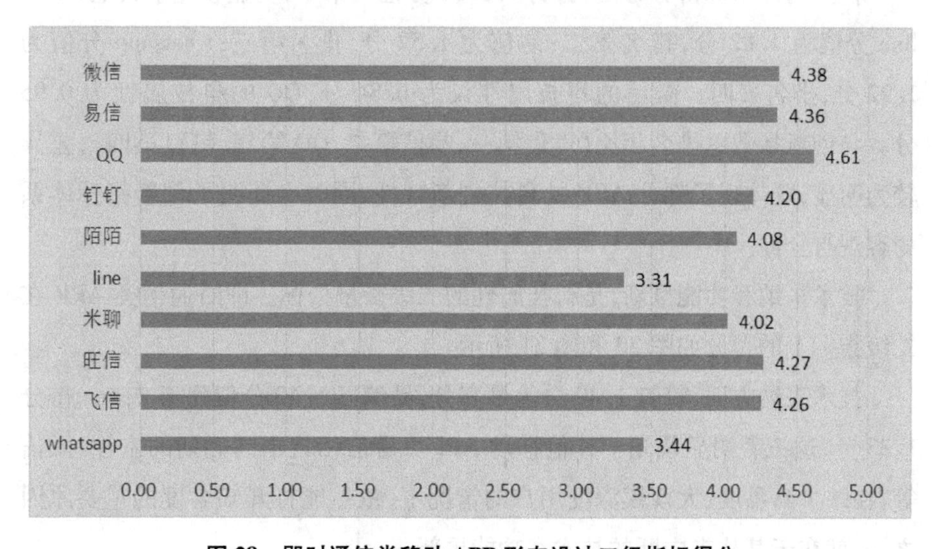

图 28　即时通信类移动 APP 形态设计二级指标得分

即时通信类APP新媒体创新总分排名前三位的微信、易信和QQ,其信息承载得分均高于3.5分,而钉钉、whatsapp的得分则明显低于其他APP;形态设计方面,除line和whatsapp外,其他8个APP的形态设计得分均超过4分,反映出此类APP在交互性、扩展性和开放度三方面表现优异。

3. 科技属性状况

即时通信类移动APP科技属性得分情况如图29所示。

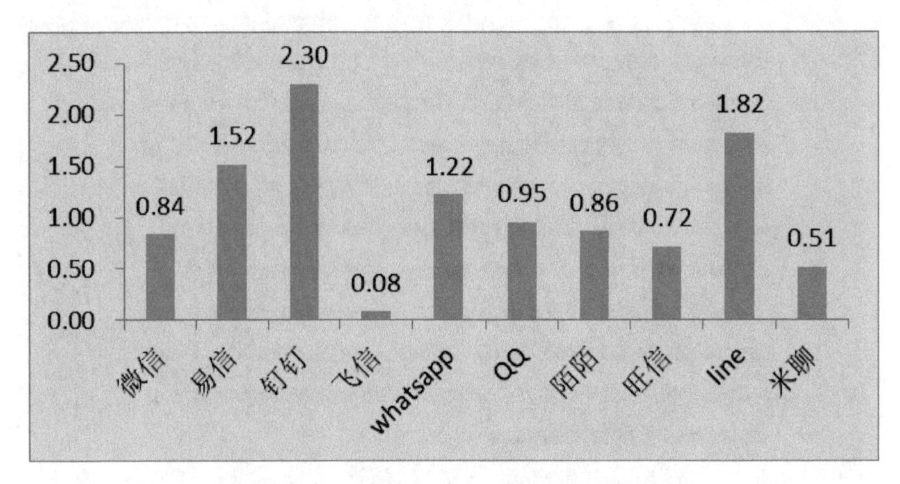

图29　即时通信类移动APP科技属性得分

科技属性指标得分方面,钉钉以2.30分位列第一,明显领先于其他APP;line分值为1.82分,排名第二;易信为1.52分,排名第三;whatsapp分值为1.22分,排名第四。微信的科技属性仅为0.84分,QQ的科技属性为0.95分。与创新指数总排名相比(微信第一,易信第二,QQ第三,钉钉第四),差异较为明显,既体现了部分APP的科技创新特性,同时也证明了创新指标体系的客观与全面。

技术采纳和功能推新,是科技属性的二级衡量指标。即时通信类APP在二级指标上的得分如图30和图31所示。

技术采纳方面,钉钉1.49分为最高分,易信以1.40分位列第2,line得分1.33分,这三者明显领先于其他移动APP。易信相较于同时期的来往、微信等,在缺少高黏度、大规模深度用户的情况下,依然能打开知名度的重要原因之一,就在于其从未中断的技术和功能更新。

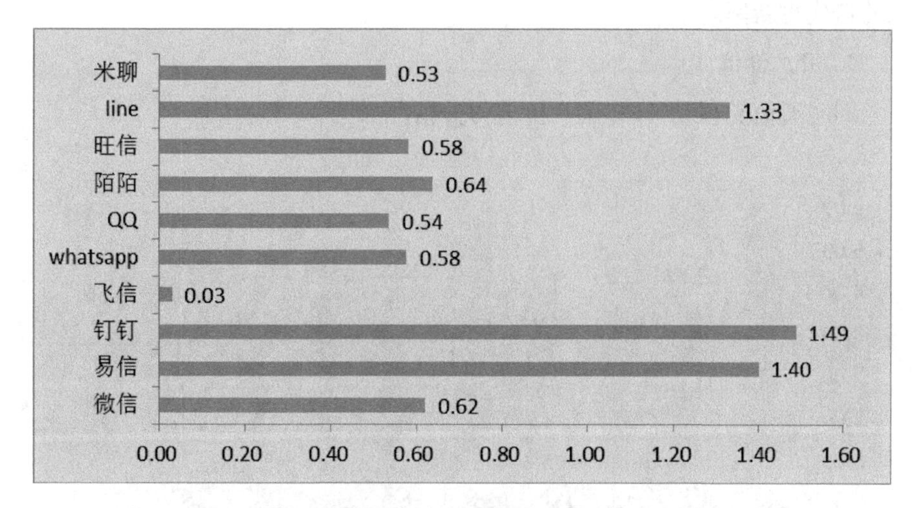

图 30　即时通信类移动 APP 技术采纳二级指标得分

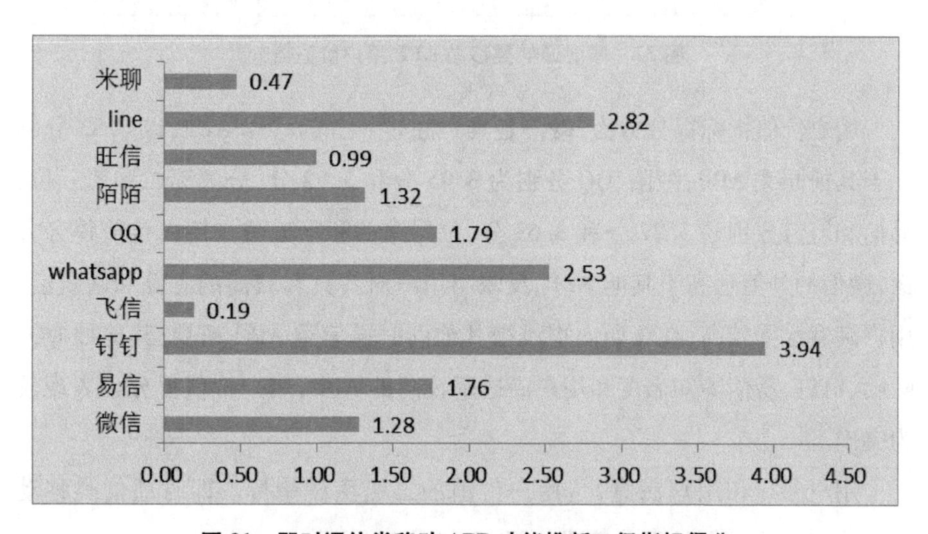

图 31　即时通信类移动 APP 功能推新二级指标得分

功能推新方面,钉钉遥遥领先于其他同类 APP,高达 3. 94 分;line 和 whatsapp 的功能推新也较为频繁,指标分数分别为 2. 82 分和 2. 53 分;QQ 的功能推新为 1. 79 分,排名第四;易信的功能推新排名第五,分值为 1. 76 分。其后依次是陌陌、微信。功能推新主要表现为 APP 开发方对其版本更新的频率,钉钉领先的功能更新分值,显示了它符合产品发展期快速迭代的特征;而 line 和 whatsapp 均是国外的即时通信软件,由数据得知具有高于国内普通水平的迭代更新率。

4. 用户价值

即时通信类移动 APP 用户价值得分情况如图 32 所示。

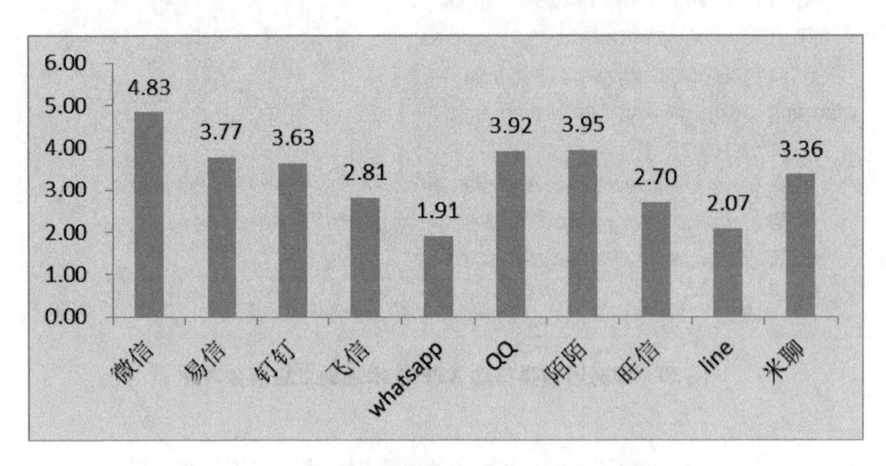

图 32　即时通信类移动 APP 用户价值得分

用户价值指标得分方面,微信是唯一超过 4 分的移动 APP,以 4. 83 分领先于其他同类 APP;陌陌、QQ 分别为 3. 95 分和 3. 92 分,分列第二和第三位;易信和钉钉分别是 3. 77 分和 3. 63 分,位居第四和第五位。用户价值得分方面,微信的分值远高于其他 APP,反映出用户对其具有较高的黏性和活跃度,用户满意水平较高,在短期内很难被其他即时通信类 APP 超越;其他如 QQ、陌陌、钉钉、易信等知名度和用户渗透率较高的 APP,用户价值得分也表现较为突出。

用户参与和用户满意,是用户价值的二级衡量指标。即时通信类移动 APP 在二级指标上的得分情况如图 33 和图 34 所示。

用户参与指标的得分排列,微信和陌陌并列第 1 位,均为满分 5 分;各移动 APP 得分分布较为分散,差距比较明显。用户满意指标方面,微信排名第 1,高达 4. 60 分,明显高于其他同类 APP;其余 9 个移动 APP 分布均匀,差距并不明显。腾讯业绩报告显示,截至 2016 年第一季度,微信月活跃用户已经达到 5. 49 亿,用户覆盖 200 多个国家、超过 20 种语言。此外,微信公众账号总数超过 800 万个,移动应用对接数量超过 8. 5 万个,微信支付用户已经达到

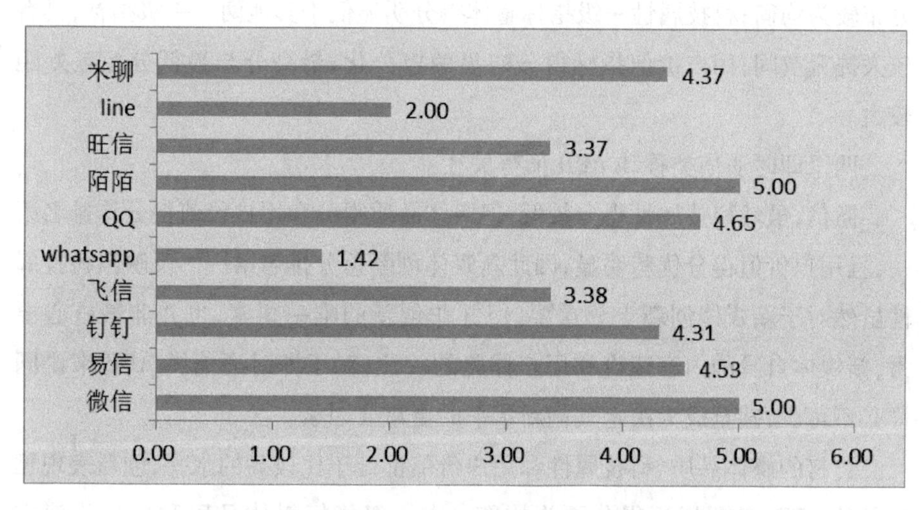

图 33　即时通信类移动 APP 用户参与二级指标得分

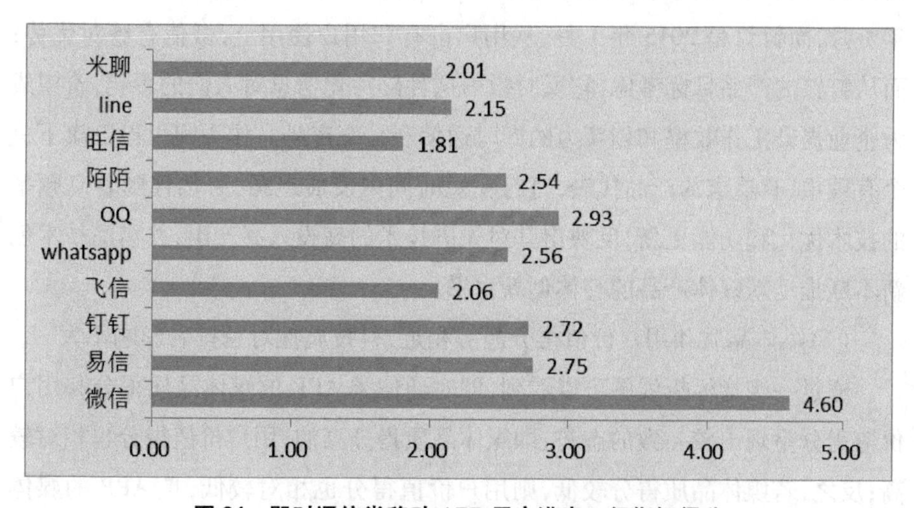

图 34　即时通信类移动 APP 用户满意二级指标得分

4 亿左右。由此可见,微信始终以“用户核心”的理念加强自身创新建设,其高效的投入也赢得了用户的忠诚回报。

5. 总体分析

即时通信类移动 APP 媒体品质、用户价值两项指标得分与创新总分的高低态势基本一致,从即时通信类移动 APP 新媒体创新三个一级指标得分折线图可以看出,即时通信类移动 APP 媒体品质一级指标整体得分较高,且得分分布较为均衡;科技属性一级指标整体得分明显低于其他两个一级指标,具有较大提升空间;用户价值指标得分略显两极分化,最高分与最低分相互差距较大。

两个即时通信类移动 APP 值得关注:

微信,虽然科技属性得分较低,但媒体品质得分和用户价值得分均排名第一,且用户价值得分优势明显,因此新媒体创新总分排名第一。反映出科技属性虽然对于新媒体创新十分重要,但并非创新的唯一要素,也并非最核心要素,新媒体自身的内容建设和用户体验的关注,对于即时通信类 APP 来说同样必不可少,甚至成为决定其创新水平的更重要因素。

钉钉的媒体品质、科技属性和用户价值都处于比较高的水平,创新表现相较其他 APP,各项指标得分更为均衡。在一级指标媒体品质和用户价值方面,钉钉的得分略低,但科技属性得分却远高于微信。微信上线时间为 2011 年 1 月,而钉钉是 2015 年 1 月,从用户占有和用户使用上,微信有绝对优势;而从钉钉的产品目标考虑,它反对微信这种碎片化信息对人们的影响,希望成为企业提升工作效率和创新力的即时通信和社交产品。作为阿里巴巴旗下一个有理想、有追求的产品代表,钉钉在短时间内发展迅猛,必然伴随着高频率的技术优化和功能更新,反映出其对先进技术的高投入高产出,并借助技术创新不断推动新媒体产品的整体创新水平。

(1)媒体品质和用户价值得分趋势相近,科技属性对总排名影响不大

通过一级指标折线图可以看到,即时通信类 APP 的媒体品质得分和用户价值得分呈现出较一致的态势,即媒体品质得分高的,用户价值得分也相对较高;反之,若媒体品质得分较低,则用户价值得分也相对较低,且 APP 的媒体品质得分和用户价值得分趋势与总排名趋于一致。由此,我们可以作出以下分析:

首先,即时通信类 APP 的媒体品质在一定程度上会影响用户价值,即若某一 APP 原创水平高,信息形式丰富并更新及时,注重产品间和用户间的交互,并具有较高的扩展性和开放性,就能在一定程度上提升用户的参与便捷度和参与深度,也能提升用户黏度,从而使其用户价值得到提升。

其次,此类 APP 的科技属性并不会对创新性排名产生较大的影响。科技

属性的二、三级指标着重在 APP 的产品迭代、技术升级和新功能开发的频度上，但真正重要的是其所升级的技术和开发出的新功能能否提升该 APP 的媒介品质和用户价值。若一味地追求产品迭代，但每次新版本的推出并不能给用户带来实质性的体验提升，则并不能吸引更多的用户，也不会对其创新性有很大帮助。

（2）创新指数各级指标凸显了即时通信类软件的特性和发展现状

即时通信类软件作为目前技术发展最成熟、使用范围最广泛的社会性软件，具有成本低廉、操作简单、使用面广等优势。综合各类关于即时通信类软件的概念界定，总结其基本特性表现为：跨平台、多终端、实时性、高效率、多样化的交互方式、多元化的信息格式。从新媒体创新指数的构成来看，媒体品质的三级指标原创水平和信息更新，体现了即时通信类软件实时和高效的特性；而交互性、延展性、开放性则体现了它交互形式的多样、信息格式的多元特性。折线图中较高分值的媒体品质，凸显了即时通信类软件区别于其他类软件典型的优势和特性，这也解释了即时通信类软件如今发展稳定，并成为人们数字化生活中重要组成部分的现实原因。

科技属性较高的即时通信类 APP，表现为具备较高的新技术、新知识的采纳水平，以及更为频繁的产品迭代和功能更新。高频率的技术更新取决于产品生产者的工作效率，同时也依赖基于用户需求的技术优化手段。所以科技属性更能体现出软件生产者对该软件的重视力度，并从侧面反映出现今这一领域科技发展的速度，和即时通信类软件市场需求的递进周期。而用户价值反映出各种即时通信类软件在产品结构设计方面的优劣，以及在其领域的发展前景，参与便捷度和参与深度是体现用户体验的重要指标之一，互联网产品强调用户为王，如果用户对产品的使用体验感受不佳，也不会产生较高的美誉度、活跃度和用户黏度，那么此种通信软件产品便很难有稳定、持续和高价值的未来发展。

（四）社交类移动 APP 新媒体创新现状分析

1. 基本状况

结合社交类移动 APP 新媒体创新排行榜 TOP10，汇总 10 家社交类移动 APP 的新媒体创新总分和各一级指标得分，基本状况如表 8 所示。

表 8　社交类移动 APP 新媒体创新得分

项目		均值	最大值	最小值
新媒体创新总分		2. 5148	3. 6723	2. 1774
一级指标	媒体品质	3. 4236	3. 6412	3. 0546
	科技属性	1. 3057	4. 5466	0. 29777
	用户价值	3. 0064	3. 5589	2. 7153

社交类移动 APP 新媒体创新总分均值为 2. 5148 分，最高分为 3. 6723 分，分布较为均衡；一级指标中媒体品质和用户价值表现较好，分值皆超过 3 分，科技属性得分不足 2 分，尚有较大提升空间，反映其总体创新现状表现较好，特别是媒体品质建设表现突出，用户价值体现也较好，用户活跃度与满意度均表现不错；但作为用户之间的网络信息沟通交流平台，其科技创新水准尚待提升，以更好地满足用户需求，以先进技术不断提升用户体验，创设更好的用户参与平台。

社交类移动 APP 新媒体创新指数的三个一级指标——媒体品质、科技属性和用户价值的得分情况如表 9 所示。

表 9　社交类移动 APP 新媒体创新一级指标得分

序号	APP 名称	媒体品质	科技属性	用户价值
1	知乎	3. 3462	4. 5466	2. 7923
2	豆瓣	3. 5924	2. 1352	2. 7927
3	nice 好赞	3. 3556	1. 5824	3. 0856
4	微博	3. 6412	0. 4463	3. 5589
5	in	3. 4235	1. 0377	2. 9192
6	百度贴吧	3. 6110	0. 6020	3. 0421
7	QQ 空间	3. 5361	0. 3767	3. 3218
8	人人	3. 3228	0. 8904	2. 7408
9	instagram	3. 0546	0. 7643	3. 0954
10	天涯社区	3. 3524	0. 6755	2. 7153

社交类移动 APP 的新媒体创新总分在 2. 1774 分到 3. 6723 分之间，平均分为 2. 5148 分，标准差为 0. 46，整体得分数值差异较大，由此可见目前国内主要的社交类移动 APP 的创新力度表现不一。在新媒体创新排名 TOP10 中，知乎以总分 3. 6723 分的高分拔得头筹，与其他社交类移动 APP 分差较大，其他 9 个社交类移动 APP 的创新总分都低于 3 分，第 2 名的豆瓣也只有 2. 8445 分。但整体观察发现，从第 2 名到第 10 名的总分差距不大，分数分布较为均匀。

社交类移动 APP 新媒体创新总分 TOP10 排名中，知乎、豆瓣、微博、百度贴吧、QQ 空间、人人和天涯社区是发展时间较长的传统 SNS 社区类网站，而 nice 好赞、in、Instagram 则是近几年兴起的图片类社交网站。新媒体创新总分榜单前三名分别是知乎、豆瓣和 nice 好赞，其中 nice 好赞作为新兴的图片社交软件进入排名前三，反映出以新技术为依托的社交平台，初步展示了其创新潜力。

知乎，作为一个真实的网络问答社区，形式较为特殊，相较于其他社交类移动 APP，其定位更加专业化，针对的人群覆盖面也相应较小，社区氛围友好与理性，连接各行各业的精英，用户分享着彼此的专业知识、经验和见解，为中文互联网源源不断地提供高质量的信息。由此可见，与完全开放式的微博、QQ 空间等网络社交平台相比，知乎与之有着显著差异，作为“专注”于科普、承担一定的科技传播功能的移动社交平台，知乎的创新性显得尤为突出。

在一级指标得分情况中，媒体品质和用户价值得分普遍较高，特别是媒体品质皆高于 3 分，各个 APP 之间分差也并不明显；科技属性方面，除知乎外，普遍得分偏低，得分分布呈两极分化态势，相互之间分差较大。

2. *媒体品质状况*

社交类移动 APP 媒体品质得分情况如图 35 所示。

媒体品质指标得分上，微博、百度贴吧、豆瓣、QQ 空间分别位居前四，且分数都高于 3. 5 分，分值相差不大。in、nice 好赞、天涯社区、知乎、人人的媒体品质得分基本持平，而排名第十的 Instagram 则处于劣势，得分低于 3. 1 分，和前九名差距较大。值得注意的是，在新媒体创新总分榜中排在前三位的知乎、豆瓣和 nice 好赞三个 APP 只有豆瓣的媒体品质得分排位第三，其余两者

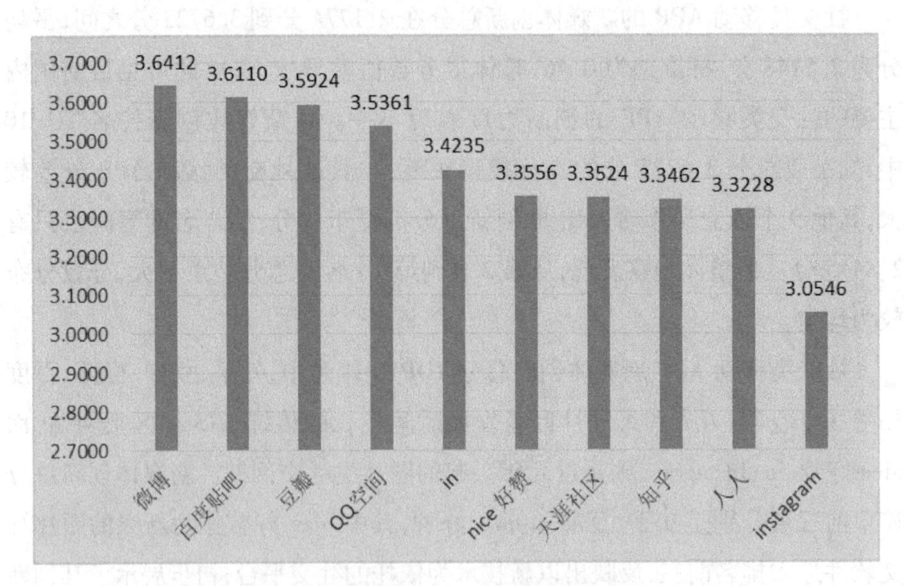

图 35 社交类移动 APP 媒体品质得分

在该一级指标中的排名较为靠后。

衡量媒体品质的二级指标分别是信息承载与形态设计两项，社交类移动 APP 的这两项二级指标得分如图 36 和图 37 所示。

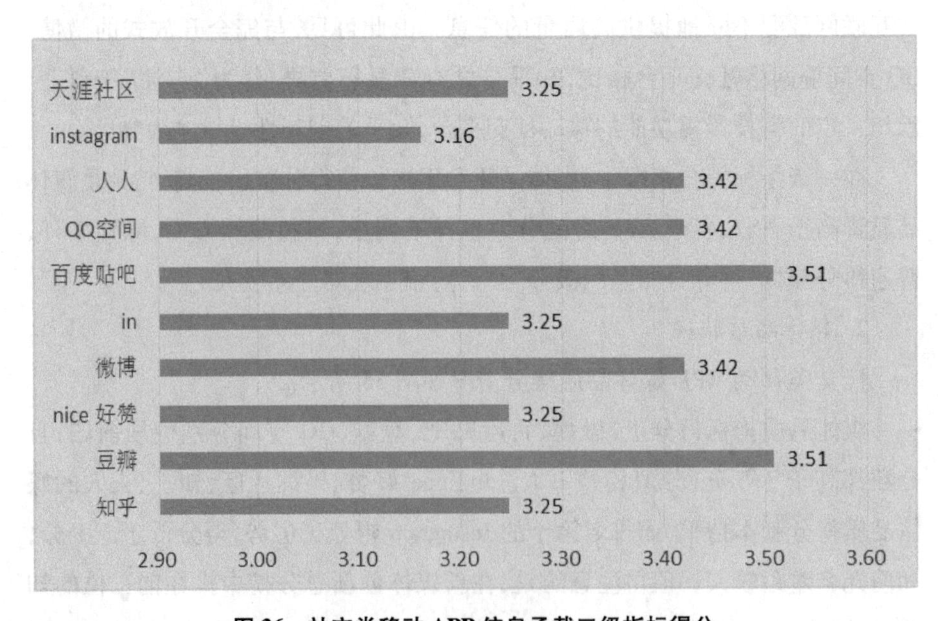

图 36 社交类移动 APP 信息承载二级指标得分

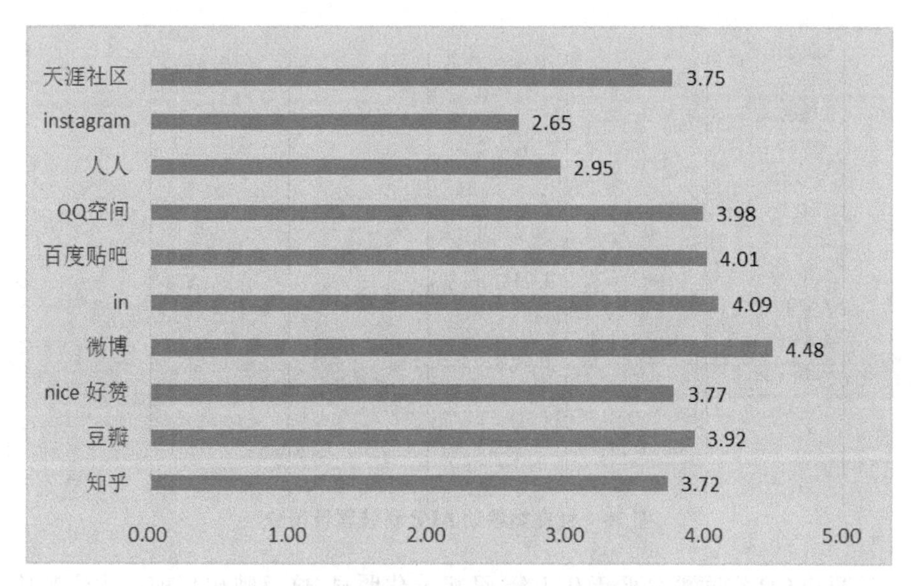

图 37 社交类移动 APP 形态设计二级指标得分

通过对两项二级指标得分比较发现,媒体品质排名前三的百度贴吧、豆瓣、微博,在信息承载指标中得分仍然排名居前。人人的信息承载排名与媒体品质总排名有较大变化,总排名中人人排第 9,而在二级指标信息承载中则排在第 5 名。在另一项二级指标形态设计的排名中,豆瓣跌出前三,取而代之的是图片社交软件 in,in 在信息承载方面得分较低,为 3.25 分,但在形态设计方面得分为 4.09 分。instagram 在媒体品质的一级指标中得分最低,信息承载和形态设计两方面都排在末位,反映出 instagram 无论内容建设还是信息的呈现形式设计方面都亟待加强。

3. 科技属性状况

社交类移动 APP 科技属性得分情况如图 38 所示。

科技属性指标的得分差异十分明显,知乎排名第一,得分超过 4.5 分,这与其问答社区、科普传播的定位相符,知乎的版本更新次数是 10 次,在同类 APP 中为最多,对于功能的优化和问题修复也十分频繁,所以,虽然知乎针对的受众群体范围相对较小、较专业,但是其在科技属性上仍然有绝对优势。而分别列在第二、三名的豆瓣、nice 好赞则与之形成鲜明对比,差值大于 2 分。除前三名之外,其余社交类移动 APP 的科技属性得分都偏低,全部低于 1 分,

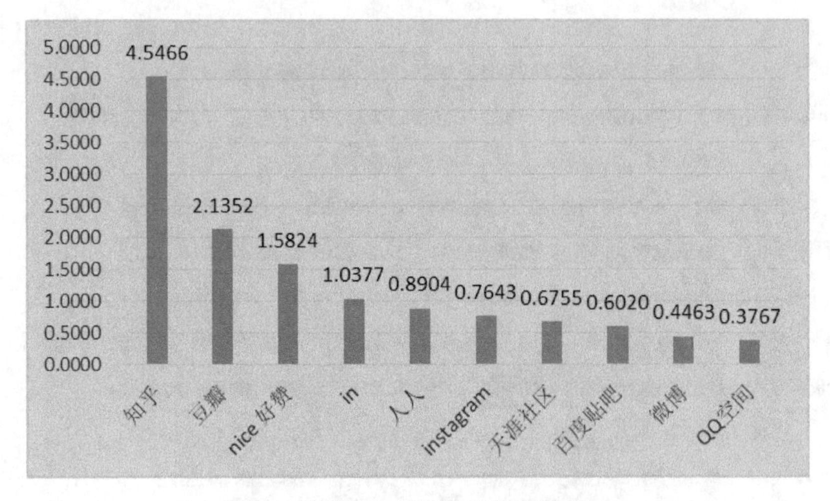

图 38　社交类移动 APP 科技属性得分

而微博和 QQ 空间更是低于 0.5 分,两极分化明显,这反映出目前国内影响广泛的社交类移动 APP 在技术与功能推新上存在短板,科技属性不够,尤其是排在最后三位的百度贴吧、微博、QQ 空间,作为国内出现时间最早、使用人数较多的知名社交软件,其科技属性和自身影响力不相符,社交类 APP 的科技属性亟待提升。

衡量科技属性的主要有技术采纳和功能推新两项二级指标,社交类移动 APP 在此两项指标的得分情况如图 39 和图 40 所示。

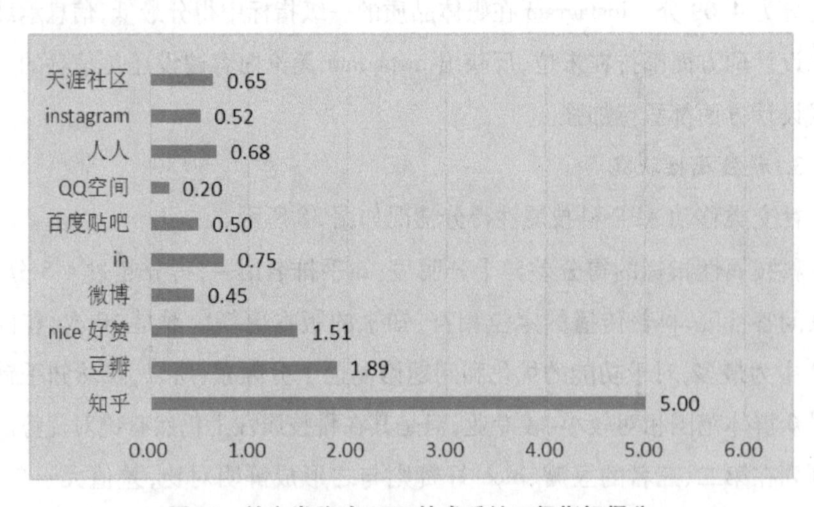

图 39　社交类移动 APP 技术采纳二级指标得分

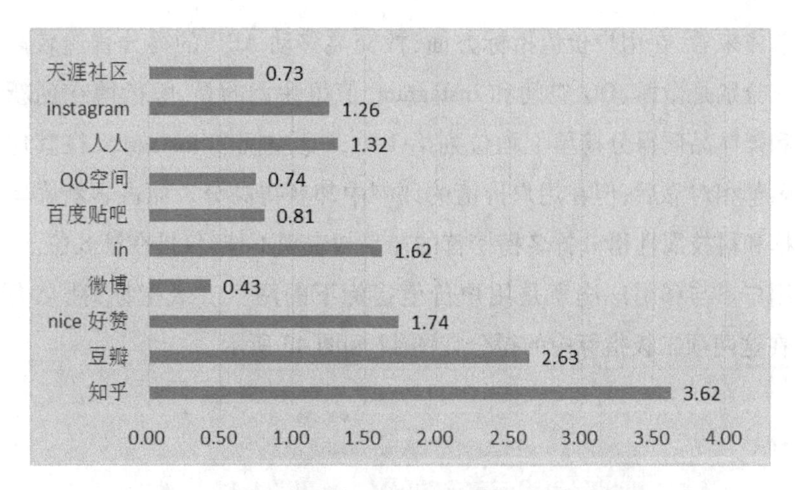

图 40　社交类移动 APP 功能推新二级指标得分

这两项二级指标与科技属性得分排名没有大的出入，只是第 5 到第 10 名之间的排位有变化，知乎、豆瓣、nice 好赞仍是得分最高的三者，但知乎在得分上有绝对性优势，在技术采纳方面，知乎得分高达 5 分，而第二名豆瓣仅有 1.89 分，落差十分显著。技术采纳方面，除了知乎外，其余的社交类移动 APP 得分普遍很低，第 10 名的 QQ 空间得分仅为 0.2 分。而在功能推新方面，整体得分高于技术采纳得分，知乎的领先优势依然明显。

4. 用户价值状况

社交类移动 APP 用户价值得分情况如图 41 所示。

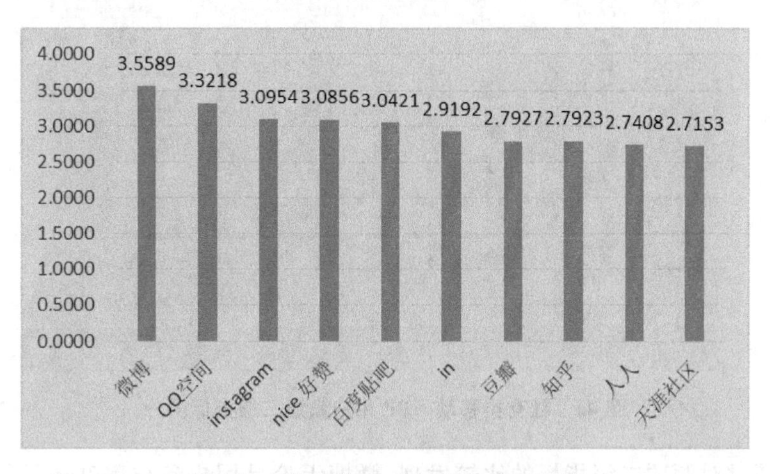

图 41　社交类移动 APP 用户价值得分

总体来看,在用户价值指标方面,社交类移动 APP 的得分普遍较高。排名前三分别是微博、QQ 空间和 instagram,值得注意的是,除微博在创新总分排名和媒体品质得分榜单上均位列第 1 外,QQ 空间和 instagram 在其他榜单中排名都相对靠后,但在用户价值的评测中却获得高分。而占领新媒体创新总分榜和科技属性得分排名榜榜首的知乎却表现不佳,仅排在第 8 位。

用户参与和用户满意是用户价值指标下的两个二级指标,社交类移动 APP 在这两项二级指标中的得分如图 42 和图 43 所示。

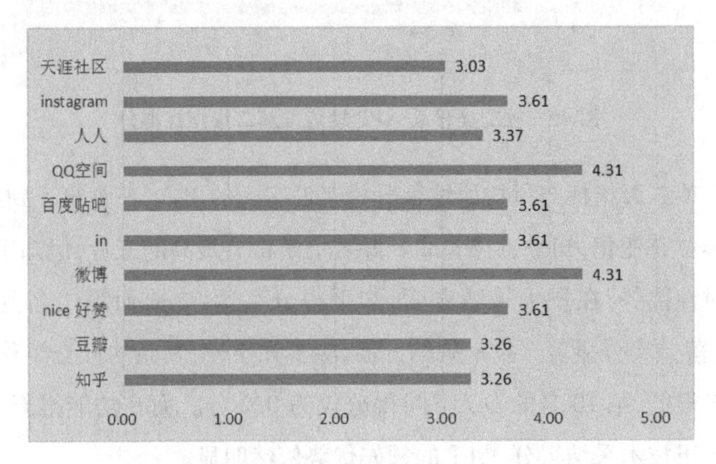

图 42 社交类移动 APP 用户参与二级指标得分

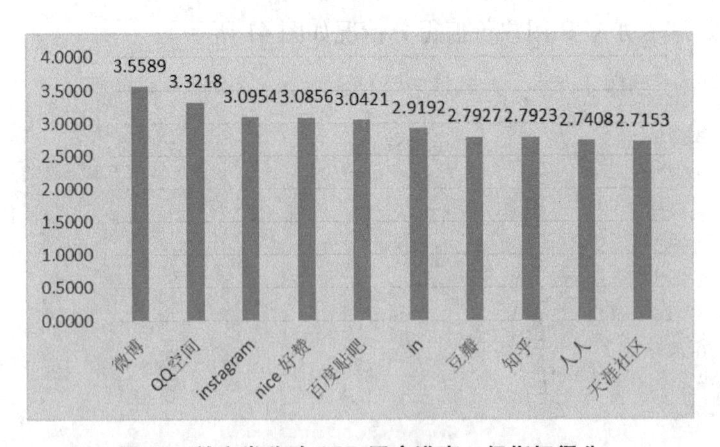

图 43 社交类移动 APP 用户满意二级指标得分

通过对两项二级指标的比较发现,微博无论是用户参与程度还是用户满意度方面，都高于其他同类 APP，而 QQ 空间的用户参与度较高，用户满意度却得分较低，图片社交平台 instagram 的用户参与度和用户满意度得分相近，差别不大。而总榜单中排名第 1 的知乎，无论是在用户参与还是用户满意指标中都处于落后地位，这一特点与其自身定位有关。

5. 总体分析

媒体品质和用户价值两个指标得分差别不大，并且总体得分较高，而科技属性得分普遍偏低。在科技属性这一指标中，知乎得分高达 4.5466 分，但第 2 名的豆瓣却仅为 2.1352 分，其余的社交类移动 APP 在这一项的得分大多在 1 分以下。

其中值得关注的是，知乎和微博这两个移动 APP。

知乎虽然在新媒体创新总分排名第 1，但其媒体品质和用户价值得分偏低，这两项一级指标得分皆排在第 8 位，但科技属性得分远高于其他同类 APP，具有绝对优势，这大大提升了知乎在新媒体创新中的总分排名。

微博虽然在总排名中仅位于第 4，但其媒体品质和用户属性得分都是第 1，只有科技属性得分偏低，排在第 9 位，拉低了微博的整体排名。

由此可见，目前国内主要的社交类移动 APP 的一级指标得分差异较大，具有明显的不均衡分布特点。

(1)社交类移动 APP 需要加强自身科技属性

科技属性是衡量新媒体创新的重要指标，社交类移动 APP 新媒体创新指数 TOP10 的科技属性得分普遍较低，除知乎得分较高外，其余 APP 分数均未超过 2 分，多数得分低于 1 分。这说明目前社交类移动 APP 在科技创新方面力度欠缺，通过折线图分析发现，科技属性的欠缺也导致社交类 APP 在创新指数总分排名中处于落后地位，无法与其他类别 APP 抗衡。对于社交类移动 APP 而言，其科技创新水准亟待提高。作为向用户提供社交平台的移动 APP，应当更多考虑对于功能的优化，不断推出新功能、新版本，给用户营造更好的用户体验。此外，在新媒体创新指数总分中，除知乎外，其他皆得分较低，相较其他类别移动 APP，处于劣势位置，因此加强自身科技属性建设，成为社交类移动 APP 首要重视的关键问题。

(2)新媒体创新各项一级指标与总分排名差异较大

通过数据对比分析发现，社交类移动 APP 新媒体创新指数总分和媒体品质、科技属性、用户价值三个一级指标的得分并不完全一致,得分差异比较显著。微博在媒体品质方面得分最高,在用户价值上得分也比较理想,但却由于科技属性得分偏低而在创新总分排名中表现不佳,未能进入前三;而创新指数总分排名第一的知乎,在媒体品质和用户价值上较之其他 APP 得分并不高,但因其在科技属性这一指标中得分较高,所以弥补了其他两项一级指标得分偏低的状况。综合来看,社交类移动 APP 各有缺陷与短板,而如何在提升产品自身科技属性的同时扩大用户范围,加深与用户的沟通与互动,丰富自身内容,这是所有社交类 APP 需要考虑的重点问题,只有三者兼顾,才能整体提升社交类移动 APP 的创新水平,扩大产品影响力,增加用户黏性和满意度。

(五)旅游类移动 APP 新媒体创新现状分析

1. 基本状况

结合旅游类移动 APP 新媒体创新排行榜 TOP10,汇总 10 家旅游类移动 APP 的新媒体创新总分和各一级指标得分,基本状况如表 10 所示。

表 10　旅游类移动 APP 新媒体创新得分

项目		均值	最大值	最小值
新媒体创新总分		2.5637	3.0718	1.8254
一级指标	媒体品质	3.2786	3.7112	2.7438
	科技属性	1.4011	2.7735	0.2978
	用户价值	3.2883	3.6601	2.8106

旅游类移动 APP 新媒体创新总分均值为 2.5637 分,最高分为 3.0718 分,分布较为均衡;一级指标中媒体品质和用户价值表现较好,科技属性尚需改善,反映其总体创新现状差强人意,媒体品质和用户价值建设表现不相上下,皆超过 3 分,反映其在自身内容建设和用户满意度方面皆有出色表现。但科技创新是其创新弱项,仅为 1.4011 分,尚有不小提升空间,可在新技术采纳和新知识运用方面持续加强。

旅游类移动 APP 新媒体创新指数的三个一级指标——媒体品质、科技属性和用户价值的得分情况如表 11 所示。

表 11　旅游类移动 APP 新媒体创新一级指标得分

序号	名称	媒体品质	科技属性	用户价值
1	同程旅行	3.19553	2.77350	3.35211
2	阿里旅行	3.41762	1.85082	3.47657
3	艺龙旅行	3.25508	1.73489	3.26520
4	途牛旅游	3.04363	1.93730	3.16976
5	携程旅行	3.49418	1.39034	3.20414
6	去哪儿旅行	3.22086	1.27276	3.66008
7	马蜂窝自由行	3.71122	0.89389	3.37673
8	驴妈妈旅游	3.27011	1.20384	3.40440
9	穷游	3.43390	0.65551	3.16317
10	百度旅游	2.74375	0.29777	2.81062

媒体品质和用户价值总体得分较高，科技属性总体得分普遍偏低。其中，媒体品质得分排名第 1 的是马蜂窝自由行；科技属性得分排名第 1 的是同程旅行；用户价值排名第 1 的是去哪儿旅行。

2. 媒体品质状况

旅游类移动 APP 媒体品质指标得分情况如图 44 所示。

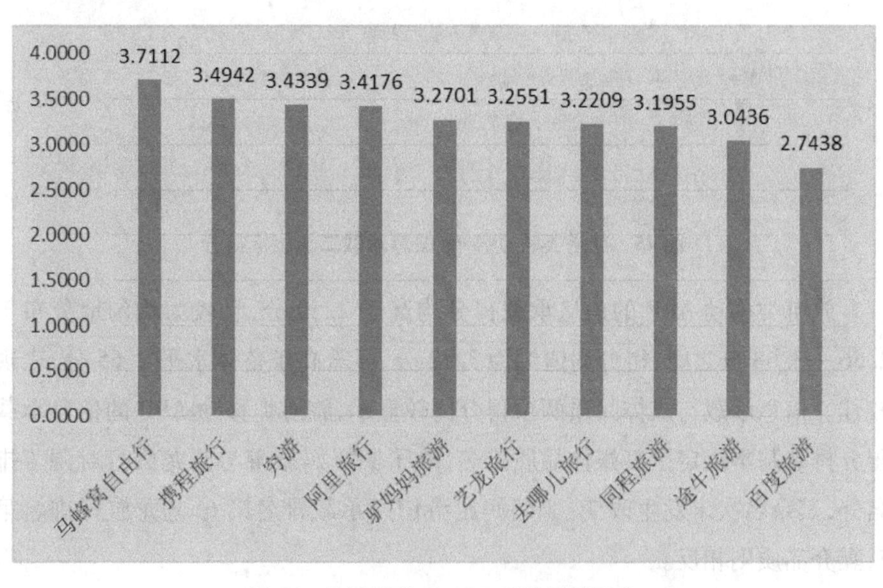

图 44　旅游类移动 APP 媒体品质得分

媒体品质指标得分方面，马蜂窝自由行得分为 3.71 分，远高于其他同类移动 APP；携程旅行、穷游和阿里旅行得分也较高，分值位于 3.42—3.49 分之间。与新媒体创新指数总分排名相比，媒体品质得分排名提升前三名分别为：马蜂窝自由行从总分第 7 变为媒体品质第 1、穷游从总分第 9 变为媒体品质第 3、携程旅行从总分第 5 变为媒体品质第 2；名次降低前三名为：同程旅行从总分第 1 变为媒体品质第 8、途牛旅游从总分第 4 变为媒体品质第 9、艺龙旅行从总分第 3 变为媒体品质第 5。

信息承载、形态设计是媒体品质的二级衡量指标，旅游类移动 APP 新媒体创新 TOP10 的两个二级指标得分情况如图图 45 和图 46 所示。

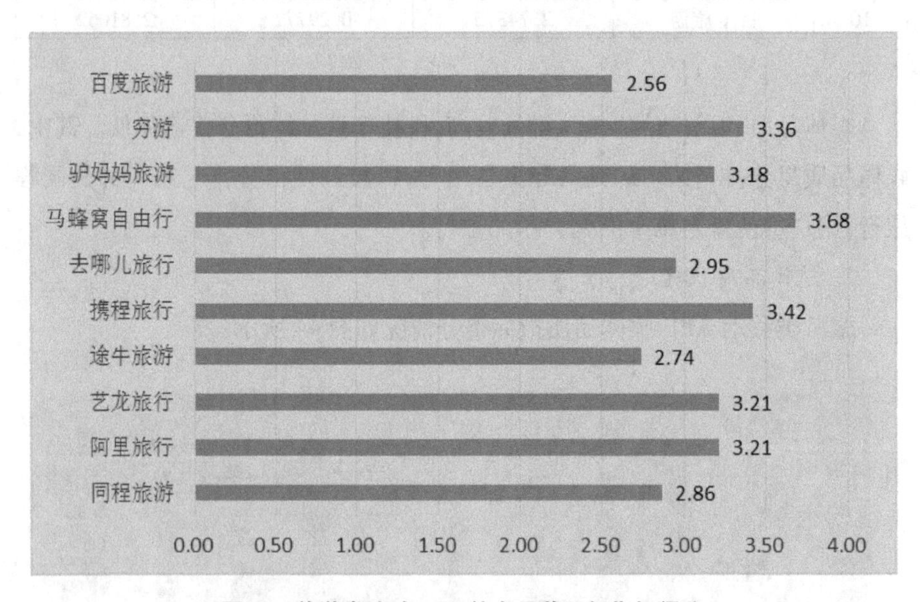

图 45　旅游类移动 APP 信息承载二级指标得分

旅游类移动 APP 的信息承载得分均高于 2.50 分，且较为均匀地分布于 2.56—3.68 分之间；得分均值约为 3.12 分，显著高于整体水平 2.65 分，表现较佳。信息承载与媒体品质两项得分比较显示，旅游类移动 APP 的信息承载得分排名基本决定了其媒体品质排名，除了驴妈妈旅游与艺龙旅行对调了排名外，其余名次未发生改变：驴妈妈旅游信息承载排名第 6，艺龙旅行排名第 5，媒介品质则相反。

旅游类移动 APP 的形态设计得分均高于 3.43 分，但分布不均衡，呈现出

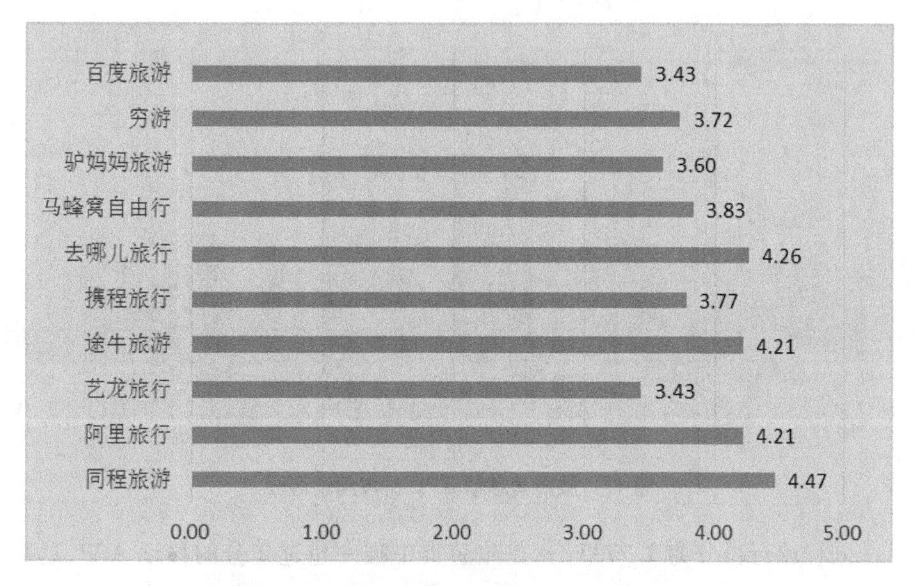

图 46 旅游类移动 APP 形态设计二级指标得分

两极分化的趋势：百度旅游、穷游、驴妈妈旅游、马蜂窝自由行、携程旅行、艺龙旅行得分分布于 3.43—3.83 分之间，阿里旅行、途牛旅游、去哪儿旅游、同程旅行得分分布于 4.21—4.47 分之间。其中，同程旅行要显著高于其他同类移动 APP。将形态设计得分排名分别与媒体品质得分排名和新媒体创新总分排名进行对比发现，形态设计得分与媒体品质得分排名情况吻合度较低，而与创新总分排名情况一致性较高。这说明在旅游类移动 APP 中，媒体品质中的信息承载与新媒体创新指数总分有着明显的差异，而媒体品质中的形态设计与新媒体创新指数总分具有较高的一致性。此外，也可发现在旅游类移动 APP 中，信息承载与形态设计较少有做到齐头并进的，仅阿里旅行在两个方面做到了旅游类的前 5 名（信息承载第 4，形态设计第 3）。

3. *科技属性状况*

旅游类移动 APP 科技属性指标得分情况如图 47 所示。

除携程旅游、马蜂窝自由行、百度旅游外，其余 7 个移动 APP 的科技属性得分均高于 1 分，其中同程旅行、途牛旅游、艺龙旅行得分均在 1.80 分以上；旅游类中科技属性得分前 3 名在其新媒体创新指数总分排名中也均位于前 4（同程旅行新媒体创新总分排名第 1，途牛旅游排名第 4，艺龙旅行排名第 3）。

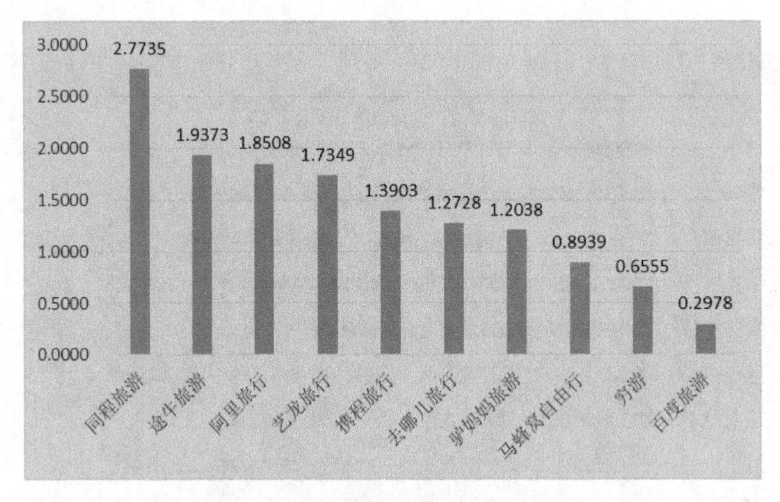

图 47　旅游类移动 APP 科技属性得分

同程旅行得分为 2.7735 分，是旅游类中唯一超过 2 分的移动 APP，远高于其他同类 APP（第 2 名途牛旅游为 1.9373 分）。整体来看，旅游类移动 APP 科技属性指标得分普遍较高，这与此类产品经常推出各类运营活动具有较大的关联性。

技术采纳和功能推新，是科技属性指标下的两个二级指标，旅游类移动 APP 新媒体创新 TOP10 在两项指标的得分情况如图 48 和图 49 所示。

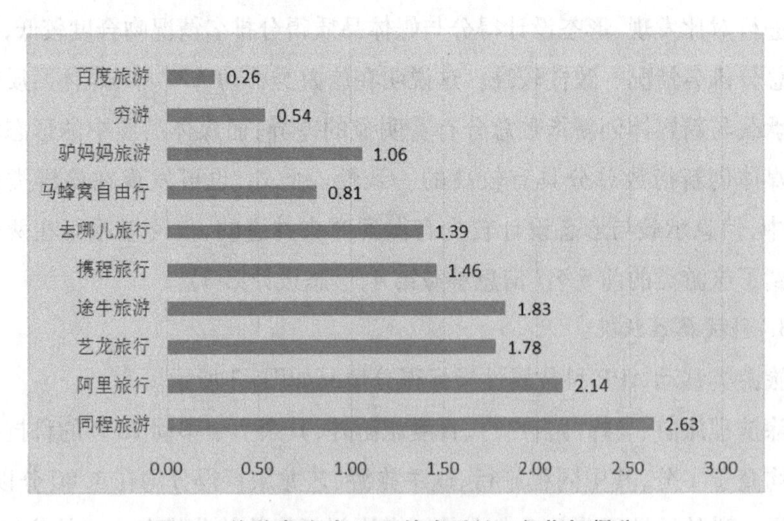

图 48　旅游类移动 APP 技术采纳二级指标得分

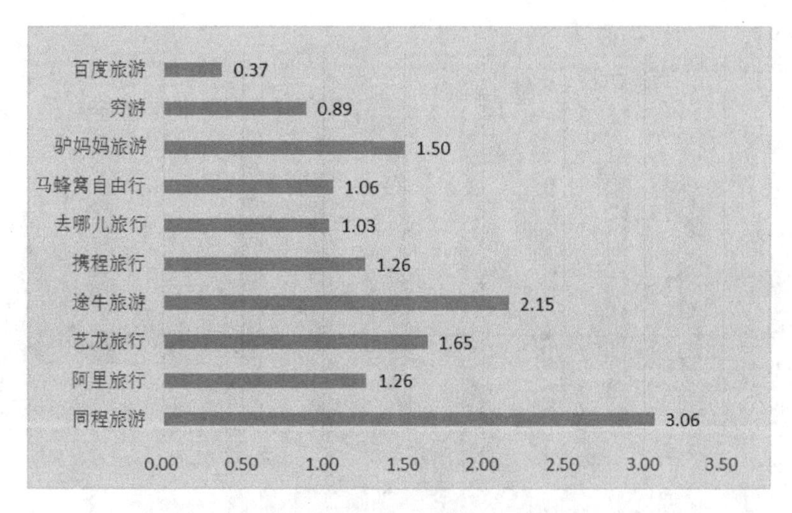

图 49 旅游类移动 APP 功能推新二级指标得分

同程旅行在此两项二级指标的得分均遥遥领先于其他移动 APP,途牛旅游在两项二级指标上得分也均在旅游类 TOP3 之内,表现较佳;阿里旅行在功能推新方面得分较高,排名第 2,但技术采纳方面的得分并不突出,仅排名第 5。总体来看,除了阿里旅行变化 3 个名次外,旅游类的两项二级指标得分排名之间的拟合度较高,未出现较大的变动,这说明旅游类的两个二级指标之间关联性较强。

4. *用户价值状况*

旅游类移动 APP 用户价值指标得分情况如图 50 所示。

去哪儿旅行在用户价值指标得分上最高,为 3. 6601 分,明显高于其他同类产品。除了百度旅游得分(2. 8106 分)低于 3 分外,其余 9 个均高于 3. 1 分。在整体上,旅游类移动 APP 得分集中且较均匀地分布于 3. 16—3. 48 分之间。与旅游类新媒体创新指数总分排名相比,除了阿里旅行(均为第 2)、穷游(均为第 9)、百度旅游(均为第 10)外,其他均有不同程度的变化,其中变化最大的前四个分别为:去哪儿旅行(变化 5 个名次,总分第 6,用户价值第 1)、驴妈妈旅游(变化 5 个名次,总分第 8,用户价值第 3)、同程旅行(变化 4 个名次,总分第 1,用户价值第 5)、途牛旅游(变化 4 个名次,总分第 4,用户价值第 8)。这说明用户价值与创新指数之间的排名差异性较为明显。

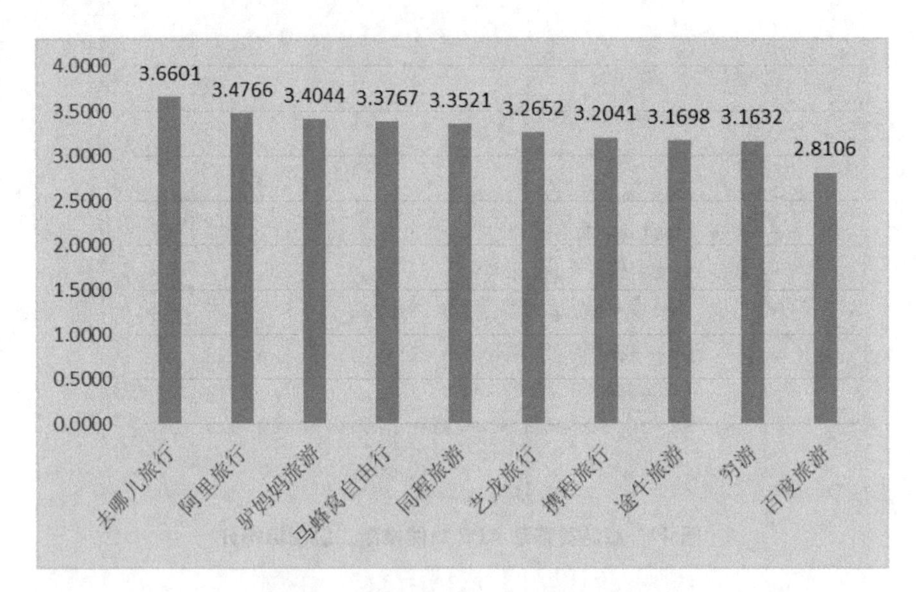

图 50　旅游类移动 APP 用户价值得分

用户参与和用户满意是衡量用户价值的两个二级指标,旅游类移动 APP 在此两项指标的得分情况如图 51 和图 52 所示。

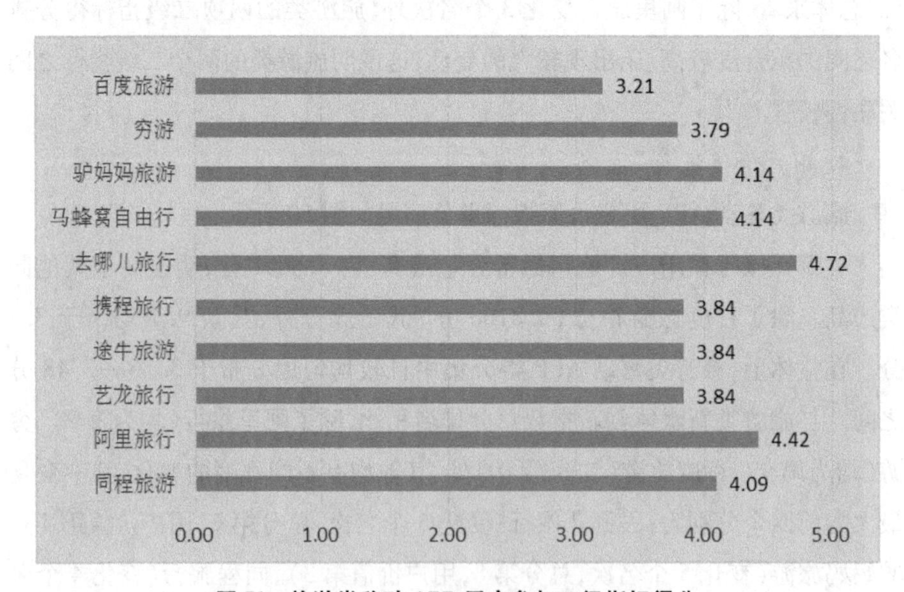

图 51　旅游类移动 APP 用户参与二级指标得分

去哪儿旅行的用户参与指标得分最高,为 4.72 分,明显高于其他同类

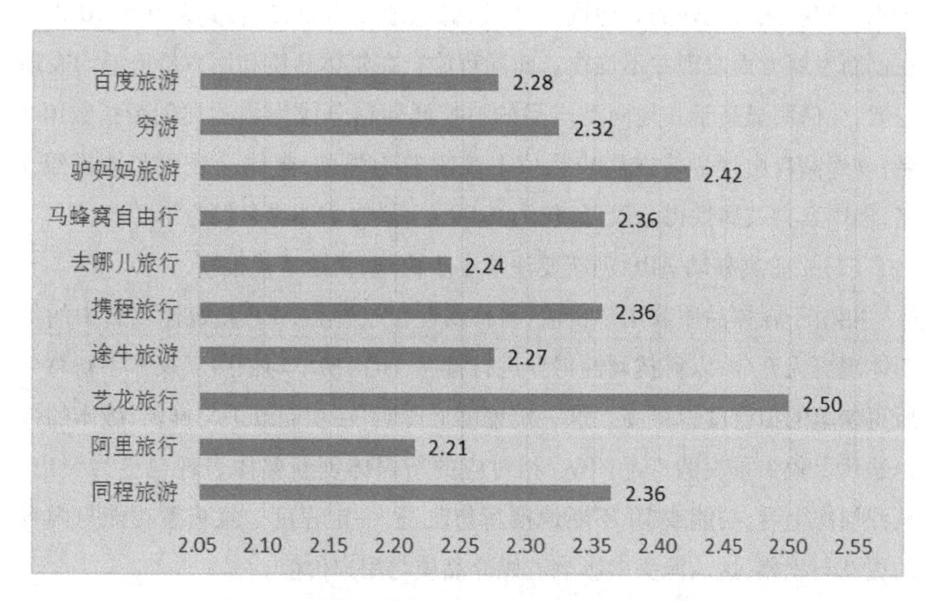

图 52 旅游类移动 APP 用户满意二级指标得分

APP,但在用户满意指标上的得分排名仅高于阿里旅行,排名第 9;艺龙旅行则在用户满意指标的得分远超出其他 APP,达到 2. 50 分。总体来看,用户参与指标得分整体较高,且较为均衡;用户满意指标得分普遍偏低,其两极分化,反映出旅游类移动 APP 在创新方面都较为重视用户参与和用户沟通,但用户黏性和用户活跃度却分化严重。

5. 总体分析

旅游类移动 APP 的新媒体创新总分 TOP10 中:携程旅行是 OTA 的老大,定位于大而全,正以商旅为基础服务,试图抢占更多的休闲旅游份额;去哪儿旅行属于垂直搜索,专于线上旅游资源的整合与比价,正逐步向 OTA 发展;阿里旅行集成阿里公司的气质,重在平台建设;艺龙旅行主营业务为酒店预定,正在发展票务预定;途牛旅游、驴妈妈旅游和同程旅行则主攻休闲旅游。

旅游类移动 APP 新媒体创新指数一级指标得分情况比较,新媒体创新三个一级指标中,科技属性一级指标整体得分明显低于其他两个一级指标,具有较大提升空间;媒体品质和用户价值指标得分均表现得较为均衡,对整体排名的情况影响不明显。但值得注意的是,旅游类移动 APP 中,仅阿里旅行在三个指标层面表现为齐头并进,均位于同类前列,创新指数总分 2. 83 分,明显高于除了同程旅行之外的其他同类产品，稳稳地成为第二名，其余9个APP均在创新发展方面表现并不均衡。而同程旅行在媒体品质和用户价值上均表现一般，凭借明显高于其他同类产品的科技属性得分成为旅游类创新指数第1名；马蜂窝自由行尽管在用户价值上表现较为强劲，媒体品质更是同类第1名，但因其科技属性得分较低，仅为0.89分，最终整体排名仅为第7名。

（1）旅游类移动APP创新要注重小步快跑，快速迭代推新

相对于媒体品质和用户价值，科技属性在旅游类APP新媒体创新中的价值体现更为充分；以科技属性得分进行排序，所得榜单与依照新媒体创新总分所得榜单的拟合度也最高。这一定程度上说明，在功能改进与推新、版本的快速迭代上较为重视的产品团队，相对应的新媒体创新整体表现也更为突出。从深层次上看，功能或UI不断地推新与改进，一定程度上意味着功能与内容的更新与积累，这从源头上影响着媒介品质与用户价值。

同程旅行在休闲旅游中深耕于短线游，其在用户黏度、用户活跃度等市场表现上均不及去哪儿旅行、携程旅行和途牛旅游，在三大指标中，同程旅行的媒体品质得分不及去哪儿、携程与途牛，用户价值得分低于去哪儿与途牛，略高于携程。但是，同程旅行在9个月内安卓和iOS的更新次数分别为25次和16次，在安卓的更新次数上享受绝对的优势；在新功能的开发数上，无论安卓还是iOS版本，新功能开发的数量均绝对领先，分别为59个和38个；在新知识的运用上，安卓的137次和iOS的109次均超出其他同类APP一倍以上。科技属性的较高分值，使得同程旅行占据旅游类APP创新总分榜首。由此可见，科技属性对创新指数高低存在着较大影响，旅游类移动APP若想表现出较强的创新力，要注重小步快跑，快速迭代，不断改进已有功能和服务，快速推出新功能、新服务，依靠新技术、新知识，不断提升用户体验。

（2）优秀的交互设计是移动端新媒体创新制胜法宝

在本指标体系的6个二级指标中，主要考察交互设计的有2个，分别为形态设计和用户参与。旅游类APP形态设计得分均值为3.89分，明显高于形态设计的总体均值3.58分；旅游类APP用户参与得分均值为4.00分，更是显著高于用户参与整体均值2.99分。而形态设计的整体极差为2.76（最高为5分），用户参与的极差更是为4.81（最高为5分），结合旅游类在整体上上

佳的创新表现,充分说明除了科技属性外,交互设计是移动端 APP 新媒体创新的制胜法宝。

同程旅行能够排位旅游类新媒体创新总分榜首,除了科技属性得分较高,交互性也做得较为齐全,涵盖了用户间交互、产品间交互和产品与用户间交互三类模式。APP 内嵌入了用户社区模块"微社区",便于用户间进行沟通交流,从而沉淀忠实粉丝;同时也融入了"+"号扩展、抽屉式菜单等多种区别于其他同类 APP 的内容展示方式。

途牛旅游在休闲旅游中,强于长线游,在科技属性上,20 次的安卓版本更新、19 次的 iOS 版本更新,以及较高密度的新功能推新数、新知识运用数,使得途牛旅游在同类 APP 中排名第 2。但是其在交互设计上,表现相对较弱,二级指标用户参与排名同类第 6、二级指标形态设计排名同类第 4。除了留言、电话、智能客服、在线客服、产品间分享等标配外,途牛旅游中仅仅添加了用户间私聊的功能,在交互上尚需不断改进和提升,其新媒体创新总分排名仅列第 4。

(六)综合电商类移动 APP 新媒体创新现状分析

1. 基本状况

结合综合电商类移动 APP 新媒体创新排行榜 TOP10,汇总 10 家综合电商类移动 APP 的新媒体创新总分和各一级指标得分,基本状况如表 12 所示。

表 12　综合电商类移动 APP 新媒体创新得分

项目		均值	最大值	最小值
新媒体创新总分		1. 6235	2. 0652	1. 3502
一级指标	媒体品质	1. 7297	2. 2062	1. 2902
	科技属性	0. 8802	1. 1583	0. 3462
	用户价值	2. 6422	3. 7680	2. 1132

综合电商类移动 APP 新媒体创新总分均值为 1. 6235 分,最高分为 2. 0652 分,整体偏低,有较大改善空间;一级指标中,用户价值表现相对较好,媒体品质次之,科技属性较差,反映其总体创新现状不佳,总分和各项指标得

分都不高,作为为用户提供网上购物的综合性移动电商平台,在保证用户金融安全和隐私信息安全的情况下,不断提升创新力以改善用户体验,也成为必不可少的工作内容。

综合电商类移动 APP 新媒体创新指数的三个一级指标——媒体品质、科技属性和用户价值的得分情况如表 13 所示。

表 13　综合电商类移动 APP 新媒体创新一级指标得分

排名	名称	媒体品质	科技属性	用户价值
1	淘宝	2. 20617	0. 85916	3. 76795
2	京东	2. 20617	0. 72162	3. 54942
3	一号店	1. 88525	1. 15832	2. 66622
4	国美在线	2. 03544	0. 62314	2. 78839
5	当当网	1. 47444	1. 08277	2. 50529
6	苏宁易购	1. 47444	1. 11750	2. 34546
7	蘑菇街	1. 47444	1. 15704	2. 11317
8	天猫	1. 29023	0. 98705	2. 17562
9	美丽说	1. 40578	0. 74961	2. 33933
10	亚马逊	1. 84443	0. 34617	2. 17091

总体来看,用户价值得分相对较高,科技属性得分普遍偏低。其中,媒体品质和用户价值两项指标得分排名第 1 的均为淘宝,反映出作为电商的开创者,淘宝在该领域的优势地位明显。

2. 媒体品质状况

综合电商类移动 APP 媒体品质指标得分情况如图 53 所示。

媒体品质指标得分方面,淘宝、京东、国美在线和一号店位居前 4,分值皆高于 1. 5 分,略高于亚马逊,明显高于其他四家 APP,与创新总分排名一致,四者在总排名上也以同样顺序处于前 4 位,反映其新媒体创新总体得分与媒体品质一级指标得分有较明显相关性。

信息承载和形态设计,是媒体品质指标下的两个二级指标,综合电商类移动 APP 两项的得分情况如图 54 和图 55 所示。

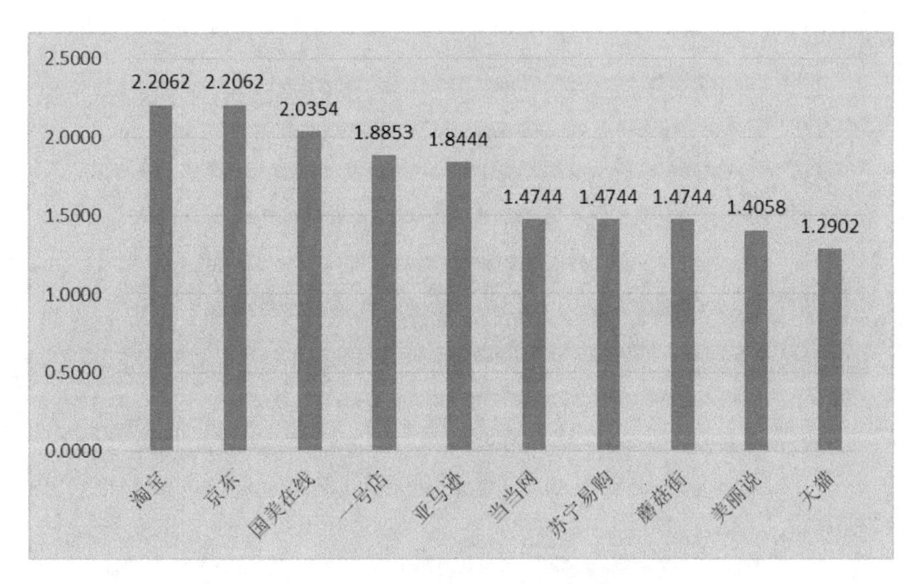

图 53　综合电商类移动 APP 媒体品质得分

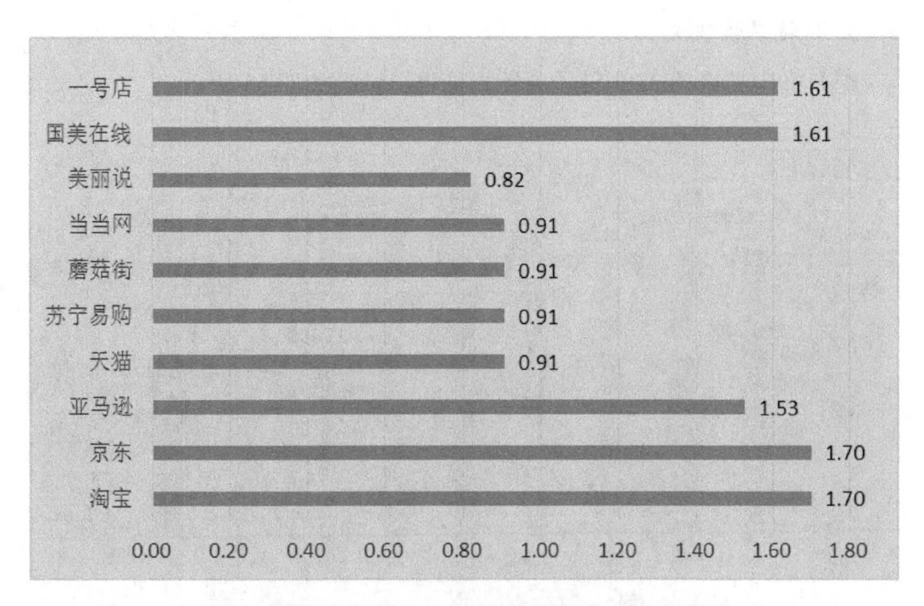

图 54　综合电商类移动 APP 信息承载二级指标得分

在信息承载和形态设计方面，淘宝和京东商城均以相对较大优势并列第1，国美在线和一号店在信息承载方面得分并列第二，苏宁易购、蘑菇街、当当网、美丽说和国美在线在形态设计方面得分并列第二。

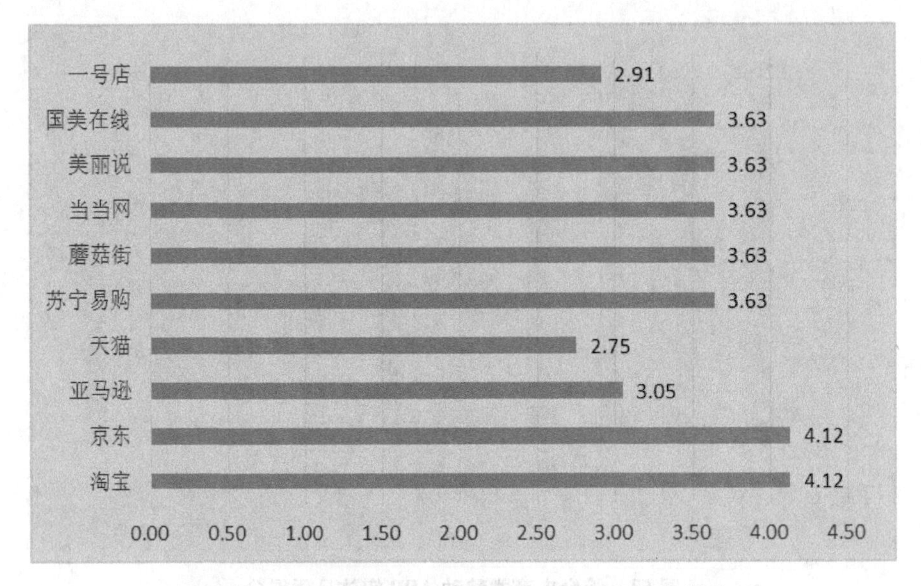

图 55　综合电商类移动 APP 形态设计二级指标得分

3. 科技属性状况

综合电商类移动 APP 科技属性指标得分情况如图 56 所示。

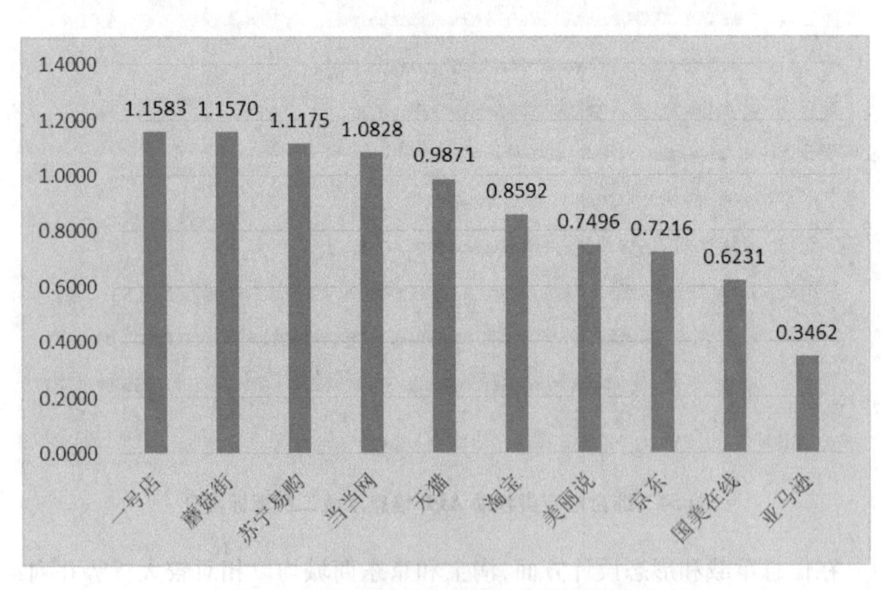

图 56　综合电商类移动 APP 科技属性得分

一号店、蘑菇街、苏宁易购和当当网的科技属性指标得分分居前四，分值皆高于 1 分，而其他 6 个 APP 分值皆低于 1 分，说明在这一项目上，综合电商类移动 APP 还有较大提升空间。

技术采纳和功能推新，是科技属性指标下的两个二级指标，综合电商类移动 APP 在两项指标的得分情况如图 57 和图 58 所示。

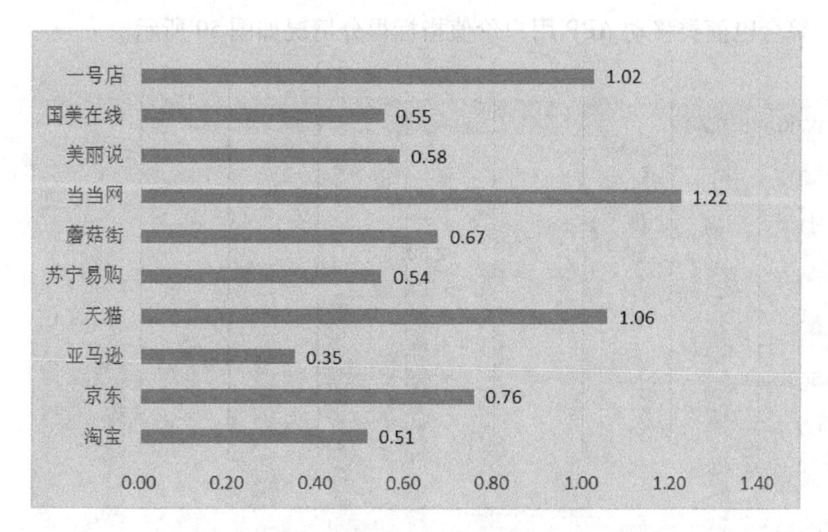

图 57　综合电商类移动 APP 技术采纳二级指标得分

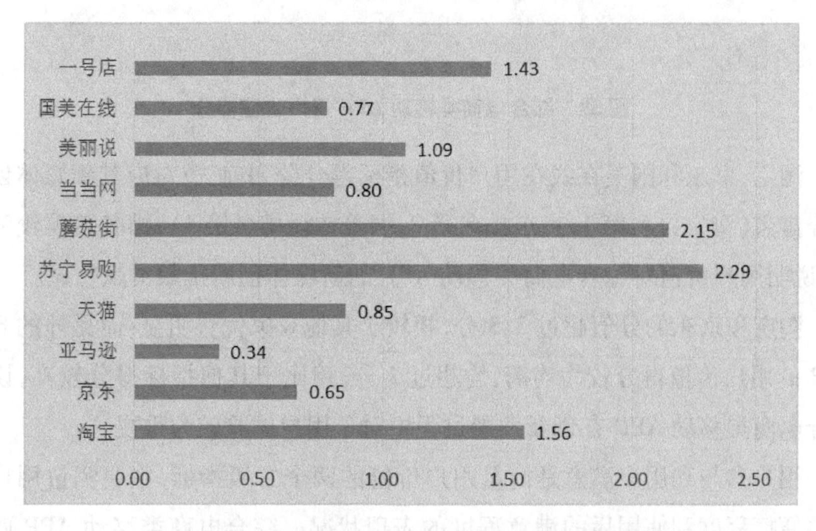

图 58　综合电商类移动 APP 功能推新二级指标得分

在此两项二级指标的得分方面，并无均处绝对优势地位的移动 APP。当当网在技术采纳指标上优势明显,但在功能推新指标上又明显处于下风。苏宁易购在功能推新指标上占据第1位的优势,但在技术采纳指标上又存在劣势。而一号店因在该两项二级指标上得分比较均衡,均处于前列,因而在科技属性一级指标得分方面处于首位。

4. 用户价值状况

综合电商类移动APP用户价值指标得分情况如图59所示。

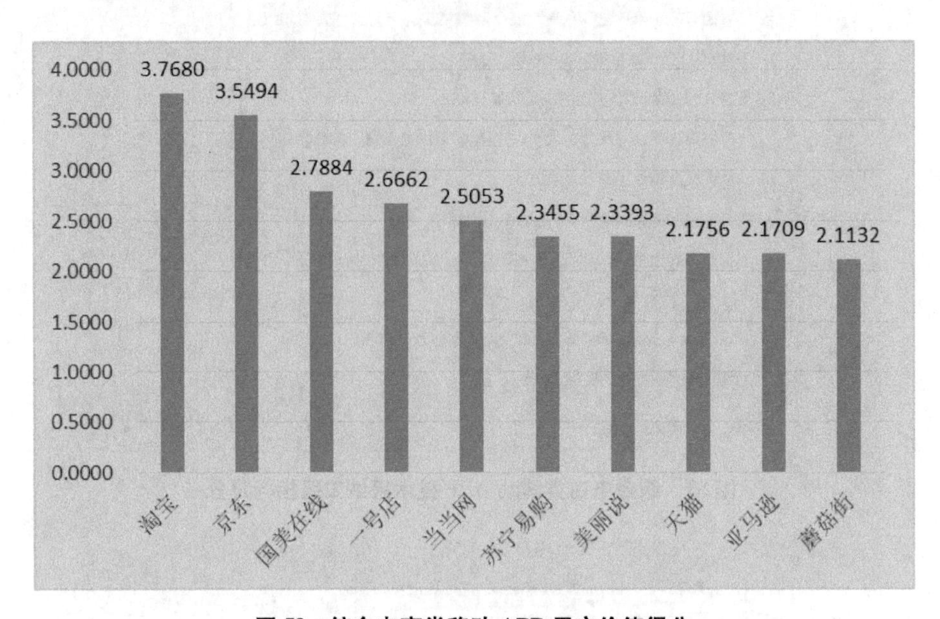

图59 综合电商类移动APP用户价值得分

淘宝、京东和国美在线在用户价值指标得分分列前三;对应其新媒体创新总分排名(淘宝排名第1,京东排名第2,国美在线排名第4),排名表现较为一致,说明用户价值对综合电商类移动APP的新媒体创新指数贡献明显。

淘宝和京东的分值超过3.5分,相较于其他8家优势明显,而另外的8个APP的用户价值得分较为均衡,均超过2分,相比于其他指标得分较高,说明综合电商类移动APP在创新发展过程中对于用户体验较为重视。

用户参与和用户满意是衡量用户价值的两个二级指标,主要测量用户参与的便捷程度和使用后的满意程度的表现状况。综合电商类移动APP两项指标的得分情况如图60和图61所示。

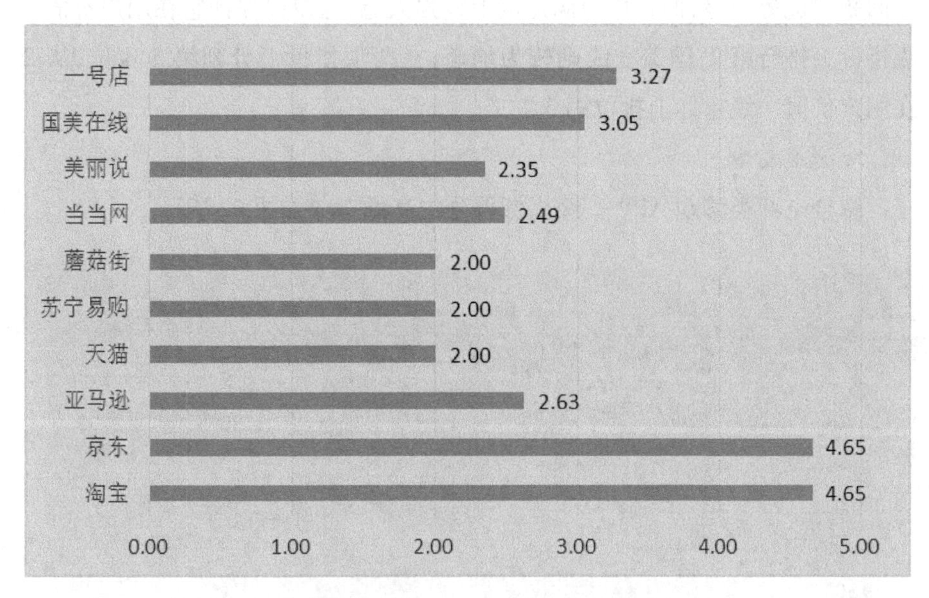

图 60 综合电商类移动 APP 用户参与二级指标得分

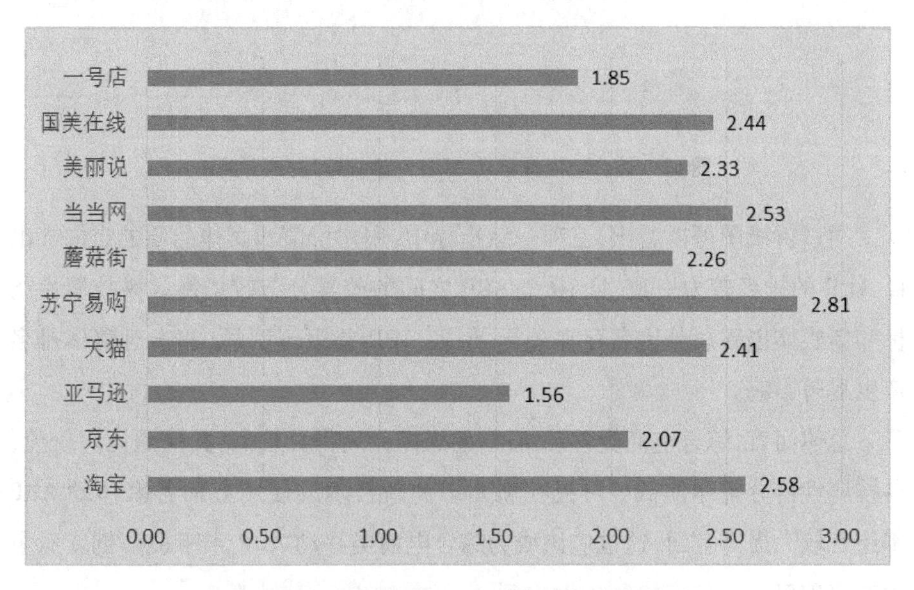

图 61 综合电商类移动 APP 用户满意二级指标得分

淘宝在用户参与指标上处于第 1 位，在用户满意指标上处于第 2 位，领先优势明显，因而在用户价值一级指标上确保了第 1 名的位置；京东在用户参与方面领先优势明显，但在用户满意度上差强人意，这得以保证它在用户价值一级指标上排行第2；国美在线则较为均衡，在两项指标上分列第3、4位，从而在用户价值一级指标上排位第3。

5. 总体分析

综合电商类移动APP一级指标得分的高低态势如图62所示。

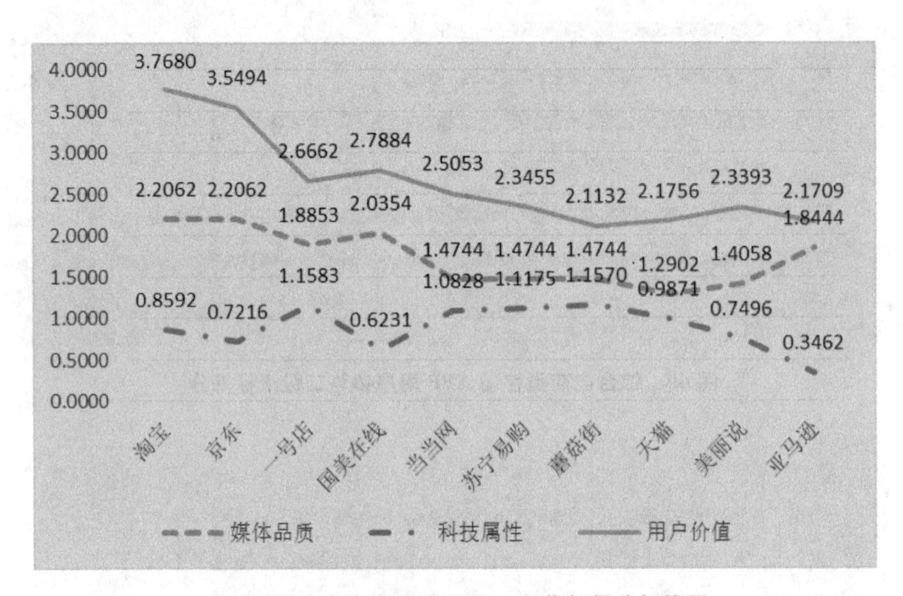

图62　综合电商类移动APP一级指标得分折线图

通过折线图可以看出，三项一级指标中，用户价值和媒体品质的走向和电商APP的排名较为一致，且10个APP之间的差异分布较均衡。科技属性指标和新媒体创新总分排名存在差异，但各APP差距不明显，并未对整体排名产生显著影响。

总体而言，综合电商类移动APP的媒体品质得分较高，其次是用户价值，科技属性得分整体偏低。可见在新知识和新技术的使用方面各家移动APP都还有较大提升空间，这也应该成为综合电商类移动APP未来提高创新竞争力的突破口。

（七）支付类移动APP新媒体创新现状分析

1. 基本状况

结合支付类移动APP新媒体创新排行榜TOP10，汇总10家支付类移动

APP 的新媒体创新总分和各一级指标得分,基本状况如表 14 所示。

表 14 支付类移动 APP 新媒体创新得分

项目		均值	最大值	最小值
新媒体创新总分		1. 5732	2. 1428	0. 4758
一级指标	媒体品质	1. 9357	2. 3885	0. 6720
	科技属性	0. 7668	1. 6191	0. 0000
	用户价值	2. 2871	3. 2563	0. 9249

支付类移动 APP 新媒体创新总分均值为 1. 5732 分,最高分为 2. 1428 分,整体得分偏低,需要持续加大改善和提升力度;一级指标中媒体品质和用户价值表现稍好,科技属性尚有较大提升空间,反映其总体创新现状不佳,特别是在科技创新方面鲜有亮点,作为以安全为主的金融类移动 APP,不断以先进技术提升安全保障,才能让用户用得安全、用得放心,因而,支付类移动 APP 亟须在技术创新方面加大投入,并以技术创新为驱动引擎,提升整体创新水准。

支付类移动 APP 新媒体创新指数的三个一级指标——媒体品质、科技属性和用户价值的得分情况如表 15 所示。

表 15 支付类移动 APP 新媒体创新一级指标得分

排序	名称	媒体品质	科技属性	用户价值
1	易付宝	2. 1776	1. 6191	2. 9242
2	支付宝	2. 3885	0. 8379	3. 2563
3	百度钱包	2. 0306	0. 7695	2. 8151
4	京东钱包	2. 0966	0. 9519	2. 3663
5	拉卡拉钱包	1. 9804	0. 8992	2. 3640
6	壹钱包	1. 9217	0. 8032	2. 5863
7	翼支付	2. 0521	0. 9268	2. 0435
8	银联钱包	2. 0089	0. 4327	1. 9794
9	钱盒商户通	2. 0281	0. 4273	1. 6114
10	财付通	0. 6720	0. 0000	0. 9249

整体来看,媒体品质和用户价值总体得分较高,科技属性总体得分普遍偏低。其中,媒体品质和用户价值得分排名第 1 的皆是支付宝;科技属性得分排名第 1 的是易付宝。

2. 媒体品质状况

支付类移动 APP 媒体品质指标得分情况如图 63 所示。

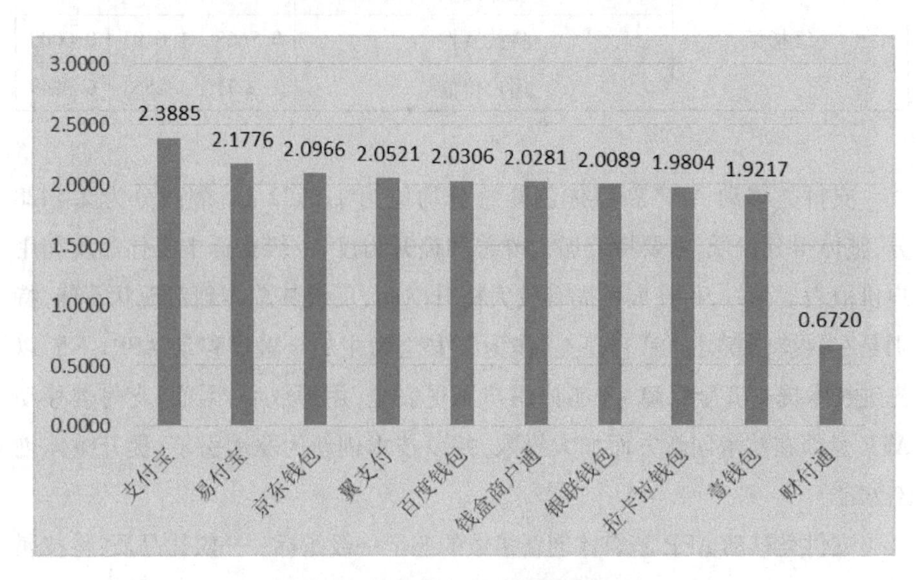

图 63　支付类移动 APP 媒体品质得分

媒体品质指标得分方面,支付类 APP 得分差异较小。支付宝、易付宝、京东钱包、翼支付位居前四,支付宝的媒体品质指标得分以 2. 3885 列居该指标第 1 位,较平均值 1. 9357 高 0. 4528;与其新媒体创新指数的总排名有所变化(支付宝排名第 2,易付宝排名第 1,京东钱包排名第 4,翼支付排名第 7)。除财付通外,易付宝、京东钱包、百度钱包等得分较为平均,分值位于 1. 9217—2. 1776 分之间。媒体品质指标得分高于该项平均值的为易付宝、支付宝、百度钱包、拉卡拉钱包、翼支付、银联钱包、钱盒商户通。

信息承载、形态设计是媒体品质的二级衡量指标,支付类移动 APP 在此两个二级指标的得分情况如图 64 和图 65 所示。

支付类移动 APP 的信息承载平均分为 1. 47 分,在总榜单中,支付类 APP 该项得分排名较后,信息承载得分较低是支付类 APP 在新媒体创新指数总分

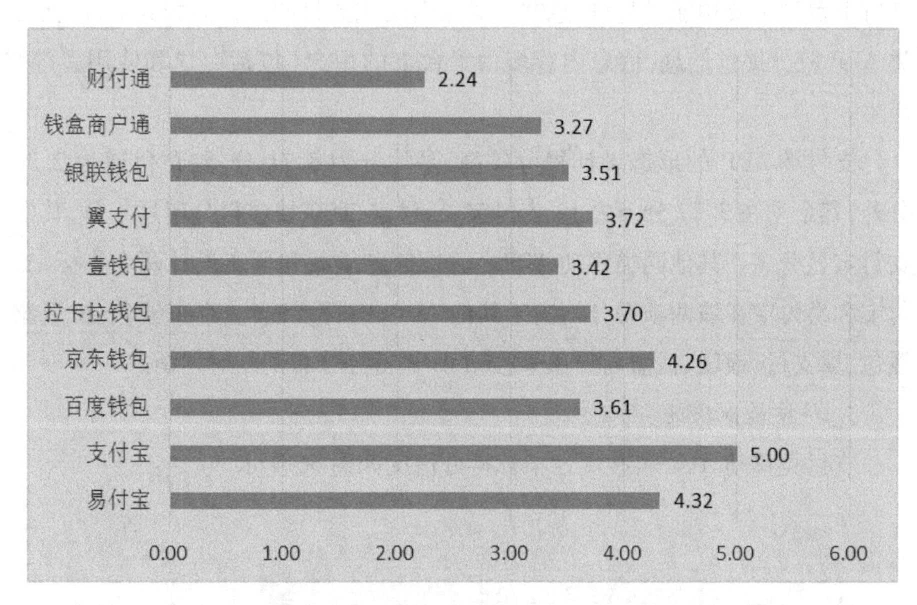

图 64　支付类移动 APP 信息承载二级指标得分

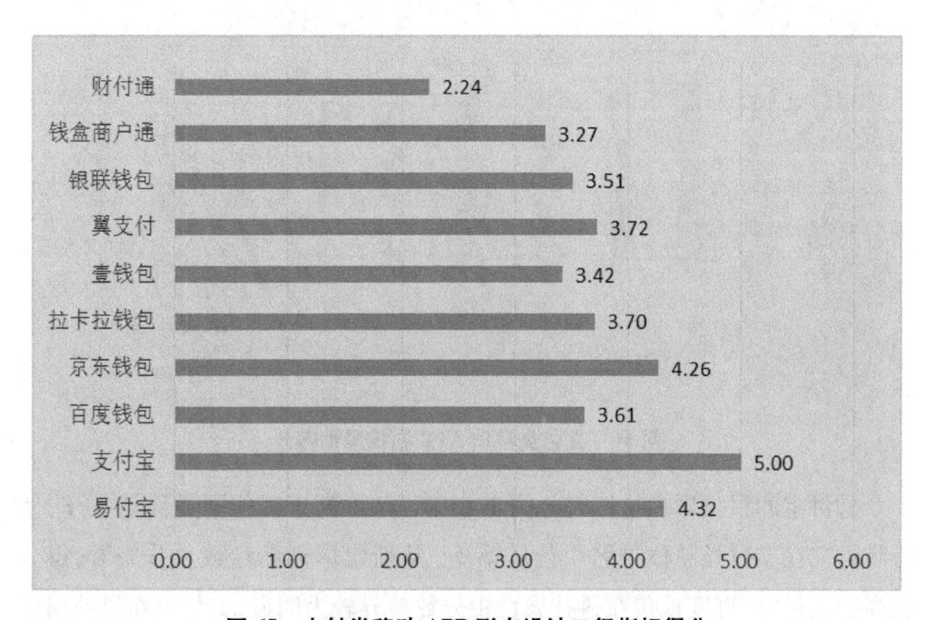

图 65　支付类移动 APP 形态设计二级指标得分

排名较后的重要原因。支付类 APP 定位为“允许用户使用其移动终端(通常是手机)对所消费的商品或服务进行账务支付的一种服务方式”,以提供账户支付平台为主要功能，提供信息并非其运营的主要目的。作为服务平台，支付类 APP 较少提供信息，信息内容多由平台上的用户（包括商户和使用者等）产生。

支付类 APP 的形态设计得分较高，平均分为 3. 71 分，除财付通为 2. 24 分外，其余均在 3. 27 分及之上，支付宝、易付宝、京东钱包得分超过 4 分，其中支付宝显著高于其他同类移动 APP。比较信息承载和形态设计两个指标，支付宝和易付宝在该两项得分均高于其他 APP，而百度钱包、京东钱包、拉卡拉钱包、翼支付、银联、钱盒商户通等移动 APP 得分分布则相对均衡。

3. 科技属性状况

支付类移动 APP 科技属性指标得分情况如图 66 所示。

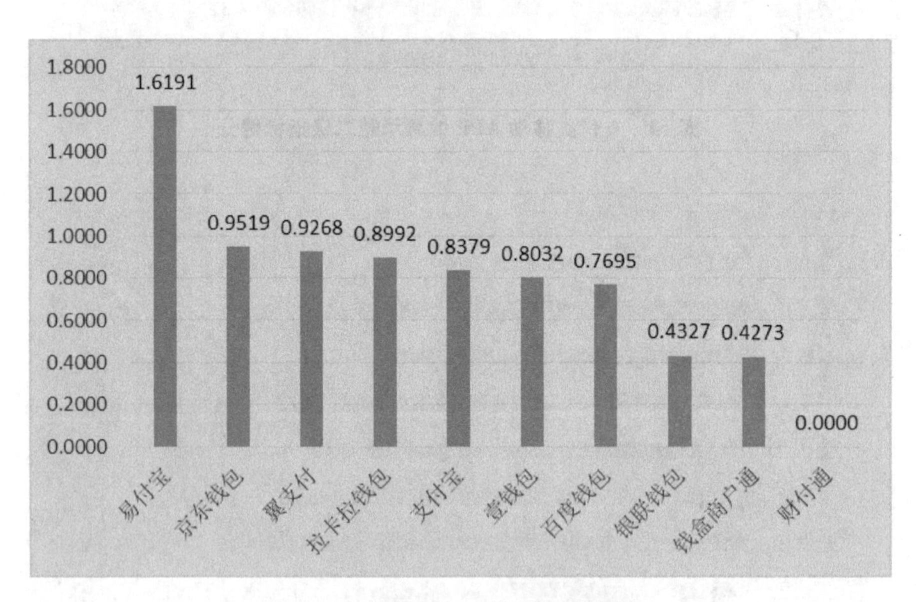

图 66　支付类移动 APP 科技属性得分

易付宝的科技属性指标得分为 1. 6191 分，远高于其他同类移动 APP，使得易付宝在支付类总体排名中位居第 1。从新媒体创新指数总分来看，得分较高的支付宝、百度钱包在科技属性中分数差异较为明显，支付宝在科技属性指标得分中仅排第 5 位，而其在媒体品质和用户价值指标的排名中均列第 1，在新媒体创新指数总分中排位第 2，可见科技属性得分对支付宝的总体得分排名有所影响。

整体来看,支付类移动 APP 的科技属性指标得分普遍较低,这表明支付类 APP 多集中于稳定提供服务平台,而运营活动、新功能的推出和更新数量相对其他类型的移动 APP 表现相对较差。

技术采纳和功能推新,是科技属性指标下的两个二级指标,支付类 APP 在此两项指标的得分情况如图 67 和图 68 所示。

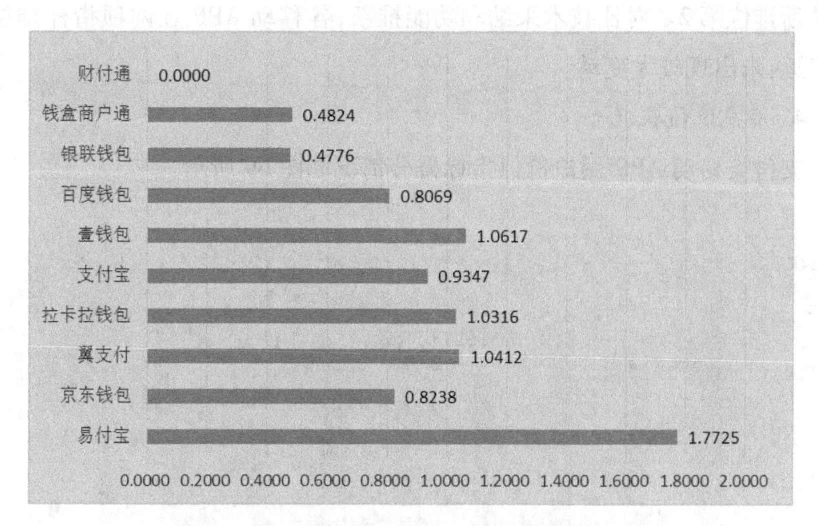

图 67　支付类移动 APP 技术采纳二级指标得分

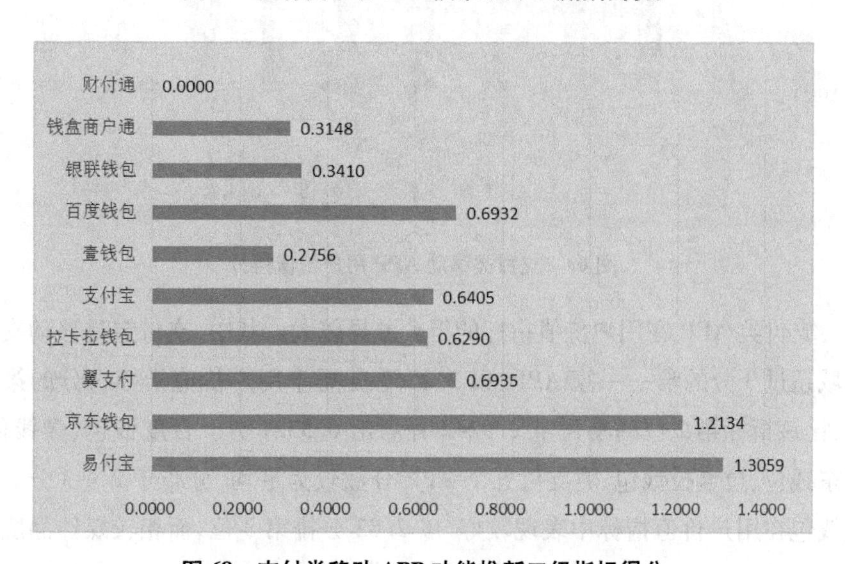

图 68　支付类移动 APP 功能推新二级指标得分

易付宝在两项二级指标得分遥遥领先于其他 APP,并且领先优势明显;其余 APP 少有该两项指标齐头并进的情况,分数较为参差。在技术采纳层面,超过平均值 0. 84 分的 APP 为易付宝、中国平安打造的壹钱包、中国电信旗下的翼付宝、北京拉卡拉公司的拉卡拉钱包。功能推新方面,易付宝、翼支付、拉卡拉钱包的排名仍然较为靠前,京东钱包的技术采纳得分排位第 5,功能推新排位第 2。对比技术采纳和功能推新,各移动 APP 在两项指标排位较为接近,未出现较大变动。

4. 用户价值状况

支付类移动 APP 用户价值指标得分情况如图 69 所示。

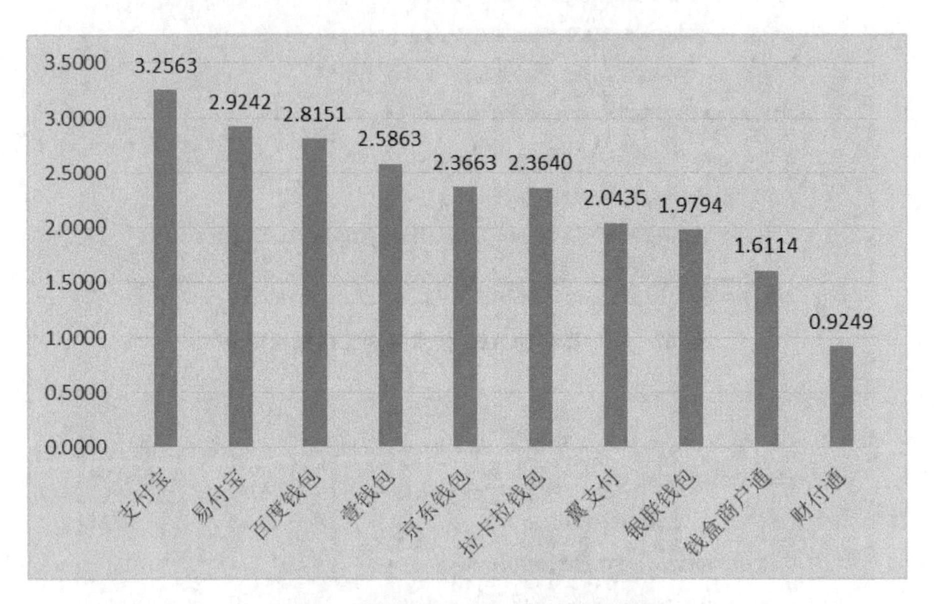

图 69　支付类移动 APP 用户价值得分

支付类 APP 在用户价值指标的得分差异较大。其中,支付宝是移动支付领域超过 3 分的唯一一家 APP,以 3. 2563 分居于用户价值指标得分的第一位,比该指标第 2 位的易付宝 2. 9242 分高出 0. 3321 分。百度钱包、壹钱包、京东钱包、拉卡拉钱包、翼支付五个 APP 分数较为平均,分布于 2—3 分。百度钱包在用户价值指标中表现较好,以 2. 82 分排第 3 位,而相较媒体品质和用户价值指标,百度钱包排在第 5 位和第 7 位,从整体榜单来看,百度钱包以微弱优势领先于京东钱包,排在第 3 位,很大程度上是因为其用户价值指标得分较高,这证明用户价值对于整体榜单的影响力较大。

用户参与和用户满意是衡量用户价值的两个二级指标,支付类移动 APP 在此两项指标的得分情况如图 70 和图 71 所示。

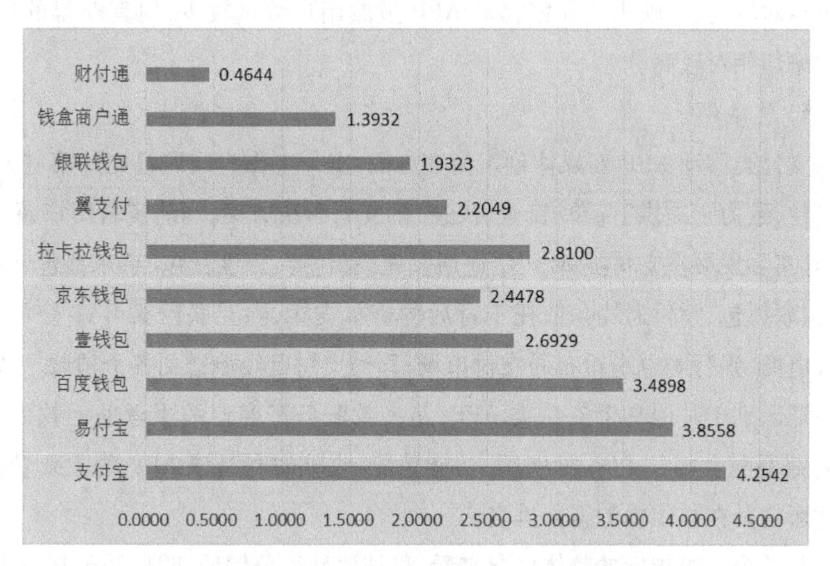

图 70　支付类移动 APP 用户参与二级指标得分

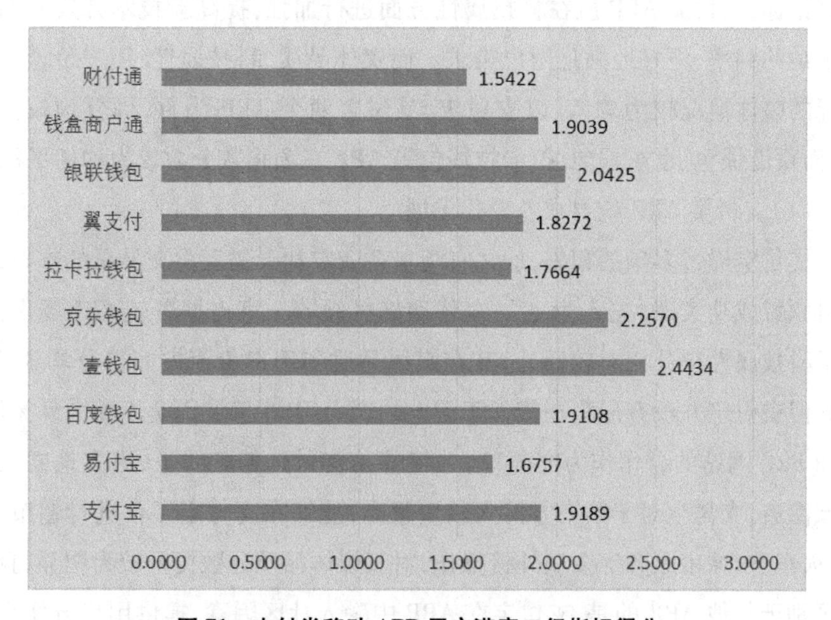

图 71　支付类移动 APP 用户满意二级指标得分

二级指标用户参与一级指标用户价值的契合度更高,排位顺序完全吻合,而用户满意指标则与用户价值指标排位有一定差异。在用户满意度方面,壹钱包以 2.4434 分的分值排在第 1 位,京东钱包、银联钱包的用户满意指标分数也相对较高,反映出这几家移动 APP 虽然用户数量较少,但其获得的用户好评率却相对较高。

5. 总体分析

支付类移动 APP 新媒体创新指数方面,支付宝作为国内领先的第三方支付平台,致力于提供"简单、安全、快速"的支付解决方案,当前实名用户超过 4 亿,其实际发展在支付类 APP 中遥遥领先;易付宝、百度钱包、京东钱包、壹钱包、银联钱包、财付通均是依托于背后的资本支撑,除互联巨头 BAT 公司外,各大电商、银行等也纷纷布局支付市场,移动支付已经渗透到各个领域。钱盒商户通区别于其他 9 个支付类 APP,是一款服务于商户的生意助手软件,该 APP 需要配合相关 POS 机使用,功能精简、收款便利是该 APP 的主要功能,因此影响其在整体中的得分排名。

从三个一级指标的整体情况来看,科技属性得分偏低,明显低于其他两个一级指标,支付类 APP 应在科技属性方面进行加强,提高新技术开发和新功能采纳的频率,更好地满足用户需求。而媒体品质、科技属性、用户价值三个指标的整体情况较为均衡,以支付宝、易付宝两个 APP 为首,得分均较为靠前,而百度钱包、京东钱包、拉卡拉钱包等 APP 三项指数分数较为均衡平稳。

(1)支付类 APP 应寻求差异化发展

支付宝经过多年的积累,加之有阿里系淘宝和天猫巨大交易量的支撑,在支付领域成功实现"先入为主",在移动支付领域一直占据着较高市场份额。除了科技属性得分相对较低外,其在媒体品质和用户价值方面得分均为第 1 位。但支付宝并没有局限在依托于淘宝的庞大用户基础,而是不断向外拓展,把和 B2C 网站的合作作为突破口,并将移动支付延伸到线下,更多地向民生领域渗透,支付宝对于第三方接入数量很高,能够在支付宝平台进行超市、机票、火车票、城市服务等多项外接操作,对其媒体品质分数提升较为明显,且明显区别于其他 APP 的是,支付宝在 APP 中融入社区因素,提供用户方便交流的平台,使其以 3.26 分获得用户价值评分的首位排名。

百度钱包、京东钱包、壹钱包、翼支付等 APP 在新媒体创新指数的三项一级指标得分较为平稳,分析发现,其定位和发展模式均较为类似,依托于自身背后的资本平台进行一定的用户圈层,因此,想要有所突破,不同应用模式在未来应在细分客户群上展现差异化的竞争力,寻求自己的独特发展方向。

(2)支付类 APP 应依托科技创新提升创新力

易付宝虽然在媒体品质和用户价值方面的得分略低于支付宝,但由于其科技属性分值较高,助其位列新媒体创新指数排行榜首位。易付宝的扩展功能较多,在基本的下拉刷新、搜索、提供功能标签和内容标签之外,还接入了多种第三方服务,并且对其进行了分类,方便用户选择使用,移动支付软件常见的扫码服务也在易付宝的首页明显位置突出展现。另外,在近期的更新中,易付宝在实名认证中新增了人脸识别功能,使得用户在进行认证操作时更安全简便。不管是针对 iOS 系统还是安卓系统,易付宝在产品的迭代开发方面都非常突出。2016 年 1 月到 9 月,易付宝在 iOS 系统和安卓版本的更新次数分别是 15 次和 17 次,月均更新 2 次。并且,易付宝在产品的优化升级和新增功能方面也表现突出,更新内容涉及界面优化、服务优化、功能以及优惠活动等。由此可见,易付宝较为关注用户的使用体验和需求,致力于提升产品质量,给用户带来更优质的服务。

拉卡拉钱包没有依托电商、互联网巨头,但其在新媒体创新排行中表现不俗,获得第 5 名的成绩,主要是因为其科技属性得分较高,拉卡拉钱包已经拥有 20 多张金融牌照,并致力于打造全牌照的综合金融服务平台,建立底层统一、用户导向的金融服务共生系统,在拉卡拉支付集团和考拉金服集团双线带动下,实现金融的不断创新与发展。拉卡拉钱包在满足金融需求方面的能力将进一步提升,有效推动普惠金融价值落地。2016 年 1 月到 9 月,拉卡拉钱包在 iOS 系统和安卓版本的更新次数分别是 13 次和 15 次,月均更新 1.6 次,科技属性得分较高。

由此可见,科技属性对新媒体创新指数存在着较大的影响,支付类 APP 总体科技属性得分较低,应加强创新精神与创新意识,不断以新技术、新知识推出新功能,并围绕用户体验加强对现有功能的更新和优化,更好地满足用户需求,提升用户满意度。

四、移动 APP 新媒体创新考察结论及建议

结合移动 APP 新媒体创新的量化考察结果，提供总体分析结论，并依据其创新现状所反映的问题及不足，提供针对性创新力提升建议。

（一）移动 APP 新媒体创新考察结论

通过对七类 106 家移动 APP 的新媒体创新得分状况的分类解析，总结发现，在新媒体创新总体表现层面，即时通信类、移动直播类、社交类和旅游类四类移动 APP 的新媒体创新水平整体表现相对较好，在新媒体创新总分 TOP10 中分布情况如图 16 所示。

图 16　移动 APP 新媒体创新总分 TOP10 分布情况

APP 类型	数量	APP 名称	新媒体创新总分	总分排序
即时通信类	3	微信	2.9764	4
		易信	2.9037	5
		QQ	2.7927	8
移动直播类	3	花椒直播	3.3308	2
		龙珠直播	2.6924	9
		YY	2.6905	10
社交类	2	知乎	3.6723	1
		豆瓣	2.8445	6
旅游类	2	同程旅行	3.0718	3
		阿里旅行	2.8332	7

信息沟通与交流是人类社会的基本需求，在人类长久的历史发展进程中，一直伴随着对畅通、明晰和便捷信息的追求，在当今科技日新月异的时代，利用先进技术和新颖工具不断探索信息沟通的新方法、新形态、新途径，既满足了人们日常生活中对社会交往的渴求，也带动了经济与社会层面的创新变革，新媒体创新总分 TOP10 中无论是即时通信类、社交类移动 APP，还是花椒等具有明星属性的移动社交直播平台、龙珠等以游戏直播促发联络交友的直播产品，都具有鲜明的信息沟通与社会交往特性，这类移动 APP 较大程度契合

了人们的生活所需，也有多款产品展现出较强的创新精神和态度，并在产品设计中体现出更强的创新特质，因而，其创新分值也多排名居前。

随着交通工具的发展和全球化进程的不断加快，人们的旅游出行欲望不断得以释放，各式各类旅游 APP 不断涌现，并以创新的产品形态、营销模式和独特体验，吸引着诸多爱好旅游、向往旅游的个人爱好者和家庭出游团，新媒体创新总分 TOP10 中有同程旅行和阿里旅行两个移动 APP 出现在榜单之中，正体现了当下的社会需求变化，更和旅游类移动 APP 自身的产品建设和技术创新有着紧密关联，反映出旅游类 APP 贴合用户需求，以高品质的信息内容和先进的技术转化，赢得了用户认可与支持，体现出较强的创新追求和态度，并展露出较高的创新水准。

新媒体创新指数一级指标得分分布显示，“媒体品质”和“用户价值”两项指标得分整体较高，且相对均衡，“科技属性”得分整体偏低，且两极分化。

106 家移动 APP 新媒体创新指数一级指标“媒体品质”得分 TOP10 分布情况如表 17 所示。

表 17　移动 APP 媒体品质 TOP10 分布情况

排序	APP 名称	APP 类别	媒全品质得分
1	微信	即时通信	3. 9629
2	QQ	即时通信	3. 9437
3	央视新闻	传统媒体资讯	3. 8111
4	飞信	即时通信	3. 8008
5	易信	即时通信	3. 7539
6	马蜂窝自由行	旅游	3. 7112
7	虎牙直播	移动直播	3. 6889
8	米聊	即时通信	3. 6828
9	钛媒体	商业网站资讯	3. 6768
10	斗鱼直播	移动直播	3. 6673

媒体品质一级指标得分排名前三位的分别是微信、QQ 和央视新闻；前 10 名移动 APP 分布情况为：即时通信类五家、资讯类和移动直播类各两家、旅游

类一家，反映出即时通信类移动 APP 在自身内容建设方面的强势地位。微信、QQ 等即时通信工具为用户提供了即时交流的便捷平台，用户可以在上面畅所欲言、互发信息、传递文件、共享照片，甚至可以互享音视频、表情、动画文件等，不仅形式丰富，而且类型多样，真正实现了丰富媒体的丰富性，因而在"媒体品质"创新性方面表现突出。

106 家移动 APP 新媒体创新指数一级指标"科技属性"得分 TOP10 分布情况如表 18 所示。

表 18　移动 APP 科技属性 TOP10 分布情况

排序	APP 名称	APP 类别	科技属性得分
1	知乎	社交	4. 5466
2	花椒直播	移动直播	2. 9330
3	同程旅行	旅游	2. 7735
4	钉钉	即时通信	2. 2964
5	豆瓣	社交	2. 1352
6	途牛旅游	旅游	1. 9373
7	阿里旅行	旅游	1. 8508
8	line	即时通信	1. 8188
9	哔哩哔哩动画	视频网站	1. 7567
10	艺龙旅行	旅游	1. 7349

科技属性一级指标得分排名前三位的分别是知乎、花椒直播和同程旅行，知乎领先优势比较明显，高达 4. 5466 分；前 10 名移动 APP 分布情况为：旅游类四家，即时通信类、社交类、视频类各两家，反映出旅游类移动 APP 在运用新技术、新知识推动技术创新方面整体较有优势。同程旅行、途牛旅游等旅游类移动 APP 不仅以丰富的旅游信息方便了人们出行，而且不断借助科技手段创新移动 APP 的功能设计，依靠频繁的产品迭代、功能更新和技术优化，不断给用户带来体验的新鲜感和使用的流畅度，因而在"科技属性"创新方面独树一帜，值得借鉴。

106 家移动 APP 新媒体创新指数一级指标"用户价值"得分 TOP10 分布

情况如表 19 所示。

表 19　移动 APP 用户价值 TOP10 分布情况

排序	APP 名称	APP 类别	用户价值得分
1	微信	即时通信	4.8311
2	陌陌	即时通信	3.9502
3	QQ	即时通信	3.9158
4	爱奇艺	视频网站	3.9149
5	土豆	视频网站	3.8304
6	易信	即时通信	3.7688
7	淘宝	综合电商	3.7680
8	花椒直播	移动直播	3.7095
9	去哪儿旅行	旅游	3.6601
10	钉钉	即时通信	3.6269

用户价值一级指标得分排名前三位的分别是微信、陌陌和 QQ；前 10 名移动 APP 分布情况为：即时通信类五家、视频类三家、综合电商类和旅游类各一家，反映出即时通信类和视频类移动 APP 皆能在创新方面较好地创造用户价值。即时通信类产品本身较好地贴合了人们社会交往的现实需求，而依托于视频技术革新而发展起来的视频类移动 APP，特别是带有直播技术的移动视频直播产品，则更加拓宽了人们获取信息的渠道，并以视听兼备的更直观形态展示给用户，因而能给用户带来更丰富的信息内涵，创造更大的用户价值，因而，其“用户价值”创新性体现得更为充分和高效。

（二）移动 APP 新媒体创新建议

综合 106 家移动 APP 新媒体创新考察所反映的问题与不足，依托新媒体创新指标体系，分别从三个方面提供新媒体创新未来发展的指导性建议。

首先，以内容建设为核心，新媒体创新首要注重媒体品质。新媒体是传统媒体的延伸和发展，新媒体具有媒体的基本属性，进行信息生产与传播是新媒体承载的主要功能之一。内容建设包含两个层面：高品质的内容和合宜的信息呈现形式，两方面恰切结合、互为依托，才能助推移动 APP 的整体媒体品质创新获取更多实效。就内容层面而言,新媒体时代依然“内容为王”,原创内容仍是稀缺资源,也是吸引用户的关键,所以注重原创或为原创提供平台,是新媒体创新必须关注的重点项目。信息呈现形式方面,以互动为典型特征的新媒体,特别是无处不在、无时不在的移动新媒体,在进行信息传播时,更有许多独特优势,伴随着无线互联技术的迅猛发展,移动上网的速度和带宽都有了极大改善,微小的手机屏幕开始承载更丰富的信息呈现方式:高清晰照片、高解析音频、原画质视频、H5 页面、VR/AR 图像等,丰富的信息类型为内容的高质量、丰富性呈现提供了更多选择,以内容为基准,匹配恰切的呈现方式,方能提升整体信息品质,更进一步改善新媒体创新水准。

其次,以技术驱动为引擎,新媒体创新应以科学技术为依托。迅猛发展的各领域先进技术,如 3D、大数据、云计算、量子力学、增强现实、全息技术等,整合进新媒体创新发展的各个进程之中,不仅有利于加速新媒体的创新发展之路,而且能为其提供更多样化创新类型、创新模式的选择。突破式创新多让人为之震撼,渐进式创新同样让人欢欣鼓舞,因而,技术大发展时代的新媒体创新,不仅表现为依托高端技术研发的开创式产品,还呈现为众多借助科学知识实施的产品迭代与功能优化。未来的媒体一定是技术媒体,移动 APP 的新媒体创新应不断依托于技术提升创新力,探索更多样化的实践创新之路。

再次,以用户需求为主导,新媒体创新应坚持用户价值导向。用户是新媒体的终极服务对象,新媒体的创新发展由市场和用户驱动,其创新效果也应由用户加以检验。新媒体的最大特点是强化了互动性,借助新媒体,用户不仅可以与产品进行交互,而且可以和其他更多的在线用户进行互动;用户的参与和互动,不仅帮助新媒体实现了自身的产品价值,而且可以为新媒体的持续创新提供新的动力和来源;用户满意不仅验证了新媒体创新产品对用户需求的满足程度,更进一步展示了其创新水平和创新价值。因而,移动 APP 的新媒体创新应时刻坚持用户思维,以用户价值为行动标准和实施准则,才能在创新之路上无往而不胜。

中国及全球 APP 发展趋势前瞻

权 静

2016 年以来,互联网速度更快、普及率更高,全球移动互联网进入鼎盛时期。在移动互联网领域,传统意义上的新兴国家高速发展,冲击着之前以美国、日本为代表的互联网成熟市场:拥有全球最多移动网民的中国、各大互联网公司抢滩的印度、互联网发展超过经济发展的巴西、被称为“世界社交媒体首都”的印尼……这里生活着全世界几乎一半的人口,更是“移动先行”的有力代表。我们相信,这个变革也将改变世界技术发展的格局。

中国已经成为世界最大的互联网市场,同时,中国的移动互联网产品又在世界市场上获得了高度的认可。在多个国家的安卓和 iOS 榜单名列第一的游戏《钢琴块 2》、在印度创造奇迹的《茄子快传》、把中国产品带往世界的阿里全球速卖通……正好印证了互联网女皇在 2015 年对中国的评价:技术领袖。在移动硬件方面,华为、联想、中兴、小米等中国手机品牌更是凭借其出色的表现,吸引了全世界的关注。

一、APP 概况分析

(一)各分类 APP 市场占有率分析

通讯类 APP 和工具类 APP 在活跃人数上并驾齐驱,通讯需求成为全世界 APP 用户的首要需求,通讯类 APP 的活跃人数逐步提高,说明随着移动互联网市场规模的扩大,以及微信、Whatsapp、Messenger、Line 等通讯类 APP 逐渐普及,人们对电信运营商的需求将更多地集中到网络服务,而对电信运营商提供的传统服务,例如通话和短信等,依赖将越来越少。

(二)各类型 APP 增长潜力分析

猎豹全球智库认为,某类型 APP 新增用户占比越高,说明此类型 APP 增长潜力越高。工具类 APP 安装量远远高出其他类型 APP,是第二名通讯类的

1.7倍。与此同时，工具类APP在活跃人数上也仅次于通讯类APP。说明工具类APP对安卓用户显得尤为重要，究其原因，主要是因为安卓原生系统较为简单粗放，用户对垃圾清理、手机安全等功能需求旺盛，但这些功能需要第三方工具才能完成。截至2016年1月底，工具类APP的市场还有很大潜力。

（三）各类型APP人均使用个数分析

工具类APP是唯一人均使用3个以上的APP类型，说明工具类APP种类齐全，承载了多样的用户需求，用户需要同时选择较多APP才可以覆盖所有日常需求。

（四）各类型APP用户黏性和忠诚度分析

猎豹全球智库通过考察某分类APP活跃用户的使用次数，认为使用频次越大，此类型APP黏性越大。

人们每天几乎都会用通讯、工具、社交类APP。通讯、工具、社交类APP属于高使用频次类型APP，明显高于其他类型APP，人均每周使用7次以上。

社交类、动漫类APP拥有最高的用户忠诚度，如果某类APP人均使用个数少，同时人均每个APP使用次数多，也就是上图中靠右上角的位置，我们认为用户对此类别的APP忠诚度高。可以看出，动漫类和社交类的用户忠诚度最高。

（1）从活跃用户占比上看，动漫的用户规模并不大，可以说是热门分类中相对小众的一个。而该分类人均使用APP只有近1个，而平均每个APP使用次数高达3.8，这说明APP要讨好拥有大量死忠的动漫用户群体难度较大，但一旦满足用户需求，则会回报以极高的忠诚度。

（2）社交类APP有明显的聚集效应，有明显的排他性，用户黏性较高。例如Google自2011年前后推出“Google+”以挑战Facebook的地位，虽然经过Google大力推广获得了海量用户，但没有太多用户买账，因为用户身边的人都在用Facebook，用户通常也会选择用Facebook。

（五）APP发展中的一些新趋势

1. 工具APP仍旧有很大发展空间，是中国公司国际化的捷径

全球市场对于工具的需求仍然非常强烈，从分类上来看，工具类产品仍是APP下载市场的支柱。工具类APP对安卓用户显得尤为重要。而且工具类

是唯一没有文化壁垒的 APP 分类,如果中国公司想向海外市场发展,工具类是有效的敲门砖。

经过猎豹全球智库的研究发现,有三类工具 APP 上涨最快,分别为传输文件类、Wi-Fi 密码类和隐私类。

2. 视频社交 APP 将风靡世界

2016 年直播类 APP 在中国的突然崛起尤其值得关注。这一类 APP 有共同的特性:社交性、UGC、娱乐性、网红经济。这类直播应用迎合了“90 后”、“00 后”对于自我表现的欲望,以及与他人交流、分享的欲望。同时,这些 APP 又是网红的发源地,可以让主播名利双收,网站的可持续性强,不会昙花一现。随着各国上网费用的下降及 4G 网络的普及,特别是国外类似 APP 的成功,让我们有理由相信,2016 年此类的 APP 会得到大发展。

以主打“全民直播”的映客为例。它是一个基于已有社交关系进行实时直播的平台。骆家辉,汪涵、王凯等名人纷纷在映客上进行直播,让映客迅速成为 2016 年年初最火爆的一款直播 APP。

而在国际上此类 APP 也有越来越火的趋势。Facebook 的“Facebook Live”,Google 正在努力开发的“YouTube Connect”,Twitter 旗下的“Periscope”都是在 2016 年主力打造的流媒体直播功能 APP,三者将在世界上正面交锋。

二、游戏概况分析

(一)各类型游戏市场占有率分析

休闲游戏的领先优势略有收窄,作为最早进驻高质量细分市场的开发者,休闲类游戏造就了众多世界级手游发行商,像 King 等我们耳熟能详的公司都专注在这个领域深耕。所以休闲游戏类当之无愧地排在游戏活跃用户规模的 NO.1。不过其领先优势近年已略有收窄,街机、益智、动作、策略等其他游戏类型紧随其后。

(二)各类型游戏增长潜力分析

猎豹全球智库认为,某类型游戏新增用户占比越高,说明此类型游戏增长潜力越高。

分析发现街机游戏、休闲游戏、动作游戏这三类 Game 应用在人们的手机中新增安装最多。其中,街机游戏的新增安装量是所有游戏中最大的,是最受欢迎的游戏类型。如猎豹移动出品的街机类游戏《钢琴块2》,2015年占据160多个国家Google Play游戏榜首,被评为最受欢迎游戏。

(三)各类型游戏人均使用个数分析

教育游戏份额最小,但潜力最大,教育游戏的市场占有率很小,但人均安装游戏却很多。原因可能是教育类游戏的受众多为家长,他们在给孩子找寓教于乐的游戏,因此在不断尝试新的游戏作品,或者每款游戏都有不同的教育角度。虽然此类游戏受众较窄,但教育类游戏用户的安装意愿很强烈,是很有潜力的一种游戏类型。

(四)各类型游戏黏性和忠诚度分析

1. 策略游戏、休闲游戏的用户黏性高

策略游戏、休闲游戏、角色扮演游戏、赌场游戏的使用频率都较高。这些类型的游戏用户平均每周要打开这类应用至少10次以上。这些类型游戏的用户对游戏更为沉迷。

2. 策略游戏用户忠诚度最高,用户最优质

通过数据观察我们发现,玩策略游戏、角色扮演游戏、赌场游戏等类型游戏的用户,更愿意专注于玩一款游戏。其中策略游戏的用户更符合深度沉迷者的特征,虽然该类游戏用户的人均安装APP数只有1.2个,但平均每周的开启次数竟达到了17次之多,大量的游戏体验被集中在了极少数优质策略游戏身上,所以我们认为策略游戏是用户黏性最高的游戏类型,其用户也最优质。

(五)游戏的新趋势

1. 轻游戏越来越受欢迎

轻游戏易上手,娱乐性强,逐渐成为2015年下半年甚至2016年的热点。猎豹移动出品的街机类游戏《钢琴块2》,不用训练能弹奏出美妙的音乐。2015年占据160多个国家Google Play游戏榜首,被评为最受欢迎游戏。《反应堆Stack》也是一款增长迅速的街机游戏,特点是美观、易上手。玩法类似塞班系统上的通天塔。玩家要用方块搭建一个反应堆,尽量准确地放置每一块方块使反应堆整体重心稳定,不摇晃。《Fishdom：Deep Dive》是一款新的消除游戏。在King公司的糖果粉碎传奇称霸全球游戏榜单的时候,类似的游戏

仍然受到追捧,可见轻游戏的魅力。

2.《皇室战争》将成为 2016 年的现象级游戏

《部落冲突:皇室战争》在 2016 年初横扫了全球游戏涨幅榜。它是一款以《部落冲突》为背景的手机卡牌策略游戏。借了《部落冲突》的东风,但表现甚至更加抢眼。很多网友评价其为“最好的实时对战手机网游”。以目前的发展情况来看,不仅仅是第一季度的现象级游戏,在整个 2016 年,都将占有一席之地。

三、APP 使用国家分析

(一)金砖五国气势强

(1)金砖五国由于人口优势、近来突飞猛进的互联网发展,已经牢牢占据世界前列。从另外一个角度来看,由于金砖五国的重要性,也成为很多互联网大公司战略布局的重点。在这两股力量的作用下,它们的成长,将主导世界互联网的潮流。

(2)靠近美国的墨西哥,在科技方面受到美国很大影响。墨西哥首富(即前世界首富)卡洛斯·斯利姆·埃卢,手下的墨西哥美洲电信,统治了除巴西外几乎整个拉丁美洲。对互联网公司来说,拿下墨西哥,也意味着更加接近拉丁美洲其他在文化、语言方面与墨西哥趋同的国家。近年来,墨西哥在互联网的发展受到多方关注。

(3)前十名中有一半来自亚洲。亚洲是七大洲中面积最大、人口最多的一个洲,人口超过世界的一半。因此,随着互联网进一步发展,智能设备的渗透率提升,可能会有更多亚洲国家进入榜单。

(二)移动互联网市场成熟度排名

猎豹全球智库认为用户使用的 APP 所属分类数量越多(以 Google Play 上的分类为准),在很大程度上可以反映一个国家和地区互联网市场的成熟度越高。

(1)一直站在科技前沿的美国和日本,当之无愧站在了前两位。大量受过良好教育的移动互联网人口正在推动着传统生活方式逐渐向更智能更舒适的方式转变。

(2)美国市场的成熟,还表现在其标杆作用上。根据猎豹全球智库跟踪几个月的数据发现,现象级 APP 一般都率先出现在美国,再逐渐辐射到其他国家;而已在全球范围内流行的优秀 APP,大都源自美国市场,或在美国市场能找到其原型。

(三)市场竞争激烈度排名

猎豹全球智库使用 APP in Sight 数据,将一周人均使用 APP 数量除以使用 APP 分类,得出在 51 个主要国家和地区,平均每个分类下,网民使用的 APP 个数(即竞争指数)。

(1)51 个国家和地区的平均数为 1.82,最高的国家为 2.02,数值越高,竞争度越高。

(2)新兴国家市场还很初级,进入门槛较低,开发商一拥而上,还处于跑马圈地的阶段,各领域还没有形成一家独大或寡头垄断的局面。但也从另一方面说明,这些国家的市场还不稳定,如果有契合当地市场的产品和推广策略,有希望在当地站稳脚跟。

(四)新 APP 潜力区域

猎豹全球智库基于 APP in Sight 的数据,由一周内某国家或地区有安装行为的人数除以该国家周活跃总人数,得出互联网用户对安装 APP 意愿最强烈的国家排名。以此衡量各国家和地区的发展潜力。

(1)日本、意大利等发达国家的用户新增安装量较少,可能市场趋于成熟,人们的需求已经被现有 APP 满足。

(2)法国、韩国、美国等国家用户比较开放,尝鲜意识浓厚,即使现有 APP 已经非常多元化,仍然有意愿去探索未知的新 APP。

(3)墨西哥、哥伦比亚、阿根廷三个西班牙语国家由于文化因素,缺乏足够的满足本地化需求的优质 APP 来激发用户兴趣。用户尝鲜意愿较低。

(4)在用户尝鲜行为偏多的国家中,应用商店有较大机会;而用户尝鲜行为少的国家,通过预装来提高 APP 的渗透率不失为一个较好的解决方法。

(五)手机依赖度

根据各国家和地区人均 APP 的总使用次数,得出最常使用手机、对手机依赖程度最大的十个国家和地区:

日本用户对 APP 的使用次数远远超过了其他国家和地区,结合之前安装新 APP 意愿较低、人均使用分类较多，猎豹全球智库得出结论：日本已经是一个高度成熟的互联网市场。

（六）重点国家分析

除了之前榜单解读中提过的墨西哥，猎豹全球智库再次深入解读在 2016 年值得关注的其他重点国家。

1. 中国

根据 Informa、US Cemsus 的数据，中国是世界上移动互联网人口最多、移动互联网史上增速最快的国家；占据了超过全球五分之一的安卓 APP 活跃用户。

在本报告中，中国只进入到活跃榜，其他表现并不突出，这恰恰说明两个问题：

（1）中国移动互联网的发展潜力仍然非常巨大，可探索的蓝海广阔。

（2）中国地区不能使用 Google Play、Facebook、YouTube，却发展起来具有中国特点的自己一套 APP 体系，所以中国 APP 的发展跟猎豹全球智库现有标准可能会出现不一致的情况。

（3）随着中国的技术水平发展，越来越多中国公司入驻硅谷、征服世界，猎豹全球智库对中国的期许绝不局限于一个互联网活跃人数最多的国家，而是可以比肩美国和日本，甚至颠覆性创造出互联网新生态的互联网第一大国。

2. 印度

（1）印度已经成为全球互联网公司的重点市场，其发展速度也一直呈现惊人的态势。一方面，从人口、发展、地域来看，印度非常像以前的中国，O2O、出行、电商……几乎每个在中国火爆的类别在印度都有相对应的 APP。中国互联网公司也大量涌入印度，之前中国互联网发展的经验，可以大量借鉴。另一方面，印度人会说英语，WhatsApp、Facebook 等海外霸主的进入门槛也非常低，印度网民同样深受发达国家的互联网公司和网民的影响。

（2）吸收了两方面的精华，印度的互联网发展却仍有自己的特点。比如说直接跳过了 PC 阶段进入移动互联网，网络条件差的时候把蓝牙传输工具变成 IM 通讯工具，等等。

(3)从猎豹全球智库提供的活跃、安装、市场多样化情况来看,印度已经到达了顶峰。如果投资人广为诟病的基础设施能进一步跟上印度的发展步伐,在不远的将来,印度将有机会超越中国互联网市场。

3. 印度尼西亚

(1)印尼是世界第四的人口大国,东南亚最大经济体。网民平均年龄低,且英语普及率高。更为吸引互联网公司的是,网民消费习惯好,消费能力也不低。近年来基础设施的进步也成为互联网发展的保障。

(2)印度尼西亚进入所有榜单,证明印尼作为投资者重点发力的新兴国家,已经逐步繁荣起来,并且用户习惯、质量良好;猎豹全球智库看好印尼的进一步发展。

4. 巴西

(1)巴西是拉丁美洲唯一一个不说西班牙语的国家,却也是面积最大、人口最多的。从经济上来说,巴西 2015 年经济衰退 4.08%,但是互联网仍然是正向大幅度增长。最重要的是,根据 Yeahmobi 的数据,巴西是拉美最大的移动广告市场。在巴西,Google 的展示广告已经覆盖了 95%的互联网用户,覆盖率世界第一。

(2)作为全球第十大电子商务市场,巴西的电商也是各互联网公司的焦点。现阶段,巴西的支付方式、物流发展仍处于比较原始的阶段,如果这些问题得到解决,巴西市场将迎来更大的爆发。

(3)2016 年是巴西关键的一年。奥运会将在巴西里约热内卢召开,这是否可以挽回其经济的颓势、加强基层设施建设、维护社会治安,同样也关系到巴西互联网能否保持增速。

四、全球安卓 APP 发行商实力分析

(一)Google 和 Facebook 成为全球 APP 市场的绝对霸主

(1)Google 无论在进入前 500 名的 APP 个数上,还是市场占有率上,都远远超过了其他 APP 发行商,成为 APP 发行商里面的霸主,也就是说接近一半的智能手机用户每周都会用到 Google 公司的产品。

(2)Facebook 在收购了 WhatsApp、Instagram 之后,旗下囊括了 Facebook、WhatsApp、Instagram、Messenger 四款世界主流应用,更加强了它在通讯和社交

领域的强势地位，而且在年轻用户中的影响力进一步巩固。

（3）在市场上占据前两位的 Google 和 Facebook 都是美国公司，而且它们的产品影响力并不局限于美国本土市场，在我们研究的 51 个国家和地区当中，它们的主打 APP 在大部分国家和地区都能进入到 APP 市场占有率的前列，在一些地方甚至能形成垄断。

（二）中国成为世界 APP 发行大国

（1）从进入榜单开发商的国别来看，中国有 9 个、美国 4 个，俄罗斯 1 个、韩国 1 个。虽然在整体的市场占有率上还无法与美国开发商抗衡，但从进入榜单的发行商数量上，中国已经成为世界第一 APP 开发大国。

（2）不过不同于 Google 和 Facebook 在全球的广泛覆盖，中国公司之所以能够大量进入到榜单的前列，大多还是依赖于中国国内市场的贡献。本榜单中，除了猎豹移动等个别发行商，其他中国公司的主要用户还是在国内，中国公司的国际化之路还很漫长。

（三）搜索引擎抢占市场先机

有趣的是，在排名前 15 的发行商中，有 5 个是以做搜索产品起家的，如美国的 Google，中国的百度和搜狗、俄罗斯的 Yandex 和韩国的 NAVER。看来在以门户和搜索为主的互联网时代，这些公司已经积累了厚实的家底，用户黏性高，在市场份额上也是抢占了先机，到了移动互联网时代，其开发的 APP 产品也容易被用户接受。

（四）发行商开发策略异同分析

如果我们把各发行商进入前 500 强的 APP 个数和涉及分类进行对比，可以发现每个发行商的开发策略各有不同。

1. 专注型

在上榜公司中，360、搜狗、微软、云图微动，所发行的 APP 大多集中在一两个领域，专注度比较高。如搜狗集中在工具类，微软集中在文字处理的效率类，云图微动集中在图片处理类，而 360 入围的 8 款产品中，有 7 个属于工具类，1 个属于视频类产品。这一方面取决于发行商的开发策略，但另一方面也有可能是受限于发行商本身的开发能力。

2. 广泛出击型

NAVER、欢聚时代虽然分别都有5到7个APP进入到全球前500名,但几乎每个APP都分布于不同的分类,猎豹全球智库认为,这样的发行商,在下一步的市场拓展上,会更具有实力。如NAVER的7个APP分布于书籍、动漫、旅行/本地服务、社交、视频和娱乐6个分类,所以虽然它在市场占有率上并没有进入到全球前10,但凭借这个因素进入到了开发商综合实力榜前列。

(五)APP重点发行商分析

1. Google

(1)Google的产品矩阵中,有Youtube、Google搜索等应用,而在Google的用户当中,90%都安装了Youtube。在2015年的第二季度财报中,Google也明确表明YouTube是Google未来的发展方向,将视频网站业务列为它的战略重点,这一转变与Google的竞争对手Facebook有关。

(2)Facebook在过去的几年中目睹了其新闻推送中的视频点击猛然上涨后,就一直称时刻准备在其视频门户网站发力,并鼓动广大品牌广告商,称他们应该将在电视广告上的预算转移到网站上,因为这里有庞大的用户群。

2. 腾讯

值得一提的是,在猎豹全球智库发布的"中国APP & 游戏出海排行榜"中,腾讯公司在海外市场的排名虽然只列中国公司的第8,但在加入中国市场的份额中综合排名列全球第3,在中国公司中排名第1,足见中国市场对腾讯的重要程度。而在腾讯的产品中,微信贡献了最多的市场份额,QQ紧随其后。

3. 猎豹移动

猎豹移动凭借海外的强大优势,在本榜单中表现突出,据猎豹移动2015年第三季度财报,其有超过74%的用户来自以欧美为主的海外市场。猎豹移动主打工具类产品,如猎豹安全大师、电池医生等。此外,WPS这款文字处理类软件也颇受好评。

4. NAVER

NAVER公司是以搜索引擎起家的韩国发行商,在韩文搜索服务中独占鳌头,手机搜索产品也是对它贡献最大的业务。除了搜索之外它提供了例如韩语新闻、电子信箱、线上地图(含街景地图)等服务,是韩国第一大在线服务发行商。

韩国全国人口仅有 5042 万人(世界银行 2014 年数据),NAVER 能够进入世界发行商前列,猎豹全球智库认为得益于韩国智能手机的高普及率。韩国 KT 经济经营研究所发表的《2015 年上半年手机趋势》报告显示,韩国智能手机普及率为 83%,居全球第 4。

5. Yandex

Yandex 是俄罗斯重要网络服务商之一。Yandex 所提供的服务包括搜索、最新新闻、地图和百科、电子信箱、电子商务、互联网广告及其他服务。2015 年,Yandex 成立中国办事处,这是 Yandex 在亚洲的第一个,也是独联体国家之外的第二个国际商业代表处。可以看出 Yandex 国际化的野心,也足以看出 Yandex 对中国市场的重视程度。

6. 阿里和阿里 UC

在 APP in Sight 的各项排名中,UC 虽然已经属于阿里巴巴旗下公司,但在涉及的应用上无业务交叉,还是分列为两个公司。阿里巴巴的淘宝和支付宝钱包是阿里主要的流量来源,而阿里 UC 则全部是浏览器业务。

(六)APP 开发商综合实力榜

综上,通过对 APP 发行商市场占有率、发行 APP 数量和分类覆盖度等指标的加权计算,APP in Sight 和猎豹全球智库对全球 APP 发行商进行了综合排名。

五、全球安卓移动游戏发行商实力分析

(一)游戏发行商市场占有率排行

移动游戏市场一直在飞速发展中,荷兰市场研究公司 Newzoo 2015 年移动游戏市场的报告指出,2015 年全球移动游戏市场收入规模超过 300 亿美元,其中中国市场收入规模已升至全球第一,全年总收入达到 65 亿美元(相当于整个北美市场的收入),同比增幅为 46.5%。

1. 游戏发行商竞争激烈

(1)受限于移动游戏人口和移动游戏玩家兴趣的多样性,从市场占有率上看,似乎没有一家游戏发行商能够做到占据绝对的优势,前 5 名之间差距也

不大,游戏发行商之间的竞争比 APP 发行商显得更为激烈。

(2)一些曾经风光无两的游戏发行商,如发行了《愤怒的小鸟》的芬兰发行商 Rovio Entertainment Ltd.,虽然其收入比其全盛时期下降不少,但其存量用户很多,加上 2015 年推出了免费的版本,使得它的市场占有率还是比较高。

2. 欧洲游戏发行商异军突起,日本游戏风光不再

在国别分布上,不同于 APP 发行商的高集中度,游戏发行商相对来说非常分散,但是我们仍可以发现,欧洲已经成为世界游戏发行的重镇,一些风靡世界的移动游戏,如《愤怒的小鸟》、《部落冲突》、《植物大战僵尸》等都是欧洲的游戏公司发行的。而在红白机时代占据了世界游戏半壁江山的日本游戏厂商,在移动互联网领域除了稳固自身的本地化优势之外,在全球化方面差强人意,只有风靡日韩及东南亚市场的 LINE 一家上榜。

(二)重点游戏发行商分析

1. King

King 2003 年成立于瑞典,总部位于伦敦。它主营休闲社交游戏,《糖果粉碎传奇》(Candy Crush Saga)是它市场占有率最高的游戏。King 发行的游戏虽然大多推行的是免费模式,但若玩家想得到额外的游戏机会就必须付费。

据公开资料,King 的游戏玩家共有 3.4 亿,但只有 760 万付费用户,占比约为 2.2%。2015 年第三季度,该公司的利润为 1.19 亿美元。2016 年 2 月 24 日,动视暴雪宣布完成对 King 的收购,交易金额为 59 亿美元(折合人民币约为 385 亿元)。

2. 腾讯游戏

作为在综合实力榜中排名第 2 的发行商,腾讯游戏主打《开心消消乐》(知识问答游戏)和《欢乐斗地主》(卡牌游戏),且所有游戏都是中文版本,说明其主要玩家都在中文地区。其能在综合实力榜中排名第 2,得益于它所发行游戏的数量(15 个)和其种类的多样性(分布于 7 个分类)。

3. Electronic Arts

《植物大战僵尸》是这个公司最受欢迎的手机游戏,该公司还通过收购掌握了许多著名游戏品牌,包括《命令与征服》、《创世纪》、《模拟人生》、《极品飞车》、《疯狂美式足球》、《荣誉勋章》、《模拟城市 4》等,奠定了其在业界的强势地位。

4. Supercell

Supercell 总部位于芬兰，是目前最能赚钱的游戏公司，而且仅靠《Hay Day》（卡通农场）和《部落冲突》两款游戏。2015 年《部落冲突》让 Supercell 赚取了 16.4 亿美元的收入，成为全世界最赚钱的游戏。不仅如此，Supercell 的持续创新能力也非常突出。2016 年 1 月 4 日，Supercell 在加拿大等九个国家和地区的 iOS 平台开启了新手游《Clash Royale（皇室冲突）》的测试，一天之内就成为加拿大 iOS 免费榜第二名和收入榜第 15 名，成为 Supercell 目前测试期表现最好的作品。如今其正式版已经上市，相信又会搅动移动游戏市场的格局。

5. 猎豹游戏

猎豹移动凭借《钢琴块 2》英文版的出色表现，在发行商排行榜中占据了一席之地。《钢琴块 2》问世以来长期位居 Google Play 游戏榜第一，在英国、法国、德国、俄罗斯、巴西、墨西哥、澳大利亚、韩国、中国香港、中国台湾、日本、印度尼西亚、印度获得 2015 年度最佳游戏（Google Play Best Game of 2015）。

（三）游戏发行商综合实力榜

通过对游戏发行商市场占有率、发行游戏数量和分类覆盖度等指标的加权计算，APP in Sight 和猎豹全球智库对全球游戏发行商进行了综合排名。

六、各国用户画像

（一）剁手党聚集地：日本

当中国剁手党们沉浸在“双 11”、“6 · 18”的全民狂欢中庆祝战果时，我们想当然地认为中国电商世界 NO.1。但是纵览全球市场，没想到日本已经把这种购物热情当作了常态，活跃度居首。

当下，二手市场的网购成为日本网购达人的新玩法。フリマアプリ 二手物品交易平台、乐天市场都是二手电商平台。二手物品电商之所以在日本火热发展，和日本人喜欢购买二手物品的社会风气有关。

另外，二手交易 APP 的基础就是互相信任，日本人的评价都十分真实，不存在不好意思而好评，或者恶意差评等情况，而且“不能协商评价，给出评价后也不能修改”。

最后，日本家庭主妇或许是成就日本电商购物高活跃度的另外一个因素。

（二）话痨最多：阿根廷

纵观全球APP市场，通讯分类中活跃度Top10国家，阿根廷以74%的活跃度高居首位。

阿根廷市场通讯分类中WhatsApp的活跃度高达98.49%，已经成为日常通讯中的必需品。那么爱聊天的阿根廷人都在聊什么呢？

Top10话题有4个与足球有关，5个与总统和大选有关。有趣的是阿根廷人对在欧洲五大联赛大红大紫的梅西、阿奎罗、迪玛利亚并不热情，反而是回到博卡青年的特维斯进入了话题榜。看来阿根廷人还是更热爱本国的联赛。

（三）牌不离手国家：中国

在全球APP市场，卡牌类游戏分类中中国市场活跃度最高。

提到卡牌游戏，就不得不提扑克与麻将这两大领域，扑克在全球范围都备受欢迎，而麻将则颇具中国特色。但实际情况是，中国市场用户最热衷的并非麻将，而是斗地主系列游戏。

（四）自拍控国家：印度尼西亚、日本

纵览世界全球市场，印尼市场和日本市场的表现最为活跃。

在活跃度前十国家和地区中，有7个来自亚洲。

印尼市场摄影分类活跃度最高的分别是ASUS Gallery和ASUS PixelMaster Camera这两个华硕手机两个预装APP。

2015年在印尼雅加达的ZenFone智能手机发布会上，华硕CEO沈振来透露，自2014年在印尼市场推出ZenFone系列手机以来，其累计销量已突破了500万台大关。

此外，榜单上名列前茅的两款APP“Photo Grid”和“相机360”，也都出自中国公司之手。看来，中国力量不仅将手机销往了印尼，连自拍风也传授给了印尼。

（五）最爱赌博的国家：越南

承认赌博合法的国家在世界上并不多，越南就是其中之一。

GP市场数据显示，赌博类游戏在越南地区活跃度最高。

2014年越南财政部曾正式提出草案，允许21岁以上的越南人进入赌博经营点进行赌博。赌博的诱惑年轻人自是抵御不住。既然不能进赌场，不如

在虚拟赌场练级。

(六)最爱听歌的国家:美国

纵观全球市场,音乐类 APP 在美国市场活跃度最高。美国、巴西、阿根廷、墨西哥四个国家高居前五。

美国唱片工业协会的最新统计,2015 年美国音乐流媒体市场的收入,已经超过了 CD,而单曲下载模式的收入持续下滑。

在美国音乐与音频分类中老牌厂商潘多拉电台表现依旧强势,而值得注意的是第三名的 Spotify Music,Spotify 提供的服务分为免费和付费两种,免费用户在使用 Spotify 的服务时将被插播一定的广告。而付费用户则没有广告,且可以拥有更好的音质,在移动设备上使用时也可以拥有所有的功能。截至 2015 年 1 月,Spotify 已经拥有超过 6000 万的用户,其中 1500 万为付费用户。

附　　录

国家社会科学基金重大项目“网络文化建设研究——建设中国特色社会主义网络文化强国对策建议”综述报告

由中央人民广播电台王求同志为首席专家主持、中央重点新闻网站中央人民广播电台央广网承担，联合中央部委、中央主流媒体重点新闻网站、全球门户网站、国家重点高校专家，中国工程院院士、国家计算机网络与信息安全管理中心名誉主任、国家信息化专家咨询委员会委员、国家自然科学基金信息安全重大项目专家组成员方滨兴院士，中国科学院院士秦伯益、潘建伟院士，中国科学院院士、中国工程院院士陈俊亮，中国国际经济交流中心常务副理事长、中共中央政策研究室前副主任郑新立，新华社副社长刘正荣，国务院学位委员会第六届学科评议组成员、教育部学科发展与专业设置专家委员会委员、中国传媒大学校长胡正荣，国务院学位委员会新闻传播学学科评议组成员、北京师范大学新闻传播学院执行院长喻国明，清华大学新闻与传播学院副院长崔保国，清华大学计算机系教授、博士生导师、网络所所长、“863”计划“三网融合演进技术与系统研究”重大项目总体专家组成员徐明伟，中国社会科学院传播研究室主任、“世界传媒研究中心”(Research Center for World Media)主任、“中国传播学会”(Communication Association of China, CAC)秘书长姜飞，中央人民广播电台副台长、高级编辑王晓晖，中央人民广播电台高级编辑、央广网副总编辑伍刚，中国传媒大学《传媒》杂志主编周艳，中国互联网新闻研究中心郎玉坤，中国联通高级编辑付玉辉等多位专家联合攻关，共同完成国家社科基金重大项目“网络文化建设研究——建设中国特色社会主义网络文化强国对策建议”(批准号:12&ZD016)研究任务。

一、研究目的和意义

人类社会的每一次变革与转型，都源自生产力与生产关系的革命性变化。

互联网起源于美苏冷战时期美国国防部项目,后来走上了全球开放发展的道路,成为人类20世纪以来最伟大的发明,正渗透到人类政治、社会、经济和文化的每一个角落。

互联网之父 Tim Berners-Lee 认为,Web1.0是基于信息的网络,Web2.0是基于人的网络,那么Web3.0将是基于开放的结构化数据的网络,倾向于让计算机自主阅读和理解互联网。

作为全球互联网上的中国身份标识,CN域名于1990年11月28日设置了第一台域名服务器。1994年4月20日,全球互联网通过一条带宽只有64K的国际专线进入中华大地,中国成为第77个真正拥有全功能互联网的国家,互联网走入中国寻常百姓千家万户,中国从一个后发国家迈入信息化时代。到2008年中国创造了互联网发展的"三项世界第一":网民总人数首次跃居世界第一;宽带网民数量居世界之首;"CN"域名注册量将破千万,成为全球规模最大的国家顶级域名……经过22年的发展,拥有7亿网民、400多万家网站,全球最大的4G网络,以互联网发展为代表的信息革命深刻重塑了中国经济社会和生产生活文化形态,为中国注入了难以估量的发展之力。

截至2016年11月11日,中国国家顶级域名".CN"的注册保有量成功跨越2000万大关。中国网络零售交易额规模跃居世界第一,中国互联网经济占GDP比重达7%,已超过美国、法国和德国,达到全球领先国家水平。

20世纪90年代以来,随着互联网、移动社交网络、云计算、大数据、3D打印、人工智能技术日益普及全球,互联网信息技术不断创新,互联网信息产业成为全球重要生产要素、无形资产和社会财富。由于互联网上具有全球开放的基本属性,以政府为主体、以业务许可为基础的自上而下的传统管理模式陷入困境,以多方参与为基础、以事中和事后监管为重点的互动合作的共同治理模式正在形成。

日新月异的互联网传播在人类漫长的文明史中是一个新生的事物,同时也是建立在传统文明的积淀之下的创新产物,作为具有5000年持续未中断历史的古老文明大国,中国在其漫长的历史中积累了丰富的影响力基础。古老的中华文化圈和辐射全球的华人文化为当今中国发展软实力提供了良好的土壤和媒介。中国的互联网国际传播,不仅为中国声音走向世界打通渠道,更为世界关注中国的改革、发展提供一个真实的窗口。

在中国互联网事业蓬勃发展的同时，国际上信息鸿沟不断扩大，国内网络安全形势日趋严峻、核心技术缺乏优势、网络治理面对更加复杂的局面……发展中层出不穷的矛盾和挑战也为中国互联网事业提出了全新的命题。这是一次必须抓住的历史机遇，更是一场必须面对的变革挑战。

2012 年 12 月 7 日，党的十八大闭幕不到一个月，习近平总书记在深圳考察时指出："现在人类已经进入互联网时代这样一个历史阶段，这是一个世界潮流，而且这个互联网时代对人类的生活、生产、生产力的发展都具有很大的进步推动作用。"

从党的十七大到十八大，中央高度重视网络文化建设，十七届中央政治局两次集体学习网络文化。2014 年 2 月 27 日中央网络安全和信息化领导小组第一次会议首次提出建设网络强国愿景目标，到十八届五中全会正式提出实施网络强国战略的重大部署。2016 年 10 月 9 日，十八届中央政治局第三十六次集体学习会上指出，加快推进网络信息技术自主创新，加快数字经济对经济发展的推动，加快提高网络管理水平，加快增强网络空间安全防御能力，加快用网络信息技术推进社会治理，加快提升我国对网络空间的国际话语权和规则制定权，朝着建设网络强国目标不懈努力。

如何构建全球互联网空间命运共同体、打造信息化条件下的国际新秩序、如何捍卫网络空间的国家主权、如何在西强东弱的网络世界提升中华文化软实力？如何打造确保网络安全前提下发展中国特色的社会主义网络经济、网络政治、网络社会、网络文化？中国作为世界第二大经济体、最大互联网用户国家、最大手机用户国家、最大电子商务国家，亟须建立一个符合网络特点、适应网络发展、对付跨国不法行动的网络法律体系、创建全球网络规范和管理条约，协调和处理世界各国之间在网络规范和管理中产生的难题，使危害网络安全的行为得到全面、有效的遏制，在全球网络空间有效打击网络犯罪、防御全球网络战争，有重大的现实意义和理论价值。

二、主要观点

人类信息社会的本质是信息成为普遍的商品。1946 年，人类发明第一台电脑，伴随电脑、互联网时代到来，信息成为可生产、交换、传播的商品。从此将人类社会转变成一个数字社会，人类成为数字数据的创造者、保管者、传递者、浏览者。

短短五个世纪，人类横跨农业文明、工业文明、信息文明三次浪潮。

自1405年7月11日（明永乐三年）到1433年（明宣德八年），明成祖命郑和率领庞大的由240多艘海船、27400多名船员组成的船队远航，访问了30多个在西太平洋和印度洋的国家和地区，加深了中国同东南亚、东非的友好关系。1480年中国开始海禁，从此关上与全球化交流的大门，走上闭关锁国之路。

1840年，已经成功驾驭工业革命战车的英国通过鸦片伴随船坚炮利打开了中国国门，中国从175年前的世界第一经济体陷入半殖民半封建社会深渊，经过一代又一代人百年奋斗抗争，最终由中国共产党领导中国人民赢得民族独立、新中国成立，通过30多年改革开放，中国从经济崩溃边缘发展到2010年成为世界第二大经济体。中国发展成为世界第一大网络用户大国，全面实施"互联网+"大数据行动计划，建设中国特色社会主义网络强国战略，统筹推进"五位一体"总体布局，协调推进"四个全面"战略布局，正为实现中华民族伟大复兴的中国梦和第二个百年奋斗目标而不懈奋斗。

在全球近半个世纪互联网发展过程中，中国在短短不到30年时间完成信息化网络化进程。人类使用晶体管、集成电路、个人电脑、互联网、万维网、浏览器、搜索引擎、智能手机、社交网络、可穿戴设备、3D打印设备进行信息交流，相较过去基于蔡伦、毕昇、古登堡时代传统印刷纸面社会更为丰富、多元、有效。

据统计，2015年全球信息社会指数为0.5494，正在从工业社会向信息社会加速转型。要实现"两个一百年"奋斗目标，2021年中国人均信息消费将接近1000美元，2049年中国人均信息消费将超过3000美元，成为世界最大信息经济体。

半个世纪来，人类存储数据量增长数千倍，数据传输速度从数天缩短到数毫秒，提升达9个数量级，这些数据将世界万物编码成为布尔代数，整个现实世界通过数字化编码在互联网络以光速传输，成为全球拥有、共享、传播的大数据海量信息。2007年，人类存储了超过300艾字节的数据，相当于3000亿部被压缩后的数字电影。2013年世界存储数据达到1.2泽字节，从2007年到 2013 年,数据量增长了 1024 倍。2013 年,全球互联网有 300 亿个网页,美国和中国互联网人口占全球 10%和 23%,全球 15 大互联网上市公司美国 11 家、中国 4 家公司,总市值 2.416 万亿美元。中国互联网经济占 GDP 比重 4.4%,已超过美国、法国和德国,达到全球领先国家水平。

中国经历百年未有之大变局:横跨五千年文明、三个时代,经过五千年文明史的中国在短短五十年时间,要跨过信息资源到信息应用的鸿沟。

人类正经历千年之巨变,从农业社会、工业社会跨进信息社会,20 世纪末诞生的互联网正迅速发展成为陆、海、空、天之外人类活动的"第五空间"。2014 年全球手机用户增长到 52 亿人,互联网用户增至 28 亿人,全球人口 39%进入"第五空间"网络世界,人类既是网络繁荣的创造者,又是网络秩序的捍卫者,更是网络福祉的守门人。信息高速公路、网络空间诞生新型网络政治、经济、社会、文化、外交、战争与和平……纷繁复杂的网络社会基于计算机互联互通万物相联,构成人类身在其外又身处其中的"人、机、物"共生三元世界。中国互联网络信息中心(CNNIC)发布的第 38 次《中国互联网络发展状况统计报告》显示,截至 2016 年 6 月,中国网民规模达 7.10 亿,互联网普及率达到 51.7%,超过全球平均水平 3.1 个百分点。同时,移动互联网塑造的社会生活形态进一步加强,"互联网+"行动计划推动政企服务多元化、移动化发展。互联网如毛细血管般渗透到中国社会生活各个领域,成为中国社会运行基本要素和基础支撑,成为创新驱动国家战略重要引擎,"互联网+"以前所未有的深度和广度深刻改变人类社会,又以空前速度和强度推动中国工业化信息化创新、国家治理体系能力现代化。

调研显示,全球数据量大约每两年翻一番,预计到 2020 年,全球将拥有 35ZB 的数据量。一个大规模生产、分享和应用数据的时代正在开启。大数据为我们的生活创造了前所未有的可量化的维度,成为新发明和新服务的源泉,孕育着蓄势待发的新改变。将对全球网络空间治理、各国政府管理、新闻传播格局与媒介生态、数字公民个人生活等产生深刻影响。全球大数据已对 GDP 贡献达 270 亿美元。Gartner 公司预测,大数据技术在 5—10 年成为普遍采用的主流技术。

大数据时代,机遇与挑战并存。大数据通过量化一切而实现世界的数据化,带来了全新的大数据世界观。与此同时,大数据时代的数据安全和用户隐私问题像一把高悬的达摩克利斯之剑,警示我们如果听任滥用大数据不受约束,将带来不可估量的危害与灾难。因此我们需要客观理解大数据和大数据技术,既不能盲目崇拜,更不能避而远之。要警惕"互联网+"大数据时代陷入集体迷失及冷思考。

(一)目前大数据研究还处于积累数据、分析现象为主的前科学阶段,全球顶层设计战略尚未成形

中国人民大学新闻学院教授喻国明强调,解决大数据应用的战略问题更胜于战术问题,"战略问题是要解决做什么、战术问题解决怎么做"。在大数据时代,媒介在融合、变革中要找准自己的定位。在大数据时代,不管大众化的定制服务,还是分众化的精准推送服务都为我们带来了诸多便捷。作为大数据与新闻的结合,"数据新闻"以最直观、快速的方式让受众得到想要获取的信息。全球萨尔茨堡媒介素养教育峰会主席、爱默生学院保罗教授认为,大数据时代媒介素养在社会的形成过程中扮演着"通行货币"的角色。在通往全球文化的语境中,如何使用大数据媒介素养在社会中创造价值,将散落在各地的民众更好地连接起来,是全球研究者共同面临和讨论的问题。

(二)大数据的科学研究与产业应用脱节,大数据基础研究问题体系尚不清晰,应对全球大数据未来风险评估不足

2012 年以来,科技部、国家自然科学基金委等部门通过"973"计划、重点课题资助计划陆续资助了若干大数据基础研究类项目。传统媒体受从众心理和业绩驱动在大数据浪潮下陷入集体迷失。

专家建议中国尽快启动国家征信体系大数据库建设,尽快建成基于互联网传播的大数据平台。河北大学新闻传播学院陶丹教授介绍了大数据基因存储等新技术的发展及其带来的机遇和挑战。在当下碎片化阅读风行和互联网冲击的情形下,专业化的传播媒介在弱化,未来的传媒发展格局悬而未定。

大数据可以揭示因果关系,但如何解释原因还缺乏足够理论支持。大数据不是万能的,使用大数据有三大缺点:不擅长社会关系分析、不擅长上下文情况分析、信息过多泛滥。大数据虽然方便了人们的统计分析,但是更会带来隐私泄露的后果,使社会公众处于被监视和窥视的情形,国家信息主权安全堪忧。

众所周知,网络主权是国家主权在网络空间的体现和延伸,网络主权原则是各国维护国家安全和利益、参与网络国际治理与合作所坚持的重要原则。

我们必须清醒面对:各国网络安全围墙修得再高,恶意攻击的云梯也会加长,网络黑客打的地道也在加深。人类理性不能听任“道高一尺,魔高一丈”!人类活动到哪里,人类文明契约法律规范就延伸到哪里。美国用于提高网络安全开支数额巨大,被比作新的曼哈顿工程,虽然拥有全球最强大的网络攻击能力,但只有45%的政府部门受到美国国家安全局(NSA)“爱因斯坦3号”(Einstein 3)安全保护。英国情报和安全部门加强了与私营部门的合作,但是整个系统依然存在巨大短板。美国、欧盟、英国、德国、俄罗斯、日本等国家和地区无不将公民隐私保护列为网络安全立法的主要保障领域之一。中国作为一个网络大国,同样面临着日益严重的网络安全问题,目前是网络攻击的主要受害国。仅2013年11月,境外木马或僵尸程序控制境内服务器就接近90万个主机IP。2014年,中国46.3%网民遇到过网络安全问题。网络空间安全危机对国家安全、政治安全和政权安全的影响越来越重要。“互联网+”、“大众创业、万众创新”的浪潮奔涌,必须高度警惕防范国家信息安全、商业信息、个人信息泄露和滥用等潜在风险。针对中国互联网发展潜在风险,立法修法迫在眉睫!通观全球,美国《2013年网络安全法》、欧盟《网络与信息安全指令》、韩国《信息通信基础设施保护法》、俄罗斯《信息、信息化与信息保护法》、印度《国家网络安全策略》、日本《网络安全战略》皆明确“网络安全立国”。

信息网络时代的中国如何捍卫国家安全?中华民族如何实现伟大复兴?习近平总书记指出,没有网络安全就没有国家安全,没有信息化就没有现代化。建设网络强国的战略部署要与“两个一百年”奋斗目标同步推进,向着网络基础设施基本普及、自主创新能力显著增强、信息经济全面发展、网络安全保障有力的目标不断前进。

中国现行170余部涉及互联网的法律法规中,具有法律性质与行政法规性质的互联网立法不到21%,而法律效力层次较低的部门规章和司法解释所占比例近80%,中国现有的互联网法律法规专门立法整体层次较低、立法主体间的系统性与协调性较差。清华大学法学院院长王振民指出:“中国是世界大国中唯一没有综合性国家安全法的国家。”2015年7月1日,中国根据宪法正式颁布《中华人民共和国国家安全法》,为中华民族复兴安全环境提供了根本的法律保障。《国家安全法》首次明确,国家建设网络与信息安全保障体系,加强网络管理,防范、制止和依法惩治网络攻击、网络入侵、网络窃密、散布违法有害信息等网络违法犯罪行为,维护国家网络空间主权、安全和发展利益。2015年6月,第十二届全国人大常委会第十五次会议首次审议了《中华人民共和国网络安全法(草案)》。2016年11月7日,第十二届全国人大常委会第二十四次会议通过了《中华人民共和国网络安全法》。《中华人民共和国网络安全法》旨在保障网络安全,维护网络空间主权和国家安全、社会公共利益,保护公民、法人和其他组织的合法权益,促进经济社会信息化健康发展。随着中国全面实施依法治国战略,《中华人民共和国网络安全法》将引领中国依法治理网络空间,与国际社会一道建立更多的双边和全球网络安全框架,以规范网络空间行为,打击网络空间犯罪活动。

期待全球各国携手共同建立网络空间行为"和平时期准则",制定和平共处共享共荣"路规框架",共同推动网络时代国际新秩序建设,为谋求人类"第五空间"文明福祉贡献更多中国智慧。

三、学术价值

党的十八大以来,2014年中央网络安全和信息化领导小组成立,习近平总书记提出"网络强国"的战略。2014年7月25日,麦肯锡报告说中国互联网经济占比GDP比重已超过美国,中国200多种产品出口世界产品第一,中国文化软实力应该与经济强国地位相称。中国中等收入人口已经超过美国总人口,随着"十三五"规划的推进,大数据、云计算、物联网等一系列的战略布局,中国实现从信息革命、数字经济、网络文明"弯道超车",中国网络主权、网络强国建设、信息经济规模推动中国从网络大国向网络强国迈进。

根据《开放数据宪章》,各国优先开放高价值的数据,包括地理空间、统计、福利、交通和基础设施、科研和司法安全、教育、能源环境、政府责任和民主、全球发展等涉及民生的14类数据,全球传播界亟须构建一个全球参与、开发、利用的开放大数据生态传播系统,让公众分享大数据的价值,让大数据信息消费的红利为全球共享。新闻媒体当下面临着如何讲好中国故事,如何用数据编辑新闻内容满足全球受众者需求的挑战。建议:

（一）重视国家“互联网+”大数据平台核心竞争力顶层设计，加大统筹协调力度

大数据时代，国家之间的竞争已经表现为拥有大数据规模、对大数据分析和运用能力的竞争。建议国家在“十三五”甚至更长时间在国家层面对大数据发展给予高度重视，特别是从立法执法、政策制定、资源投入、关键技术研发和人才培养等方面，从国家宏观层面给予大力支持，通过全面实施“中国制造 2025”、“互联网+”战略推动国家大数据基础设施建设。

（二）完善法律规范，保障国家信息主权、网络安全和国家大数据主权

大数据主权将是继边防、海防、空防之后另一个国家信息安全和大国博弈的空间，从数据的收集、存储、传输、分析和处理以及可视化展示等各个环节完善中国的数据安全保障体系，注重大数据信息的保护。由于我国在个人信息保护、数据跨境流动等方面的法律法规尚不健全，我们要以和谐的法律和国际标准提升网络安全，开发网络空间稳定和数据安全隐私保护标准，创造可信、负责任、可持续发展的传播环境。

（三）创新全民教育大数据人才培养机制，提升国民大数据媒介素养

据美国 MIT 专家统计，大数据对国家 GDP 贡献率达 5%。建议国家尽快完善全民大数据教育相关专业设置、建立大数据从业人员认证机制、大力培养具备大数据创新应用能力的高端技术人才，提升面向未来的大数据媒介国民素养，改变和完善现有教育体系，推动以大数据、万物互联、云计算为创新经济引擎的研究教育投资，满足未来青年一代就业推动全球经济增长的需求。

（四）适应全球化推进“互联网+”大数据国家战略，构建开放、公正、多边、透明的“数字地球”传播新秩序

中国抓住“一带一路”、中国企业“走出去”机遇从“E 社会”初级阶段向“U 社会”高级阶段迈进[1]，推动建立跨地域、跨行业、跨国界的全球大数据与

---

① 综合历次 CNNIC 调查报告，见中国科学院信息领域战略研究组编著：《中国至 2050 年信息科技发展路线图》，科学出版社 2009 年版，第 43 页。

全球传播创新协作联盟,共同致力于促进全球自由贸易,实现开放、公正、多边、透明的数字地球传播新秩序。

世界主要国家或地区的信息发展计划

国家或地区	计划	目标
欧盟	2010年公布数字化议程计划,在欧盟27个成员方部署超高速宽带,将促进通信增长定为首要任务	2013年实现欧盟全部人口宽带覆盖,2015年50%欧盟公共服务行为通过在线实现,2020年一半欧盟家庭宽带率超100Mbps
美国	1992年老布什提出用20年时间耗资2000—4000亿美元建设美国国家信息基础设施,1993年克林顿政府启动总统工程——国家信息基础设施建设工程,2009年奥巴马签署法案促进宽带和无线互联网应用,2010年3月美国联邦通信委员会(FCC)向国会提交《国家宽带计划》,2014年奥巴马政府提出大数据战略,2016年奥巴马政府提出人工智能战略计划	国家宽带计划提出未来十年六大目标:一亿家庭实现50—100Mbps宽带服务,大力推动移动无线网络创新,每个美国社区接入1Gbps宽带服务,为确保美国公众安全,每位先遣急救员可接入可互操作的、安全的全国无线宽带网络,确保美国在清洁能源的领导地位,每位美国人都应能通过宽带实现跟踪和管理他们的能源消耗
英国	2009年6月发布《数字英国(Digital Britain)》白皮书	2012年英国所有人口享有2Mbps的宽带网络,建设下一代高速光纤网络,全面升级数字广播,取消中波MW,调频FM小区域电台广播
韩国	韩国2009年启动IT未来战略五年投资189万亿韩元发展信息核心战略产业,实现信息产业与汽车、造船、航空其他产业融合	将信息整合、软件、主力信息、广播通信、互联网等五大领域确定为信息核心产业链战略领域,2013年实现10秒可下载一部DVD级电影千兆位宽带网
加拿大	2009—2012年投资2.25亿加元扩大宽带接入	实现全国高速宽带接入

续表

国家或地区	计划	目标
日本	发布 e-Japan(2001—2005) u-Japan(2004—2010) i-Japan(2015)系列计划	e-Japan 建成全球最先进超高速互联网,u-Japan 宽带接入广泛化利用 ICT 技术解决日本社会问题,i-Japan 大力发展电子政府和电子地方自治本,推动医疗、健康和教育的电子化
澳大利亚	2009 年投资 434 亿澳元启动光纤进家庭建设计划	90%家庭和工作单位最高达 100Mbps 的宽带互联网服务
巴西	2009 年 11 月启动全国宽带计划	在全国低收入家庭普及宽带网络实现全国范围内的宽带网络覆盖

中国信息化 2000—2050 年路线图预测

时间		2000 年	2010 年中	2020 年前后(E 社会)	2035 年前后	2050 年(U 社会)
信息技术普及度	终端普及	电脑 1590 万台,普及率 1.3%	电脑 18215.1 万台,增长率 33.5%,手机 61924.5 部,增长 10.7%	电脑拥有量 5 亿,新型终端普及率 50%	泛在信息终端普及率超过 80%	几乎人人都有信息终端,几乎所有需要联网的设备都是信息终端
	网络普及	网民 1690 万人,网络普及率不到 2%	网民 4.2 亿,网络普及率 31.8%	网民超过 6 亿人,农村网民达 3 亿人	网民超过 10 亿人,传感网在城乡普及	信息网络像电力一样普及,信息思维普及全民
	简便易用	大部分不会用电脑	城镇电脑拥有率 60%	很多人会用电脑	大多数人会用电脑	绝大多数人会用电脑

续表

时间		2000年	2010年中	2020年前后（E社会）	2035年前后	2050年（U社会）
网络能力	有线网	上网计算机数650万台，国际线路总容量为351M	国际出口带宽998217 Mbps，半年增长率为15.2%	局域网带宽将超过100Gb/s，用户接人速率可达1Gb/s	建成超越TCP/IP的未来网缉私、城域量子保密通信系统	带宽各取所需，实现基于量子密码的实用安全通信网络
	移动网	移动终端、信息家电上网59万人	2010年6月，手机网民用户达2.77亿人	用户传输带宽100Mbps，移动互联网蓬勃发展	实现空、天、地、水一体化通信融合	建成智能无线通信系统
	传感网	—	传感网兴起，预计成为一个千亿级新产业	在物流、医疗监护、环保、防灾等领域普及传感网络	传感器终端达到数千亿	传感“尘埃”无处不在
信息服务能力	服务端资源	域名71727个，站点数27289个	域名1121万个，网站279万个，IPv4地址达到2.5亿个	域名8500万个，网站超1400万个，服务器总量超6000万台	泛在的网络专业服务，信息服务极大丰富	个性化、智能化信息服务成为主流
	网上信息内容	中国网页1.5亿个	中国网页160亿个	中国网页总数超过3300亿个	网上中文信息内容占全球网上信息总量10%	满足个性化需求的充足网上信息
	信息产业规模和质量	信息产业成第一支柱产业，对国民经济贡献率21.4%	信息产业比重占国内生产总值的比重10%左右，2008年中国互联网产业规模达到6500亿元人民币	信息产业年收入超过15万亿元，自主创新能力明显增强	建立自主可控的信息技术平台，信息产业实现能耗和排放零增长	数据和知识产业成为经济社会支柱产业之一
对外技术依存度	信息领域数十项重大技术发明受制于人	中国IT竞争力全球排名第50位，我国信息技术处于模仿跟踪阶段	<30%	<25%	<20%	—

参考文献

一、重要中文参考文献

陈根:《可穿戴设备:移动互联网新浪潮》,机械工业出版社 2015 年版。

陈健、沈献君:《试论网络媒介的传播特征和管理途径》,《新闻界》2007 年第 6 期。

陈力丹:《精神交往论——马克思恩格斯的传播观》,开明出版社 1993 年版。

陈力丹:《舆论学——舆论导向研究》,中国广播电视出版社 1999 年版。

陈力丹:《马克思主义新闻思想概论》,复旦大学出版社 2003 年版。

陈绚:《数字化时代的新闻理论与实践》,新华出版社 2002 年版。

程栋:《实用网络新闻学》,新华出版社 2002 年版。

程东升:《李彦宏的百度世界》,中信出版社 2009 年版。

成美、童兵编著:《新闻理论教程》,中国人民大学出版社 1993 年版。

戴元光:《社会转型与传播理论创新》,上海三联书店 2008 年版。

东鸟:《网络战争》,九州出版社 2009 年版。

杜骏飞主编:《网络新闻学》,中国广播电视出版社 2001 年版。

杜骏飞主编:《中国网络新闻事业管理》,中国人民大学出版社 2004 年版。

冯广超:《数字媒体概论》,中国人民大学出版社 2004 年版。

戈公振:《中国报学史》,生活·读书·新知三联书店 1955 年版。

郭庆光:《传播学教程》,中国人民大学出版社 2002 年版。

国家新闻出版广电总局发展研究中心:《中国视听新媒体发展报告(2015)》,社会科学文献出版社 2015 年版。

国务院新闻办公室网络局编:《互联网新闻宣传业务读本》,五洲传播出版社 2003 年版。

何梓华主编:《新闻理论教程》,高等教育出版社 1999 年版。

韩松洋:《网权论:大数据时代的政治网络营销》,电子工业出版社 2014 年版。

侯东阳编著:《舆论传播学教程》,暨南大学出版社 2009 年版。

胡泳:《网络政治:当代中国社会与传媒的行动选择》,国家行政学院出版社 2014 年版。

胡正荣主编:《外国媒介集团研究》,北京广播学院出版社 2003 年版。

黄鸣奋:《超文本诗学》,厦门大学出版社 2001 年版。

金震茅:《网络广播传播形态研究》,苏州大学出版社 2007 年版。

靖鸣、刘锐:《手机传播学》,新华出版社 2008 年版。

柯惠新、祝建华、孙江华编著:《传播统计学》,北京广播学院出版社 2003 年版。
匡文波:《网络媒体概论》,清华大学出版社 2001 年版。
郎劲松:《中国新闻政策体系研究》,新华出版社 2003 年版。
雷建军:《视频互动媒介》,清华大学出版社 2007 年版。
李良荣:《新闻学导论》,高等教育出版社 1999 年版。
李希光主编:《网络记者》,中国三峡出版社 2000 年版。
李晓晖、陈博:《e 网情深》,中国广播电视出版社 2009 年版。
李向民:《精神经济》,新华出版社 1999 年版。
廖卫民、赵民:《互联网媒体与网络新闻业务》,复旦大学出版社 2001 年版。
刘钢:《信息哲学探源》,金城出版社 2007 年版。
刘建明、纪忠慧、王莉丽:《舆论学概论》,中国传媒大学出版社 2009 年版。
刘津:《博客传播》,清华大学出版社 2008 年版。
刘文富:《网络政治——网络社会与国家治理》,商务印书馆 2002 年版。
刘晓红、卜卫:《大众传播心理研究》,中国广播电视出版社 2001 年版。
刘毅:《网络舆情研究概论》,天津人民出版社 2007 年版。
刘正荣:《网上舆论引导中的"议程设置"》,《新闻战线》2007 年第 5 期。
陆群、张佳昺:《新媒体革命——技术、资本与人重构传媒业》,社会科学文献出版社 2002 年版。
马骏、殷秦、李海英、朱阁:《中国的互联网治理》,中国发展出版社 2011 年版。
马为公主编:《互联网的新时代》,中国国际广播出版社 2007 年版。
闵大洪:《数字传媒概要》,复旦大学出版社 2003 年版。
彭兰:《网络传播概论》,中国人民大学出版社 2001 年版。
彭兰:《中国网络媒体的第一个十年》,清华大学出版社 2005 年版。
彭兰:《网络传播学》,中国人民大学出版社 2009 年版。
卜卫:《媒介与性别》,江苏人民出版社 2001 年版。
卜卫:《大众媒介对儿童的影响》,新华出版社 2002 年版。
邵培仁:《网络传播研究丛书》,复旦大学出版社 2001 年版。
田智辉:《新媒体传播:基于用户制作内容的研究》,中国传媒大学出版社 2008 年版。
童兵主编:《中国新闻传播学研究最新报告(2008)》,复旦大学出版社 2008 年版。
屠忠俊、吴廷俊:《网络新闻传播导论》,华中科技大学出版社 2002 年版。
魏永征:《中国新闻传播法纲要》,上海社会科学院出版社 1999 年版。
吴晨光主编:《超越门户:搜狐新媒体操作手册》,中国人民大学出版社 2015 年版。
邬焜:《信息哲学——理论、体系、方法》,商务印书馆 2005 年版。
吴旭:《为世界打造"中国梦"——如何扭转中国的软实力逆差》,新华出版社 2009 年版。
萧琛:《全球网络经济》,华夏出版社 1999 年版。
许静:《舆论学概论》,北京大学出版社 2009 年版。

许榕生主编:《网络媒体》,五洲传播出版社 1999 年版。

徐世平主编:《网络新闻实用技巧》,文汇出版社 2002 年版。

徐耀魁主编:《西方新闻理论评析》,新华出版社 1998 年版。

杨继红:《新媒体生存》,清华大学出版社 2008 年版。

叶皓:《突发事件的舆论引导》,江苏人民出版社 2009 年版。

喻国明:《传媒的"语法革命":解读 Web 2.0 时代传媒运营新规则》,南方日报出版社 2007 年版。

邹建华:《突发事件舆论引导策略:政府媒体危机公关案例回放与点评》,中共中央党校出版社 2009 年版。

张国良主编:《20 世纪传播学经典文本》,复旦大学出版社 2003 年版。

张海鹰、滕谦编著:《网络传播概论》,复旦大学出版社 2001 年版。

张虎生等:《互联网新闻编辑实务》,新华出版社 2002 年版。

张小罗:《论网络媒体之政府管制》,知识产权出版社 2009 年版。

张咏华:《中外网络新闻业比较》,清华大学出版社 2004 年版。

赵志立:《从大众传播到网络传播——21 世纪的网络传媒》,四川大学出版社 2001 年版。

赵志立:《网络传播学导论》,四川人民出版社 2009 年版。

赵凯主编:《解码新媒体》,文汇出版社 2007 年版。

赵玉明主编:《中国广播电视通史》,北京广播影视出版社 2004 年版。

郑超然、程曼丽、王泰玄:《外国新闻传播史》,中国人民大学出版社 2000 年版。

中共中央宣传部新闻局编:《实践与思考:新闻媒体提高舆论引导能力论文集》,学习出版社 2007 年版。

中共中央宣传部舆情信息局、天津社会科学院舆情研究所编著:《舆情信息工作概论》,学习出版社 2006 年版。

中共中央宣传部舆情信息局编著:《舆情信息汇集分析机制研究》,学习出版社 2006 年版。

中共中央宣传部舆情信息局:《网络舆情信息工作理论与实务》,学习出版社 2009 年版。

中国互联网协会、中国互联网络信息中心编:《中国互联网发展报告(2008)》,电子工业出版社 2008 年版。

仲志远:《网络新闻学》,北京大学出版社 2002 年版。

朱海松:《第五媒体:无线营销下的分众传媒与定向传播》,广东经济出版社 2005 年版。

朱海松:《手机媒体:手机媒介化的商业应用思维与原理》,广东经济出版社 2008 年版。

二、重要外文参考文献

Alan B. Albarran, *Management Of Electronic Media*, Thomson Learning, 2002.

Chris Anderson, *The Long Tail*, 2006.

Chuck Martin, *The Third Screen: Marketing to Your Customers in a World Gone Mobile*, 2012.

David A.Vise, *The Google Story*, Bantam Dell Publishing GROUP, 2005.

Iain Williamson, *Will the Internet be a Panacea or Curse for Business and Society in the Next Ten Years*, Productive Publishers, 1996.

Joseph Straubhaar, Robert LaRose, *Media Now Communications Media in the Information Age*, 2/e, Thomson Learning, 2000.

Kikinomics, *How Mass Collaboration Changes Everything*, by Don Tapscott and Anthony D. Williams, 2006.

Martin Lindstrom, Tim Frank Andersen, *Brand Building on the Internet*, 1999.

Nicholas Baran, *Inside the Information Superhighway Revolution*, by The Coriolis Group, 1995.

Paul Messaris, *Visual Persuasion: The Role of Images in Advertising*, Sage Publications, Inc.1997.

Paul Kennedy, *The Rise and Fall of the Great Powers*, 2013.

Reese Schonfelf, *Me and Ted Against the World*, Harper Collins Publishers, Inc., USA, 2004.

Robert S. Fortner, *International Communication*, Wadsworth Publishing Company, 1993.

The MacBride Report: Many Voices, One World, Paris : UNESCO, 1980.

Yahya R. Kamalipour, *Global Communication*, Wadsworth Group, 2002.

责任编辑：毕于慧
封面设计：王欢欢

图书在版编目(CIP)数据

网络创新:中国网络强国战略中的创新路径研究/伍刚,张春梅,
马晓艺 主编. —北京:人民出版社,2021.12
ISBN 978-7-01-022298-1

Ⅰ.①网… Ⅱ.①伍… ②张…③马… Ⅲ.①互联网络-发展-研究-中国
Ⅳ.①TP393.4

中国版本图书馆 CIP 数据核字(2021)第 184482 号

网络创新
WANGLUO CHUANGXIN
——中国网络强国战略中的创新路径研究

伍 刚 张春梅 马晓艺 主编

人民出版社 出版发行
(100706 北京市东城区隆福寺街 99 号)

北京建宏印刷有限公司印刷 新华书店经销

2021 年 12 月第 1 版 2021 年 12 月北京第 1 次印刷
开本:710 毫米×1000 毫米 1/16 印张:24.75
字数:390 千字

ISBN 978-7-01-022298-1 定价:88.00 元

邮购地址 100706 北京市东城区隆福寺街 99 号
人民东方图书销售中心 电话 (010)65250042 65289539